高职高专土建类专业系列教材

全国水利水电高职教研会
中国高职教研会水利行业协作委员会　**规划推荐教材**

建筑结构（第2版）

主　编　佟　颖　汪文萍
副主编　南水仙

中国水利水电出版社
www.waterpub.com.cn
·北京·

内 容 提 要

本书是根据高职高专建筑工程技术专业的教学基本要求，根据建设部颁布的相关最新规范和标准编写的。全书主要内容包括：绪论，钢筋混凝土材料的力学性能，钢筋混凝土结构的设计方法，钢筋混凝土受弯构件正截面承载力计算，钢筋混凝土受弯构件斜截面承载力计算，钢筋混凝土受压构件承载力计算，钢筋混凝土受拉构件承载力计算，钢筋混凝土受扭构件承载力计算，钢筋混凝土构件的变形、裂缝，预应力混凝土构件，钢筋混凝土梁板结构，单层工业厂房结构，钢筋混凝土高层建筑结构简介，砌体材料和砌体的类型，无筋砌体构件承载力计算，配筋砌体受压计算，砌体墙（柱）的构造措施。

本书可作为高等职业技术学院建筑工程技术专业教材，也可作为土木建筑类相关专业技术人员及成人教育师生的参考书。

图书在版编目（CIP）数据

建筑结构 / 佟颖，汪文萍主编. -- 2版. -- 北京：
中国水利水电出版社，2016.8
高职高专土建类专业系列教材
ISBN 978-7-5170-4681-3

Ⅰ. ①建… Ⅱ. ①佟… ②汪… Ⅲ. ①建筑结构-高
等职业教育-教材 Ⅳ. ①TU3

中国版本图书馆CIP数据核字（2016）第211330号

书　名	高 职 高 专 土 建 类 专 业 系 列 教 材 全 国 水 利 水 电 高 职 教 研 会　规划推荐教材 中国高职教研会水利行业协作委员会 **建筑结构（第2版）** JIANZHU JIEGOU
作　者	主编 佟颖 汪文萍　副主编 南水仙
出版发行	中国水利水电出版社 （北京市海淀区玉渊潭南路1号D座　100038） 网址：www.waterpub.com.cn E-mail：sales@waterpub.com.cn 电话：（010）68367658（营销中心）
经　售	北京科水图书销售中心（零售） 电话：（010）88383994、63202643、68545874 全国各地新华书店和相关出版物销售网点
排　版	中国水利水电出版社微机排版中心
印　刷	北京瑞斯通印务发展有限公司
规　格	184mm×260mm　16开本　21.25印张　504千字
版　次	2008年1月第1版第1次印刷 2016年8月第2版　2016年8月第1次印刷
印　数	0001—2000册
定　价	**48.00元**

本书是高职高专土建类专业系列教材。是根据土建类高职高专建筑工程技术专业的培养目标，根据我国最新修订的《混凝土结构设计规范》（GB 50010—2010）、《砌体结构设计规范》（GB 50003—2011）等编写的。为适应土木建筑类各部门的需要，培养具有较强技能的应用型人才，密切联系工程实际，充分体现高等职业教育的特点。本书共 16 章，分为钢筋混凝土结构和砌体结构两部分。内容包括各类结构的材料性能、设计原理和方法、基本构件的计算、基本结构的设计和构造等。

参加本书编写的有湖南水利水电职业技术学院汪文萍（绪论、第 5～8 章），辽宁水利职业学院佟颖（第 1 章、第 12～14 章，第 16 章），山西水利职业技术学院南水仙（第 2～3 章），杨凌职业技术学院刘洁（第 4 章、第 9 章），黄河水利职业技术学院宋艳清（第 10 章的第 1～3 节），广西水利电力职业技术学院谢洁（第 10 章的第 4～5 节和第 15 章），山西电力职业技术学院关春敏（第 11 章）。

全书由佟颖和汪文萍任主编，南水仙任副主编，四川水利职业技术学院董千里主审。中国水利水电出版社的编辑同志对本书的文字和插图进行了处理，在此深表感谢。本书在编写过程中，参考和引用了有关文献和资料的部分内容，为此对所有相关的作者深表感谢。

"建筑结构"是一门专业性、实践性很强的课程，内容很多，在教材的编写过程中力求体现高职高专的教学特点，突出对学生的实践技能的培养，但限于编者的水平有限，难免有不足之处，敬请读者批评指正。

编者

2015 年 12 月

本书是高职高专土建类专业系列教材。是根据土建类高职高专建筑工程技术专业的培养目标，根据我国最新修订的《混凝土结构设计规范》（GB 50010—2002）、《砌体结构设计规范》（GB 50003—2001）等编写的。为适应土木建筑类各部门的需要，培养具有较强技能的应用型人才，密切联系工程实际，充分体现高等职业教育的特点。本书共 16 章，分为钢筋混凝土结构和砌体结构两部分。内容包括各类结构的材料性能、设计原理和方法、基本构件的计算、基本结构的设计和构造等。

参加本书编写的有湖南水利水电职业技术学院汪文萍（绪论、第五、第六、第七、第八章），沈阳农业大学高等职业技术学院佟颖（第一、第十二、第十三、第十四、第十六章），山西水利职业技术学院南水仙（第二、第三章），杨凌职业技术学院刘洁（第四章、第九章），黄河水利职业技术学院宋艳清（第十章的第一、第二、第三节），广西水利电力职业技术学院谢洁（第十章的第四、第五节和第十五章），山西电力职业技术学院关春敏（第十一章）。

全书由佟颖和汪文萍任主编，南水仙任副主编，四川水利职业技术学院董千里主审。中国水利水电出版社的编辑同志对本书的文字和插图进行了处理，在此深表感谢。本书在编写过程中，参考和引用了有关文献和资料的部分内容，为此对所有文献的作者深表感谢。

"建筑结构"是一门专业性、实践性很强的课程，内容很多，在教材的编写过程中力求体现高职高专的教学特点，突出对学生的实践技能的培养，但限于编者的水平有限，难免有不足之处，敬请读者批评指正。

编者

2007 年 12 月

第2篇　砌　体　结　构

绪　　论

0.1　建筑结构的一般概念

在工业与民用建筑中，由屋架、梁、板、柱、墙体和基础等构件组成并能满足预定功能要求的承力体系称为建筑结构。建筑结构按所用材料可分为以下几类：

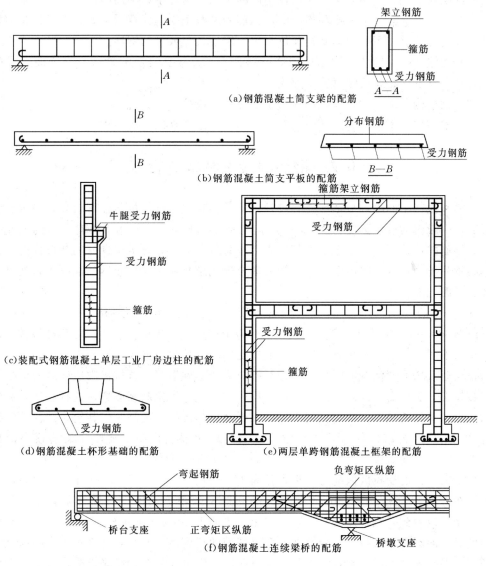

（a）钢筋混凝土简支梁的配筋

（b）钢筋混凝土简支平板的配筋

（c）装配式钢筋混凝土单层工业厂房边柱的配筋

（d）钢筋混凝土杯形基础的配筋

（e）两层单跨钢筋混凝土框架的配筋

（f）钢筋混凝土连续梁桥的配筋

图 0.1　常见钢筋混凝土结构和构件配筋实例

（1）混凝土结构。混凝土结构是以混凝土为主要材料，并根据需要在其内部放置钢材制成的结构。混凝土结构包括不配置钢材或不考虑钢筋受力的素混凝土结构；配有受力的普通钢筋、钢筋网或钢筋骨架的钢筋混凝土结构；具有受力的预应力钢筋，通过张拉预应力钢筋或其他方法建立预加应力的预应力混凝土结构；将型钢或钢板焊成的钢骨架作为配筋的钢骨架混凝土结构；由钢管和混凝土组成的钢管混凝土结构。

图 0.1 为常见钢筋混凝土结构和构件的配筋实例。其中，图 0.1 (a) 为钢筋混凝土简支梁的配筋情况，图 0.1 (b) 为钢筋混凝土简支平板的配筋情况，图 0.1 (c) 为装配式钢筋混凝土单层工业厂房边柱的配筋情况，图 0.1 (d) 为钢筋混凝土杯形基础的配筋情况，图 0.1 (e) 为两层单跨钢筋混凝土框架的配筋情况，图 0.1 (f) 为钢筋混凝土连续梁桥的配筋情况。由图 0.1 可见，在不同的结构和构件中，钢筋的位置及型式不完全相同。因此，在钢筋混凝土结构和构件中，钢筋和混凝土不是任意结合的，而是根据结构构件型式和受力特点，主要在其受拉部位布置一定型式和数量的钢筋。

(2) 砌体结构。砌体结构是以砌体材料为主，并根据需要配置适量钢筋而组成的结构。其特点及发展将在后续章节中叙述。

(3) 钢结构。钢结构是指以钢材为主要材料制成的结构。

(4) 木结构。木结构为全部或大部分承力构件由木材制成的结构。

0.2　钢筋混凝土结构的特点

钢筋和混凝土的物理力学性能有着较大的差异。混凝土的抗压强度较高，而抗拉强度却很低，一般仅为抗压强度的 $1/20 \sim 1/8$；同时混凝土在荷载作用下具有明显的脆性破坏特征。钢筋的抗拉强度和抗压强度都较高，在荷载作用下，显示出良好的变形性能，但不能单独承受压力荷载。将混凝土和钢筋科学合理地结合在一起形成钢筋混凝土，就可充分发挥它们的性能优势。

图 0.2 (a) 所示为未配置钢筋的素混凝土简支梁，跨度为 4m，截面尺寸 $b \times h = 200mm \times 300mm$，混凝土强度为 C20，梁的跨中作用一个集中荷载 F。对其进行破坏性试验，结果表明，当荷载较小时，截面上的应变如同弹性材料的梁一样，沿截面高度呈直线分布；当荷载增大，使截面受拉区边缘纤维拉应变达到混凝土抗拉极限应变时，该处的混凝土被拉裂，裂缝沿截面高度方向迅速开展，试件随即发生断裂破坏。这种破坏是突然发生的，没有明显的预兆。尽管混凝土的抗压强度比其抗拉强度高几倍甚至十几倍，但得不到充分利用，因为该试件的破坏是由混凝土的抗拉强度控制，破坏荷载值很小，只有8kN 左右。

如果在该梁的受拉区内配置三根直径为 16mm 的 HPB300 钢筋（记作 3 ϕ 16），并在受压区布置两根直径为 10mm 的架立钢筋和适量的箍筋，再进行同样的试验 [图 0.2 (b)]，则可以看到，当加载到一定阶段使截面受拉区边缘纤维拉应力达到混凝土抗拉极限强度时，混凝土虽被拉裂，但裂缝不会沿截面的高度迅速开展，试件也不会随即发生断裂破坏。混凝土开裂后，裂缝截面的混凝土拉应力由纵向受拉钢筋来承受，故荷载还可进一步增加，此时变形将相应发展，裂缝的数量和宽度也将增大，直到受拉钢筋抗拉强度和受压区混凝土抗压强度被充分利用时，试件才发生破坏。试件破坏前，变形和裂缝都发展

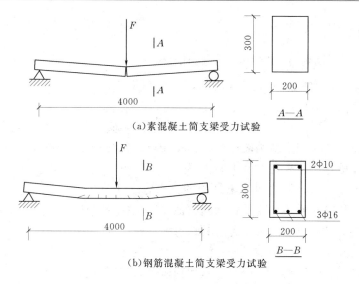

（a）素混凝土简支梁受力试验

（b）钢筋混凝土简支梁受力试验

图 0.2　素混凝土梁与钢筋混凝土梁的破坏情况对比

得很充分，呈现出明显的破坏预兆。虽然试件中纵向受力钢筋的截面面积只占整个截面面积的 1% 左右，但破坏荷载却可以提高到 36kN 左右。因此，在混凝土结构中配置一定型式和数量的钢筋，可以收到下列的效果：

（1）结构的承载能力有很大的提高。

（2）结构的受力性能得到显著的改善。

钢筋和混凝土之所以能够结合在一起并有效地共同工作，原因主要有以下几点：

（1）钢筋和混凝土的接触面上存在着良好的黏结力，可以保证两者协调变形，整体工作。

（2）钢筋与混凝土的温度线膨胀系数基本相同，钢筋为 $1.2 \times 10^{-5}/℃$，混凝土为 $(1.0 \sim 1.5) \times 10^{-5}/℃$。因此，当温度变化时，钢筋和混凝土之间不会存在较大的相对变形和温度应力而发生黏结破坏。

（3）钢筋的混凝土保护层可以防止钢筋锈蚀，保证结构的耐久性。

钢筋混凝土除了能充分利用钢筋和混凝土材料的性能，比素混凝土结构具有较高的承载力和较好的受力性能外，与其他结构相比较还有以下优点：

（1）耐久性好。混凝土的强度随时间的增加而有所提高，钢筋由于混凝土的保护而不锈蚀，因此，钢筋混凝土的耐久性可满足工程要求。

（2）耐火性好。混凝土是不良的热导体，厚度为 30mm 的混凝土保护层可耐火 2h，钢筋不会因升温过快而丧失承载力，故比木结构、钢结构耐火性好。

（3）整体性好。现浇钢筋混凝土结构的整体性好，有利于抗震、抗爆、防辐射。

（4）可模性好。根据使用需要，可将混凝土浇筑成各种形状和各种尺寸的结构。

（5）便于就地取材。混凝土所用大量的砂、石等来源广，可就地取材，经济方便。

由于钢筋混凝土具有上述优点，因此在土建工程中得到广泛的应用。但是，钢筋混凝土也存在以下的一些缺点：

（1）自重大。钢筋混凝土的重度约为 $25kN/m^3$，比砌体和木材的重度都大。尽管比钢材的重度小，但结构的截面尺寸比钢结构的大，因而其自重远远超过相同跨度或高度的钢结构。

（2）抗裂性差。普通混凝土在正常使用期间，一般总是带裂缝工作的。尽管裂缝的存在并不一定意味着结构发生破坏，但是它影响结构的耐久性和美观。当裂缝数量较多和开展较宽时，还会给人造成不安全感。

（3）施工复杂。现浇钢筋混凝土工序多，工期长，受季节、气候影响大。

（4）性质较脆。混凝土结构破坏前的预兆较小，特别是在抗剪切、抗冲切和小偏心受压构件破坏时，破坏往往是突然发生的。

综上所述不难看出，钢筋混凝土结构的优点远多于其缺点。因此，它已经在房屋建筑、地下结构、桥梁、铁路、隧道、水利、港口等工程中得到广泛应用。而且，随着科学技术的发展，人们已经研究出许多克服其缺点的有效措施。例如，为了克服钢筋混凝土自重大的缺点，已经研究出许多重量轻、强度高的混凝土和强度很高的钢筋；为了克服普通钢筋混凝土容易开裂的缺点，可以对它施加预应力；为了克服其性质较脆的特点，可以采取加强配筋或在混凝土中掺入短段纤维等措施。

0.3　混凝土结构的发展及应用简况

混凝土结构在土木建筑工程中的应用历史较砌体结构、钢结构和木结构要短，仅为150多年，但其在材料性能、结构类型、施工技术、设计计算理论与方法、工程应用等方面的发展非常快，大体上可分为以下三个阶段。

第一阶段是19世纪50年代至20世纪30年代。在这个阶段，由于所用的钢筋和混凝土的强度比较低，因此钢筋混凝土仅用于建造中小型楼板、梁、柱、拱和基础等构件。

第二阶段是20世纪30—50年代。由于钢筋和混凝土的强度不断提高，特别是预应力混凝土的出现，使得混凝土结构可用于建造大跨度结构、高层建筑以及对抗震、防裂等有较高要求的结构，大大地扩展了混凝土结构的应用范围。

第三阶段是20世纪50年代至现在。这个阶段是混凝土技术飞速发展的时期。随着人们对建筑功能和建筑速度要求的不断提高，出现了轻质、高强、高性能的混凝土和高强、高延性、低松弛的钢筋与钢丝等新型结构材料，为大量地建造超高层建筑、大跨度桥梁等创造了条件。世界各国所使用的混凝土平均强度，在20世纪30年代约为10MPa，到20世纪50年代已提高到20MPa，20世纪60年代约为30MPa，20世纪70年代已提高到40MPa。20世纪80年代初，在发达国家采用减水剂的方法已制成强度为200MPa以上的混凝土。高强混凝土的出现更加扩大了混凝土结构的应用范围，为钢筋混凝土在防护工程、压力容器、海洋工程等领域的应用创造了条件。改善混凝土性能的另一个重要方面是减轻混凝土的自重。从20世纪60年代以来，轻骨料（陶粒、浮石等）混凝土和多孔（主要是加气）混凝土得到迅速发展，其重度一般为$14\sim18kN/m^3$。用轻集料混凝土制作墙、板时，不但可以承重，而且建筑物理性能也优于普通混凝土。

在计算理论与设计方法方面，20世纪30年代以前，将钢筋混凝土视为理想弹性材料，按材料力学的允许应力法进行设计计算。但从20世纪初即开始了对钢筋混凝土构件考虑材料塑性性能的研究。前苏联在 1938 年颁布了世界上第一个按破损阶段设计钢筋混凝土构件的规范，标志着钢筋混凝土构件承载力计算的实用方法进入了一个新的发展阶段。20 世纪 30 年代以后，在钢筋混凝土超静定结构中考虑塑性内力重分布的计算理论也取得了很大进展，从 20 世纪 50 年代开始，已在双向板、连续梁及框架的设计中得到了应用。20 世纪 60 年代以来，随着计算机的普及与计算力学的发展，将有限元法用于钢筋混凝土的理论研究与设计计算，大大促进了钢筋混凝土理论及设计方法的发展。

在结构的安全度及可靠度设计方法方面，20 世纪 50 年代以前，基本上处于经验性的允许应力法阶段。20 世纪五六十年代，世界各国逐步采用半经验半概率的极限状态设计法。20 世纪 70 年代以来，以概率论数理统计学为基础的结构可靠度理论有了很大的发展，使结构可靠度的近似概率法进入了工程设计中。

目前，钢筋混凝土结构已成为现代工程建设中最为广泛使用的结构。如建于 1998 年的上海金贸大厦高 420.5m，共 88 层。江阴长江大桥，建成于 1999 年，跨度为 1835m，为中国第一、世界第四高度的钢筋混凝土桥塔和钢悬索组成的特大桥。钢筋混凝土结构在水利水电工程中的应用很广泛，如已建成的具有防洪、发电、航运、养殖、供水等综合利用效益的长江三峡水利枢纽工程，坝高 175m，采用了 2715 万 m^3 的混凝土结构和 28.1 万 t 的金属结构，是世界水利工程建筑史上的壮举。

0.4 课程内容及学习中应注意的问题

本课程由"钢筋混凝土结构"和"砌体结构"两部分组成。通过学习，应掌握钢筋混凝土结构和砌体结构的基本概念、基本理论和设计计算方法，为学习专业课程和从事水利工程、土木建筑工程设计、施工及管理打下基础。

本课程主要讲述钢筋混凝土结构和砌体结构的材料性能、设计计算原则、基本构件的受力性能与设计计算方法、结构设计计算方法及相应的构造要求等内容。钢筋混凝土基本构件包括受弯构件、受剪构件、受扭构件、受压构件和受拉构件，它们是组成工程结构的基本单元，其受力性能与理论分析构成了钢筋混凝土结构和砌体结构的基本理论。结构设计包括梁板结构、单层厂房结构、框架结构及砌体结构房屋的结构布置、荷载计算、受力体系、内力分析组成以及配筋计算、构造要求等，是基本理论在实际工程中的应用与延伸。

在学习本课程的过程中，应注意以下几点：

（1）材料力学主要研究的是匀质、连续的弹性材料组成的构件，而钢筋混凝土结构和砌体结构基本构件研究的是混凝土、钢筋、块体、砂浆等两种或两种以上的材料组成的复合构件，钢筋混凝土和砌体又是非匀质、非连续、非弹性的材料。由于材料性能具有较大的差异，因此材料力学公式一般不能直接应用于钢筋混凝土结构与砌体结构的基本构件设计计算。但其解决问题的理论分析方法，如利用几何关系、物理关系与平衡关系建立基本方程的途径，同样适用于本课程。

（2）钢筋混凝土结构和砌体结构所用材料性能的复杂性，导致构件基本理论和计算公式需要通过大量的科学试验研究才能建立；同时，为保证结构的可靠性，还必须经过工程验证方可应用。因此，在学习本课程的过程中，要注意试验研究结果，重视受力性能分析，掌握计算公式的适用范围和限制条件，以便正确的应用公式解决实际工程问题。

（3）结构设计不仅要考虑结构体系受力的合理性，而且要考虑使用功能、材料供给、地形地质、施工技术和经济合理等方面的因素，因而是一个综合性很强的问题。同时在实际设计计算工作中，同一工程问题可有多种解决的方案供选择，其结果不是唯一的。所以，在学习本课程时，要注意培养分析问题、解决问题的综合能力。

（4）进行钢筋混凝土结构设计离不开计算。但是，现行的计算方法一般只考虑荷载效应，其他影响因素如：混凝土收缩、温度影响以及地基不均匀沉陷等，难以用计算公式来表达。《混凝土结构设计规范》（GB 50010—2010）根据长期的工程实践经验，总结出一些构造措施来考虑这些因素的影响。因此，在学习本课程时，除了要对各种计算公式了解和掌握以外，对于各种构造措施也必须给予足够的重视。在设计钢筋混凝土结构、砌体结构时，除了进行各种计算之外，还必须检查各项构造要求是否得到满足。

（5）钢筋混凝土结构和砌体结构是一门实践性较强的课程，在学习中，应有针对性地到施工现场参观，以增加感性认识，积累工程经验，加深对理论知识的理解。

（6）为了指导结构的设计工作，各国都制订了专门的技术标准和设计规范。这些标准和规范是各国在一定时期内理论研究成果和实际工程经验的总结，在学习过程中，应很好地熟悉、掌握和运用它们。建筑结构是一门比较年轻和迅速发展的学科，许多计算方法和构造措施还不一定尽善尽美。也正因为如此，各国每隔一段时间都要对其结构设计标准或规范进行修订，使之更加完善合理。因此，在很好地学习和运用规范的过程中，也要善于发现问题，灵活运用，并且要勇于进行探索和创新。

思 考 题

0.1　混凝土结构包括哪些种类？

0.2　在素混凝土结构中配置一定数量的和型式的钢材后，结构的性能将发生什么样的变化？

0.3　钢筋和混凝土是两种物理、力学性能很不相同的材料，它们为什么能结合在一起共同工作？

0.4　钢筋混凝土结构有哪些重要优缺点？

0.5　人们正在采取哪些措施来克服钢筋混凝土结构的主要缺点？

0.6　在学习本课程的过程中，应注意哪些问题？

第1篇 钢筋混凝土结构

建筑结构是建筑物中承受荷载的骨架部分，钢筋混凝土结构是很多建筑物中最基本的结构型式。钢筋混凝土结构是由钢筋和混凝土两种材料组成共同受力的结构，它是现代工程建设中应用非常广泛的建筑结构，目前，它的应用跨度和高度都在不断增大，它的计算理论、材料制造及施工技术等方面都在不断向前发展，发展前景广阔。本篇是依据我国现行的国家标准《混凝土结构设计规范》（GB 50010—2010）编写的。

第1章 钢筋混凝土材料的力学性能

钢筋混凝土结构是由两种力学性能不同的材料——钢筋和混凝土所组成的。掌握两种材料的力学性能，是掌握钢筋混凝土结构构件的受力特征和设计计算方法的基础。

1.1 钢 筋

1.1.1 钢筋的分类

1. 钢筋的成分

我国建筑工程中所用的钢材按其化学成分的不同，分为碳素钢和普通低合金钢。碳素钢根据含碳量的多少，分为低碳钢（含碳量小于 0.25%）、中碳钢和高碳钢（含碳量大于 0.6%）。随着含碳量的增加，钢材的强度提高，塑性降低，可焊性变差。普通低合金钢是在碳素钢的基础上，又加入了少量的合金元素，如锰、硅、钒、钛等，使钢材强度提高，塑性影响不大。普通低合金钢一般按主要合金元素命名，名称前面的数字代表平均含碳量的万分数，合金元素尾标数字表明该元素含量的取整百分数，当其含量小于 1.5% 时，不加尾标数字；当其含量大于 1.5%、小于 2.5% 时，取尾标数为 2。例如 40 硅 2 锰钒（40Si2MnV）表示平均含碳量为 40‰，元素硅的含量约为 2%，锰、钒的含量均小于 1.5%。

2. 钢筋的品种和级别

钢筋（直径 $d \geqslant 6$mm），按生产加工工艺和力学性能的不同分为热轧钢筋、冷拉钢筋、热处理钢筋等。

热轧钢筋是在高温状态下轧制成型的，按其强度由低到高分为四个级别，分别是 HPB300，HRB335、HRBF335，HRB400、HRBF400、RRB400，HRB500 和 HRBF500

四个等级。随着钢筋强度等级的提高，其塑性降低。热轧钢筋常用于普通混凝土结构。

冷拉钢筋是由热轧钢筋在常温下用机械拉伸而成的。冷拉后其屈服强度高于相应等级的热轧钢筋，但塑性降低。冷拉钢筋主要用于预应力混凝土结构。

热处理钢筋是将热轧钢筋经过加热、淬火和回火等调质工艺处理后制成的，其强度大幅度提高，而塑性降低并不多。热处理钢筋可直接用作预应力钢筋。

钢丝（直径 $d<6\text{mm}$）分为碳素钢丝、刻痕钢丝、钢绞线（用光面钢丝绞在一起）和冷拔低碳钢丝等几种。直径越细，其强度越高。除冷拔低碳钢丝外都作为预应力钢筋用。

钢筋按其外形特征的不同，分为光面钢筋和变形钢筋两类。HPB300 级钢筋是光面钢筋，HRB335、HRB400 和 RRB400、HRB500 级钢筋都是变形钢筋。变形钢筋包括月牙纹钢筋、人字纹钢筋和螺纹钢筋等，如图 1.1 所示。

1.1.2 钢筋的力学性能

1.1.2.1 钢筋的强度

建筑结构中所用的钢筋，按其应力-应变曲线特性的不同分为两类：一类是有明显屈服点的钢筋，另一类是无明显屈服点的钢筋。有明显屈服点的钢筋习惯上称为软钢，包括热轧钢筋和冷拉钢筋；无明显屈服点的钢筋习惯上称为硬钢，包括钢丝和热处理钢筋。

1. 有明显屈服点的钢筋

有明显屈服点的钢筋在单向拉伸时的应力-应变曲线如图 1.2 所示。a 点以前应力与应变成直线关系，符合胡克定

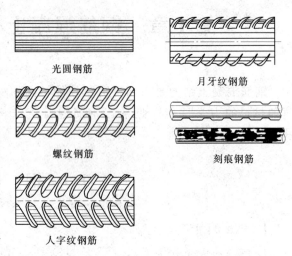

光圆钢筋

月牙纹钢筋

螺纹钢筋

刻痕钢筋

人字纹钢筋

图 1.1 各种钢筋形式

律，a 点对应的应力称比例极限，oa 段属于弹性工作阶段；a 点以后应力与应变不成正比，到达 b 点后，应力不增加而应变继续增加，钢筋进入屈服阶段，产生很大的塑性变形，bc 段中对应于最低点的应力称为屈服强度。应力-应变曲线中出现的水平段，称为屈服阶段或流幅。过 c 点后，应力与变形继续增加，应力-应变曲线为上升的曲线，进入强化阶段，曲线到达最高点 d，对应于 d 点的应力称为抗拉极限强度。过了 d 点以后，试件内部某一薄弱部位应变急剧增加，应力下降，应力-应变曲线为下降曲线，产生"颈缩"现象，到达 e 点钢筋被拉断，此阶段称为破坏阶段。由图 1.2 可知，有明显屈服点的钢筋应力-应变曲线可分为四个阶段：弹性阶段、屈服阶段、强化阶段和破坏阶段。

对于有明显屈服点的钢筋，取其屈服强度作为设计强度的依据。因为在混凝土中的钢筋，当应力达到屈服强度后，荷载不增加，应变会继续增大，使混凝土裂缝开展较宽，构件变形过大而不能正常使用。设计中采用钢筋的屈服强度，也是为了使构件具有一定的安全储备。

钢材中含碳量越高，屈服强度和抗拉强度就越高，延伸率就越小，流幅也相应缩短。图 1.3 表示不同级别软钢的应力-应变曲线的差异。

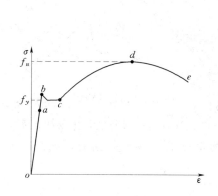

图 1.2　有明显屈服点钢筋
的应力-应变曲线

图 1.3　各级钢筋的应力-应变曲线

2. 无明显屈服点的钢筋

无明显屈服点的钢筋在单向拉伸时的应力-应变曲线如图 1.4 所示。由图 1.4 可以看出，从加载到拉断无明显的屈服点，没有屈服阶段，钢筋的抗拉强度较高，但变形很小。通常取相应于残余应变为 0.2% 的应力 $\sigma_{0.2}$ 作为假定屈服点，称为条件屈服强度，其值约为 0.8 倍的抗拉极限强度。

无明显屈服点的钢筋塑性差，伸长率小，采用其配筋的钢筋混凝土构件，受拉破坏时，往往突然断裂，不像用软钢配筋的构件那样，在破坏前有明显的预兆。

屈服强度 f_y 和抗拉极限强度 f_u 是反映钢筋强度的指标。

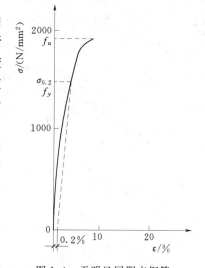

图 1.4　无明显屈服点钢筋
的应力-应变曲线

1.1.2.2　钢筋的变形

伸长率是钢筋拉断后的伸长值与原长的比率，即

$$\delta = \frac{l_2 - l_1}{l_1} \times 100\% \tag{1.1}$$

式中　δ——伸长率，%；

　　　l_1——试件拉伸前的标距长度，一般短试件 $l_1 = 5d$，长试件 $l_1 = 10d$，d 为试件直径；

　　　l_2——试件拉断后标距长度。

冷弯是在常温下将钢筋绕某一规定直径的辊轴进行弯曲，如图 1.5 所示。如果在达到规定的冷弯角度时，钢筋不发生裂纹、分层或断裂，即钢筋的冷弯性能符合要求。常用冷弯角度 α（分别为 180°、90°）和弯心直径 D（分别为 1d、3d 和 5d）反映冷弯性能。弯心直径越小，冷弯角度越大，钢筋的冷弯性能越好。

伸长率 δ 和冷弯是反映钢筋塑性性能的指标。

1.1.3　钢筋的冷加工

对热轧钢筋进行机械冷加工后，可提高钢筋的屈服强度，但塑性降低。常用的冷加工方法有冷拉和冷拔。

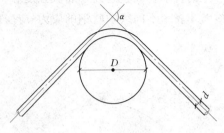

图 1.5　钢筋的冷弯

1. 钢筋的冷拉

冷拉，是指在常温下，用张拉设备（如卷扬机），将钢筋拉伸到超过它的屈服强度，然后卸载的一种加工方法。钢筋经过冷加工后，会获得比原来屈服强度更高的新的屈服强度，是节约钢筋的一种有效措施，如图 1.6 所示。

冷拉只提高了钢筋的抗拉强度，不能提高其抗压强度。

2. 钢筋的冷拔

冷拔是将 $\phi 6$ 的 HPB300 级热轧钢筋用强力拔过比其直径小的硬质合金拔丝模，如图 1.7 所示。在纵向拉力和横向挤压力的共同作用下，内部组织结构发生变化，钢筋强度提高，塑性降低。冷拔后，钢筋的抗拉强度和抗压强度都得到提高。

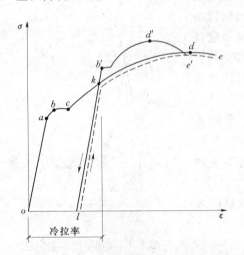

图 1.6　钢筋冷拉应力-应变曲线

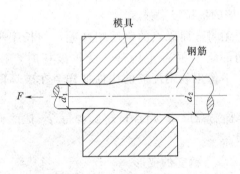

图 1.7　钢筋的冷拔

1.1.4　钢筋混凝土结构对钢筋性能的要求

（1）钢筋应具有一定的强度（屈服强度和极限抗拉强度）。

（2）钢筋应具有足够的塑性（伸长率和冷弯性能）。

（3）钢筋应具有良好的焊接性能。

（4）钢筋与混凝土应具有良好的黏结力。黏结力是保证钢筋和混凝土能够共同工作的基础。

《混凝土结构设计规范》（GB 50100—2010）指出：

普通钢筋宜采用 HRB400、HRBF400 级和 HRB500 级、HRBF500 的钢筋；也可采用 HRB335、HRBF335、HPB300 级及 RRB400 级钢筋。箍筋宜采用 HRB400、

HRBF400、HPB300、HRB500、HRBF500 级钢筋，也可采用 HRB335、HRBF335 级钢筋。钢筋混凝土结构以 HRB400 级热轧带肋钢筋（即新Ⅲ级钢筋）为主导钢筋；以 HRB335 级热轧钢筋（即原Ⅱ级钢筋）为辅助钢筋。预应力混凝土结构以高强、低松弛钢丝、钢绞线为主导钢筋；也可采用热处理钢筋。RRB400 级钢筋不宜用作重要部位的受力钢筋，不应用于直接承受疲劳荷载的构件。

钢筋强度标准值、设计值和弹性模量见表 1.1；预应力钢筋强度标准值、设计值和弹性模量见表 1.2。

表 1.1　　　　　　　　普通钢筋强度标准值、设计值和弹性模量

种类及牌号		符号	公称直径 d /mm	屈服强度标准值 f_{yk} /(N/mm²)	极限强度标准值 f_{stk} /(N/mm²)	抗拉强度设计值 f_y /(N/mm²)	抗压强度设计值 f'_y /(N/mm²)	弹性模量 E_s /(N/mm²)
热轧钢筋	HPB300	Φ	6～22	300	420	270	270	2.10×10⁵
	HRB335（20MnSi）	Φ	6～50	335	455	300	300	2.00×10⁵
	HRBF335	ΦF						
	HRB400（20MnSiV，20MnSiNb，20MnTi）	Φ	6～50	400	540	360	360	2.00×10⁵
	HRBF400	ΦF						
	RRB400（20MnSi）	ΦR						
	HRB500	Φ	6～50	500	630	435	435	2.00×10⁵
	HRBF500	ΦF						

注　当构件中配有不同种类的钢筋时，每种钢筋应采用各自的强度设计值。横向钢筋的抗拉强度设计值 f_{gv} 应按表中 f_y 的数值采用，但用作受剪、受扭、受冲切承载力计算时，其数值大于 360N/mm² 时应取 360N/mm²。

表 1.2　　　　　　　　预应力钢筋强度标准值、设计值和弹性模量

种　类		符　号	公称直径 d /mm	屈服强度标准值 f_{pyk} /(N/mm²)	极限强度标准值 f_{ptk} /(N/mm²)	抗拉强度设计值 f_{py} /(N/mm²)	抗压强度设计值 f'_{py} /(N/mm²)	弹性模量 E_s /(N/mm²)
中强度预应力钢丝	光面	ΦPM	5、7、9	620	800	510	410	2.00×10⁵
	螺旋肋	ΦHM		780	970	650		
				980	1270	810		
预应力螺纹钢筋	螺纹	ΦT	18、25、32	785	980	650	435	2.00×10⁵
				930	1080	770		
				1080	1230	900		
消除应力钢丝	光面	ΦP	5	1380	1570	1110	410	2.05×10⁵
				1640	1860	1320		
			7	1380	1570	1110		
	螺旋肋	ΦH	9	1290	1470	1040		
				1380	1570	1110		

种　类		符　号	公称直径 d /mm	屈服强度标准值 f_{pyk} /(N/mm²)	极限强度标准值 f_{ptk} /(N/mm²)	抗拉强度设计值 f_{py} /(N/mm²)	抗压强度设计值 f'_{py} /(N/mm²)	弹性模量 E_s /(N/mm²)
钢绞线	1×3 (三股)	ϕ^s	8.6、10.8、12.9	1410	1570	1110	390	1.95×10⁵
				1670	1860	1320		
				1760	1960	1390		
	1×7 (七股)		9.5、12.7、15.2、17.8	1540	1720	1220		
				1670	1860	1320		
				1760	1960	1390		
			21.6	1590	1770	—		
				1670	1860	1320		

注　1. 强度为 1960MPa 级的钢绞线作后张预应力配筋时，应有可靠的工程经验。
　　2. 当预应力钢筋、钢绞线、钢丝的强度标准值不符合表中的规定时，其强度设计值应进行相应的比例换算。

1.2　混　凝　土

混凝土是用水泥、水和骨料（细集料砂子、粗集料石子）以及掺加剂按一定配合比经搅拌后入模振捣，养护硬化形成的人造石材。

混凝土各组成成分的比例，尤其是水灰比，对混凝土的强度和变形有重要影响。混凝土力学性能在很大程度上还取决于搅拌是否均匀，振捣是否密实和养护是否恰当。

1.2.1　混凝土的强度

混凝土的强度是指它所能承受的某种极限应力，是混凝土力学性能的一个基本标志。混凝土的强度与水泥强度、水灰比、骨料、配合比、制作方法、养护条件以及龄期等因素有关。试件的尺寸和形状、加荷方法及加荷速度对强度的测试值，也有一定的影响。

混凝土的强度指标主要有立方体抗压强度、轴心抗压强度和轴心抗拉强度。

1. 混凝土的立方体抗压强度标准值（$f_{cu,k}$）与强度等级

我国《混凝土结构设计规范》（GB 50100—2010）规定：用边长为 150mm 的立方体试块，在标准条件下（温度为 20℃±3℃，相对湿度不小于 90%）养护 28 天，用标准试验方法（加荷速度为 0.15～0.3N/mm²·s；试件表面不涂润滑剂、全截面受力）加压至试件破坏，测得的具有 95% 保证率的抗压强度，称为混凝土立方体抗压强度标准值，用 $f_{cu,k}$ 表示。混凝土立方体抗压强度是衡量混凝土强度的基本指标。

混凝土立方体抗压强度也可采用边长为 200mm 或边长为 100mm 的非标准立方体试块测定。所测得的立方体抗压强度应分别乘以 1.05 或 0.95 的换算系数。

混凝土的强度等级按立方体抗压强度标准值 $f_{cu,k}$ 来确定，即把具有 95% 保证率的强度标准值作为混凝土的强度等级，用符号 C 表示。GB 50010—2010 规定：混凝土强度等级分为 14 级：C15、C20、C25、C30、C35、C40、C45、C50、C55、C60、C65、

C70、C75、C80。例如 C20 级的混凝土，表示混凝土立方体抗压强度标准值为 $20N/mm^2$。

由试验可知：当试件所受压力达到极限值时，在竖向压力和水平摩擦力的共同作用下，首先试件中部外侧混凝土发生剥落，形成两个对顶的锥形破坏面，如图 1.8 所示。

素混凝土结构的混凝土强度等级不应低于 C15；在钢筋混凝土结构中混凝土的强度等级不宜低于 C20；当采用 HRB400 级及以上的钢筋时，不宜低于 C25；当采用 HRB400 和 RRB400 级钢筋以及承受重复荷载作用的构件

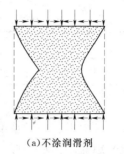 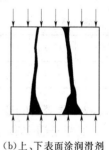

(a)不涂润滑剂　　　　(b)上、下表面涂润滑剂

图 1.8　混凝土立方体试件的破坏

时，混凝土强度等级不得低于 C30。预应力混凝土结构的混凝土强度等级不宜低于 C40。当采用预应力钢绞线、钢丝、热处理钢筋作预应力钢筋时，混凝土强度等级不宜低于 C40，且不应低于 C30。

当建筑物对混凝土还有其他的技术要求，例如抗渗、抗冻、抗侵蚀、抗冲刷等技术要求时，混凝土的强度等级还要根据 GB 50010—2010 具体技术要求确定。

近年来，世界上已开发出许多新品种混凝土，例如高性能混凝土、超高强混凝土、特制混凝土等。

2. 混凝土的轴心抗压强度标准值（f_{ck}）

实际工程中，钢筋混凝土受压构件大多数是棱柱体而不是立方体。工作条件与立方体试块的工作条件有很大区别，采用棱柱体试件比立方体试件更能反映混凝土的实际抗压能力。混凝土的轴心抗压强度由棱柱体试件测试值确定，也称为棱柱体抗压强度。试验表明：随着试件高宽比 h/b 增大，端部摩擦力对中间截面约束减弱，混凝土抗压强度降低。我国采用 150mm×150mm×300mm 的棱柱体试件为标准试件，用标准试验方法测得的混凝土棱柱体抗压强度即为混凝土的轴心抗压强度。根据试验结果分析得出混凝土轴心抗压强度与立方体抗压强度的关系为

$$f_{ck} = 0.88\alpha_{c1}\alpha_{c2}f_{cu,k} \tag{1.2}$$

考虑到实际结构构件与试件在尺寸、制作、养护条件的差异、加荷速度等因素的影响，对试件强度进行修正，引入试件强度修正系数 0.88。α_{c1} 为轴心抗压强度平均值与立方体抗压强度平均值的比值，GB 50010—2010 规定：C50 及以下混凝土取 $\alpha_{c1}=0.76$；C80 混凝土取 $\alpha_{c1}=0.82$，中间按线性规律变化。α_{c2} 为高强混凝土脆性折减系数，C40 及以下混凝土取 $\alpha_{c2}=1.0$；C80 混凝土取 $\alpha_{c2}=0.87$，中间按线性规律变化。

3. 混凝土的轴心抗拉强度标准值（f_{tk}）

混凝土的轴心抗拉强度是确定混凝土抗裂度的重要指标。其值远小于混凝土的抗压强度，一般为其抗压强度的 $1/18\sim1/9$，且不与抗压强度成正比例关系。常用轴心抗拉试验或劈裂试验来测得混凝土的轴心抗拉强度。

根据试验并考虑构件与试件的差别、尺寸及加荷速度等因素的影响，根据立方体抗压强度和轴心抗拉强度的试验结果对比得

$$f_{tk} = 0.88 \times 0.395 f_{cu,k}^{0.55} (1 - 1.645\delta)^{0.45} \alpha_{c2} \tag{1.3}$$

式中　δ——混凝土强度变异系数，见表1.3。

表 1.3　　　　　　　　　　　　　混凝土强度变异系数

$f_{cu,k}$	C15	C20	C25	C30	C35	C40	C45	C50	C55	C60～C80
δ	0.21	0.18	0.16	0.14	0.13	0.12	0.12	0.11	0.11	0.10

1.2.2　混凝土的变形

混凝土的变形可以分为两类：一类是由外荷载作用引起的变形；另一类是非外荷载因素（温度、湿度的变化）引起的体积变形。

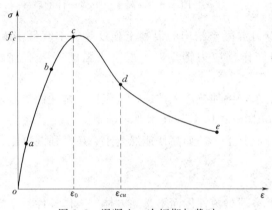

图 1.9　混凝土一次短期加载时
的应力-应变曲线

1. 混凝土在一次短期荷载作用下的变形

混凝土在一次加载下的应力-应变关系是混凝土最基本的力学性能之一，是对混凝土结构进行理论分析的基本依据，可较全面地反映混凝土的强度和变形的特点。其应力-应变关系曲线如图1.9所示。

（1）上升段 oc 段：在 oa 段（$\sigma_c \leqslant 0.3 f_c$），应力较小时，混凝土处于弹性工作阶段，应力-应变曲线接近于直线；在 ab 段（$0.3 f_c < \sigma_c < 0.8 f_c$），当应力继续增大，其应变增长加快，混凝土塑性变形增大，应力-应变曲线越来越偏离直线；在 bc 段（一般 $0.8 f_c < \sigma_c < f_c$），随着应力的进一步增大，且接近 f_c 时，混凝土塑性变形急剧增大，c 点的应力达到峰值应力 f_c，试件开始破坏。c 点应力值为混凝土的轴心抗压强度 f_c，与其相应的压应变为 ε_0（ε_0 为 0.002 左右）。

（2）下降段 ce 段：当应力超过 f_c 后，试件承载能力下降，随着应变的增加，应力-应变曲线在 d 点出现反弯。试件在宏观上已破坏，此时，混凝土已达到极限压应变 ε_{cu}，ε_{cu} 平均值约为 0.0033。d 点以后，通过集料间的咬合力及摩擦力，块体还能承受一定的荷载。

混凝土的极限压应变 ε_{cu} 越大，表示混凝土的塑性变形能力越大，即延性越好。

混凝土受拉时的应力-应变曲线与受压时相似，但其峰值时的应力、应变都比受压时小得多。计算时，一般混凝土的最大拉应变可取 1.5×10^{-4}。

2. 混凝土在重复荷载作用下的变形

混凝土在多次重复荷载作用下的应力-应变曲线如图1.10所示。从图中可看出，它的变形性质有着显著变化。

图 1.10（a）表示混凝土棱柱体试件在一次短期加荷后的应力-应变曲线。因为混凝土是弹塑性材料，初次卸荷至应力为零时，应变不能全部恢复。可恢复的那一部分称为弹

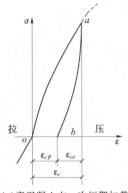

（a）素混凝土在一次短期加载
卸荷时的应力-应变曲线

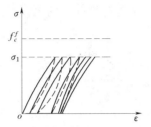

（b）混凝土在多次加载卸荷时的
应力-应变曲线（当 $\sigma < f_c^f$）

（c）混凝土在多次加载卸荷时的
应力-应变曲线（当 $\sigma > f_c^f$）

图 1.10　混凝土在重复荷载作用时的应力-应变曲线

性应变 ε_{ce}，不可恢复的残余部分称为塑性应变 ε_{cp}。因此，在一次加载卸载过程中，当每次加荷时的最大应力小于某一限值时，混凝土的应力-应变曲线形成一个环状。随着加载卸载重复次数的增加，残余应变会逐渐减小，一般重复 5～10 次后，加载和卸载的应力-应变曲线越来越闭合接近直线，如图 1.10（b）所示。此时混凝土就像弹性体一样工作，试验表明，这条直线与一次短期加荷时的应力-应变曲线在原点的切线基本平行。

3. 混凝土的变形参数

在实际工程中，为了计算结构的变形、混凝土及钢筋的应力分布和预应力损失等，都必须要涉及弹性模量。混凝土的应力与应变的比值随着应力的变化而变化，即应力与应变的比值不是常数，所以它的弹性模量取值比钢材要复杂一些。

混凝土的弹性模量有三种表示方法，如图 1.11 所示。

（1）原点弹性模量。在混凝土受压应力-应变曲线的原点作切线，该切线的斜率称为混凝土的原点弹性模量（简称弹性模量），用 E_c 表示，则

$$E_c = \tan\alpha_0 = \frac{\sigma_c}{\varepsilon_{ce}} \qquad (1.4)$$

（2）切线模量。在混凝土应力-应变曲线上某一点 a 作切线，该切线的斜率称为该点混凝土的切线模量，用 E_c'' 表示，则

$$E_c'' = \frac{\mathrm{d}\sigma}{\mathrm{d}\varepsilon} = \tan\alpha \qquad (1.5)$$

（3）变形模量。连接原点 o 和混凝土应力-应变曲线上某一点 a 的割线斜率，称为混凝土的变形模量，也称为割线模量，用 E_c' 表示，则

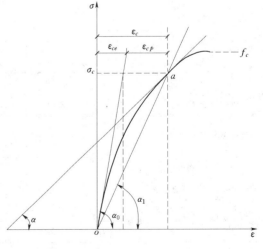

图 1.11　混凝土弹性模量表示方法

$$E'_c = \frac{\sigma_c}{\varepsilon_c} = \tan\alpha_1 \tag{1.6}$$

在某一点 a 对应的应力为 σ_c，相应的混凝土应变 ε_c 可认为是由弹性应变 ε_{ce} 和塑性应变 ε_{cp} 两部分组成，则混凝土的变形模量与弹性模量的关系是

$$E'_c = \frac{\sigma_c}{\varepsilon_c} = \frac{\varepsilon_{ce}}{\varepsilon_c} \frac{\sigma_c}{\varepsilon_{ce}} = \upsilon E_c \tag{1.7}$$

式中　υ——混凝土弹性特征系数，即 $\upsilon = \dfrac{\varepsilon_{ce}}{\varepsilon_c}$。

弹性特征系数与应力值有关，当 $\sigma \leqslant 0.3f_c$ 时，混凝土基本处于弹性阶段，$\upsilon=1$；当 $\sigma=0.5f_c$ 时，υ 为 $0.8\sim0.9$；当 $\sigma=0.8f_c$ 时，υ 为 $0.4\sim0.7$。

由上可知，当应力较小时，混凝土的弹性模量随应力变化不大，可近似认为是常量，称为"弹性模量"；而应力较大时的弹性模量随应力增大而显著减小，此时的弹性模量是一个变量，称为"变形模量"。

试验结果表明，混凝土的弹性模量与立方体抗压强度有关。GB 50010—2010 给出弹性模量 E_c（单位：N/mm^2）的经验公式为

$$E_c = \frac{10^5}{2.2 + \dfrac{34.7}{f_{cu,k}}} \tag{1.8}$$

混凝土各种强度等级的弹性模量见表 1.4。

混凝土的受拉弹性模量与受压弹性模量很接近，计算中两者可取同一数值。

（4）剪切模量。GB 50010—2010 规定近似取 $G_c = 0.4E_c$。

表 1.4　　　　　　　　混凝土强度标准值、设计值和弹性模量　　　　　　单位：N/mm^2

强度种类和弹性模量		混凝土强度等级						
		C15	C20	C25	C30	C35	C40	C45
强度标准值	轴心抗压 f_{ck}	10.0	13.4	16.7	20.1	23.4	26.8	29.6
	轴心抗拉 f_{tk}	1.27	1.54	1.78	2.01	2.20	2.39	2.51
强度设计值	轴心抗压 f_c	7.2	9.6	11.9	14.3	16.7	19.1	21.1
	轴心抗拉 f_t	0.91	1.10	1.27	1.43	1.57	1.71	1.80
弹性模量 $E/10^4$		2.20	2.55	2.80	3.00	3.15	3.25	3.35

强度种类和弹性模量		混凝土强度等级						
		C50	C55	C60	C65	C70	C75	C80
强度标准值	轴心抗压 f_{ck}	32.4	35.5	38.5	41.5	44.5	47.4	50.2
	轴心抗拉 f_{tk}	2.64	2.74	2.85	2.93	2.99	3.05	3.11
强度设计值	轴心抗压 f_c	23.1	25.3	27.5	29.7	31.8	33.8	35.9
	轴心抗拉 f_t	1.89	1.96	2.04	2.09	2.14	2.18	2.22
弹性模量 $E/10^4$		3.45	3.55	3.60	3.65	3.70	3.75	3.80

4. 混凝土在长期荷载作用下的变形——徐变

混凝土在长期荷载作用下，应力不变，应变也会随时间而增长。这种现象称为混凝土的徐变。

混凝土在持续荷载作用下，应变与时间的关系曲线如图1.12所示。徐变在前期增长较快，随后逐渐减慢，经过较长时间而趋于稳定。一般6个月可达最终徐变的 $70\% \sim 80\%$。两年以后，徐变基本完成。

徐变与塑性变形是不同的，区别是：徐变在较小应力下就可产生，当卸掉荷载后可部分恢复；塑性变形只有在应力超过其弹性极限后才会产生，当卸掉荷载后不可恢复。

混凝土产生徐变的原因一般为，

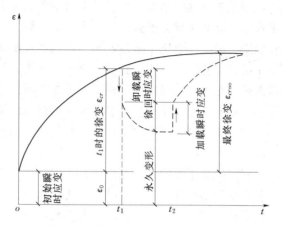

图1.12 混凝土的徐变与时间的关系

一方面是混凝土中一部分尚未转化为结晶体的水泥胶凝体，在荷载长期作用下黏性流动的结果；另一方面是混凝土内部的微裂缝在荷载的长期作用下不断扩展和延伸，导致应变增加。

影响混凝土徐变的因素很多，除了主要与时间有关外，还与下列因素有关：

（1）应力条件。试验表明，徐变与应力大小有直接关系。应力越大，徐变也越大。实际工程中，如果混凝土构件长期处于不变的高应力状态是比较危险的，对结构安全是不利的。

（2）加荷龄期。初始加荷时，混凝土的龄期越早，徐变就越大。加强养护使混凝土尽早结硬或采用蒸汽养护可减小徐变。

（3）周围环境。周围环境的温度高，湿度大，水泥水化作用越充分，徐变就越小。

（4）混凝土中水泥用量越多，徐变越大。水灰比越大，徐变也越大。

（5）材料质量和级配好，弹性模量高，徐变小。

（6）构件的体表比越大，徐变越小。

混凝土的徐变会显著影响结构或构件的受力性能。徐变会使结构或构件产生内力重分布，降低截面上的应力集中现象，使构件变形增加，对结构来说有些情况是有利的方面，如局部应力集中可因徐变而得到缓和，支座沉陷引起的应力及温度湿度应力，也可由于徐变得到松弛。但徐变对结构不利的方面也不可忽视，应引起高度重视，如徐变可使受弯构件的挠度增大2~3倍，使细长柱的附加偏心距增大，还会导致预应力构件的预应力损失

5. 混凝土的温度变形和干湿变形

混凝土除了在荷载作用下引起变形外，还会因温度和湿度的变化引起温度变形和干湿变形。

温度变形一般来说是很重要的，尤其是对大体积结构，当变形受到约束时，常常因温

度应力就可能形成贯穿性裂缝而影响正常使用，使结构承载力和混凝土的耐久性大大降低。混凝土的温度线膨胀系数随集料的性质和配合比的不同而变化，一般计算时可取为 $10^{-5}/℃$。

混凝土在空气中结硬时体积减小的现象，称为干缩变形或收缩。已经干燥的混凝土再置于水中，混凝土就会重新发生膨胀（或湿胀）。当外界湿度变化时，混凝土就会产生干缩和湿胀。湿胀系数比干缩系数小得多，而且湿胀往往是有利的，故一般不予考虑。但干缩对于结构有着不利影响，必须引起足够重视。当干缩变形受到约束时，会导致结构产生干缩裂缝。在预应力混凝土结构中，干缩变形会导致预应力的损失。如果构件是能够自由伸缩的，则混凝土的干缩只是引起构件的缩短而不会导致混凝土的干缩裂缝。但不少构件都不同程度地受到边界的约束作用，而不能自由伸缩，那么干缩就会产生裂缝，造成有害的影响。

引起混凝土干缩的主要原因为：一是干燥失水；二是因为结硬初期水泥和水的水化作用，形成水泥结晶体，而水泥结晶体化合物比原材料的体积小。

外界相对湿度是影响干缩的主要因素，此外，水泥用量越多，水灰比越大，干缩也越大。混凝土集料弹性模量越小，干缩越大。因此，尽可能加强养护，使其干燥不要过快，并增加混凝土密实度，减小水泥用量及水灰比。混凝土干缩应变一般为 $(2\sim6)\times10^{-4}$。

1.2.3　混凝土的其他性能

1. 重力密度（或重度）

混凝土的重力密度与所用集料及振捣的密实程度有关，应由试验确定。对一般的集料，当无试验资料时，可按下述采用：素混凝土取用 $24kN/m^3$；钢筋混凝土取用 $25kN/m^3$。

2. 混凝土的耐久性

混凝土的耐久性在一般环境条件下是较好的。但如果混凝土抵抗渗透能力差，或受冻融循环的作用、侵蚀介质的作用，都可能会使混凝土遭受碳化、冻害、腐蚀等，耐久性受到严重影响。

结构的耐久性与结构所处环境条件、结构使用条件、结构形式和细部构造、结构表层保护措施以及施工质量等均有关系。一般情况下，可按结构所处的环境条件提出相应的耐久性要求，见表 1.5 和表 1.6。

建议改变传统的设计习惯，适当提高设计时选用的混凝土强度等级。受弯构件：C20～C30；受压构件：C30～C40；预应力构件：C30～C50；高层建筑底柱：C50 或以上。这样不仅承载力提高，抗剪及裂缝控制性能也随之提高。

表 1.5　　　　　　　　　　　　　混凝土结构环境条件类别

环境类别		条　　件
一		室内干燥环境；无侵蚀性静水浸没环境
二	a	室内潮湿环境；非严寒和非寒冷地区的露天环境；非严寒和非寒冷地区与无侵蚀性的水或土壤直接接触的环境；严寒和寒冷地区的冰冻线以下与无侵蚀性的水或土壤直接接触的环境
	b	干湿交替环境；水位频繁变动环境；严寒和寒冷地区的露天环境；严寒和寒冷地区冰冻线以上与无侵蚀性的水或土壤直接接触的环境

续表

环境类别	条　　件
三	a. 严寒和寒冷地区冬季水位变动的环境；受除冰盐影响环境；海风环境
	b. 盐渍土环境；受除冰盐作用环境；海岸环境
四	海水环境
五	受人为或自然的侵蚀性物质影响的环境

注　严寒和寒冷地区的划分应符合国家现行标准《民用建筑热工设计规范》（GB 50176）的有关规定。

表 1.6　　　　　　　　　　　结构混凝土材料的耐久性基本要求

环境等级		最大水胶比	最低强度等级	最大氯离子含量/%	最大碱含量/（kg/m³）
一		0.6	C20	0.3	不限制
二	a	0.55	C25	0.2	3.0
	b	0.50（0.55）	C30（C25）	0.15	
三	a	0.45（0.50）	C30（C25）	0.15	
	b	0.40	C40	0.10	

注　1. 氯离子含量是指其占胶凝材料总量的百分比。
　　2. 预应力构件混凝土中的最大氯离子含量为 0.05%；最低混凝土强度等级应按表中的规定提高两个等级。
　　3. 素混凝土构件的水胶比及最低强度等级的要求可适当放松。
　　4. 有可靠工程经验时，二类环境中的最低混凝土强度等级可降低一个等级。
　　5. 处于严寒和寒冷地区二 b、三 a 类环境中的混凝土应使用引气剂，并可采用括号中的有关参数。
　　6. 当使用非碱活性骨料时，对混凝土中的碱含量可不作限制。

1.3　钢筋与混凝土之间的黏结力

1.3.1　黏结力的概念

　　钢筋与混凝土之间的黏结力，是这两种力学性能不同的材料能够共同工作的基础。在钢筋与混凝土之间有足够的黏结强度，才能承受相对滑动。它们之间通过黏结力，使得内力得以传递。钢筋与混凝土之间的黏结力，主要由以下三个部分组成：

　　（1）胶着力。是混凝土中水泥浆凝结时产生化学作用，水泥胶体与钢筋之间产生胶着力。

　　（2）摩擦阻力。混凝土收缩将钢筋紧紧握固，当二者出现滑移时，在接触面上产生的摩擦阻力。

　　（3）咬合力。是钢筋表面凸凹不平与混凝土之间产生的机械咬合作用。

　　其中咬合力作用最大，约占总黏结力的一半以上，变形钢筋比光面钢筋的机械咬合作用更大。

1.3.2　黏结力的测定

　　钢筋与混凝土之间的黏结力，是通过钢筋的拔出试验来测定的，如图 1.13 所示。黏结力是分布在钢筋和混凝土接触面上的抵抗两者相对滑动的剪应力，即黏结应力。将钢筋一端埋入混凝土内，在另一端加荷拉拔钢筋，沿钢筋长度上的黏结应力不是均匀分布，而

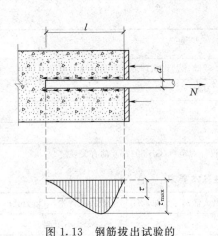

图 1.13　钢筋拔出试验的
黏结应力图

是曲线分布，最大黏结应力产生在离端头一距离处。若其平均黏结应力用 τ 表示，则在钢筋拉拔力达到极限时的平均黏结应力可由下式确定：

$$\tau = \frac{N}{\pi l d} \tag{1.9}$$

式中　N——极限拉拔力；

　　　l——钢筋埋入长度；

　　　d——钢筋直径。

1.3.3　钢筋的锚固与搭接

　　为了保证钢筋在混凝土中锚固可靠，设计时应该使钢筋在混凝土中有足够的锚固长度 l_a。它可根据钢筋应力达到屈服强度 f_y 时，钢筋才被拔动的条件确定，即

$$f_y \frac{\pi d^2}{4} = \tau \pi l_a d$$

则

$$l_a = \frac{f_y}{4\tau} d \tag{1.10}$$

（1）普通钢筋基本锚固长度计算公式：

$$l_{ab} = \alpha \frac{f_y}{f_t} d \tag{1.11}$$

式中　l_{ab}——受拉钢筋的基本锚固长度；

　　　f_y——普通钢筋的抗拉强度设计值；

　　　f_t——混凝土轴心抗拉强度设计值，当混凝土强度等级高于 C60 时，按 C60 取值；

　　　d——锚固钢筋的直径；

　　　α——锚固钢筋的外形系数，光面钢筋 $\alpha = 0.16$；带肋钢筋 $\alpha = 0.14$。

（2）受拉钢筋的锚固长度应根据具体锚固条件按下列公式计算，且不应小于 200mm。

$$l_a = \zeta_a l_{ab} \tag{1.12}$$

式中　l_a——受拉钢筋的锚固长度；

　　　ζ_a——锚固长度修正系数，按下列规定取用，当多于一项时，可连乘计算，但不应小于 0.6。

锚固长度修正系数 ζ_a 取用规定：

1）当带肋钢筋的公称直径大于 25mm 时取 1.10。

2）环氧树脂涂层带肋钢筋取 1.25。

3）施工过程中易受扰动的钢筋取 1.10。

4）当纵向受力钢筋的实际配筋面积大于其设计计算面积时，修正系数取设计计算面积与实际配筋面积的比值，但对有抗震设防要求及直接承受动力荷载的结构构件，不应考虑此项修正。

5）锚固区保护层度为 3d 时修正系数可取 0.80，保护层厚度为 5d 时修正系数可取

0.70，中间按内插取值，此处 d 为纵向受力带肋钢筋的直径。

（3）受拉钢筋绑扎搭接接头的搭接长度按下式计算，且不应小于 300mm。

$$l_l = \zeta_l l_a \tag{1.13}$$

式中　l_l——纵向受拉钢筋的搭接长度；

　　　ζ_l——纵向受拉钢筋搭接长度的修正系数，见表 1.7。

表 1.7　　　　　　　　　　　纵向受拉钢筋搭接长度修正系数

纵向搭接钢筋接头面积百分率/%	≤25	50	100
ζ_l	1.2	1.4	1.6

注　其他值可按内插取值。

为了保证光面钢筋的黏结强度的可靠性，GB 50010—2010 规定绑扎骨架中的受力光面钢筋末端必须做成半圆弯钩。弯钩的形式与尺寸如图 1.14 所示。

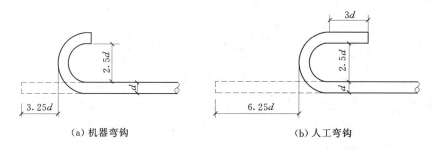

（a）机器弯钩　　　　　　　　　　　（b）人工弯钩

图 1.14　钢筋的弯钩

变形钢筋及焊接骨架中的光面钢筋因其黏结力较好，可不做弯钩。

为了方便运输，除小直径的盘圆外，出厂的钢筋每根长度多在 6～12m 左右。在实际工程中，钢筋接长的方法有三种：绑扎搭接、焊接连接和机械连接。焊接和机械连接节省钢材，连接可靠，宜优先采用。

绑扎搭接是在钢筋搭接处用铁丝绑扎而成。绑扎搭接接头是通过钢筋与混凝土之间的黏结应力来传递钢筋之间的内力，因此必须有足够的搭接长度。GB 50010—2010 规定：钢筋采用绑扎搭接接头时，受拉钢筋的搭接长度不应小于 l_l，且不应小于 300mm；受压钢筋的搭接长度不应小于 $0.7l_l$，且不应小于 200mm。受拉钢筋直径 $d>25$mm，或受压钢筋直径 $d>28$mm 时，不宜采用绑扎搭接接头。

思　考　题

1.1　混凝土结构中常用钢筋有哪些类型？并说明各种钢筋的应用范围。

1.2　试绘制软钢的应力-应变曲线，并说明各阶段的特点。

1.3　什么是条件屈服强度？

1.4　什么叫钢筋的伸长率和冷弯角？

1.5　什么是钢筋的冷加工？有哪些方法？冷加工后钢筋力学性能有什么变化？

1.6　什么是混凝土的立方体抗压强度？它与混凝土的强度等级有什么关系？

1.7　什么是混凝土的弹性模量、变形模量？

1.8　什么是混凝土的徐变？影响徐变的因素有哪些？

1.9　什么是混凝土的温度变形和干缩变形？如何减小混凝土构件中的收缩裂缝？

1.10　什么是黏结力？黏结力由哪几部分组成？

1.11　钢筋的接头有哪几种方式？

1.12　什么是锚固长度？它如何确定？

第2章 钢筋混凝土结构的设计方法

2.1 基 本 概 念

2.1.1 结构上的作用

结构是房屋建筑中承重骨架的总称。结构在使用过程中，除了承受自身的重量（简称结构自重）以外，楼面上可能作用有人群、家具、设备等荷载，屋面上可能作用有雪、雨荷载，墙面上可能作用有风荷载等。另外还可能承受地基沉降、温度变化、焊接、地震、冲击波等作用。我们将施加在结构上的荷载以及引起结构产生外加变形或约束变形的各种因素，统称为结构上的作用。其中施加在结构上的集中荷载和分布荷载称为直接作用，习惯上称为荷载；引起结构外加变形或约束变形的地基沉降、温度变化、焊接、地震、冲击波等因素称为间接作用。

结构上的作用大多具有随时间而变的特点，故需规定一个时间参数——设计基准期，作为作用分类和结构可靠度分析的依据。现行规范采用的设计基准期为50年。它不等同于结构的设计使用年限。结构的设计使用年限（表2.1）是指在正常设计、正常施工、正常使用和正常维护下所应达到的使用年限。当结构的实际使用年限超过结构的设计使用年限后，其失效概率将逐年增大，但并非立即报废，只要采取适当的维修措施，仍能正常使用。

表 2.1 结构的设计使用年限分类

类 别	设计使用年限/年	示 例
1	5	临时性结构
2	25	易于替换的结构构件
3	50	普通房屋和构筑物
4	100	纪念性建筑和特别重要的建筑结构

结构上的作用可按下列性质分类。

2.1.1.1 按随时间的变异分类

1. 永久作用

在设计基准期内量值不随时间变化，或其变化与平均值相比可以忽略不计的作用。例如，结构自重、土压力、固定设备重、基础沉降以及焊接等。

2. 可变作用

在设计基准期内量值随时间而发生变化，且其变化与平均值相比不可以忽略的作用。例如，人群荷载、风荷载、雪荷载、吊车荷载、安装荷载、温度变化等。

3. 偶然作用

在设计基准期内不一定出现，一旦出现，其量值很大且持续时间很短的作用。例如，地震、爆炸、撞击等。

2.1.1.2　按随空间位置的变异分类

1. 固定作用

在结构空间位置上不发生变化的作用。例如，工业与民用建筑楼面上的固定设备荷载、结构构件自重等。

2. 可动作用

在结构空间位置上的一定范围内可以任意变化的作用。例如，工业与民用建筑楼面上的人群荷载、厂房中的吊车荷载等。

2.1.1.3　按结构的反应分类

1. 静态作用

对结构或构件不产生加速度或其加速度很小因而可以忽略不计的作用。例如，结构自重、住宅及办公楼的楼面活荷载、屋面的雪荷载等。

2. 动态作用

对结构或构件产生不可忽略的加速度的作用。例如，地震、吊车荷载、设备振动、作用在高耸结构上的风荷载等。

2.1.2　作用效应

结构上的作用，使结构产生的内力（轴力、弯矩、剪力、扭矩）和变形（挠度、侧移、转角、裂缝），总称为作用效应。通常用 S 表示。若作用为直接作用，则其效应也可称为荷载效应。具体可用力学的方法求得。荷载 Q 与荷载效应 S 在线弹性结构中一般近似按线性关系考虑：

$$S = CQ \tag{2.1}$$

式中　C——荷载效应系数。

如受均布荷载 q 作用的简支梁，则跨中弯矩值：

$$M = \frac{1}{8} q l_0^2$$

式中　M——荷载效应 S；

q——荷载；

$\frac{1}{8} l_0^2$——荷载效应系数 c；

l_0——梁的计算跨度。

2.1.3　结构抗力

钢筋混凝土结构构件的截面尺寸、混凝土强度等级、配筋数量以及钢筋级别等因素确定以后，截面便具有一定抵抗弯矩、轴力、剪力、扭矩等作用效应的能力。这种结构抵抗作用效应的能力，称为结构的抗力，通常用 R 表示。

2.1.4　结构上的作用、作用效应以及结构抗力的随机性质

由概率论可知，一个事件可能有多种结果，但事先不能肯定哪一种结果一定发生时，称这一事件具有随机性质。

楼面上的人群荷载、墙面上的风荷载、屋面上的雪荷载以及厂房中的吊车荷载等，都

不是固定不变的。它们可能出现，也可能不出现；其数值可能较大，也可能较小。即使是结构的自重，由于所用材料种类的不同或制作过程中不可避免的误差，其重量也不可能与设计值完全相等。地震、基础沉降、混凝土收缩、温度变化、焊接等间接作用更是如此。可见结构上的作用具有随机性。

作用效应是根据结构上的作用，按力学的方法计算得出，因此亦具有随机性。

结构抗力主要取决于材料性能和结构的几何参数。由于材料质量以及生产工艺等因素的影响，即使是同一工厂生产的同一种钢材，或是同一工地按同一配比制作的混凝土，其强度和变形性能都会有一定的差异。结构制作误差和安装误差会引起结构几何参数的变异，结构抗力计算所采用的假设和计算公式的精确程度会引起结构计算结果的不定性。显然，结构抗力也具有随机性。

2.1.5 正态分布的特性

对于各种随机变量，只能根据它们的分布规律，采用概率论和数理统计的方法进行分析和处理。

结构上的作用、作用效应和结构抗力的实际分布情况很复杂。在今后的讨论中，为了简化起见，常假定它们服从图 2.1 所示的正态分布。下面扼要介绍正态分布的有关特性。

图 2.1 中，横坐标表示随机变量 x，纵坐标表示随机变量的频率密度 $f(x)$，即随机变量 x 在横坐标某一区段上出现的百分率（或称为频率）与该区段长度的比值。

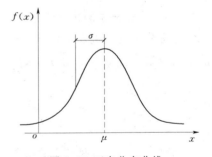

图 2.1 正态分布曲线

2.1.5.1 正态分布的特点

由概率论和数理统计可知，正态分布曲线具有以下几个特点：

（1）曲线只有一个高峰。

（2）曲线有一根对称轴。

（3）当 x 趋于 $+\infty$ 或 $-\infty$ 时，曲线的纵坐标均趋向于零。

（4）对称轴左右两边各有一个反弯点，反弯点也对称于对称轴。

2.1.5.2 正态分布的三个特征值

1. 平均值

平均值的计算公式为

$$\mu = \frac{\sum\limits_{i=1}^{n} x_i}{n} \tag{2.2}$$

式中　x_i——第 i 个随机变量的值；

　　　n——随机变量的个数。

平均值 μ 越大，分布曲线的峰点离纵坐标轴的水平距离越远。

2. 标准差

标准差的计算公式为

$$\sigma = \sqrt{\frac{\sum_{i=1}^{n}(\mu - x_i)^2}{n-1}} \qquad (2.3)$$

标准差 σ 在几何意义上表示分布曲线顶点到反弯点之间的水平距离。在图 2.2 中，给出了三条正态分布曲线，它们的平均值相同，但标准差不同。由图可见，标准差 σ 越大，分布曲线越扁平。

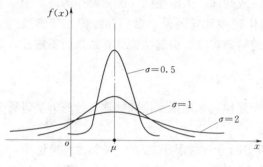

图 2.2　标准差不同的正态分布曲线

3. 变异系数

变异系数的计算公式为

$$\delta = \frac{\sigma}{\mu} \qquad (2.4)$$

变异系数 δ 是衡量一批数据中各观测值相对离散程度的一种特征数。如果有两批数据，它们的标准差相同，但平均值不相同，则平均值较小的这组数据中，各观测值的相对离散程度较大。

由此可知，平均值、标准差和变异系数是决定正态分布曲线基本形状的三个特征值。

2.1.5.3　正态分布的运算法则

正态分布的随机变量具有自己特有的运算法则。例如，假若 x_1 和 x_2 为两个相互独立的随机变量，且 $z = x_1 \pm x_2$，则

$$\mu_z = \mu_{x_1} \pm \mu_{x_2} \qquad (2.5)$$

$$\sigma_z = \sqrt{\sigma_{x_1}^2 + \sigma_{x_2}^2} \qquad (2.6)$$

2.1.5.4　概率

由概率论可知，频率密度的积分称为概率。各频率之和等于 1，即

$$P = \int_{-\infty}^{+\infty} f(x)\mathrm{d}x = 1 \qquad (2.7)$$

2.2　结构的可靠度理论

2.2.1　结构的功能要求

结构设计的目的就是要使结构建成后能满足各项预定的"功能要求"。结构的功能要求，可概括为以下几个方面。

1. 安全性

在正常施工和正常使用时，能够承受可能出现的各种作用（包括直接作用和间接作用），并在偶然事件（地震、洪水）发生时及发生后，仍能保持必需的整体稳定性（局部破坏而不致发生连续倒塌）。

2. 适用性

在正常使用时，具有良好的工作性能（适用性），即不出现过大的裂缝、变形，不发

生过大的振动。

3. 耐久性

在正常维护下，具有足够的耐久性能（不发生锈蚀和风化现象）。

2.2.2　结构可靠度概念

由上述结构功能要求可以看出，安全、适用和耐久，是衡量结构可靠的标志，总称为结构的可靠性。

结构的可靠度是指在规定的时间内、规定的条件下，完成预定功能的概率。这个规定的时间一般为 50 年，规定的条件是指正常设计、正常施工和正常使用的条件；而规定条件下的预定功能，即指结构的安全性、适用性和耐久性。显然，结构可靠度是结构可靠性的概率度量。

成功的结构设计应合理考虑可靠性与经济性。将结构的可靠度水平定得过高，会提高结构造价，与经济性原则相违背。但若一味强调经济性，又会不利于可靠性。设计时应根据结构破坏可能产生的各种后果（是否危及人的生命、造成怎样的经济损失、产生如何的社会影响等）的严重性，对不同的建筑结构采用不同的安全等级。《建筑结构可靠度设计统一标准》（GB 50068—2001）（以下简称《统一标准》）对建筑结构的安全等级划分为三级（表 2.2）。

需要注意，对于特殊的建筑物，其安全等级可根据具体情况另行确定，对于有抗震要求或其他特殊要求的建筑结构，其安全等级还应符合抗震规范或其他规范的规定。

一般来说，建筑结构构件的安全等级宜与整个结构同级。结构中部分构件的安全等级可以调整，但不得低于三级。

表 2.2　建筑结构的安全等级

安全等级	破坏后果	建筑物类型
一级	很严重	重要的房屋
二级	严重	一般的房屋
三级	不严重	次要的房屋

2.2.3　结构的可靠概率和失效概率

由前述可知，R 为结构抗力，S 为作用效应，如果设 Z 为结构的功能函数，则

$$Z = R - S \tag{2.8}$$

随着条件的不同，结构功能函数 Z 将有下面三种可能性：

(1) $Z > 0$（$R > S$），即结构抗力大于作用效应，意味着结构可靠。

(2) $Z < 0$（$R < S$），即结构抗力小于作用效应，意味着结构失效。

(3) $Z = 0$（$R = S$），即结构抗力等于作用效应，意味着结构处于极限状态。

因此，结构安全可靠工作的基本条件是

$$Z \geqslant 0 \tag{2.9}$$

由于结构抗力 R 和作用效应 S 都是随机变量，所以，结构的功能函数 Z 也是一个随机变量，而且是结构抗力和作用效应两个随机变量的函数，假定 R 和 S 是相互独立的，而且都服从正态分布，则结构的功能函数 Z 也服从正态分布。由正态分布的运算法则可知，结构功能函数 Z 的三个特征值为

$$\mu_z = \mu_R - \mu_S \tag{2.10}$$

$$\sigma_z = \sqrt{\sigma_R^2 + \sigma_S^2} \tag{2.11}$$

$$\delta_z = \frac{\sigma_z}{\mu_z} = \frac{\sqrt{\sigma_R^2 + \sigma_S^2}}{\mu_R - \mu_S} \tag{2.12}$$

图 2.3 所示为结构功能函数的分布曲线。图中，纵坐标轴线以左阴影面积表示结构的失效概率 P_f，纵坐标轴线以右分布曲线与坐标轴围成的面积表示结构的可靠概率 P_s。因此，结构的失效概率为

$$P_f = \int_{-\infty}^{0} f(z) \mathrm{d}z \tag{2.13}$$

而结构的可靠概率为

$$P_s = \int_{0}^{\infty} f(z) \mathrm{d}z \tag{2.14}$$

由式（2.7）可知，结构失效概率与结构可靠概率的关系为

$$P_s + P_f = 1 \tag{2.15}$$

或

$$P_s = 1 - P_f \tag{2.16}$$

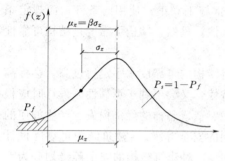

图 2.3　结构功能函数分布曲线

因此，既可以用结构的可靠概率 P_s 来度量结构的可靠性，也可以用结构的失效概率 P_f 来度量结构的可靠性。或者说既可以用结构在规定时间内、在规定条件下完成预定功能的概率不得低于多少，也可以用结构在规定时间内、在规定条件下不能完成预定功能的概率不得高于多少来度量结构的可靠性。

2.2.4　可靠指标

用失效概率 P_f 来度量结构的可靠性具有明确的物理意义，能够较好地反映问题的实质。但是，影响失效概率的因素较多，计算失效概率一般要用多维积分，数学计算上比较复杂，因此引入可靠指标 β 代替结构失效概率 P_f 来具体度量结构的可靠性。

可靠指标即结构功能函数 Z 的平均值 μ_z 与其标准差 σ_z 之比，即

$$\beta = \frac{\mu_z}{\sigma_z} \tag{2.17}$$

由此式可得

$$\mu_z = \beta\sigma_z \tag{2.18}$$

如前所述，标准差 σ_z 在几何意义上表示分布曲线的顶点到曲线的反弯点之间的水平距离。由图 2.3 可见，β 值越大，失效概率 P_f 的值就越小；反之，β 值越小，失效概率 P_f 的值就越大。因此 β 和失效概率一样，可作为衡量结构可靠度的一个指标，称为可靠指标。对于标准正态分布，β 与失效概率 P_f 之间存在一一对应关系，可由概率理论得出。表 2.3 为几个常用可靠指标 β 与构件失效概率 P_f 的对应关系。

表 2.3		β 与 P_f 的对应关系		
β	2.7	3.2	3.7	4.2
P_f	3.5×10^{-3}	6.9×10^{-4}	1.1×10^{-4}	1.3×10^{-5}

2.2.5　目标可靠指标

为使结构构件既安全可靠又经济合理，必须确定一个公众能够接受的结构构件失效概

率 P_f 或可靠指标 β，此值分别称为允许失效概率 $[P_f]$ 或目标可靠指标 $[\beta]$，要求 $P_f \leqslant [P_f]$ 或 $\beta \geqslant [\beta]$，并尽量接近。由结构构件的实际破坏情况可知，破坏状态有延性破坏和脆性破坏之分，结构构件发生延性破坏前有明显的预兆可查，可及时采取补救措施，故目标可靠指标可定得稍低些；反之，结构发生脆性破坏时，破坏经常突然发生，比较危险，故目标可靠指标可定得高些。《建筑结构可靠度设计统一标准》（GB 50068—2001）根据结构的安全等级和破坏类型，规定了按承载能力极限状态计算时的目标可靠指标 β 值，见表 2.4。

表 2.4　　　　　　　　　结构构件承载能力极限状态的可靠指标

破 坏 类 型	安 全 等 级		
	一级	二级	三级
延性破坏	3.7	3.2	2.7
脆性破坏	4.2	3.7	3.2

　　理论上，当荷载的概率分布、统计参数以及材料性能、尺寸的统计参数已确定，根据规范规定的目标可靠指标，即可按照结构可靠度的概率分析方法进行结构设计。但是，这样进行设计对于一般性结构构件工作量很大，过于烦琐。考虑到实用上的简便，和广大工程设计人员的习惯，我国《建筑结构可靠度设计统一标准》（GB 50068—2001）采用了工程设计人员熟悉的以基本变量的标准值和分项系数表达的结构构件实用设计表达式。

2.3　极限状态实用设计表达式

2.3.1　极限状态的定义和分类

　　如前所述，设计结构时要求满足安全性、适用性和耐久性等功能。如果整个结构或结构的某一部分超过某一特定状态后，就不能满足上述规定的某一功能要求时，此特定状态便称为该功能的极限状态。

　　我国《建筑结构可靠度设计统一标准》（GB 50068—2001）将极限状态分为承载力极限状态和正常使用极限状态两类。

　　1. 承载力极限状态

　　当结构或结构构件达到最大承载力，或者达到不适于继续承载的变形状态时，称该结构或结构构件达到承载力极限状态。

　　当结构或结构构件出现下列状态之一时，即认为超过了承载力极限状态：

　　（1）整个结构或结构的一部分作为刚体失去平衡（如倾覆等）。

　　（2）结构构件或连接因超过材料强度而破坏（包括疲劳破坏），或因过度变形不适于继续承载。

　　（3）结构转变为机动体系。

　　（4）结构或结构构件丧失稳定（如压屈等）。

　　（5）地基丧失承载能力而破坏（如失稳等）。

　　2. 正常使用极限状态

　　结构或结构构件达到正常使用和耐久性能的某项规定限值的状态，即正常使用极限状态。

当结构或结构构件出现下列状态之一时，应认为超过了正常使用极限状态：

(1) 影响正常使用或外观的变形。

(2) 影响正常使用或耐久性能的局部破坏（包括裂缝）。

(3) 影响正常使用的振动。

(4) 影响正常使用的其他特定状态。

2.3.2　承载能力极限状态设计表达式

2.3.2.1　基本设计表达式

$$\gamma_0 S \leqslant R \tag{2.19}$$

$$R = R(f_c, f_y, a_k, \cdots) \tag{2.20}$$

式中　　　　γ_0——结构重要性系数，对安全等级为一级或设计使用年限为 100 年及以上的结构构件，应不小于 1.1；对安全等级为二级或设计使用年限为 50 年的结构构件，应不小于 1.0；对安全等级为三级或设计使用年限为 5 年的结构构件，应不小于 0.9；在抗震设计中，不考虑结构构件的重要性系数；

　　　　　　S——荷载效应组合设计值，分别表示为设计轴力 N、设计弯矩 M、设计剪力 V、设计扭矩 T 等；

　　　　　　R——结构构件设计抗力；

$R(f_c, f_y, a_k, \cdots)$——结构构件的抗力函数；

　　　　　　a_k——几何参数的标准值，当几何参数的变异性对结构性能有明显影响时，可另增减一个附加值；

　　　　f_c, f_y——混凝土、钢筋的强度设计值。

2.3.2.2　荷载效应组合设计值

按承载力极限状态设计时，应考虑荷载效应的基本组合，必要时还应考虑荷载效应的偶然组合。

1. 基本组合

对于基本组合，荷载效应组合设计值 S 应从下列组合中取最不利值确定。

(1) 由可变荷载效应控制的组合，为

$$S = \gamma_G S_{G_k} + \gamma_{Q_1} S_{Q_{1k}} + \sum_{i=2}^{n} \gamma_{Q_i} \psi_{ci} S_{Q_{ik}} \tag{2.21}$$

式中　γ_G——永久荷载的分项系数，当其效应对结构不利时，对由可变荷载效应控制的组合，应取 1.2，对由永久荷载效应控制的组合，应取 1.35；当其效应对结构有利时，一般情况下应取 1.0，对结构的倾覆、滑移或漂浮验算时，应取 0.9；

　　　γ_{Q_i}——可变荷载分项系数，其中 γ_{Q_1} 为可变荷载 Q_{1k} 的分项系数；一般情况下应取 1.4；对标准值大于 4.0kN/m^2 的工业楼面结构的活荷载应取 1.3；

　　　S_{G_k}——按永久荷载的标准值 G_k 计算的荷载效应值；

　　　$S_{Q_{ik}}$——按可变荷载的标准值 Q_{ik} 计算的荷载效应值，其中 $S_{Q_{1k}}$ 为诸可变荷载效应中起控制作用者；

ψ_{ci}——可变荷载 Q_i 的组合值系数，应按《建筑结构荷载规范》（GB 50009—2012）有关规定采用，见表 2.5；

n——参与组合的可变荷载数。

（2）由永久荷载效应控制的组合，为

$$S = \gamma_G S_{G_k} + \sum_{i=1}^{n} \gamma_{Q_i} \psi_{ci} S_{Q_{ik}} \tag{2.22}$$

（3）对于一般排架、框架结构，式（2.21）可采用下列简化设计表达式：

$$S = \gamma_G S_{G_k} + \psi_{ci} \sum_{i=1}^{n} \gamma_{Q_i} S_{Q_{ik}} \tag{2.23}$$

式中 ψ_{ci}——可变荷载组合系数，一般情况下可取 0.9，当只有一个可变荷载时，取 1.0。

注：①荷载的具体组合规则及组合值系数，应符合 GB 50009—2012 的规定；②基本组合中的设计值仅适用于荷载与荷载效应为线性的情况。

2. 偶然组合

对于偶然组合，极限状态设计表达式宜按下列原则确定：

（1）偶然作用的代表值不乘以分项系数。

（2）与偶然作用同时出现的可变荷载，应根据观测资料和工程经验采用适当的代表值。具体的设计表达式及各种系数，应符合专门规范的规定。

2.3.3 正常使用极限状态设计表达式

2.3.3.1 基本设计表达式

$$S \leqslant C \tag{2.24}$$

式中 C——结构或构件达到正常使用要求的规定限值，例如变形、裂缝、振幅、加速度、应力等的相应限值，应按各有关建筑结构设计规范的规定采用。

2.3.3.2 荷载效应组合设计值

对正常使用极限状态，应根据不同的设计要求，采用荷载的标准组合、频遇组合或准永久组合。

1. 标准组合

$$S = S_{G_k} + S_{Q_{1k}} + \sum_{i=2}^{n} \psi_{ci} S_{Q_{ik}} \tag{2.25}$$

2. 频遇组合

$$S = S_{G_k} + \psi_{f1} S_{Q_{1k}} + \sum_{i=2}^{n} \psi_{qi} S_{Q_{ik}} \tag{2.26}$$

式中 ψ_{f1}——可变荷载 Q_1 的频遇值系数，按有关规定采用，见表 2.5。

3. 准永久组合

$$S = S_{G_k} + \sum_{i=1}^{n} \psi_{qi} S_{Q_{ik}} \tag{2.27}$$

式中 ψ_{qi}——可变荷载 Q_i 的准永久值系数，按有关规定采用，见表 2.5。

表 2.5　　　　　民用建筑楼面均布活荷载标准值及组合值、频遇值和准永久值系数

项次	类　别	标准值 Q_k /(kN/m²)	组合值系数 ψ_c	频遇值系数 ψ_f	准永久值系数 ψ_q
1	① 住宅、宿舍、旅馆、办公楼、医院病房、幼儿园、托儿所； ② 教室、实验室、阅览室、会议室、医院门诊室	2.0	0.7	0.5 0.6	0.4 0.5
2	食堂、餐厅、一般资料档案室	2.5	0.7	0.6	0.5
3	① 礼堂、剧院、影院、有固定座位的看台； ② 公共洗衣房	3.0	0.7	0.5 0.6	0.3 0.5
4	① 商店、展览厅、车站、港口、机场大厅及旅客等候室； ② 无固定座位的看台	3.5	0.7	0.6 0.5	0.5 0.3
5	① 健身房、演出舞台； ② 舞厅	4.0	0.7	0.6	0.5 0.3
6	① 书库、档案室、储藏室； ② 密集柜书库	5.0 12.0	0.9	0.9	0.8
7	通风基房、电梯机房	7.0	0.9	0.9	0.8
8	汽车通道及停车库： ① 单向板楼盖（板跨不小于 2m）； • 客车 • 消防车 ② 双向板楼盖和无梁楼盖（柱网尺寸不小于 6m×6m） • 客车 • 消防车	 4.0 35.0 2.5 20.0	 0.7 0.7 0.7 0.7	 0.7 0.7 0.7 0.7	 0.6 0.6 0.6 0.6
9	厨房： ① 一般的； ② 餐厅的	2.0 4.0	0.7	0.6 0.7	0.5 0.7
10	浴室、厕所、盥洗室： ① 第一项中的民用建筑； ② 其他民用建筑	2.0 2.5	0.7	0.5 0.6	0.4 0.5
11	走廊、门厅、楼梯： ① 宿舍、旅馆、医院病房、幼儿园、托儿所、住宅； ② 办公楼、教室、餐厅、医院门诊部； ③ 消防疏散楼梯、其他民用建筑	2.0 2.5 3.5	0.7	0.5 0.6 0.5	0.4 0.5 0.3
12	阳台： ① 一般情况； ② 当人群有可能密集时	2.5 3.5	0.7	0.6	0.5

注　1. 本表所给各项活荷载适用于一般使用条件，当使用荷载较大或情况特殊时，应按实际情况采用。

　　2. 第 6 项中，当书架高度大于 2m 时，书库活荷载应按每米书架高度不小于 2.5kN/m² 确定。

　　3. 第 8 项中的客车活荷载只适用于停放载人少于 9 人的客车；消防车活荷载只适用于满载总重为 300kN 的大型车辆；当不符合本表要求时，应将车轮的局部荷载按结构效应的等效原则，换算为等效均布荷载。

　　4. 第 11 项楼梯活荷载，对预制楼梯踏步平板，应按 1.5kN 集中荷载验算。

　　5. 本表各项荷载不包括隔墙自重和二次装修荷载。对固定隔墙的自重应按恒荷载考虑，当隔墙位置可灵活自由布置时，非固定隔墙的自重应取每延米长墙重（kN/m²）的 1/3 作为楼面活荷载的附加值（kN/m²）计入，附加值不小于 1.0kN/m²。

2.3.4 材料强度代表值

1. 材料强度标准值

材料强度的标准值是结构设计时采用的材料性能的基本代表值之一，可取其概率分布的 0.05 分位数（具有不小于 95% 的保证率）确定，其表达式为

$$f_k = \mu_{f_k} - 1.645\sigma_{f_k} \tag{2.28}$$

式中　f_k——材料强度的标准值；

μ_{f_k}——材料强度的平均值；

σ_{f_k}——材料强度的标准差。

2. 材料强度设计值

材料强度设计值等于材料强度的标准值除以对应的材料分项系数。

$$f_c = \frac{f_{ck}}{\gamma_c} \tag{2.29}$$

$$f_y = \frac{f_{yk}}{\gamma_s} \tag{2.30}$$

式中　f_c，f_y——混凝土、钢筋强度设计值；

γ_c，γ_s——混凝土、钢筋强度分项系数；对混凝土，采用 $\gamma_c = 1.4$；

f_{ck}，f_{yk}——混凝土、钢筋强度标准值。

2.3.5 荷载代表值

建筑结构设计时，对不同荷载应采用不同的代表值。对永久荷载应采用标准值作为代表值。对可变荷载应根据设计要求采用标准值、组合值、频遇值或准永久值作为代表值。对偶然荷载应按建筑结构使用的特点确定其代表值。

2.3.5.1 荷载标准值

荷载标准值是荷载的基本代表值。统一取结构设计基准期内最大荷载统计分布的特征值。

1. 永久荷载标准值 G_k

永久荷载标准值是按结构构件的设计尺寸和材料或结构构件的单位自重计算而得。对于结构或构件的自重，由于离散性不大，所以其平均值即为荷载的标准值。表 2.6 列出了部分常用材料和构件的自重，供设计时使用。

2. 可变荷载标准值 Q_k

可变荷载标准值，统一由结构设计基准期内最大荷载统计分布的某一个分位值确定。由于目前对设计基准期内最大荷载的概率分布能作出估计的荷载还是一小部分，所以其取值主要还是根据历史经验确定。民用建筑楼面均布活荷载标准值及屋面活荷载标准值见表 2.5 和表 2.7，其他活荷载的标准值可查阅《建筑结构荷载规范》（GB 50009—2012）。

2.3.5.2 荷载频遇值

荷载频遇值是可变荷载在正常使用极限状态按频遇效应组合设计时的荷载代表值。

对可变荷载，在设计基准期内，其超越的总时间为规定的较小比率或超越频率为规定频率的荷载值。其值为可变荷载标准值 Q_k 与频遇值系数 ψ_f 的乘积。ψ_f 的取值见表 2.5 及表 2.7。

表 2.6　　　　　　　　　　部分常用材料和构件的自重

名　称	自重/(kN/m³)	备　注	名　称	自重/(kN/m³)	备　注
钢筋混凝土	24～25		双面抹灰板条隔墙	0.9	每面抹灰 16～24mm，龙骨在内
素混凝土	22～24	振捣或不振捣	瓷砖贴面	0.5	包括水泥砂浆打底，共厚 25mm
加气混凝土	5.5～7.5	单块	水泥粉刷墙面	0.36	20mm 厚，水泥粗砂
泡沫混凝土	4～6		钢屋架	0.12 +0.011l	无天窗，包括支撑，按屋面水平投影面积计算，跨度 l 以米计
水泥砂浆	20				
石灰砂浆	17		钢框玻璃窗	0.4～0.45	
石灰炉渣	10～12		木框玻璃窗	0.2～0.3	
水泥炉渣	12～14		木门	0.1～0.2	
灰土	17.5	石灰∶土＝3∶7，夯实	钢铁门	0.4～0.45	
浆砌细方石	25.6	石灰石	黏土平瓦屋面	0.55	按实际面积计算
浆砌普通砖	18		小青瓦屋面	0.9～1.1	按实际面积计算
浆砌机砖	19		玻璃屋顶	0.3	9.5mm 夹丝玻璃，框架自重在内
钢	78.5		油毡防水层	0.35～0.4	八层做法，三毡四油上铺小石子
石膏粉	9		石棉板瓦	0.18	仅瓦自重

表 2.7　　　　　　　　　　屋 面 均 布 活 荷 载

项　次	类　别	标准值 Q_k/(kN/m²)	组合值系数 ψ_c	频遇值系数 ψ_f	准永久值系数 ψ_q
1	不上人屋面	0.5	0.7	0.5	0
2	上人屋面	2.0	0.7	0.5	0.4
3	屋顶花园	3.0	0.7	0.6	0.5

注　1. 不上人的屋面，当施工或维修荷载较大时，应按实际情况采用；对不同结构应按有关设计规范的规定，将标准值作 0.2kN/m² 的增减。

　　2. 上人的屋面，当兼作其他用途时，应按相应楼面活荷载采用。

　　3. 对于因屋面排水不畅、堵塞等引起的积水荷载，应采取构造措施加以防止；必要时，应按积水的可能深度确定屋面活荷载。

　　4. 屋顶花园活荷载不包括花田土石等材料自重。

2.3.5.3　荷载准永久值

　　荷载准永久值是可变荷载在正常使用极限状态按长期效应组合设计时的荷载代表值。一般在设计基准期内，超越的总时间为设计基准期一半的荷载值，其值为可变荷载标准值 Q_k 与准永久值系数 ψ_q 的乘积。ψ_q 的取值见表 2.5 及表 2.7。

2.3.5.4　荷载组合值

　　对可变荷载，使组合后的荷载效应在设计基准期内的超越概率能与该荷载单独出现时的相应概率趋于一致的荷载值；或使组合后的结构具有统一的可靠指标的荷载值。其值为可变荷载标准值 Q_k 与组合值系数 ψ_c 的乘积。ψ_c 的取值见表2.5及表2.7。

【例2.1】 某教学楼楼面钢筋混凝土简支梁，截面尺寸为 $250\text{mm} \times 600\text{mm}$，计算跨度 $l_0 = 6.0\text{m}$，承载宽度为3.6m。楼面做法：20mm厚水泥砂浆面层；120mm厚空心板（自重为 2.1kN/m^2，包括灌缝重）；15mm厚石灰砂浆板底粉刷。求跨中弯矩在承载能力极限状态计算和正常使用极限状态验算的荷载效应设计值。

解：（1）计算参数。

查表2.6得：水泥砂浆自重 20kN/m^3，石灰砂浆自重 17kN/m^3，混凝土自重 25kN/m^3。

查表2.5得：楼面活荷载标准值 $Q_k = 2.0\text{kN/m}^2$，频遇值系数 $\psi_f = 0.6$，准永久值系数 $\psi_q = 0.5$，组合值系数 $\psi_c = 0.7$。

（2）荷载计算。

1）恒荷载（永久荷载）。

20mm厚水泥砂浆	$0.02 \times 3.6 \times 20 = 1.44(\text{kN/m})$
120mm厚空心板	$3.6 \times 2.1 = 7.56(\text{kN/m})$
15mm厚石灰砂浆	$0.015 \times 3.6 \times 17 = 0.92(\text{kN/m})$
梁侧面粉刷	$0.015 \times 0.6 \times 17 \times 2 = 0.31(\text{kN/m})$
梁自重	$0.25 \times 0.6 \times 25 = 3.75(\text{kN/m})$

梁上恒荷载标准值 $g_k = 1.44 + 7.56 + 0.92 + 0.31 + 3.75 = 13.98(\text{kN/m})$

2）活荷载（可变荷载）。

梁上活荷载标准值 $q_k = 3.6 \times 2.0 = 7.2(\text{kN/m})$

（3）承载能力极限状态荷载效应设计值。

1）由可变荷载效应控制的组合，由式（2.21）得

$$M = \gamma_G M_{G_k} + \gamma_Q M_{Q_k} = (\gamma_G g_k + \gamma_Q q_k)\frac{l_0^2}{8}$$

$$= (1.2 \times 13.98 + 1.4 \times 7.2) \times \frac{6.0^2}{8}$$

$$= 120.85(\text{kN} \cdot \text{m})$$

2）由永久荷载效应控制的组合，由式（2.22）得

$$M = \gamma_G M_{G_k} + \gamma_Q \psi_c M_{Q_k} = (\gamma_G g_k + \gamma_Q \psi_c q_k)\frac{l_0^2}{8}$$

$$= (1.35 \times 13.98 + 1.4 \times 0.7 \times 7.2) \times \frac{6.0^2}{8}$$

$$= 116.68(\text{kN} \cdot \text{m})$$

取最不利组合，则承载能力极限状态弯矩设计值 $M = 120.85\text{kN} \cdot \text{m}$。

（4）正常使用极限状态荷载效应设计值。

1）标准组合设计值，由式（2.25）得

$$M = M_{G_k} + M_{Q_k} = (g_k + q_k)\frac{l_0^2}{8} = (13.98 + 7.2) \times \frac{6.0^2}{8} = 95.31(\text{kN} \cdot \text{m})$$

2) 频遇组合设计值，由式（2.26）得

$$M = M_{G_k} + \psi_f M_{Q_k} = (g_k + \psi_f q_k)\frac{l_0^2}{8} = (13.98 + 0.6 \times 7.2) \times \frac{6.0^2}{8} = 82.35(\text{kN} \cdot \text{m})$$

3) 准永久组合设计值，由式（2.27）得

$$M = M_{G_k} + \psi_q M_{Q_k} = (g_k + \psi_q q_k)\frac{l_0^2}{8} = (13.98 + 0.5 \times 7.2) \times \frac{6.0^2}{8} = 79.11(\text{kN} \cdot \text{m})$$

思 考 题

2.1 什么是结构上的作用？其分类情况如何？

2.2 结构上的作用与荷载是否相同？为什么？

2.3 什么是作用效应 S？什么是结构抗力 R？为什么说 S 和 R 都是随机变量？$S>R$，$S=R$，$S<R$ 各表示什么意义？

2.4 结构的设计基准期是多少年？它与设计使用年限有何区别？超过设计使用年限的结构是否不能再使用？

2.5 正态分布曲线有哪些特性？其三个特征值是什么？分别具有什么几何意义？

2.6 建筑结构应满足哪些功能要求？其中最重要的一项是什么？

2.7 什么是结构的可靠性与可靠度？两者的关系如何？

2.8 失效概率 P_f 的意义是什么？它与可靠指标 β 的关系如何？

2.9 什么是结构的极限状态？结构的极限状态有几类？主要内容是什么？

2.10 写出承载能力极限状态实用设计表达式，并解释公式中各项的意义。

2.11 建筑结构的安全等级是怎样划分的？在承载能力极限状态实用设计表达式中是怎样体现的？

2.12 什么是荷载的代表值？永久荷载和可变荷载的代表值分别是什么？荷载的设计值与标准值有什么关系？

习 题

2.1 某住宅钢筋混凝土简支梁，计算跨度 $l_0=6\text{m}$，承受均布荷载，永久荷载标准值 $g_k=12\text{kN/m}$（包括自重），可变荷载标准值 $q_k=8\text{kN/m}$，可变荷载组合值系数 $\psi_c=0.7$，频遇值系数 $\psi_f=0.5$，准永久值系数 $\psi_q=0.4$，构件安全等级为二级。求：

(1) 按承载能力极限状态计算的梁跨中最大弯矩设计值。

(2) 按正常使用极限状态计算的荷载标准组合、频遇组合及准永久组合跨中弯矩值。

第3章 钢筋混凝土受弯构件正截面承载力计算

受弯构件是指截面上通常有弯矩和剪力共同作用而轴力可以忽略不计的构件。建筑工程中一般以板和梁的形式出现。如屋面板、楼面板；房屋的纵横梁、工业厂房中的吊车梁等。两者的区别仅在于截面的高宽比不同，而受力情况、截面计算方法均相同，故本章不再分梁、板，而统一称为受弯构件。

受弯构件的破坏有两种可能：一种是由弯矩作用引起的破坏，破坏截面与构件的纵轴线垂直，称为正截面破坏［图3.1（a）］；另一种是由弯矩和剪力共同作用而引起的破坏，破坏截面是倾斜的，称为斜截面破坏［图3.1（b）］。为了保证受弯构件不发生正截面破坏，构件必须要有足够的截面尺寸和一定数量的纵向受力钢筋；为了保证受弯构件不发生斜截面破坏，构件必须有足够的截面尺寸和一定数量的腹筋（箍筋和弯起筋）。

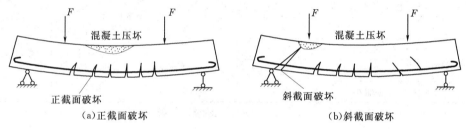

(a)正截面破坏　　　　　　　　　　(b)斜截面破坏

图3.1 受弯构件破坏情况

设计受弯构件时，需要进行正截面受弯承载力计算、斜截面受剪承载力计算、构件变形和裂缝宽度的验算，并满足各种构造要求。本章仅介绍受弯构件的正截面承载力计算和梁、板的一般构造要求，其他内容将在后续章节中介绍。

3.1 受弯构件的一般构造

构造就是指那些在结构计算中未能详细考虑而忽略其影响的因素，在施工方便、经济合理等前提下，采取的一些弥补性技术措施。完整的结构设计，应该是既有可靠的计算，又有合理的构造措施。计算固然重要，但构造措施不合理，也会影响到施工、构件的使用，甚至危及安全。

3.1.1 梁的一般构造

3.1.1.1 截面形式和尺寸

梁的截面形式主要有矩形、T形、工字形、L形、倒T形、花篮形等（图3.2）。选择时，应根据不同的使用要求，按具体情况，采用最合适的形式。如现浇结构，方便施工，常用简单的矩形、T形；预制构件中就可考虑其实用性，制作成复杂的形式。

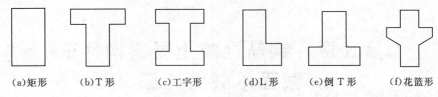

| (a)矩形 | (b)T 形 | (c)工字形 | (d)L 形 | (e)倒 T 形 | (f)花篮形 |

图 3.2　梁的截面形式

梁的截面尺寸除了满足承载力要求外，还应满足刚度要求和施工上的方便。同时还要符合模数要求，以利于模板定型化。

按刚度要求，梁的高度可根据高跨比 h/l_0 来估计，见表 3.1。

表 3.1　　　　　　　　　　　　　梁、板截面高跨比 h/l_0 参考值

构件种类			h/l_0	构件种类		h/l_0
梁	整体肋形梁	主梁 简支梁	1/12	板	单向板	1/40～1/35
		主梁 连续梁	1/15			
		主梁 悬臂梁	1/6			
		次梁 简支梁	1/20		双向板	1/50～1/40
		次梁 连续梁	1/25			
		次梁 悬臂梁	1/8		悬臂板	1/12～1/10
	矩形截面独立梁	简支梁	1/12	无梁楼板	有柱帽	1/40～1/32
		连续梁	1/15			
		悬臂梁	1/6		无柱帽	1/35～1/30

注　表中 l_0 为梁、板的计算跨度。对于梁，当 $l_0 \geqslant 9\mathrm{m}$ 时，表中数值应乘以 1.2。

梁的宽度 b 一般可根据高宽比 h/b 来确定。矩形截面梁高宽比为 2～3，T 形截面梁高宽比为 2.5～4。

按模数要求，梁的截面高度 h 一般可取 250mm、300mm、350mm、…、800mm、900mm 等，$h \leqslant 800\mathrm{mm}$ 时以 50mm 为模数，$h > 800\mathrm{mm}$ 时以 100mm 为模数。矩形梁的截面宽度和 T 形梁截面肋宽 b 常取 120mm、150mm、180mm、200mm、220mm、250mm，大于 250mm 时以 50mm 为模数。

3.1.1.2　梁的支承长度

梁在砖墙或砖柱上的支承长度 a，应满足梁内受力钢筋在支座处的锚固要求，并满足支座处砌体局部抗压承载力的要求。且当梁高 $h \leqslant 500\mathrm{mm}$ 时，$a \geqslant 180\mathrm{mm}$；$h > 500\mathrm{mm}$ 时，$a \geqslant 240\mathrm{mm}$。

当梁支承在钢筋混凝土梁（柱）上时，其支承长度 $a \geqslant 180\mathrm{mm}$。

3.1.1.3　梁内钢筋的布置

钢筋混凝土梁中，通常配有纵向受力钢筋、箍筋、弯起筋和构造筋（架立筋、腰筋、拉筋）。这里主要介绍纵向受力钢筋，其余钢筋在后续章节中介绍。

纵向受力钢筋的主要作用是承受弯矩在梁内所产生的拉力，应设置在梁的受拉侧（有时在梁的压区也配置纵向受压钢筋与混凝土共同承受压力），其数量应通过计算来确定。

通常采用 HPB300，HRB335、HRBF335 和 HRB400、HRBF400 三个等级。

1. 直径

为保证钢筋骨架有足够的刚度并便于施工，纵向受力钢筋直径不宜过细；为避免受拉区混凝土产生过宽的裂缝，纵向受力钢筋直径又不宜太粗。当梁高 $h \geq 300\text{mm}$ 时，纵向受力钢筋直径不应小于 10mm；当梁高 $h < 300\text{mm}$ 时，不应小于 8mm。一般不宜大于 28mm。通常选用 $12 \sim 28\text{mm}$。

同一梁中，最好选用相同直径的钢筋，若选用两种直径的钢筋，注意其直径差最少 2mm，以便于肉眼识别其大小，避免施工时发生差错。同时直径也不应相差太悬殊，以免钢筋受力不均匀。

2. 根数与排列

梁内纵向受力钢筋的根数，最少不应少于 2 根，考虑到施工方便，一排 $3 \sim 4$ 根为宜。通常要求将钢筋均匀对称地布置，优先考虑一排布置，以增大梁截面的内力臂，提高梁的抗弯能力。当根数较多时，也可排成两排，但需注意上下排钢筋应当对齐，以利于浇筑和捣实混凝土。当选用不同直径钢筋时，应合理排放粗细钢筋。

3. 净距

为了便于混凝土的浇筑，并保证混凝土与钢筋之间的黏结力，梁上部纵向受力钢筋的净距不应小于 $1.5d$（d 为受力钢筋的最大直径）和 30mm，梁下部纵向受力钢筋的净距不应小于 d 和 25mm。各排钢筋之间的净距也不应小于 d 和 25mm。混凝土保护层及有效高度如图 3.3 所示。

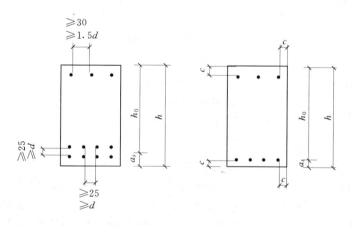

图 3.3 混凝土保护层及有效高度

3.1.2 板的一般构造

3.1.2.1 板的厚度

板的厚度除应满足强度、刚度和裂缝等方面的要求外，还应考虑使用要求、施工方法和经济方面的因素。

按刚度要求，板的厚度可根据厚跨比 h/l_0 来估计，见表 3.1。

按施工要求，板的最小厚度应符合表 3.2 的规定。

表 3.2　　　　　　　　　　　　**现浇钢筋混凝土板的最小厚度**　　　　　　　单位：mm

板 的 类 别		最小厚度	板 的 类 别		最小厚度
单向板	屋面板	60	双向板		80
	民用建筑楼板	60	悬臂板	板的悬臂长度小于或等于500mm	60
	工业建筑楼板	70		板的悬臂长度大于1200mm	100
	行车道下的楼板	80	无梁楼板		150

工程中单向板常用的板厚有 60mm、70mm、80mm、100mm、120mm，一般厚度的板以 10mm 为模数，厚板以 50mm 为模数，预制板可取 5mm 为模数。

3.1.2.2　板的支承长度

现浇板在砖墙上的支承长度一般不小于板厚及 120mm，同时满足受力钢筋在支座内的锚固长度要求。预制板的支承长度，在墙上不宜小于 100mm；在钢筋混凝土梁上不宜小于 80mm；在钢屋架或钢梁上不宜小于 60mm。

3.1.2.3　板内钢筋的布置

因为板所受到的剪力较小，截面相对又较大，在荷载作用下通常不会出现斜裂缝，所以不需箍筋来抗剪，同时板厚较小也难以配置箍筋。故板中仅需配置受力钢筋和分布钢筋。

1. 受力钢筋

（1）直径：板中受力钢筋通常采用 HPB300、HRB335、HRBF335 级钢筋，常用的直径为 6mm、8mm、10mm、12mm，在同一构件中，当采用不同直径的钢筋时，其种类不宜多于两种，直径差不宜小于 2mm，以免施工不便。

（2）间距：为便于施工，保证钢筋周围混凝土的密实性，板中受力钢筋的间距（钢筋中心到中心的距离）不可太密，最小间距为 70mm（每米 14 根）；同时为传力均匀以及避免混凝土局部破坏，板中受力钢筋的间距也不能过大，当板厚 $h \leqslant 150$mm 时，间距不宜大于 200mm，当板厚 $h > 150$mm 时，间距不宜大于 250mm 及 1.5h。通常在 70～200mm 之间。

2. 分布钢筋

垂直于板的受力钢筋方向上布置的构造钢筋称为分布钢筋，配置在受力钢筋的内侧。分布钢筋的作用，一是固定受力钢筋的位置，形成钢筋网；二是将板面上的荷载均匀地传给受力钢筋；三是防止温度变化或混凝土收缩等原因使板沿跨度方向产生裂缝。

分布钢筋可采用 HPB300、HRB335 级钢筋，常用直径为 6mm、8mm。梁式板中单位长度上分布钢筋的截面面积不宜小于单位宽度上受力钢筋截面面积的 15%，且不宜小于该方向板截面面积的 0.15%。分布钢筋的直径不宜小于 6mm，间距不宜大于 250mm；当集中荷载较大时分布钢筋截面面积应适当增加，间距不宜大于 200mm。

3.1.3　混凝土保护层及截面有效高度

为了防止钢筋锈蚀和保证钢筋与混凝土的紧密黏结，梁、板都应具有足够的混凝土保护层。受力钢筋外边缘到混凝土截面边缘的最小距离，称作混凝土保护层（又称净保护层）。通常用 c 表示（图 3.3）。纵向受力钢筋保护层的最小厚度应满足表 3.3 的规定，且不小于钢筋的直径。

表 3.3　　　　　　　　　　　混凝土保护层的最小厚度 c　　　　　　　　　单位：mm

环境等级		板 墙 壳	梁 柱
一		15	20
二	a	20	25
	b	25	35
三	a	30	40
	b	40	50

注　混凝土强度等级不大于 C25 时，表中保护层厚度数值应增加 5mm。

在计算梁、板承载力时，因为混凝土开裂后拉力完全由钢筋承担，这时截面能发挥作用的高度，应为受拉钢筋重心点到混凝土受压边缘的距离，即所谓的截面有效高度 h_0（图 3.3）。

$$h_0 = h - a_s \tag{3.1}$$

式中　h——受弯构件的截面高度；

a_s——纵向受力钢筋合力点至受拉区混凝土边缘的距离（又称计算保护层）。

根据钢筋净距和混凝土保护层最小厚度的规定，并考虑到梁、板常用钢筋的平均直径，在室内正常环境下，梁、板有效高度 h_0 可按下述方法近似确定。

对于梁（当混凝土保护层厚度为 25mm 时）：

受拉钢筋按一排布置时，$h_0 = h - 35$mm；受拉钢筋按二排布置时，$h_0 = h - 60$mm。

对于板（当混凝土保护层厚度为 15mm 时）：$h_0 = h - 20$mm。

3.2　受弯构件正截面破坏的试验分析

由于钢筋混凝土材料具有非单一性、非均质性和非线弹性的特点，所以不能按材料力学的方法对其进行计算。为了建立受弯构件正截面承载力的计算公式，必须通过试验了解钢筋混凝土受弯构件正截面的应力分布及破坏过程。

3.2.1　梁的受力性能

图 3.4 为承受两个对称集中荷载作用的试验梁示意图。两个集中荷载之间的梁段，只承受弯矩而没有剪力，形成"纯弯段"。我们所测的数据就是从"纯弯段"得到的。试验时，荷载由零分级增加，每加一级荷载，用仪表测量混凝土纵向纤维和钢筋的应变以及梁的挠度，并观察梁的外形变化，直至梁破坏。

试验研究表明：受弯构件自加载至破坏的过程中，随着荷载的增加及混凝土塑性变形的发展，对于正常配筋的梁，其正截面上的应力分布和应变发展过程可分为以下三个阶段。

1. 第 I 阶段——未裂阶段

当荷载很小时，纯弯段的弯矩很小，截面上的应力也很小，这时，混凝土处于弹性工

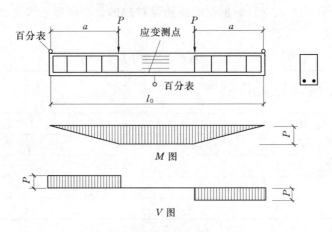

图 3.4　试验梁示意图

作阶段，截面上的应力与应变成正比，受拉区与受压区混凝土的应力图形均为三角形，受拉区的拉力由钢筋与混凝土共同承担。

随着荷载不断增加，由于混凝土抗拉性能较差，在受拉边缘处混凝土将表现出塑性性质，其应力图形呈曲线变化，构件受拉区边缘纤维应变达到混凝土受拉极限应变时，相应的边缘拉应力达到混凝土的抗拉强度，构件处于将裂未裂的临界状态，此时受压区混凝土仍属弹性工作阶段，压应力图形还是三角形。此即第一阶段末尾阶段，用 I_a 表示（图 3.5）。构件相应所能承受的弯矩以 M_{cr} 表示，I_a 阶段的截面应力图形是受弯构件抗裂验算的依据。

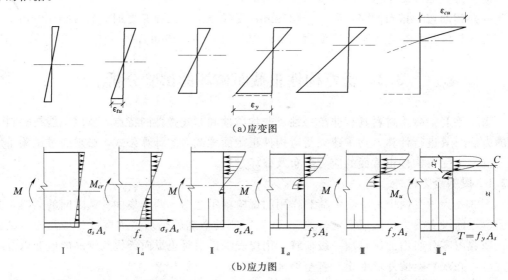

(a)应变图

(b)应力图

图 3.5　钢筋混凝土梁正截面的三个工作阶段

2. 第Ⅱ阶段——裂缝阶段

随着荷载的增加，受拉区混凝土开裂，中和轴上移，受拉区混凝土退出工作，拉力全部转移给钢筋。受压区混凝土由于应力增加而表现出塑性性质，压应力图形呈曲线变化，继续加荷，钢筋应力将达屈服强度。此时为第二阶段末尾阶段，用Ⅱ_a表示。该阶段截面应力图形是受弯构件正常使用阶段变形和裂缝宽度验算的依据。

3. 第Ⅲ阶段——破坏阶段

钢筋屈服后，应力不增加而应变急剧增长，裂缝进一步开展，中和轴迅速上移，受压区高度进一步减小，混凝土的应力应变不断增大，受压区应力图形呈显著曲线形，最终，截面受压区边缘纤维应变达到混凝土极限压应变，混凝土被压碎，构件破坏，此时为第Ⅲ阶段末尾，用Ⅲ_a表示。该阶段截面应力图形是受弯构件正截面承载力的计算依据。

3.2.2 钢筋混凝土梁正截面破坏形式

钢筋混凝土梁正截面的破坏形式主要与纵向受拉钢筋配置的多少有关。梁内纵向受拉钢筋配置的多少用配筋率 ρ 表示：

$$\rho = \frac{A_s}{bh_0} \tag{3.2}$$

式中 A_s——纵向受拉钢筋的截面面积；

b——梁的截面宽度；

h_0——梁截面的有效高度。

按梁内受拉钢筋配筋率的不同，受弯构件正截面的破坏形式可分为三种：适筋梁、超筋梁和少筋梁（图3.6）。

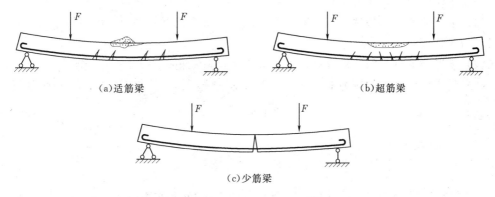

(a)适筋梁　　　　　　　　　　　　　　(b)超筋梁

(c)少筋梁

图3.6 梁的三种破坏特征

1. 适筋梁

适筋梁的破坏特点如前所述：破坏时受拉钢筋应力先达到屈服强度，受压区混凝土后被压碎，破坏不是突然发生，破坏前裂缝开展很宽，挠度较大，有明显的破坏预兆，这种破坏属于塑性破坏（也称延性破坏）。由于适筋梁受力合理，钢筋与混凝土两种材料强度均能充分发挥作用，所以在实际工程中广泛应用。

2. 超筋梁

受拉钢筋配置过多的梁称为超筋梁。由于受拉钢筋配置过多，所以梁在破坏时，钢筋的应力还没有达到屈服强度，受压混凝土则先达到极限压应变而被压碎，截面发生破坏时，受拉区的裂缝开展不大，挠度较小，破坏是突然发生，没有明显预兆，这种破坏属于脆性破坏。由于超筋梁为脆性破坏，不安全，而且破坏时钢筋强度没有得到充分利用，不经济。因此，在实际工程中不允许采用。

3. 少筋梁

受拉钢筋配置过少的梁称为少筋梁。由于梁内放置的受拉钢筋过少，受拉区混凝土一出现裂缝，裂缝截面的钢筋应力立即达到屈服强度，或进入强化阶段，甚至被拉断，裂缝集中于一条，裂缝宽度和梁的挠度都较大，梁产生严重下沉或断裂破坏，我们称这种破坏为"少筋破坏"。少筋梁的破坏主要取决于混凝土的抗拉强度，即"一裂就坏"，其破坏性质也属于脆性破坏。由于少筋梁破坏时受压区混凝土没有得到充分利用，不经济，也不安全。因此，在实际工程中也不允许采用。

上述三种不同破坏形式若以配筋率表示，则 $\rho_{min} \leqslant \rho \leqslant \rho_{max}$ 为适筋梁；$\rho > \rho_{max}$ 为超筋梁；$\rho < \rho_{min}$ 为少筋梁。显然，适筋梁与超筋梁的界限是最大配筋率 ρ_{max}；适筋梁与少筋梁的界限是最小配筋率 ρ_{min}。

3.3　单筋矩形截面受弯构件正截面承载力计算

仅在受拉区配置纵向受拉钢筋的矩形截面，称为单筋矩形截面。

3.3.1　基本假定

如前所述，钢筋混凝土受弯构件正截面承载力计算以适筋梁 III_a 阶段的应力状态为依据。为便于建立公式，还需作如下假定：

（1）平截面假定。构件正截面弯曲变形后，其截面仍保持平面，即截面上的应变沿截面高度为线性分布。

（2）不考虑混凝土的抗拉强度，拉力全部由钢筋承担。

（3）受压区混凝土的应力应变关系，不考虑下降段，并简化为如图 3.7 所示的形式。

当 $\varepsilon_c \leqslant \varepsilon_0$ 时 $\qquad\qquad \sigma_c = f_c \left[1 - \left(1 - \dfrac{\varepsilon_c}{\varepsilon_0} \right)^n \right]$ $\qquad\qquad$ (3.3)

当 $\varepsilon_0 < \varepsilon_c \leqslant \varepsilon_{cu}$ 时 $\qquad\qquad \sigma_c = f_c$ $\qquad\qquad$ (3.4)

式中　ε_0——对应于混凝土压应力刚达到 f_c 时混凝土压应变；

$\qquad n$——系数，$n = 2 - \dfrac{1}{60}(f_{cu,k} - 50)$，当 $n > 2$ 时，取 $n = 2$；

$\qquad f_{cu,k}$——混凝土立方体抗压强度标准值。

（4）钢筋的应力等于钢筋的应变 ε_s 与其弹性模量 E_s 的乘积，但不得大于其强度设计值 f_y（图 3.8）。

当 $\varepsilon_s < \varepsilon_y$ 时 $\qquad\qquad\qquad \sigma_s = \varepsilon_s E_s$ $\qquad\qquad$ (3.5)

当 $\varepsilon_y \leqslant \varepsilon_s \leqslant \varepsilon_{smax}$ 时 $\qquad\qquad \sigma_s = f_y$ $\qquad\qquad$ (3.6)

式中　E_s——钢筋弹性模量；

$\qquad \varepsilon_y$——钢筋屈服应变；

$\qquad \varepsilon_{smax}$——钢筋极限拉应变。

3.3.2　等效矩形应力图形

根据上述假定，受弯构件第 III_a 阶段的应变和应力分布如图 3.9（b）、（c）所示。

曲线应力分布图形，虽然比实际应力图形简化了，但受压区混凝土的应力分布仍为曲

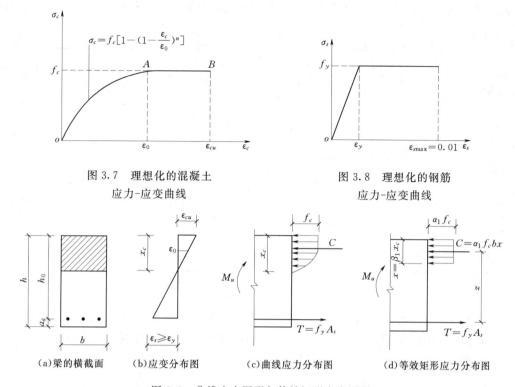

图 3.7 理想化的混凝土
应力-应变曲线

图 3.8 理想化的钢筋
应力-应变曲线

（a）梁的横截面　　（b）应变分布图　　（c）曲线应力分布图　　（d）等效矩形应力分布图

图 3.9 曲线应力图形与等效矩形应力图形

线形，求解合力 C 还很不方便，因此，在实际工程中为了简化计算，进一步用等效矩形应力分布图形来代替曲线应力分布图形 ［图 3.9（d）］。这个等效矩形应力图形由无量纲参数 α_1、β_1 来确定，设等效矩形应力图形的应力为混凝土轴心抗压强度设计值 f_c 乘以系数 α_1，等效矩形应力图形的受压区高度 x 为曲线应力图形的受压区高度 x_c 乘以系数 β_1。

根据等效应力图形和曲线应力图形两者压应力合力 C 的作用位置和大小不变的条件，经推导计算，GB 50010—2010 建议取：当混凝土强度等级不超过 C50 时，$\alpha_1=1$，$\beta_1=0.8$；当混凝土强度等级为 C80 时，$\alpha_1=0.94$，$\beta_1=0.74$；其间按线性插入法取用，见表3.4。

3.3.3 适筋梁的界限

1. 适筋梁与超筋梁的界限——界限相对受压区高度 ξ_b

比较适筋梁和超筋梁的破坏，前者始于受拉钢筋屈服，后者始于受压区混凝土被压碎。理论上，两者间存在一种界限状态，即所谓界限破坏。这种状态下，受拉钢筋达到屈服强度和受压区混凝土边缘达到极限压应变是同时发生的。将受弯构件等效矩形应力图形的混凝土受压区高度 x 与截面有效高度 h_0 之比称为相对受压区高度，用 ξ 表示；适筋梁界限破坏时等效受压区高度与截面有效高度之比称为界限相对受压区高度，用 ξ_b 表示。

ξ_b 值是用来衡量构件破坏时钢筋强度能否充分利用的一个特征值。若 $\xi>\xi_b$，构件破坏时受拉钢筋不能屈服，表明构件的破坏为超筋破坏；若 $\xi\leqslant\xi_b$，构件破坏时受拉钢筋已经达到屈服强度，表明发生的不是超筋破坏。各种钢筋的 ξ_b 值见表 3.4。

表 3.4　　　　　　　　**不同级别钢筋的 ξ_b 值、α_{sb} 值**

混凝土强度等级	α_1	β_1	ξ_b			α_{sb}		
			HPB300	HRB335、HRBF335	HRB400、HRBF400	HPB300	HRB335	HRB400
≤C50	1.0	0.8	0.576	0.550	0.518	0.410	0.399	0.384
C55	0.99	0.79	—	0.543	0.511	—	0.396	0.380
C60	0.98	0.78	—	0.536	0.505	—	0.392	0.377
C65	0.97	0.77	—	0.529	0.498	—	0.389	0.374
C70	0.96	0.76	—	0.523	0.492	—	0.386	0.371
C75	0.95	0.75	—	0.516	0.485	—	0.383	0.367
C80	0.94	0.74	—	0.509	0.479	—	0.379	0.364

2. 适筋梁与少筋梁的界限——截面最小配筋率 ρ_{min}

最小配筋率 ρ_{min} 是根据钢筋混凝土梁所能承担的极限弯矩 M_u 与相同截面素混凝土所能承担的极限弯矩 M_{cr} 相等的原则，并考虑到温度和收缩应力的影响，以及过去的设计经验而确定的。GB 50010—2010 规定的纵向受力钢筋最小配筋率见表 3.5。

表 3.5　　　　　　　**钢筋混凝土结构构件中纵向受力钢筋的最小配筋率**

受力类型			最小配筋率%
受压构件	全部纵向钢筋	强度级别 500N/mm²	0.50
		强度级别 400N/mm²	0.55
		强度级别 300N/mm²、335N/mm²	0.6
	一侧纵向钢筋		0.2
受弯构件、偏心受拉、轴心受拉构件一侧的受拉钢筋			0.2 和 $45f_t/f_y$ 中的较大值

注　1. 受压构件全部纵向钢筋最小配筋率，当混凝土强度等级为 C60 及以上时，应按表中规定增大 0.1%。
　　2. 受压构件全部纵向钢筋和一侧纵向钢筋的配筋率应按构件的全截面面积计算。
　　3. 当钢筋沿构件截面周边布置时，"一侧纵向钢筋"系指沿受力方向两个对边中的一边布置的纵向钢筋。

3.3.4　基本公式及适用条件

1. 基本公式

图 3.10 为单筋矩形截面受弯构件正截面计算应力图形，利用静力平衡条件，就可建立单筋矩形截面受弯构件正截面承载力计算公式：

$$\sum N = 0 \qquad\qquad f_y A_s = \alpha_1 f_c b x \qquad\qquad (3.7)$$

$$\sum M = 0 \qquad\qquad M \leqslant \alpha_1 f_c b x \left(h_0 - \frac{x}{2} \right) \qquad\qquad (3.8)$$

式中　M——弯矩设计值；

　　　f_c——混凝土轴心抗压强度设计值；

f_y——钢筋抗拉强度设计值；

A_s——纵向受拉钢筋截面面积；

h_0——截面有效高度，$h_0 = h - a_s$；

b——截面宽度；

x——混凝土受压区高度；

α_1——系数，见表 3.4。

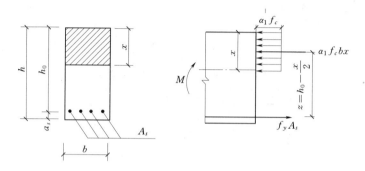

图 3.10 单筋矩形截面受弯构件正截面计算应力图形

2. 公式适用条件

（1）为了防止出现超筋破坏，应满足：

$$\xi \leqslant \xi_b \quad 或 \quad \alpha_s \leqslant \alpha_{sb} \quad 或 \quad x \leqslant \xi_b h_0 \quad 或 \quad \rho \leqslant \rho_{max} \qquad (3.9)$$

式（3.9）中四个式子的意义是相同的，只要满足其中任何一个式子，梁就不会超筋。

（2）为了防止出现少筋破坏，应满足：

$$\rho \geqslant \rho_{min} \quad 或 \quad A_s \geqslant \rho_{min} bh \qquad (3.10)$$

3.3.5 基本公式的应用

受弯构件正截面承载力计算分截面设计和截面复核两类问题。

3.3.5.1 截面设计

所谓截面设计，就是在内力已知（或按力学方法求得）的前提下，先根据规范对钢筋和混凝土选择的规定，并考虑当地材料的供应情况、施工单位的技术条件等因素选择材料级别；其次按构造要求确定截面尺寸；再用计算公式求解钢筋截面面积；最后选配合适的钢筋直径和根数。

在确定截面尺寸的过程中，选择不同的截面尺寸，就会得到不同的钢筋截面面积。在截面尺寸适宜满足构造要求的情况下，不但要满足 $\rho_{min} \leqslant \rho \leqslant \rho_{max}$ 的条件，为了达到较好的经济效果，还应尽可能使配筋率在经济配筋率范围内。根据设计经验，钢筋混凝土受弯构件的经济配筋率约为：实心板 0.3%～0.8%；矩形截面梁 0.6%～1.5%；T 形截面梁 0.9%～1.8%。

1. 基本公式法

（1）直接利用式（3.8），求出混凝土受压高度 x，可利用一元二次方程的求根公式得

$$x = h_0 - \sqrt{h_0^2 - \frac{2M}{\alpha_1 f_c b}} \qquad (3.11)$$

（2）若 $x > \xi_b h_0$，则属于超筋梁，说明截面尺寸过小，应加大截面尺寸或提高混凝土强度等级（其中以加大截面高度为最有效、最经济），重新设计。

若 $x \leqslant \xi_b h_0$，则由式（3.7）求出纵向受拉钢筋的面积：

$$A_s = \frac{\alpha_1 f_c b x}{f_y}$$

（3）验算最小配筋率 A_s 是否大于等于 $\rho_{\min} bh$，若 $A_s < \rho_{\min} bh$，说明截面尺寸过大，应适当减小截面尺寸。当截面尺寸不能减小时，则应按最小配筋率，即取

$$A_s = \rho_{\min} bh \tag{3.12}$$

（4）按照有关构造要求，查表 3.6 或表 3.7 选用钢筋的直径和根数，并绘配筋图。

表 3.6　　　　　　　　　　　**钢筋的计算截面面积及公称质量表**

直径 d /mm	当根数 n 为下列数值时的计算截面面积/mm²									单根钢筋质量 / （kg/m）
	1	2	3	4	5	6	7	8	9	
6	28.3	57	85	113	142	170	198	226	255	0.222
8	50.3	101	151	201	252	302	352	402	453	0.395
10	78.5	157	236	314	393	471	550	628	707	0.617
12	113.1	226	339	452	565	678	791	904	1017	0.888
14	153.9	308	461	615	769	923	1077	1231	1385	1.21
16	201.1	402	603	804	1005	1206	1407	1608	1809	1.58
18	254.5	509	763	1017	1272	1527	1781	2036	2290	2.00 (2.11)
20	314.2	628	942	1256	1570	1884	2199	2513	2827	2.47
22	380.1	760	1140	1520	1900	2281	2661	3041	3421	2.98
25	490.9	982	1473	1964	2454	2945	3436	3927	4418	3.85 (4.10)
28	615.8	1232	1847	2463	3079	3695	4310	4926	5542	4.83
32	804.2	1609	2413	3217	4021	4826	5630	6434	7238	6.31 (6.65)
36	1017.9	2036	3054	4072	5089	6107	7125	8143	9161	7.99
40	1256.6	2513	3770	5027	6283	7540	8796	10053	11310	9.87 (10.34)
50	1963.5	3928	5892	7856	9820	11784	13748	15712	17676	15.42 (16.28)

注　括号内为预应力螺纹钢筋的数值。

2. 实用公式法

将 $x = \xi h_0$ 及 $\rho = \dfrac{A_s}{bh_0}$ 代入式（3.7）和式（3.8）中得实用公式：

$$\xi = \rho \frac{f_y}{\alpha_1 f_c} \tag{3.13}$$

$$M \leqslant \alpha_s \alpha_1 f_c b h_0^2 \tag{3.14}$$

式中　α_s——截面抵抗矩系数，$\alpha_s = \xi(1 - 0.5\xi)$。

（1）由式（3.14）得

$$\alpha_s = \frac{M}{\alpha_1 f_c b h_0^2} \tag{3.15}$$

（2）若 $\alpha_s > \alpha_b$，应加大截面尺寸或提高混凝土强度等级（其中以加大截面高度为最有效、最经济），然后重新设计。

若 $\alpha_s \leqslant \alpha_b$，由式（3.16）计算 ξ：

$$\xi = 1 - \sqrt{1 - 2\alpha_s} \tag{3.16}$$

（3）由式（3.17）求钢筋面积：

$$A_s = \xi \frac{\alpha_1 f_c}{f_y} b h_0 \tag{3.17}$$

（4）验算最小配筋率 $A_s \geqslant \rho_{\min} bh$，若 $A_s < \rho_{\min} bh$，说明截面尺寸过大，应适当减小截面尺寸。当截面尺寸不能减小时，则应按最小配筋率，即取 $A_s = \rho_{\min} bh$。

（5）按照有关构造要求，查表 3.6 或表 3.7 选用钢筋的直径和根数，并绘配筋图。

表 3.7   **每米板宽各种钢筋间距时的钢筋截面面积**   单位：mm²

钢筋间距 /mm	钢 筋 直 径 /mm										
	6	6/8	8	8/10	10	10/12	12	12/14	14	14/16	16
70	404	561	719	920	1121	1369	1616	1908	2199	2536	2872
75	377	524	671	859	1047	1277	1508	1780	2053	2367	2681
80	354	491	629	805	981	1198	1414	1669	1924	2218	2513
85	333	462	592	758	924	1127	1331	1571	1811	2088	2365
90	314	437	559	716	872	1064	1257	1484	1710	1972	2234
95	298	414	529	678	826	1008	1190	1405	1620	1868	2116
100	283	393	503	644	785	958	1131	1335	1539	1775	2011
110	257	357	457	585	714	871	1028	1214	1399	1614	1828
120	236	327	419	537	654	798	942	1112	1283	1480	1676
125	226	314	402	515	628	766	905	1068	1232	1420	1608
130	218	302	387	495	604	737	870	1027	1184	1366	1547
140	202	281	359	460	561	684	808	954	1100	1268	1436
150	189	262	335	429	523	639	754	890	1026	1183	1340
160	177	246	314	403	491	599	707	834	962	1110	1257
170	166	231	296	379	462	564	665	786	906	1044	1183
180	157	218	279	358	436	532	628	742	855	985	1117
190	149	207	265	339	413	504	595	702	810	934	1058
200	141	196	251	322	393	479	565	668	770	888	1005
220	129	178	228	292	357	436	514	607	700	807	914
240	118	164	209	268	327	399	471	556	641	740	838
250	113	157	201	258	314	383	452	534	616	710	804
260	109	151	193	248	302	368	435	514	592	682	773
280	101	140	180	230	281	342	404	477	550	634	718
300	94	131	168	215	262	320	377	445	513	592	670

注 表中钢筋直径中的 6/8、8/10 等是指两种直径的钢筋间隔放置。

【例 3.1】   某办公楼矩形截面简支梁，计算跨度 $l_0 = 6\text{m}$，由荷载设计值产生的弯矩 $M = 111.5 \text{kN} \cdot \text{m}$。混凝土强度等级为 C25，钢筋选用 HRB400 级，构件安全等级二级，试确定梁的截面和纵向受力钢筋。

解：（1）确定材料强度设计值。根据混凝土和钢筋的强度等级查表得 $f_c = 11.9 \text{N/mm}^2$，$f_t = 1.27 \text{N/mm}^2$，$f_y = 360 \text{N/mm}^2$。又查表 3.4 得 $\alpha_1 = 1$。

（2）确定截面尺寸。

$$h = l_0/12 = 6000/12 = 500(\text{mm})$$

$$b = \left(\frac{1}{2} \sim \frac{1}{3}\right)h = 250 \sim 167, \text{取 } b = 200\text{mm}$$

（3）配筋计算。假设钢筋一排布置：$h_0 = h - a_s = 500 - 35 = 465(\text{mm})$。

1）用基本公式法。由式（3.11）得

$$x = h_0 - \sqrt{h_0^2 - \frac{2M}{\alpha_1 f_c b}} = 465 - \sqrt{465^2 - \frac{2 \times 111.5 \times 10^6}{1 \times 11.9 \times 200}}$$

$$= 114.96(\text{mm}) < \xi_b h_0 = 0.518 \times 465 = 240.87(\text{mm})$$

$$A_s = \frac{\alpha_1 f_c b x}{f_y} = \frac{1 \times 11.9 \times 200 \times 114.96}{360} = 760(\text{mm}^2)$$

验算条件：$A_{smin} = \rho_{min} bh = 0.2\% \times 200 \times 500 = 200(\text{mm}^2) < A_s$。

2）实用公式法。由式（3.15）得

$$\alpha_s = \frac{M}{\alpha_1 f_c b h_0^2} = \frac{111.5 \times 10^6}{1 \times 11.9 \times 200 \times 465^2} = 0.217 < \alpha_{sb} = 0.384$$

由式（3.16）得

$$\xi = 1 - \sqrt{1 - 2\alpha_s} = 1 - \sqrt{1 - 2 \times 0.217} = 0.2476$$

由式（3.17）得

$$A_s = \xi \frac{\alpha_1 f_c}{f_y} b h_0 = 0.2476 \times \frac{1 \times 11.9}{360} \times 200 \times 465 = 761(\text{mm}^2)$$

验算条件：$A_{smin} = \rho_{min} bh = 0.2\% \times 200 \times 500 = 200(\text{mm}^2) < A_s$。

最小配筋率取 0.2% 和 $0.45\dfrac{f_t}{f_y} = 0.45 \times \dfrac{1.27}{360} = 0.158\%$ 中的较大者。

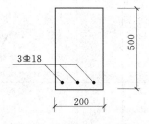

图 3.11　[例 3.1]附图

（4）选配钢筋，绘配筋图。

查表 3.6 选配 3Φ18（$A_s = 763\text{mm}^2$），截面配筋如图 3.11 所示。

【例 3.2】　某现浇钢筋混凝土简支走道板（图 3.12），板厚为 80mm，承受均布荷载设计值 $q = 6.6\text{kN/m}^2$（包括板自重），混凝土强度等级为 C20，钢筋为 HPB300 级，构件安全等级二级，计算跨度 $l_0 = 2.37\text{m}$，试确定板中配筋。

解：由于板面上荷载是相同的，为方便计算，一般均取 1m 宽板带为计算单元，即 $b = 1000\text{mm}$。

（1）确定材料强度设计值。根据混凝土和钢筋的强度等级查表得 $f_c = 9.6\text{N/mm}^2$，$f_t = 1.1\text{N/mm}^2$，$f_y = 270\text{N/mm}^2$。又查表 3.4 得 $\alpha_1 = 1$。

（2）内力计算。板的跨中最大弯矩设计值：

$$M = \frac{1}{8}ql_0^2 = \frac{1}{8} \times 6.6 \times 2.37^2 = 4.63(\text{kN} \cdot \text{m})$$

（3）配筋计算。

截面有效高度　　　　　$h_0 = h - a_s = 80 - 25 = 55(\text{mm})$

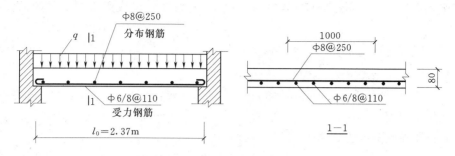

图 3.12 ［例 3.2］附图

由式（3.15）得

$$\alpha_s = \frac{M}{\alpha_1 f_c b h_0^2} = \frac{4.63 \times 10^6}{1 \times 9.6 \times 1000 \times 55^2} = 0.159 < \alpha_{sb} = 0.426$$

由式（3.16）得

$$\xi = 1 - \sqrt{1 - 2\alpha_s} = 1 - \sqrt{1 - 2 \times 0.159} = 0.174$$

由式（3.17）得

$$A_s = \xi \frac{\alpha_1 f_c}{f_y} b h_0 = 0.174 \times \frac{1 \times 9.6}{270} \times 1000 \times 55 = 340 (\text{mm}^2)$$

验算条件：$A_{smin} = \rho_{min} b h = 0.2\% \times 1000 \times 80 = 160 (\text{mm}^2) < A_s$。

最小配筋率取 0.2% 和 $0.45 \dfrac{f_t}{f_y} = 0.45 \times \dfrac{1.1}{270} = 0.183\%$ 中的较大者。

（4）选配钢筋，绘配筋图。

查表 3.7 选配 φ 6/8@110（$A_s = 357 \text{mm}^2$），分布筋按构造选用 φ 8@250，截面配筋如图 3.12 所示。

3.3.5.2 截面复核

截面复核是在截面尺寸（$b \times h$）、材料强度等级（f_c，f_y）及纵向受力钢筋截面面积 A_s 都已知的情况下，求截面所能承担的极限弯矩 M_u，或验算极限弯矩 M_u 是否大于荷载设计值产生的作用效应 M。具体步骤如下：

（1）验算 $A_s \geqslant \rho_{min} b h$。若 $A_s < \rho_{min} b h$，说明该梁为少筋梁。其极限承载力按等截面素混凝土梁的极限承载力取用，近似取 $M_u = M_{cr} = 0.292 f_t b h^2$。

（2）若 $A_s \geqslant \rho_{min} b h$，由式（3.7）求 x：

$$x = \frac{f_y A_s}{\alpha_1 f_c b} \tag{3.18}$$

（3）验算 $x \leqslant \xi_b h_0$。若 $x \leqslant \xi_b h_0$，则

$$M_u = \alpha_1 f_c b x \left(h_0 - \frac{x}{2} \right)$$

若 $x > \xi_b h_0$，取 $x = \xi_b h_0$，则

$$M_u = \alpha_1 f_c b h_0^2 \xi_b (1 - 0.5\xi_b) = \alpha_{sb} \alpha_1 f_c b h_0^2 \tag{3.19}$$

（4）当 $M \leqslant M_u$ 时，截面承载力满足要求，否则截面承载力不满足要求。

【例 3.3】 已知某矩形梁截面尺寸 $b = 250 \text{mm}$，$h = 550 \text{mm}$，混凝土强度等级为 C20，

钢筋采用 HRB335 级，处于一类环境中，试按下列条件确定该梁所能承受的最大弯矩设计值 M_u。

（1）已配受拉钢筋 4 Φ 16（$A_s = 804\text{mm}^2$）。

（2）已配受拉钢筋 6 Φ 25（$A_s = 2945\text{mm}^2$）。

解：（1）基本资料。查表得 $\alpha_1 = 1$，$f_c = 9.6\text{N/mm}^2$，$f_t = 1.1\text{N/mm}^2$，$f_y = 300\text{N/mm}^2$，混凝土保护层厚度 $c = 30\text{mm}$。

（2）配受拉钢筋 4 Φ 16 排成一排，则

$$h_0 = 550 - 30 - 16/2 = 512(\text{mm})$$

$$A_s = 804\text{mm}^2 > \rho_{\min}bh = 0.2\% \times 250 \times 550 = 275(\text{mm}^2)$$

由式（3.18）得

$$x = \frac{f_y A_s}{\alpha_1 f_c b} = \frac{300 \times 804}{1 \times 9.6 \times 250} = 100.5(\text{mm})$$

$$x < \xi_b h_0 = 0.55 \times 512 = 281.6(\text{mm})$$

$$M_u = \alpha_1 f_c bx \left(h_0 - \frac{x}{2}\right) = 1.0 \times 9.6 \times 250 \times 100.5 \times \left(512 - \frac{100.5}{2}\right) = 111.4(\text{kN} \cdot \text{m})$$

（3）配受拉钢筋 6 Φ 25 排成两排，则

$$h_0 = 550 - 30 - 25 - 30/2 = 480(\text{mm})$$

$$A_s = 2945\text{mm}^2 > \rho_{\min}bh = 0.2\% \times 250 \times 550 = 275(\text{mm}^2)$$

由式（3.18）得

$$x = \frac{f_y A_s}{\alpha_1 f_c b} = \frac{300 \times 2945}{1 \times 9.6 \times 250} = 368.1(\text{mm})$$

$x > \xi_b h_0 = 0.55 \times 480 = 264(\text{mm})$，属超筋梁，查表 3.4，得 $\alpha_{sb} = 0.399$。

由式（3.19）得

$$M_u = \alpha_{sb} \alpha_1 f_c bh_0^2 = 0.399 \times 1.0 \times 9.6 \times 250 \times 480^2 = 220.6(\text{kN} \cdot \text{m})$$

3.4 双筋矩形截面受弯构件正截面承载力计算

在受拉区和受压区同时配有纵向受力钢筋的矩形截面，称为双筋矩形截面。

3.4.1 双筋矩形截面的采用条件

由于双筋矩形截面梁用部分钢筋协助混凝土承受压力，总用钢量较大，一般是不经济的，因此不宜大量采用。通常适用于以下情况：

（1）当截面承受的弯矩设计值较大，采用单筋不能满足适筋条件要求，而截面尺寸受到使用要求的限制不能增大，同时混凝土强度等级又受到施工条件限制不便提高时，可采用双筋截面。

（2）构件的同一截面在不同荷载组合下承受异号弯矩的作用，这种构件需要在梁截面的上下侧均配置纵向受力钢筋，因而形成了双筋截面。

（3）在梁的受压区配置一定数量的受压钢筋，有利于提高截面的延性，因此，抗震设计中要求框架梁必须配置一定比例的受压钢筋。

3.4.2 基本公式及适用条件

1. 计算应力图形

试验表明，只要满足适筋梁的条件，双筋截面梁的破坏形式与单筋矩形截面适筋梁塑性破坏特征基本相同。受拉钢筋应力达到抗拉强度设计值 f_y，受压区混凝土的压应力采用等效矩形应力图形，其混凝土应力为 $\alpha_1 f_c$，而设在受压区的纵向钢筋，在满足一定保证条件下，其应力能达到抗压强度设计值 f'_y。

双筋矩形截面梁的计算应力图形如图 3.13 所示。

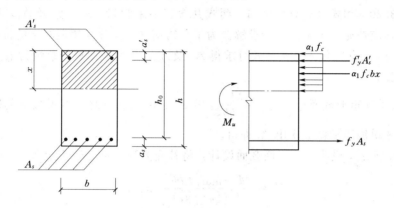

图 3.13 双筋矩形截面梁的计算应力图形

2. 基本公式

根据计算应力图形，利用静力平衡条件，可得双筋矩形截面的基本计算公式：

$$\sum N = 0 \qquad\qquad f_y A_s = \alpha_1 f_c b x + f'_y A'_s \qquad\qquad (3.20)$$

$$\sum M = 0 \qquad\qquad M \leqslant \alpha_1 f_c b x \left(h_0 - \frac{x}{2} \right) + f'_y A'_s (h_0 - a'_s) \qquad (3.21)$$

式中 f'_y——钢筋抗压强度设计值；

        A'_s——受压钢筋截面面积；

        a'_s——受压钢筋合力作用点到截面受压边缘的距离。

3. 公式适用条件

（1）为了防止超筋破坏，应满足：

$$x \leqslant \xi_b h_0 \quad 或 \quad \xi \leqslant \xi_b \qquad\qquad (3.22)$$

（2）为了保证受压钢筋达到规定的抗压强度设计值，应满足：

$$x \geqslant 2a'_s \qquad (3.23)$$

当不满足式 $x \geqslant 2a'_s$ 时，受压钢筋的应力达不到 f'_y 而成为未知数。为简化计算，当 $x < 2a'_s$ 时，可近似地取 $x = 2a'_s$（这样做是偏于安全的，见图 3.14）。对受压钢筋的合力中心取矩，得

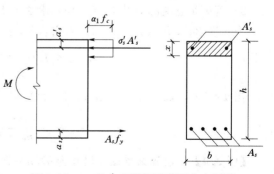

图 3.14 $x < 2a'_s$ 双筋矩形截面应力图形

$$M = f_y A_s (h_0 - a_s')$$ (3.24)

双筋截面一般不需要验算最小配筋率。

3.4.3　基本公式的应用

1. 截面设计

矩形截面双筋梁的截面设计有两种情形。

（1）已知截面尺寸 $b \times h$，材料强度等级 f_c、f_y、f_y'，弯矩设计值 M，求构件截面所需的纵向受压、受拉钢筋截面面积 A_s' 及 A_s。

由式（3.20）和式（3.21）可知，两式共含三个未知量：x、A_s' 及 A_s，两个基本方程无法求解，应补充一个条件才能求解。为了节约钢材，充分发挥混凝土的抗压性能，引入补充方程 $x = \xi_b h_0$，代入基本公式可求得 A_s' 及 A_s，并使截面钢筋总量为最少。

设计步骤如下：

1）先按单筋矩形截面求 $\alpha_s = \dfrac{M}{\alpha_1 f_c b h_0^2}$，若 $\alpha_s \leqslant \alpha_{sb}$，说明此时不需按双筋矩形截面设计，可按前述单筋矩形截面求出 A_s 即可。

2）若 $\alpha_s > \alpha_{sb}$，说明应按双筋截面设计，将补充方程 $x = \xi_b h_0$ 代入基本公式可求得：

$$A_s' = \frac{M - \alpha_{sb} \alpha_1 f_c b h_0^2}{f_y'(h_0 - a_s')} \geqslant \rho_{min}' bh$$ (3.25)

$$A_s = \frac{\alpha_1 f_c b \xi_b h_0 + f_y' A_s'}{f_y} \geqslant \rho_{min} bh$$ (3.26)

（2）已知截面尺寸 $b \times h$，材料强度等级 f_c、f_y、f_y'，弯矩设计值 M，纵向受压钢筋截面面积 A_s'，求构件截面所需的纵向受拉钢筋截面面积 A_s。

由基本公式（3.20）和式（3.21）可知，此时只有两个未知数 x 和 A_s，可用基本公式直接求解。

设计步骤如下：

1）将 $x = \xi h_0$ 代入式（3.21）可求得

$$\alpha_s = \frac{M - f_y' A_s'(h_0 - a_s')}{\alpha_1 f_c b h_0^2}$$ (3.27)

2）验算 $\alpha_s \leqslant \alpha_{sb}$。若 $\alpha_s > \alpha_{sb}$，说明给定的纵向受压钢筋 A_s' 太小，应按 A_s' 未知的情况重新设计并求 A_s' 及 A_s。

3）若满足 $\alpha_s \leqslant \alpha_{sb}$，由式（3.16）求 $\xi = 1 - \sqrt{1 - 2\alpha_s}$，最后得 $x = \xi h_0$。

当 $x \geqslant 2a_s'$，代入式（3.20）求出：

$$A_s = \frac{\alpha_1 f_c b x + f_y' A_s'}{f_y} \geqslant \rho_{min} bh$$ (3.28)

当 $x < 2a_s'$，取 $x = 2a_s'$，由式（3.24）得

$$A_s = \frac{M}{f_y(h_0 - a_s')} \geqslant \rho_{min} bh$$ (3.29)

【例 3.4】　已知某梁截面尺寸为 $b \times h = 200\text{mm} \times 450\text{mm}$，混凝土强度等级为 C25，钢筋采用 HRB335 级，该梁跨中截面承受弯矩设计值 $M = 174\text{kN} \cdot \text{m}$，试计算该梁截面配筋。

解：（1）基本资料。查表得：$\alpha_1 = 1.0$，$f_c = 11.9 \text{N/mm}^2$，$f_t = 1.27 \text{N/mm}^2$，$f_y = f_y' = 300 \text{N/mm}^2$。假设钢筋排成两排，则 $h_0 = 450 - 60 = 390(\text{mm})$。

（2）验算是否采用双筋。

$$\alpha_s = \frac{M}{\alpha_1 f_c b h_0^2} = \frac{174 \times 10^6}{1.0 \times 11.9 \times 200 \times 390^2} = 0.481 > \alpha_{sb} = 0.399$$

故采用双筋截面。

（3）按式（3.25）求 A_s'。

$$A_s' = \frac{M - \alpha_{sb} \alpha_1 f_c b h_0^2}{f_y'(h_0 - a_s')} = \frac{174 \times 10^6 - 0.399 \times 1.0 \times 11.9 \times 200 \times 390^2}{300 \times (390 - 35)} = 278(\text{mm}^2)$$

$$A_{smin}' = 0.2\% \times 200 \times 450 = 180(\text{mm}) < A_s'$$

（4）按式（3.26）求 A_s。

$$A_s = \frac{\alpha_1 f_c b \xi_b h_0 + f_y' A_s'}{f_y} = \frac{1.0 \times 11.9 \times 200 \times 0.55 \times 390 + 300 \times 278}{300} = 1979(\text{mm}^2)$$

$$> \rho_{min} b h = 0.2\% \times 200 \times 450 = 180(\text{mm}^2)$$

（5）选配钢筋。受拉钢筋选用 5 Φ 22（$A_s = 1900 \text{mm}^2$），受压钢筋选用 2 Φ 14（$A_s' = 308 \text{mm}^2$），截面配筋如图 3.15 所示。

【例 3.5】 已知条件同［例 3.4］，但在受压区已配置 2 Φ 18 钢筋（$A_s' = 509 \text{mm}^2$），试计算所需要的受拉钢筋。

解：（1）基本资料，同［例 3.4］。

（2）由式（3.27）得

$$\alpha_s = \frac{M - f_y' A_s'(h_0 - a_s')}{\alpha_1 f_c b h_0^2} = \frac{174 \times 10^6 - 300 \times 509 \times (390 - 35)}{1.0 \times 11.9 \times 200 \times 390^2} = 0.331 < 0.399$$

（3）由式（3.16）得

$$\xi = 1 - \sqrt{1 - 2\alpha_s} = 1 - \sqrt{1 - 2 \times 0.331} = 0.419$$

$$x = \xi h_0 = 0.419 \times 390 = 163.4(\text{mm}) > 2a_s' = 2 \times 35 = 70(\text{mm})$$

（4）由式（3.28）得

$$A_s = \frac{\alpha_1 f_c b x + f_y' A_s'}{f_y} = \frac{1.0 \times 11.9 \times 200 \times 163.4 + 300 \times 509}{300} = 1805(\text{mm}^2)$$

$$\geq \rho_{min} b h = 0.2\% \times 200 \times 450 = 180(\text{mm}^2)$$

（5）选配钢筋。受拉钢筋选用 6 Φ 20（$A_s = 1884 \text{mm}^2$），截面配筋如图 3.16 所示。

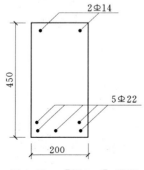

图 3.15　［例 3.4］附图

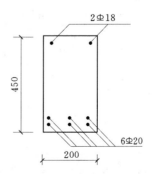

图 3.16　［例 3.5］附图

比较以上两例可以看出，[例3.4] 充分利用混凝土抗压，截面总钢筋用量 $A_s' + A_s = 278 + 1979 = 2257(\text{mm}^2)$，比 [例3.5] 的计算总钢筋用量 $A_s' + A_s = 509 + 1805 = 2314(\text{mm}^2)$ 省。

2. 截面复核

截面复核是在截面尺寸（$b \times h$）、材料强度等级（f_c，f_y，f_y'）及纵向受力钢筋截面面积 A_s、A_s' 都已知的情况下，求截面所能承担的极限弯矩 M_u，或验算极限弯矩 M_u 是否大于荷载设计值产生的作用效应 M。具体步骤如下：

（1）求截面受压区高度 x。由式（3.20）得

$$x = \frac{f_y A_s - f_y' A_s'}{\alpha_1 f_c b} \tag{3.30}$$

（2）验算适用条件，求 M_u 值。

若 $2a_s' \leqslant x \leqslant \xi_b h_0$，将 x 值代入式（3.21）计算 M_u：

$$M_u = \alpha_1 f_c b x \left(h_0 - \frac{x}{2} \right) + f_y' A_s' (h_0 - a_s')$$

若 $x > \xi_b h_0$，将 $x = \xi_b h_0$ 值代入式（3.21）计算 M_u：

$$M_u = \alpha_{sb} \alpha_1 f_c b h_0^2 + f_y' A_s' (h_0 - a_s')$$

若 $x < 2a_s'$，取 $x = 2a_s'$，由式（3.24）计算 M_u：

$$M_u = f_y A_s (h_0 - a_s')$$

（3）复核截面是否安全。$M_u \geqslant M$，安全；反之 $M_u < M$，不安全。

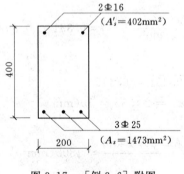

图3.17　[例3.6] 附图

【例3.6】 已知某双筋矩形截面梁截面尺寸为 $b \times h = 200\text{mm} \times 400\text{mm}$，混凝土采用 C25，钢筋采用 HRB400 级，截面配筋如图3.17 所示，截面承担的弯矩设计值 $M = 140\text{kN} \cdot \text{m}$，试验算此梁的正截面承载力是否安全。

解：（1）基本资料。查表得：$f_c = 11.9\text{N/mm}^2$，$f_y = f_y' = 360\text{N/mm}^2$，$\alpha_1 = 1.0$，$h_0 = 400 - 25 - 25/2 = 362.5$（mm），$a_s' = 25 + 16/2 = 33$（mm）。

（2）求受压区高度 x。

$$x = \frac{f_y A_s - f_y' A_s'}{\alpha_1 f_c b} = \frac{360 \times 1473 - 360 \times 402}{1.0 \times 11.9 \times 200} = 162(\text{mm})$$

$$\xi_b h_0 = 0.518 \times 362.5 = 187.8(\text{mm})$$

$$2a_s' = 66\text{mm} < x < \xi_b h_0 = 187.8(\text{mm})$$

（3）求截面受弯承载力 M_u。

$$M_u = \alpha_1 f_c b x \left(h_0 - \frac{x}{2} \right) + f_y' A_s' (h_0 - a_s')$$

$$= 1.0 \times 11.9 \times 200 \times 162 \times (362.5 - 162/2) + 360 \times 402 \times (362.5 - 33)$$

$$= 156.2(\text{kN} \cdot \text{m}) > M = 140(\text{kN} \cdot \text{m})$$

该梁正截面承载力安全。

3.5 T形截面受弯构件正截面承载力计算

3.5.1 概述

如前所述，在矩形截面受弯构件的正截面承载力计算中，没有考虑受拉区混凝土的承拉作用。对于截面宽度较大的矩形截面构件，可将受拉区两侧混凝土挖去一部分（图3.18）并将受拉钢筋集中放置，就可形成 T 形截面。T 形截面和原来的矩形截面相比，不仅不会降低承载力，而且还可以节约材料，减轻自重。T 形截面受弯构件在工程中的应用是非常广泛的，除独立 T 形梁外，槽形板、工字形梁、圆孔空心板以及现浇楼盖的主次梁（跨中截面）等，也都相当于 T 形截面（图 3.19）。

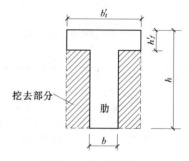

图 3.18 T形截面梁

T 形截面的伸出部分称为翼缘，其厚度为 h'_f，宽度为 b'_f，翼缘以下部分称为腹板或肋，其宽度用 b 表示，T 形截面总高度用 h 表示。根据实验及理论分析，能与腹板共同工作的受压翼缘是有一定范围的，翼缘内的压应力也是越接近腹板的地方越大，离腹板越远则应力越小，压应力在翼缘内的分布如图 3.20（a）所示。为了简化计算，假定距肋部一定范围以内的翼缘全部参与工作，且在此宽度范围内的应力分布是均匀的，而在此范围以外部分，完全不参与受力［图 3.20（b）］，这个宽度称

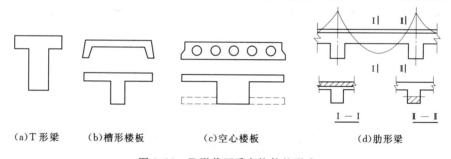

(a)T形梁　(b)槽形楼板　(c)空心楼板　(d)肋形梁

图 3.19 T形截面受弯构件的形式

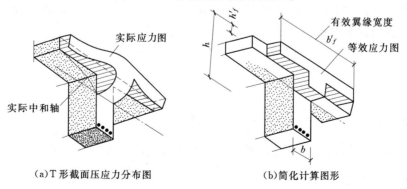

(a)T形截面压应力分布图　(b)简化计算图形

图 3.20 T形截面翼缘内的应力分布图

为翼缘的计算宽度 b'_f。翼缘计算宽度 b'_f 与翼缘高度 h'_f、梁的计算跨度 l_0、梁的结构情况等多种因素有关，GB 50010—2010 对翼缘计算宽度的规定见表 3.8。计算时应取三项中的最小值。

表 3.8　　　　T 形、工字形及倒 L 形截面受弯构件受压区有效翼缘计算宽度 b'_f

考 虑 情 况		T 形、工字形截面		倒 L 形截面
		肋形梁（板）	独立梁	肋形梁（板）
1	按计算跨度 l_0 考虑	$l_0/3$	$l_0/3$	$l_0/6$
2	按梁（纵肋）净距 S_n 考虑	$b+s_n$	—	$b+Sn/2$
3	按翼缘高度 h'_f 考虑	$b+12h'_f$	b	$b+5h'_f$

注　1. 表中 b 为梁的腹板宽度。

　　2. 如肋形梁在跨内设有间距小于纵肋间距的横肋时，则可不遵守表中所列的考虑情况 3 的规定。

　　3. 对有加腋的 T 形、工字形和倒 L 形截面，当受压区加腋的高度 $h_h \geqslant h'_f$，且加腋的宽度 $b_h \leqslant 3h_h$ 时，其翼缘计算宽度可按表中所列情况 3 的规定分别增加 $2b_h$（T 形、工字形截面）和 b_h（倒 L 形截面）。

　　4. 独立梁受压区的翼缘板在荷载作用下经验算沿纵肋方向可能产生裂缝时，其计算宽度取用腹板宽度 b。

3.5.2　T 形截面的分类和判别

T 形截面受弯构件，根据中和轴所在位置不同可分为两类。

第一类 T 形截面：中和轴在翼缘内，即 $x \leqslant h'_f$ ［图 3.21（a）］。

第二类 T 形截面：中和轴在梁的腹板内，即 $x > h'_f$ ［图 3.21（b）］。

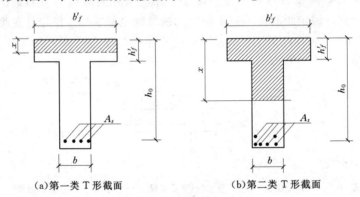

（a）第一类 T 形截面　　　　　　　（b）第二类 T 形截面

图 3.21　T 形截面的分类

为了建立两类 T 形截面的判别式，我们取中和轴恰好等于翼缘高度（即 $x = h'_f$）时，为两类 T 形截面的界限状态（图 3.22），由平衡条件得

$$\sum N = 0 \qquad\qquad f_y A_s = \alpha_1 f_c b'_f h'_f \qquad\qquad (3.31)$$

$$\sum M = 0 \qquad\qquad M = \alpha_1 f_c b'_f h'_f \left(h_0 - \frac{h'_f}{2} \right) \qquad\qquad (3.32)$$

截面设计时 M 已知，可用式（3.32）来判别 T 形类型。

当 $M \leqslant \alpha_1 f_c b'_f h'_f \left(h_0 - \dfrac{h'_f}{2} \right)$ 时，属于第一类 T 形截面；当 $M > \alpha_1 f_c b'_f h'_f \left(h_0 - \dfrac{h'_f}{2} \right)$ 时，属于第二类 T 形截面。

截面复核时 $f_y A_s$ 已知，可用式（3.31）来判别 T 形类型。

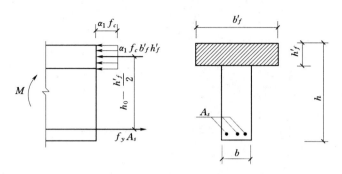

图 3.22 T形截面梁的判别界限

当 $f_y A_s \leqslant \alpha_1 f_c b'_f h'_f$ 时，属于第一类 T形截面；当 $f_y A_s > \alpha_1 f_c b'_f h'_f$ 时，属于第二类 T 形截面。

3.5.3 基本公式及适用条件

3.5.3.1 第一类 T形截面

1. 基本公式

由于第一类 T形截面的中和轴在翼缘内（$x \leqslant h'_f$），受压区形状为矩形，计算时不考虑受拉区混凝土参加工作，所以这类截面的受弯承载力与宽度为 b'_f 的矩形截面梁相同（图 3.23）。因此第一类 T形截面的基本计算公式及计算方法也与单筋矩形截面梁相同，仅需将公式中的 b 改为 b'_f，即

$$\sum N = 0 \qquad f_y A_s = \alpha_1 f_c b'_f x \qquad (3.33)$$

$$\sum M = 0 \qquad M \leqslant \alpha_1 f_c b'_f x \left(h_0 - \frac{x}{2} \right) \qquad (3.34)$$

2. 公式适用条件

（1）$x \leqslant \xi_b h_0$ 或 $\xi \leqslant \xi_b$ 或 $\alpha_s \leqslant \alpha_{sb}$。对于第一类 T形截面，受压区高度较小（$x \leqslant h'_f$），所以一般均能满足此条件，通常不必验算。

（2）$\rho \geqslant \rho_{\min}$ 或 $A_s \geqslant \rho_{\min} bh$。注意，由于最小配筋率 $\rho_{\min}$ 是由截面的开裂弯矩 M_{cr} 决定的，而 M_{cr} 与受拉区的混凝土有关，故 $\rho = A_s / b h_0$，b 为 T形截面的肋宽。

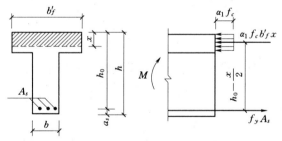

图 3.23 第一类 T形截面梁的应力图

3.5.3.2 第二类 T形截面

1. 基本公式

第二类 T形截面中和轴在梁腹板内（$x > h'_f$），受压区形状为 T形，根据计算应力图形（图 3.24）的平衡条件，可得第二类 T形截面梁的基本计算公式：

$$\sum N = 0 \qquad f_y A_s = \alpha_1 f_c bx + \alpha_1 f_c (b'_f - b) h'_f \qquad (3.35)$$

$$\sum M = 0 \qquad M \leqslant \alpha_1 f_c bx \left(h_0 - \frac{x}{2} \right) + \alpha_1 f_c (b'_f - b) h'_f \left(h_0 - \frac{h'_f}{2} \right) \qquad (3.36)$$

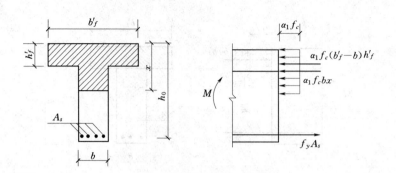

图 3.24 第二类 T 形截面梁的应力图

2. 公式适用条件

(1) $x \leqslant \xi_b h_0$ 或 $\xi \leqslant \xi_b$ 或 $\alpha_s \leqslant \alpha_{sb}$。

(2) $A_s \geqslant \rho_{min} bh$。由于第二类 T 形截面的配筋较多，一般均能满足 ρ_{min} 的要求，通常可不验算这一条件。

3.5.4 基本公式的应用

3.5.4.1 截面设计

已知截面尺寸 b、h、b'_f、h'_f，材料强度等级 f_c、f_y、α_1，弯矩设计值 M，求构件截面所需的纵向受拉钢筋截面面积 A_s。

1. 第一类 T 形截面

当 $M \leqslant \alpha_1 f_c b'_f h'_f \left(h_0 - \dfrac{h'_f}{2}\right)$ 时，属于第一类 T 形截面，其计算方法与截面尺寸为 $b'_f \times h$ 的单筋矩形截面相同。

2. 第二类 T 形截面

当 $M > \alpha_1 f_c b'_f h'_f \left(h_0 - \dfrac{h'_f}{2}\right)$ 时，属于第二类 T 形截面，其计算步骤如下：

(1) 将 $x = \xi h_0$ 代入式 (3.36) 可求得

$$\alpha_s = \frac{M - \alpha_1 f_c (b'_f - b) h'_f \left(h_0 - \dfrac{h'_f}{2}\right)}{\alpha_1 f_c b h_0^2}$$

(2) 验算 $\alpha_s \leqslant \alpha_{sb}$。若 $\alpha_s > \alpha_{sb}$，则需改变截面尺寸和混凝土强度等级后，重新设计。

(3) 若满足 $\alpha_s \leqslant \alpha_{sb}$，由式 (3.16) 求 $\xi = 1 - \sqrt{1 - 2\alpha_s}$，最后得

$$A_s = \frac{\alpha_1 f_c b \xi h_0 + \alpha_1 f_c (b'_f - b) h'_f}{f_y} \tag{3.37}$$

(4) 选配钢筋，绘配筋图。

【例 3.7】 某现浇肋形楼盖次梁，如图 3.25 所示。梁跨中受有最大弯矩设计值 $M = 80 \text{kN} \cdot \text{m}$，计算跨度 $l_0 = 5.1 \text{m}$，混凝土采用 C20，钢筋采用 HRB335 级，试计算次梁纵向受力钢筋面积。

解： (1) 基本资料。查表得：$f_c = 9.6 \text{N/mm}^2$，$f_t = 1.1 \text{N/mm}^2$，$f_y = 300 \text{N/mm}^2$，$\alpha_1 = 1.0$。

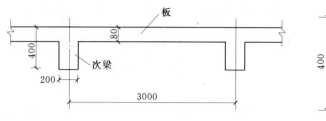
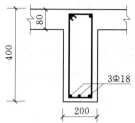

图 3.25 [例 3.7] 附图

（2）确定翼缘计算宽度 b'_f。设受拉钢筋一排布置，梁有效高度 $h_0 = h - a_s = 400 - 35 = 365(\text{mm})$。

查表 3.8 可得

按梁计算跨度 l_0 考虑：$b'_f = \dfrac{l_0}{3} = \dfrac{5100}{3} = 1700(\text{mm})$；

按梁肋净距 s_n 考虑：$b'_f = b + s_n = 200 + 2800 = 3000(\text{mm})$；

按翼缘高度 h'_f 考虑：$h'_f / h_0 = 80/365 = 0.22 > 0.1$，翼缘计算宽度不受此要求限制。

翼缘的计算宽度取前两项中较小值 $b'_f = 1700\text{mm}$。

（3）判别 T 形截面类型。

$$\alpha_1 f_c b'_f h'_f \left(h_0 - \frac{h'_f}{2} \right) = 1.0 \times 9.6 \times 1700 \times 80 \times \left(365 - \frac{80}{2} \right)$$

$$= 424.3(\text{kN} \cdot \text{m}) > M = 80(\text{kN} \cdot \text{m})$$

属第一类 T 形截面。

（4）求受拉钢筋面积。

$$\alpha_s = \frac{M}{\alpha_1 f_c b'_f h_0^2} = \frac{80 \times 10^6}{1.0 \times 9.6 \times 1700 \times 365^2} = 0.037$$

$$\xi = 1 - \sqrt{1 - 2\alpha_s} = 1 - \sqrt{1 - 2 \times 0.037} = 0.038$$

$$A_s = \xi \frac{\alpha_1 f_c}{f_y} b'_f h_0 = 0.038 \times \frac{1 \times 9.6}{300} \times 1700 \times 365 = 755(\text{mm}^2)$$

验算条件：$A_{s\min} = \rho_{\min} bh = 0.2\% \times 200 \times 400 = 160(\text{mm}^2) < A_s = 755(\text{mm}^2)$。

最小配筋率取 0.2% 和 $0.45 \dfrac{f_t}{f_y} = 0.45 \times \dfrac{1.1}{300} = 0.17\%$ 中的较大者。

（5）选配钢筋，绘配筋图。

查表 3.6 选配 3Φ18（$A_s = 763\text{mm}^2$），截面配筋如图 3.25 所示。

【例 3.8】 已知某 T 形截面肋宽 $b = 300\text{mm}$，翼缘计算宽度 $b'_f = 600\text{mm}$，翼缘高度 $h'_f = 100\text{mm}$，梁高 $h = 800\text{mm}$，承受弯矩设计值 $M = 520\text{kN} \cdot \text{m}$，混凝土强度等级 C25，钢筋为 HRB335 级，试计算梁的受拉钢筋截面面积。

解：（1）基本资料。查表得 $f_c = 11.9\text{N/mm}^2$，$f_t = 1.27\text{N/mm}^2$，$f_y = 300\text{N/mm}^2$，$\alpha_1 = 1.0$。

（2）判别 T 形截面类型。设纵筋两排布置，$h_0 = 800 - 60 = 740$（mm）。

$$\alpha_1 f_c b'_f h'_f \left(h_0 - \frac{h'_f}{2} \right) = 1.0 \times 11.9 \times 600 \times 100 \times \left(740 - \frac{100}{2} \right)$$

$$= 492.66 (\text{kN} \cdot \text{m}) < M = 520 (\text{kN} \cdot \text{m})$$

属第二类 T 形截面。

（3）求受拉钢筋面积。

$$\alpha_s = \frac{M - \alpha_1 f_c (b'_f - b) h'_f \left(h_0 - \dfrac{h'_f}{2} \right)}{\alpha_1 f_c b h_0^2}$$

$$= \frac{520 \times 10^6 - 1 \times 11.9 \times (600 - 300) \times 100 \times \left(740 - \dfrac{100}{2} \right)}{1 \times 11.9 \times 300 \times 740^2}$$

$$= 0.14 < \alpha_{sb} = 0.399$$

$$\xi = 1 - \sqrt{1 - 2\alpha_s} = 1 - \sqrt{1 - 2 \times 0.14} = 0.151$$

$$A_s = \frac{\alpha_1 f_c b \xi h_0 + \alpha_1 f_c (b'_f - b) h'_f}{f_y}$$

$$= \frac{1 \times 11.9 \times 300 \times 0.151 \times 740 + 1 \times 11.9 \times (600 - 300) \times 100}{300}$$

$$= 2520 (\text{mm}^2)$$

（4）选配钢筋，绘配筋图。查表 3.6 选配 4 Φ 25 + 2 Φ 20（$A_s = 2592\text{mm}^2$），截面配筋如图 3.26 所示。

3.5.4.2　截面复核

已知截面尺寸 b、h、b'_f、h'_f，材料强度等级 f_c、f_y、α_1，纵向受拉钢筋截面面积 A_s，求构件截面受弯承载力 M_u（或与已知弯矩设计值 M 比较，复核梁正截面是否安全）。

1. 第一类 T 形截面

当 $f_y A_s \leqslant \alpha_1 f_c b'_f h'_f$ 时，属于第一类 T 形截面，按 $b'_f \times h$ 的矩形截面验算。

2. 第二类 T 形截面

当 $f_y A_s > \alpha_1 f_c b'_f h'_f$ 时，属于第二类 T 形截面，具体计算步骤如下：

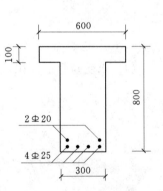

图 3.26　［例 3.8］附图

（1）求截面受压区高度 x。由式（3.35）得

$$x = \frac{f_y A_s - \alpha_1 f_c (b'_f - b) h'_f}{\alpha_1 f_c b} \tag{3.38}$$

（2）验算适用条件，求 M_u。

若 $x \leqslant \xi_b h_0$，将 x 值代入式（3.36）求 M_u：

$$M_u = \alpha_1 f_c b x \left(h_0 - \frac{x}{2} \right) + \alpha_1 f_c (b'_f - b) h'_f \left(h_0 - \frac{h'_f}{2} \right)$$

若 $x > \xi_b h_0$，将 $x = \xi_b h_0$ 代入式（3.36）求 M_u：

$$M_u = \alpha_{sb} \alpha_1 f_c b h_0^2 + \alpha_1 f_c (b'_f - b) h'_f \left(h_0 - \frac{h'_f}{2} \right)$$

（3）复核截面是否安全。$M_u \geqslant M$，安全；反之，$M_u < M$，不安全。

【例 3.9】 梁的截面配筋及尺寸如图 3.27 所示，采用 C30 混凝土，HRB400 级钢筋，构件安全等级二级，试求该梁所能承受的弯矩设计值 M_u。

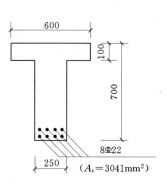

图 3.27 ［例 3.9］附图

解：（1）基本资料。查表得 $f_c = 14.3\text{N/mm}^2$，$f_y = 360\text{N/mm}^2$，$\alpha_1 = 1.0$，$\xi_b = 0.518$，$h_0 = 700 - 25 - 22 - 30/2 = 638$（mm）。

（2）判断 T 形截面类型。

$$f_y A_s = 360 \times 3041 = 1094.76(\text{kN}) > \alpha_1 f'_f b'_f h'_f$$
$$= 1 \times 14.3 \times 600 \times 100 = 858(\text{kN})$$

属第二类 T 形截面。

（3）计算截面受压区高度 x。

$$x = \frac{f_y A_s - \alpha_1 f_c (b'_f - b) h'_f}{\alpha_1 f_c b}$$

$$= \frac{360 \times 3041 - 1 \times 14.3 \times (600 - 250) \times 100}{1 \times 14.3 \times 250}$$

$$= 166.2(\text{mm}) < \xi_b h_0 = 0.518 \times 638 = 330.5(\text{mm})$$

（4）计算截面所能承受的弯矩设计值。

$$M_u = \alpha_1 f_c b x \left(h_0 - \frac{x}{2} \right) + \alpha_1 f_c (b'_f - b) h'_f \left(h_0 - \frac{h'_f}{2} \right)$$

$$= 1 \times 14.3 \times 250 \times 166.2 \times \left(638 - \frac{166.2}{2} \right)$$

$$+ 1 \times 14.3 \times (600 - 250) \times 100 \times \left(638 - \frac{100}{2} \right)$$

$$= 624(\text{kN} \cdot \text{m})$$

思 考 题

3.1 钢筋混凝土梁、板主要的截面形式有哪些？梁的高跨比 h/l_0 和梁的高宽比 h/b 一般在多大范围？从利于模板定型化的角度出发，梁、板截面尺寸应符合什么要求？

3.2 梁内纵向受拉钢筋的根数、直径及间距有何规定？梁中纵向受力钢筋的净距在梁上部和下部各为多少？纵向受拉钢筋什么情况下才按两排设置？

3.3 在板中，为何垂直于受力钢筋方向还要布置分布钢筋？分布钢筋如何选定？它应布置在受力钢筋的哪一侧？

3.4 何谓混凝土保护层？它的作用是什么？

3.5 钢筋混凝土适筋梁从加载到破坏经历了哪几个阶段？各阶段正截面上应力应变的特点如何？每个阶段分别是哪种计算的依据？

3.6 何谓梁的截面配筋率？根据配筋率的不同，钢筋混凝土梁可分为哪几种类型？不同类型梁的破坏特征有何不同，破坏性质分别属于什么？实际工程设计中以哪种梁为设计依据？

3.7 受弯构件正截面承载力计算时，做了哪些假定？

3.8 受弯构件正截面承载力计算中，受压区混凝土等效矩形应力图形是根据什么条件确定的？

3.9 何谓界限破坏？界限破坏时的相对受压区计算高度 ξ_b 值与什么有关？ξ_b 和最大配筋率 ρ_{max} 有何关系？

3.10 画出单筋矩形截面正截面承载力计算的应力图形，写出基本计算公式和适用条件，并说明适用条件的意义。

3.11 现有截面大小相等、混凝土强度等级相同而配筋不一样的四种矩形截面梁：①$\rho < \rho_{min}$；②$\rho_{min} < \rho < \rho_{max}$；③$\rho = \rho_{max}$；④$\rho > \rho_{max}$。试问：它们分别属于什么样的破坏？它们破坏时的受拉钢筋应力各等于多少？它们破坏时的截面抵抗弯矩各等于多少？它们破坏时材料的强度是否充分发挥？

3.12 什么是双筋截面？什么情况下采用双筋截面？在双筋截面中受压钢筋起什么作用？

3.13 设计双筋截面梁时，当 A_s 与 A_s' 均未知时，如何求解？为什么？

3.14 采用高强度钢筋作为双筋受弯构件的受压筋时，钢筋的强度为何不能被充分利用？

3.15 画出双筋矩形截面正截面承载力计算的应力图形，写出基本计算公式和适用条件，说明适用条件的意义。并与单筋作相应的比较，分析其异同点。

3.16 设计双筋截面时，为什么要求 $x \geqslant 2a_s'$？若这一条件不满足时，应如何计算？

3.17 T 形截面梁的翼缘为什么要有计算宽度 b_f' 的规定？b_f' 应如何确定？

3.18 判别两类 T 形截面梁的基本条件是什么？具体判别式又如何？

3.19 中和轴位于翼缘内的 T 形梁，为何不需验算条件 $\xi \leqslant \xi_b$？而在验算条件 $\rho \geqslant \rho_{min}$ 时，ρ 的计算为何按 $b \times h$ 的矩形截面进行计算？

3.20 第一类 T 形截面与单筋矩形截面受弯承载力的计算公式、第二类 T 形截面与双筋矩形截面受弯承载力的计算公式有何异同点？

习 题

3.1 已知矩形截面梁 $b \times h = 220mm \times 550mm$，由荷载设计值产生的弯矩 $M = 180kN \cdot m$，$\gamma_0 = 1$，混凝土强度等级为 C25，钢筋为 HRB400 级，试分别用基本公式法和实用公式法计算纵向受拉钢筋截面面积，并选配钢筋，绘配筋图。

3.2 已知钢筋混凝土矩形截面梁，截面尺寸 $b \times h = 250mm \times 550mm$，弯矩设计值 $M = 160kN \cdot m$，试按下列条件计算梁的纵向受拉钢筋截面面积 A_s，并根据计算结果分析混凝土强度等级及钢筋级别对钢筋混凝土受弯构件正截面配筋的影响。

(1) 混凝土强度等级为 C20，纵筋为 HPB300 级。

(2) 混凝土强度等级为 C20，纵筋为 HRB335 级。

(3) 混凝土强度等级为 C30，纵筋为 HRB335 级。

3.3 某水电站（安全等级Ⅱ级）的内廊为现浇简支在砖墙上的钢筋混凝土平板，计

算跨度 $l_0 = 2.34\text{m}$，板上作用的平均活荷载标准值 $g_k = 2\text{kN/m}$，水磨石地面及细石混凝土垫层厚 30mm（重力密度为 22kN/m^3），板底粉刷白灰砂浆 12mm 厚（重力密度为 17kN/m^3），钢筋混凝土重力密度为 25kN/m^3。选用混凝土强度等级为 C15，钢筋为 HPB300 级。试确定板厚和钢筋截面面积，并绘配筋图。

3.4　已知钢筋混凝土矩形截面梁，截面尺寸 $b \times h = 250\text{mm} \times 500\text{mm}$，混凝土强度等级为 C30，纵向受拉钢筋为 4 Φ 16（HRB400 级）。该梁承受的最大弯矩设计值 $M = 100\text{kN} \cdot \text{m}$，试复核该梁是否安全。

3.5　现浇板简支于砖墙上，板厚 $h = 80\text{mm}$，板的计算跨度 $l_0 = 2.4\text{m}$，配置 $\phi 8@120$ 的受力钢筋，混凝土采用 C20，$\gamma_0 = 1$。试求板所能承受的均布荷载设计值 q。

3.6　已知矩形截面梁的截面尺寸 $b \times h = 200\text{mm} \times 450\text{mm}$，弯矩设计值 $M = 270\text{kN} \cdot \text{m}$，混凝土强度等级为 C30，纵向受力钢筋为 HRB400 级。求此截面所需配置的纵向受力钢筋。

3.7　已知矩形截面梁的截面尺寸 $b \times h = 200\text{mm} \times 500\text{mm}$，弯矩设计值 $M = 145\text{kN} \cdot \text{m}$，混凝土强度等级为 C20，梁的受压区已配有 3 Φ 20 的 HRB335 级受压钢筋，构件安全等级二级。求此截面所需配置的纵向受拉钢筋。

3.8　已知矩形截面梁的截面尺寸 $b \times h = 200\text{mm} \times 500\text{mm}$，采用 C25 级混凝土和 HRB335 级钢筋，在梁受的受压区配有 2 Φ 16 的受压钢筋，在受拉区配有 4 Φ 18 的受拉钢筋，构件安全等级二级。求该梁的受弯承载力设计值 M_u。

3.9　某整体式肋形梁楼盖的 T 形截面主梁，截面尺寸 $b = 300\text{mm}$，$b'_f = 2200\text{mm}$，$h'_f = 100\text{mm}$，$h = 600\text{mm}$，跨中截面承受最大弯矩设计值 $M = 275\text{kN} \cdot \text{m}$，混凝土强度等级 C20，钢筋为 HRB335 级。试计算梁的受拉钢筋截面面积，并绘配筋图。

3.10　已知某独立 T 形截面梁 $b = 250\text{mm}$，$b'_f = 600\text{mm}$，$h'_f = 100\text{mm}$，$h = 800\text{mm}$。弯矩设计值 $M = 600\text{kN} \cdot \text{m}$，混凝土强度等级为 C25，纵向钢筋为 HRB335 级。求此截面所需配置的纵向受拉钢筋截面面积，并绘配筋图。

3.11　已知某独立 T 形截面梁 $b = 250\text{mm}$，$b'_f = 600\text{mm}$，$h'_f = 100\text{mm}$，$h = 800\text{mm}$，截面配有 8 Φ 22（$A_s = 3041\text{mm}^2$）纵向受拉钢筋（HRB335），混凝土采用 C20，梁截面最大弯矩设计值 $M = 450\text{kN} \cdot \text{m}$。试复核该梁是否安全。

3.12　已知某独立 T 形截面梁 $b = 250\text{mm}$，$b'_f = 500\text{mm}$，$h'_f = 100\text{mm}$，$h = 800\text{mm}$，截面配有 6 Φ 25 纵向受拉钢筋（HRB335），混凝土采用 C20。

（1）试求梁所能承受的弯矩设计值；

（2）若梁为均布荷载作用的简支梁，计算跨度 $l_0 = 5\text{m}$，试计算该梁所能承受的荷载设计值 q。

第4章 钢筋混凝土受弯构件斜截面承载力计算

受弯构件在外部荷载作用下，构件内产生弯矩和剪力，钢筋混凝土受弯构件在承受以弯矩为主的区段内将产生垂直裂缝，发生正截面破坏，其正截面受弯承载力计算已如前章所述。而在弯矩和剪力共同作用的区段（图4.1）内，常常产生斜裂缝，并可能沿斜截面（斜裂缝）发生破坏。斜截面破坏往往带有脆性破坏的性质，缺乏明显预兆。

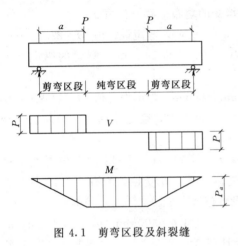

图 4.1　剪弯区段及斜裂缝

试验证明，剪力是引起斜截面破坏的主要原因，可以用来抵抗剪力的钢筋有箍筋和弯起钢筋。弯矩在斜截面中的影响，工程中采用适当构造措施来解决。抵抗剪力的箍筋和弯起钢筋统称为腹筋。施工中为了保证各种受力钢筋位置准确，形成钢筋骨架，有时还须配置架立钢筋（图4.2）。架立钢筋在设计中为非受力钢筋，根据构造规定配置。箍筋的作用除了抵抗剪力外，还起形成钢筋骨架作用。弯起钢筋可根据情况确定是否选用。

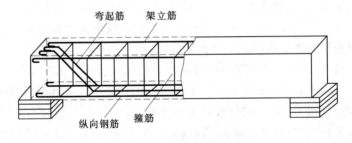

图 4.2　梁的配筋形式

4.1　受弯构件斜截面的破坏

4.1.1　有腹筋梁斜截面受剪破坏形态

有腹筋梁斜截面的受剪破坏形态主要与剪跨比和腹筋用量等因素有关。

剪跨比的定义为

$$\lambda = \frac{M}{Vh_0} \tag{4.1}$$

式中　M、V——计算截面的弯矩和剪力；

h_0——截面有效高度。

在承受集中荷载的梁中，通常取集中荷载作用点处剪力较大一侧的剪跨比，即

$$\lambda = \frac{M}{Vh_0} = \frac{Fa}{Fh_0} = \frac{a}{h_0} \tag{4.2}$$

式中　a——集中荷载到邻近支座的距离（图 4.3），称"剪跨"。

剪跨比反映了梁中弯矩和剪力的组合关系。

试验表明，斜截面破坏，主要有斜拉破坏、剪压破坏和斜压破坏三种形态。

1. 斜拉破坏

当梁的剪跨比较大（$\lambda > 3$）或腹筋数量配得过少时，一般发生这种破坏。其破坏特征是，随着荷载的增加，梁一旦出现斜裂缝，该裂缝很快沿向上、下延伸，直至将整个截面裂通，整个构件被斜拉为两部分而破坏，如图 4.3（a）所示。它类似正截面少筋梁破坏，一裂即坏，破坏突然，设计中必须防止。

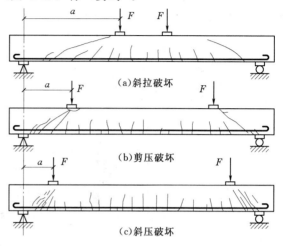

图 4.3　斜截面的破坏形态

2. 剪压破坏

当梁的剪跨比适中（$1 < \lambda < 3$）且腹筋配置数量适当时，随着荷载的增加，首先在受拉区出现一些垂直裂缝和几根细微的斜裂缝。当荷载增大到一定程度时，在细微斜裂缝中就会出现一条又宽又长的主要斜裂缝，称临界斜裂缝。荷载进一步增加，与临界斜裂缝相交的腹筋应力不断增加直到屈服。最后，由于临界斜裂缝末端开裂的混凝土在剪应力和正应力共同作用下达到极限强度而破坏，如图 4.3（b）所示。剪压破坏的破坏过程比斜拉破坏缓慢些，腹筋又能充分利用，因此在设计中应把构件斜截面破坏控制在剪压破坏形态。

3. 斜压破坏

当梁的剪跨比较小（$\lambda < 1$）或腹筋配置过多，一般发生这种破坏。其破坏特征是，斜裂缝出现后，在裂缝中间形成倾斜的混凝土短柱，然后随着荷载增加，这些短柱由于混凝土达到轴心抗压强度而被压碎，如图 4.3（c）所示。这种破坏没有预兆，且腹筋达不到屈服，类似于正截面超筋破坏，设计中应当避免。

除了以上三种破坏形态外，在不同的条件下，还可能出现其他的破坏形态，如局部挤压破坏、纵筋的锚固破坏。

4.1.2　影响斜截面抗剪承载力的主要因素

上述三种斜截面破坏形态和构件斜截面承载力有密切关系。因此凡影响破坏形态的因素也就影响构件承载力。其主要因素有以下几方面。

1. 剪跨比

试验研究表明，剪跨比对斜裂缝的发生和发展状况、剪切破坏及破坏强度影响极

大。一般的，对梁顶直接施加集中荷载的梁，剪跨比 λ 是影响受剪承载力的主要因素，当λ＞3时常为斜拉破坏，λ＜1 时可能发生斜压破坏，1＜λ＜3 时，一般发生剪压破坏。

图 4.4 表示了集中荷载作用下无腹筋梁受剪试验资料 $V_u/f_c bh_0$ 和 $\lambda = a/h_0$ 的关系。可见，随着剪跨比 λ 的减小，斜截面受剪承载力有增高的趋势。但对于箍筋配置较多的有腹筋梁，剪跨比对梁的抗剪强度的影响有所减弱。

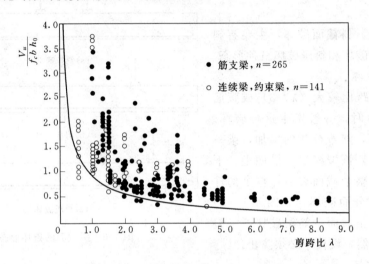

图 4.4　剪跨比对梁受剪承载力的影响

2. 混凝土强度

试验结果表明，混凝土强度等级对梁的抗剪能力有显著的影响。一般情况下，梁的抗剪能力随着混凝土强度等级的提高而提高。但是，斜截面的破坏形态不同，其影响程度也不同。

3. 腹筋

斜裂缝出现之前，钢筋和混凝土一样变形很小，所以腹筋的应力很低，对阻止斜裂缝开裂的作用甚微。斜裂缝出现之后，与斜裂缝相交的腹筋，不仅可以直接承受部分剪力，还能阻止斜裂缝开展过宽，抑制斜裂缝的开展，提高斜截面上骨料的咬合力及混凝土的受剪承载力，另外，箍筋可限制纵筋的竖向位移，能有效阻止混凝土沿纵向的撕裂，从而提高纵筋的销栓作用。

箍筋配筋率可用配箍率 ρ_{sv} 来表示，具体表达式为

$$\rho_{sv} = \frac{A_{sv}}{bs} \times 100\% \tag{4.3}$$

式中　A_{sv}——同一截面内箍筋各肢的全部截面面积；

　　　s——沿构件长度方向上箍筋的间距；

　　　b——矩形截面的宽度，T 形、I 形截面的腹板宽度。

4. 纵向钢筋

在斜裂缝出现之后，纵筋像销栓一样，起着联系两部分构件的作用。一方面，纵筋可

抑制斜裂缝宽度和延伸，增加混凝土的抗剪能力；同时纵筋本身的横截面也能承受一定的剪力，所以，纵筋对提高受弯构件斜截面承载力有一定的作用。

除了上述几个主要影响因素外，影响斜截面承载力的因素还有截面形式、截面尺寸和加载方式等。

4.2 有腹筋梁斜截面受剪承载力计算

4.2.1 有腹筋梁斜截面承载力计算公式

斜截面承载力设计，是依据剪压破坏状态确定的。以图 4.5 所示配有适量腹筋的简支梁为例，在主要斜裂缝出现（临界破坏）时，取斜裂缝到支座的一段梁作为脱离体，斜截面的内力如图所示，由脱离体竖向力的平衡条件，可得斜截面受剪极限承载力 V_u 为

$$V \leqslant V_u = V_c + V_{sv} + V_{sb} \tag{4.4}$$

式中　V——支座边缘截面的剪力设计值；

　　　　V_c——混凝土的受剪承载力；

　　　　V_{sv}——箍筋的受剪承载力；

　　　　V_{sb}——弯起钢筋的受剪承载力。

上式 V_c 与 V_{sv} 之和，即 $V_{cs} = V_c + V_{sv}$，称为斜截面上混凝土和箍筋的受剪承载力。当不配置弯起钢筋时 $V_u = V_{cs}$。

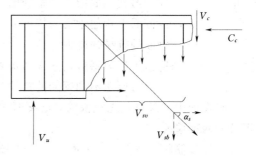

图 4.5　斜截面承载力的计算图形

由于影响斜截面受剪承载力的因素很多，尽管国内外学者已进行了大量的试验和研究，但迄今为止钢筋混凝土梁斜截面计算公式仍为半理论半经验公式。

4.2.1.1 仅配箍筋时梁的受剪承载力计算公式

1. 矩形、T 形和工形截面的一般受弯构件

经过对仅配有箍筋的斜截面梁受剪破坏试验资料的分析研究，并结合工程实践经验，GB 50010—2010 给出了 V_{cs} 的计算公式如下：

$$V_{cs} = 0.7 \beta_h f_t b h_0 + f_{yv} \frac{A_{sv}}{s} h_0 \tag{4.5}$$

$$A_{sv} = n A_{sv1}$$

式中　A_{sv}——配置在同一截面内箍筋各肢的全部截面面积；

　　　　n——在同一截面内箍筋的肢数；

　　　　A_{sv1}——单肢箍筋的截面面积；

　　　　β_h——截面高度影响系数，$\beta_h = \left(\dfrac{800}{h_0}\right)^{\frac{1}{4}}$，当 $h_0 < 800\text{mm}$ 时，取 $h_0 = 800\text{mm}$，当 $h_0 > 2000\text{mm}$ 时，取 $h_0 = 2000\text{mm}$（当梁内配置箍筋时，混凝土受剪承载力 V_c 受截面高度的影响减弱，此时可不考虑 β_h 系数）；

　　　　f_{yv}——箍筋抗拉强度设计值；

f_t——混凝土轴心抗拉强度设计值，按表 1.4 采用；

b、s——意义同前。

2. 以集中荷载为主的矩形截面独立梁

对以集中荷载（包括作用多种荷载，且集中荷载对支座截面或节点边缘所产生的剪力值占总剪力值 75％以上的情况）作用下的矩形截面独立梁，其 V_{cs} 的计算公式为

$$V_{cs} = \frac{1.75}{\lambda + 1} f_t b h_0 + f_{yv} \frac{A_{sv}}{s} h_0 \tag{4.6}$$

式中　λ——计算剪跨比，$\lambda = a/h_0$，a 为集中荷载作用点至支座截面或节点边缘的距离，当 $\lambda < 1.5$ 时，取 $\lambda = 1.5$；当 $\lambda > 3$ 时，取 $\lambda = 3$。

4.2.1.2　弯起钢筋的受剪承载力 V_{sb}

弯起钢筋抵抗的剪力，应等于弯起钢筋所承受的拉力在垂直于梁轴方向的分力（图 4.5），按下式计算：

$$V_{sb} = 0.8 A_{sb} f_y \sin \alpha_s \tag{4.7}$$

式中　A_{sb}——同一弯起平面内弯起钢筋的截面面积；

α_s——斜截面上弯起钢筋与构件纵向轴线的夹角；

f_y——钢筋的抗拉强度设计值；

0.8——应力不均匀系数，用来考虑弯起钢筋与破坏斜截面相交位置的不定性，其应力可能达不到钢筋的抗拉强度设计值。

在设计中一般总是先配箍筋，必要时再选配适当的弯筋。因此受剪承载力计算公式又可分为两种情况：

仅配箍筋时　　　　　　　　　　$V \leqslant V_{cs}$　　　　　　　　　　　　　　(4.8)

配有箍筋与弯起钢筋时　　　　　$V \leqslant V_{cs} + V_{sb}$　　　　　　　　　　　(4.9)

式中　V——剪力设计值，当仅配箍筋时，取支座边缘截面的最大剪力设计值；当配有弯起钢筋时，按本节 4.2.3 中的规定取值。

4.2.2　计算公式的使用条件

梁的斜截面承载力计算公式仅适用于剪压破坏情况，为了防止斜压破坏和斜拉破坏，还应规定其上、下限值。

1. 上限值——最小截面尺寸

当梁截面尺寸过小，剪力较大时，梁可能发生斜压破坏，这种破坏形态的构件受剪承载力基本取决于混凝土的抗压强度及构件的截面尺寸，而腹筋的数量影响甚微。设计时为了避免斜压破坏，GB 50010—2010 规定受剪截面需符合下列条件：

当 $h_w/b \leqslant 4.0$ 时

$$V \leqslant 0.25 \beta_c f_c b h_0 \tag{4.10}$$

当 $h_w/b \geqslant 6.0$ 时

$$V \leqslant 0.2 \beta_c f_c b h_0 \tag{4.11}$$

当 $4.0 < h_w/b < 6.0$ 时，按直线内插法取用。

式中　V——构件斜截面上的最大剪力设计值；

h_w——截面的腹板高度，矩形截面取有效高度，T 形截面取有效高度减去翼缘高

度，工字形截面取腹板净高；

β_c——混凝土强度影响系数，当混凝土强度等级不超过 C50 时，取 $\beta_c=1.0$；当混凝土强度等级为 C80 时，取 $\beta_c=0.8$；其间按线性内插法确定。

在设计中，如不能满足上限值要求，应加大截面尺寸或提高混凝土强度等级。

2. 下限值——最小配箍率

试验表明：若箍筋配置过少，一旦斜裂缝出现，由于箍筋的抗剪作用不足于替代斜裂缝发生前混凝土原有的作用，就会发生突然性的斜拉破坏。为了避免这种破坏，GB 50010—2010 规定当 $V>V_c$ 时，箍筋的配置应满足最小配箍率要求：

$$\rho_{sv} = \frac{A_{sv}}{bs} \geqslant \rho_{sv.\min} = 0.24 \frac{f_t}{f_{yv}} \tag{4.12}$$

式中 $\rho_{sv.\min}$——箍筋的最小配箍率。

在满足了最小配箍率的要求后，如果箍筋选得较粗而配置较稀，则可能因箍筋间距过大在两根箍筋之间出现不与箍筋相交的斜裂缝，使箍筋无法发挥作用。为此，GB 50010—2010 规定了箍筋的最大间距 $s_{\max}$（表 4.1），箍筋和弯起钢筋的间距均不应超过 $s_{\max}$（图 4.6）。此外，为了使钢筋骨架具有一定的刚性，便于制作安装，箍筋的直径也不能太细。GB 50010—2010 对箍筋的最小直径要求具体见 4.4 节。

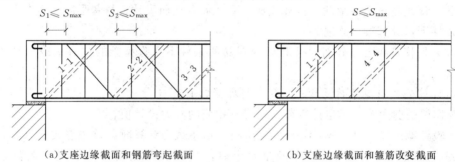

（a）支座边缘截面和钢筋弯起截面　　　　（b）支座边缘截面和箍筋改变截面

图 4.6　斜截面受剪承载力的计算位置

4.2.3　计算截面位置的确定

在计算斜截面的受剪承载力时，其剪力设计值的计算截面应按下列规定采用（图4.6）：

（1）支座边缘处的截面 1-1。

（2）受拉区弯起钢筋弯起点处的截面 2-2、截面 3-3。

（3）箍筋截面面积或间距改变处的截面 4-4。

（4）截面尺寸改变处截面。

上述截面都是斜截面承载力比较薄弱的地方，所以都应进行计算，并应取这些斜截面范围内的最大剪力，即斜截面靠支座一端处的剪力设计值进行受剪承载力计算。通常当计算弯起钢筋时，剪力设计值 V 按下列规定采用：当计算第一排（对支座而言）弯起钢筋时，取用支座边缘的剪力设计值；当计算以后的每一排弯起钢筋时，取用前一排（对支座而言）弯起钢筋弯起点处的剪力设计值。弯起钢筋设置的排数，与剪力图形及 V_{cs} 值的大小有关。对于承受均布荷载作用的梁，最后一排弯起钢筋的弯起点应在 V_{cs} 与剪力图相交点 c 之外，即进入 V_{cs} 所能控制区之内，见图 4.7（a）。对于承受集中荷载作用的梁，最后

一排弯起点可在 V_{cs} 与剪力图相交点之内，但其距离不得大于表 4-1 中 $V>0.7f_tbh_0$ 栏内箍筋的最大间距 s_{max}，见图 4.7（b）。

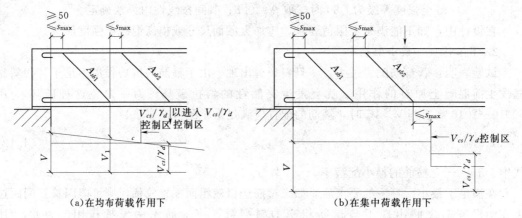

（a）在均布荷载作用下　　　　　　　　（b）在集中荷载作用下

图 4.7　最后一排弯起钢筋的位置

4.2.4　斜截面受剪承载力计算步骤

受弯构件斜截面承载力计算，包括截面设计和承载力复核两类问题。

截面设计是在正截面承载力计算完成之后，即在截面尺寸、材料强度、纵向受力钢筋已知的条件下，计算梁内腹筋。

承载力复核是在已知截面尺寸和梁内腹筋的条件下，验算梁的抗剪承载力是否满足要求。

当按计算公式对斜截面设计时，其主要步骤如下：

（1）作梁的剪力图，确定计算截面位置及相应的剪力设计值。

（2）验算截面尺寸是否满足要求。在进行受剪承载力计算时，首先应按式（4.10）或式（4.11）复核梁截面尺寸，当不满足要求时，则应加大截面尺寸或提高混凝土强度等级。

（3）判别是否需要按计算配置箍筋。对矩形、T 形及工字形截面的一般受弯构件，如能满足：

$$V \leqslant V_c = 0.7f_tbh_0 \tag{4.13}$$

或对集中荷载为主的矩形截面独立梁，如能满足：

$$V \leqslant V_c = \frac{1.75}{\lambda + 1}f_tbh_0 \tag{4.14}$$

则不需进行斜截面抗剪配筋计算，而按构造规定选配箍筋；否则，应按计算配置腹筋。

（4）腹筋的计算。梁内腹筋通常有两类配置方法：仅配置箍筋；既配置箍筋，又配置弯起钢筋。至于采用哪一种方法，视构件具体情况、V 的大小及纵向钢筋的配置而定。

1）计算箍筋。当剪力完全由混凝土和箍筋承担时，箍筋按下列公式计算：

对矩形、T 形或 I 形截面的一般受弯构件，由式（4.5）及式（4.8）可得

$$\frac{nA_{sv1}}{s} \geqslant \frac{V - 0.7f_tbh_0}{f_{yv}h_0} \tag{4.15}$$

对集中荷载作用下的独立梁，由式（4.6）及式（4.8）可得

$$\frac{nA_{sv1}}{s} \geqslant \frac{V - \dfrac{1.75}{\lambda+1}f_t b h_0}{f_{yv} h_0} \tag{4.16}$$

计算出 $\dfrac{nA_{sv1}}{s}$ 后，可先确定箍筋的肢数（一般常用双肢箍，即 $n=2$）和单肢箍筋的截面面积 A_{sv1}，然后求出箍筋间距 s。也可先确定箍筋的间距 s 和肢数，然后求出箍筋的截面面积 A_{sv1} 和箍筋直径。注意选取的箍筋直径和间距应满足构造规定。

2）计算弯起钢筋。当需要配置弯起钢筋与混凝土和箍筋共同承受剪力时，一般先可选定箍筋的直径、间距和肢数，并按式（4.5）或式（4.6）计算出 V_{cs}，如果 $V_{cs} < V$，则需按下式计算弯起钢筋的截面面积，即

$$A_{sb} \geqslant \frac{V - V_{cs}}{0.8 f_y \sin\alpha_s} \tag{4.17}$$

第一排弯起钢筋距支座边缘的距离应满足 $50\text{mm} \leqslant s \leqslant s_{\max}$。弯起钢筋一般由梁中纵向受拉钢筋弯起而成。当纵向钢筋弯起不能满足正截面和斜截面受弯承载力要求时，可设置单独的仅作为受剪的弯起钢筋。这时，弯起钢筋应采用图 4.8 所示的"吊筋"的形式，而不能采用仅在受拉区有较少水平段的"浮筋"，以防止由于弯起钢筋发生较大的滑移使斜裂缝开展过大，甚至导致斜截面受剪承载力的降低。

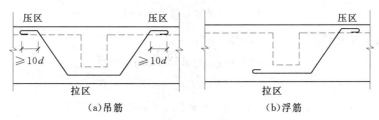

图 4.8 吊筋与浮筋

（5）验算最小配箍率。为了防止斜拉破坏，箍筋还应满足最小配箍率的要求，即 $\rho_{sv} = \dfrac{A_{sv}}{bs} \geqslant \rho_{sv.\min}$。

【例 4.1】 一钢筋混凝土简支梁（图 4.9），两端支撑在 240mm 厚的砖墙上，梁净距 $l_n = 3560\text{mm}$，梁截面尺寸 $b \times h = 200\text{mm} \times 500\text{mm}$。该梁在正常使用期间承受永久荷载标准值 $g_k = 20\text{kN/m}$（包括自重），荷载分项系数 $\gamma_G = 1.2$，可变均布荷载标准值 $q_k = 40\text{kN/m}$，荷载分项系数 $\gamma_Q = 1.4$，采用 C25（$f_c = 11.9\text{N/mm}^2$，$f_t = 1.27\text{N/mm}^2$）级混凝土，箍筋为 HPB300 级钢筋（$f_{yv} = 270\text{N/mm}^2$），纵筋采用 HRB400 级钢筋。若仅配箍筋，试求箍筋的数量（取 $a_s = 35\text{mm}$）。

解： （1）已知条件：C25 级混凝土，$f_c = 11.9\text{N/mm}^2$，$f_t = 1.27\text{N/mm}^2$，$f_{yv} = 270\text{N/mm}^2$，$a_s = 35\text{mm}$，$h_0 = h - a_s = 500 - 35 = 465$（mm）。

（2）计算剪力设计值。最危险的截面在支座边缘处，该处的剪力即为剪力设计值。

$$V = \frac{1}{2}(\gamma_G g_k + \gamma_Q q_k)l_n = \frac{1}{2} \times (1.2 \times 20 + 1.4 \times 40) \times 3.56$$

$$= 142.4 \text{（kN）}$$

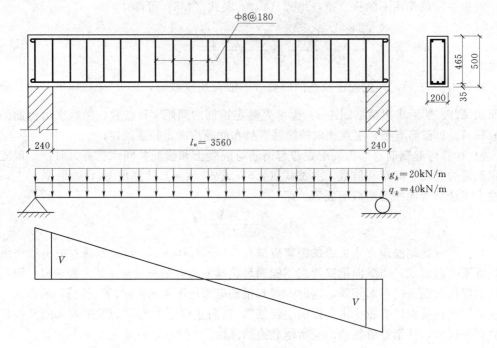

图 4.9 梁剪力图及配筋图

（3）截面尺寸验算。

$$h_w = h_0 = 465 \text{（mm）}$$

$$h_w/b = 465/200 = 2.33 < 4.0$$

$$0.25f_c bh_0 = 0.25 \times 11.9 \times 200 \times 465 = 276.68 \text{（kN）}$$

$$V = 142.4\text{kN} < 0.25f_c bh_0 = 276.68 \text{（kN）}$$

故截面尺寸满足抗剪条件。

（4）验算是否需按计算配置腹筋。

$$V_c = 0.7f_t bh_0 = 0.7 \times 1.27 \times 200 \times 465 = 82.68 \text{（kN）} < V = 142.4 \text{（kN）}$$

所以，需按计算配置腹筋。

（5）仅配箍筋时箍筋数量的确定。

$$\frac{A_{sv}}{s} \geqslant \frac{V - 0.7f_t bh_0}{f_{yv}h_0} = \frac{142.4 \times 10^3 - 0.7 \times 1.27 \times 200 \times 465}{1 \times 270 \times 465}$$

$$= 0.476 \text{（mm}^2/\text{mm）}$$

选用双肢 $\phi 8$ 箍筋，$A_{sv1} = 50.3\text{mm}^2$，$n = 2$ 代入上式得 $s \leqslant 205.6\text{mm}$，取 $s = 200\text{mm} <$ $s_{max} = 250\text{mm}$，箍筋沿梁全长布置。

（6）验算最小配箍率。

$$\rho_{sv} = \frac{A_{sv}}{bs} = \frac{100.6}{200 \times 200} = 0.25\% > \rho_{sv.min} = 0.24\frac{f_t}{f_{yv}} = 0.24 \times \frac{1.27}{270} = 0.113\%$$

【例 4.2】 某矩形截面简支梁（图 4.10），承受均布荷载设计值 $g + q = 58\text{kN/m}$（包

括自重），梁截面尺寸 $b \times h = 250\text{mm} \times 600\text{mm}$，采用 C20 （$f_c = 9.6\text{N/mm}^2$，$f_t = 1.1\text{N/mm}^2$）级混凝土，箍筋为 HPB300 级钢筋 （$f_{yv} = 270\text{N/mm}^2$），纵筋采用 HRB335 级钢筋（$f_y = 310\text{N/mm}^2$），梁正截面中已配有受拉钢筋 $3 \Phi 25 + 2 \Phi 22$（$A_s = 2333\text{mm}^2$），试配置腹筋。

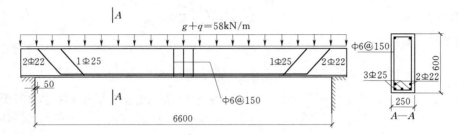

图 4.10 均布荷载作用下简支梁

解：（1）已知条件：C20 级混凝土，$f_c = 9.6\text{N/mm}^2$，$f_t = 1.1\text{N/mm}^2$，$f_{yv} = 270\text{N/mm}^2$，$f_y = 300\text{N/mm}^2$。

取 $a_s = 60\text{mm}$，$h_0 = h - a_s = 600 - 60 = 540$ （mm）。

（2）支座边缘截面剪力设计值。

$$V = \frac{1}{2}(g + q)l_n = \frac{1}{2} \times 58 \times 6.6 = 191.4 \text{ (kN)}$$

以此作出剪力图，如图 4.11 所示。

图 4.11 简支梁的剪力图

（3）截面尺寸验算。

$$\frac{h_w}{b} = \frac{h_0}{b} = 540/250 = 2.16 < 4.0$$

$$0.25 f_c b h_0 = 0.25 \times 9.6 \times 250 \times 540 = 324 \text{ (kN)}$$

$$V = 191.4\text{kN} < 0.25 f_c b h_0 = 324 \text{ (kN)}$$

故截面尺寸满足抗剪要求。

（4）验算是否需按计算配置腹筋。

$$V_c = 0.7 f_t b h_0 = 0.7 \times 1.1 \times 250 \times 540 = 103.95(\text{kN}) < V = 191.4 \text{ (kN)}$$

应按计算配置箍筋。

（5）腹筋的计算。初选双肢箍筋 $\Phi 6 @ 150$，$A_{sv} = 56.6\text{mm}^2$，$s = 150\text{mm} < s_{max} = 250\text{mm}$。

最小配箍率验算：

$$\rho_{sv} = \frac{A_{sv}}{bs} = \frac{56.6}{250 \times 150} = 0.15\% > \rho_{min} = 0.24 \frac{f_t}{f_{yv}} = 0.24 \times \frac{1.1}{270} = 0.098\%$$

$$V_{cs} = 0.7 f_t b h_0 + f_{yv} \frac{A_{sv}}{s} h_0$$

$$= 0.7 \times 1.1 \times 250 \times 540 + 270 \times \frac{56.6}{150} \times 540$$

$$= 158.97 \text{ (kN)}$$

$$V_{cs} < V = 191.4 \text{ kN}$$

应设置弯起钢筋抗剪。

$$A_{sb1} = \frac{V - V_{cs}}{0.8 f_y \sin 45°} = \frac{(191.4 - 158.97) \times 10^3}{0.8 \times 300 \times 0.707} = 191.12 \text{ (mm}^2\text{)}$$

由纵筋弯起 2 ⌀ 22 ($A_{sb} = 760 \text{mm}^2$)。第一排弯起钢筋的起弯点离支座边缘的距离为：$s_1 + (h - 2c - d - e)$，其中 $s_1 = 50 \text{mm} < s_{max}$，$c = 25 \text{mm}$，$d = 25 \text{mm}$，$e = 30 \text{mm}$，$s_1 + (h - 2c - d - e) = 50 + (600 - 50 - 25 - 30) = 545 \text{ (mm)}$，该截面上的剪力设计值为

$$V_2 = 191.4 - 0.545 \times 58 = 159.79 \text{(kN)} > V_{cs} = 158.97 \text{(kN)}$$

$$A_{sb2} = \frac{V_2 - V_{cs}}{0.8 f_y \sin 45°} = \frac{(159.79 - 158.97) \times 10^3}{0.8 \times 300 \times 0.707} = 4.83 \text{ (mm}^2\text{)}$$

需再弯起 1 ⌀ 25 的纵筋，如图 4.10 所示。经计算不需要再配置第三排弯起钢筋。

4.3 钢筋混凝土梁斜截面受弯承载力

钢筋混凝土梁除了可能沿斜截面发生受剪破坏外，还可能沿斜截面发生受弯破坏。

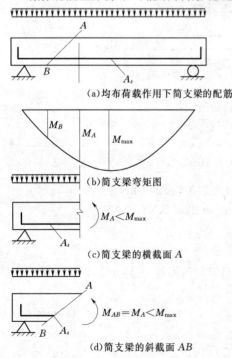

(a)均布荷载作用下简支梁的配筋

(b)简支梁弯矩图

(c)简支梁的横截面 A

(d)简支梁的斜截面 AB

图 4.12 弯矩图与斜截面上的弯矩 M_{AB}

图 4.12 为一均布荷载简支梁，当出现斜裂缝 AB 时，则斜截面的弯矩 $M_{AB} = M_A < M_{max}$，显然，在满足正截面 M_{max} 强度要求所需的纵向钢筋 A_s，在梁的全跨内既不弯起，也不切断，就必然可以满足任何斜截面的抗弯刚度。但是在工程实际中，为了节约钢筋可将一部分纵筋在受弯承载力不需要处予以弯起，用作受剪弯起钢筋，或将钢筋切断。但是，如果一部分纵筋在截面 B 之前被弯起或切断，则余下的纵筋即使能抵抗截面 B 上的正截面弯矩 M_B，但抵抗斜截面 AB 上的弯矩 M_{AB} 就有可能不足，因为 $M_{AB} = M_A > M_B$。因此，在纵筋被弯起或切断时，斜截面的抗弯就有可能成为问题。为了解决斜截面的抗弯问题，一般要通过绘制正截面的抵抗弯矩图的方法予以解决。

4.3.1 抵抗弯矩图的绘制

所谓抵抗弯矩图或 M_R 图，是按照梁内实配的纵筋的数量计算并画出的各截面所能

抵抗的弯矩图。各截面实际所能抵抗的弯矩与构件的截面尺寸、纵向钢筋的数量及其布置有关。

现以某梁中的负弯矩区段为例，说明 M_R 图的作法。

1. 最大弯矩所在截面实配钢筋抵抗弯矩的计算和绘制

（1）先按一定的比例绘出荷载作用下的弯矩设计图（M 图）。抵抗弯矩图 M_R 也将按同一比例绘制在弯矩设计图上。

（2）计算实配钢筋的抵抗弯矩 M_R 和 M_{Ri}。

图 4.13 表示某梁的配筋情况，按支座最大负弯矩计算需配 2Φ22＋2Φ18 的纵筋，其布置及编号见剖面图。

最大弯矩截面所能抵抗的弯矩为

$$M_R = f_y A_{s实}\left(h_0 - \frac{x}{2}\right) \tag{4.18}$$

将 $x = \dfrac{f_y A_{s实}}{\alpha_1 f_c b}$ 代入上式：

$$M_R = f_y A_{s实}\left(h_0 - \frac{f_y A_{s实}}{2\alpha_1 f_c b}\right) \tag{4.19}$$

而第 i 根钢筋抵抗的弯矩为

$$M_{Ri} = \frac{A_{si}}{A_{s实}}M_R \tag{4.20}$$

式中　$A_{s实}$——最大弯矩截面全部纵筋的截面面积；

　　　A_{si}——第 i 根钢筋的截面面积。

【例 4.3】　某矩形截面伸臂梁（图 4.13），截面 $b×h＝250\text{mm}×550\text{mm}$，支座最大负弯矩设计值 $M_{max}＝140\text{kN·m}$，采用混凝土 C20，HRB335 级钢筋，取 $a_s＝35\text{mm}$，经正截面计算已配纵筋 2Φ22＋2Φ18（$A_{s实}＝1269\text{mm}^2$），试计算实配钢筋的抵抗弯矩。

解： $a_s＝35\text{mm}$，$h_0＝h-a_s＝550-35＝515$（mm）。

由式（4.19）得

$$
\begin{aligned}
M_R &= f_y A_{s实}\left(h_0 - \frac{f_y A_{s实}}{2 f_c b}\right)\\
&= 300×1269×\left(515 - \frac{300×1269}{2×9.6×250}\right) = 165.87\ (\text{kN·m})
\end{aligned}
$$

而 2Φ18 所承担的抵抗弯矩为

$$M_{R1} = \frac{A_{s1}}{A_{s实}}M_R = \frac{509}{1269}×165.87 = 66.53\ (\text{kN·m})$$

2Φ22 所承担的抵抗弯矩为

$$M_{R2} = \frac{760}{1269}×165.87 = 99.34\ (\text{kN·m})$$

将计算出的 M_R、M_{Ri} 在设计弯矩图上按比例绘出，如图 4.13 所示，图中 F-3 代表 2Φ22＋2Φ18 所抵抗的弯矩值，F-2 代表 1Φ22＋2Φ18 所抵抗的弯矩值，F-1 代表 2Φ18 所抵抗的弯矩值。

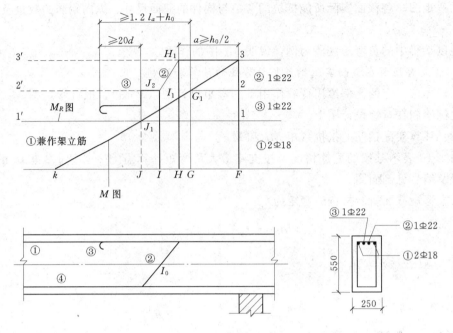

图 4.13　抵抗弯矩图的绘制

2. 钢筋的理论切断点与充分利用点

通过 1、2、3 点分别作平行于梁轴线的水平线，其中 1、2 水平线交弯矩图于 J_1、G_1 等点。由图 4.13 可知，在 F 截面是②号钢筋的充分利用点。在 G 截面，有 $1 \Phi 22 + 2 \Phi 18$ 抗弯即可，故 G 截面为②号钢筋的不需要点，现将②号钢筋弯下兼作抗剪钢筋用。在 G 截面③号钢筋的强度可以得到充分利用，G 截面为③号钢筋的充分利用点。同理，J 截面为③号钢筋的不需要点，同时又是①号钢筋的充分利用点，以此类推。

一根钢筋的不需要点也称为该钢筋的"理论切断点"。对正截面抗弯来说，这根钢筋既然是多余的，在理论上便可以予以切断，但为了保证斜截面的抗弯承载力，实际切断点还将延伸一段长度。

3. 钢筋切断与弯起时 M_R 图的表示方法

钢筋切断反映在 M_R 图上便是截面抵抗能力的突变，如图 4.13 所示，M_R 图在 J 截面的突变反映③号钢筋在该截面被切断。

将②号钢筋在 H 截面弯下，M_R 图也必然发生改变。由于在弯下的过程中，该钢筋仍能抵抗一定的弯矩，但这种抵抗能力是逐渐下降的，直到 I 截面弯筋穿过梁中和轴（即进入受拉区），它的正截面抗弯能力才认为消失，在 HI 截面之间 M_R 图假设为按斜直线变化。

4. M_R 图与 M 图的关系

M_R 图代表梁的正截面抗弯能力，因此在各个截面上都要求 M_R 不小于 M，所以与 M 图是同一比例尺的 M_R 图必须将 M 图包括在内。M_R 图与 M 图越贴近，表明钢筋强度的利用越充分，这是设计中应力求作到的一点。与此同时，也要照顾到施工的便利，不要片面追求钢筋的利用程度以致使钢筋构造复杂化。

4.3.2 保证斜截面受弯承载力的措施

1. 切断钢筋时保证斜截面受弯承载力的措施

一般情况下，纵向受力钢筋不宜在受拉区切断，因为截断处受力钢筋面积骤减，容易引起混凝土拉应力突增，导致在纵筋截断处过早出现斜裂缝。因此，对于梁底承受正弯矩的钢筋，通常是将计算上不需要的钢筋弯起作为抗剪钢筋或承受支座负弯矩的钢筋，而不采取将钢筋切断的方式。但对于连续梁（板）中间支座承受负弯矩的钢筋，为了节约钢筋，必要时可以按弯矩图的变化，将计算上不需要的纵向受拉钢筋切断。

GB 50010—2010 规定纵筋切断时必须同时满足以下两个条件（图4.14）：

（1）为了保证钢筋强度的充分发挥，自钢筋的充分利用点至该钢筋的切断点的距离 l_d 应满足：当 $V \leqslant 0.7 f_t b h_0$ 时，$l_d \geqslant 1.2 l_a$；当 $V > 0.7 f_t b h_0$ 时，$l_d \geqslant 1.2 l_a + h_0$〔其中 l_a 为该钢筋的锚固长度，由式（1.12）可得〕。

（2）为保证理论切断点处出现裂缝时钢筋强度的发挥，钢筋切断点还应自理论切断点延伸长度 l_w，应满足：当 $V \leqslant 0.7 f_t b h_0$ 时，不小于 $20d$（d 为切断的钢筋直径）；当 $V > 0.7 f_t b h_0$ 时，不小于 h_0 且不小于 $20d$。

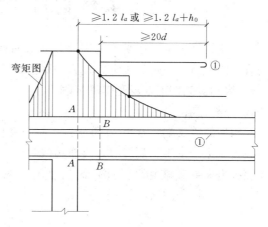

图 4.14　纵筋切断点及延伸长度
A-A—钢筋①的强度充分利用截面；
B-B—按计算不需要钢筋①的截面

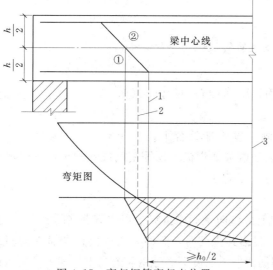

图 4.15　弯起钢筋弯起点位置

如按上述规定确定的截断点仍位于负弯矩受拉区内，则应延伸至正截面受弯承载力计算不需要该钢筋的截面以外不小于 $1.3h_0$ 且不小于 $20d$ 处截断，且从该钢筋的充分利用截面延伸的长度不应小于 $1.2l_a + 1.7h_0$。

在钢筋混凝土悬臂梁中，应有不少于两根的上部钢筋伸至悬臂梁外段，并向下弯折不小于 $12d$；其余钢筋不应在梁的上部截断，而应按规定的弯起点位置向下弯折，并按弯起钢筋的锚固构造在梁的下边锚固。

2. 纵筋弯起时斜截面受弯承载力的保证措施

图 4.15 表示弯起钢筋弯起点与

弯矩图形的关系。钢筋②在受拉区的弯起点为 1，按正截面受弯承载力不需要该钢筋的截面为 2，该钢筋强度充分利用的截面为 3，它所承担的弯矩为图中阴影部分。可以证明（略），当弯起点设在该钢筋的充分利用截面以外不小于 $0.5h_0$ 的地方时，才可以满足斜截面受弯承载力的要求。同时，弯起钢筋与梁截面重心轴的交点应位于该钢筋的理论截断点之外。

　　总之，若利用弯起钢筋抗剪，则钢筋弯起点的位置应同时满足抗剪位置（由抗剪计算确定）、正截面抗弯（材料图覆盖弯矩图）及斜截面抗弯（$s \geqslant h_0/2$）三项要求。

4.4　钢筋骨架的构造

　　为了使钢筋骨架适应受力的需要以及具有一定的刚度以便施工，GB 50010—2010 对钢筋骨架的构造有一定的规定，现将一些主要的构造要求列述如下。

4.4.1　纵向受力钢筋在支座中的锚固

1. 简支支座

　　在构件的简支端，弯矩 M 等于零。按正截面抗弯要求，受力钢筋适当伸入支座即可。但当在支座边缘发生斜裂缝时，支座边缘处的纵筋受力会突增，如无足够的锚固，纵筋将从支座拔出而导致破坏。为此，简支梁下部纵向受力钢筋伸入支座的锚固长度 l_{as} 如图 4.16（a）所示，应符合下列条件：

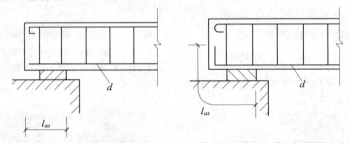

(a)简支梁下部纵向受力钢筋锚固长度　　(b)简支梁下部纵向受力钢筋锚固时向上弯

图 4.16　纵向受力钢筋在简支支座内的锚固

　　（1）当 $V \leqslant 0.7 f_t b h_0$ 时，$l_{as} \geqslant 5d$。

　　（2）当 $V > 0.7 f_t b h_0$ 时，等高肋钢筋：$l_{as} \geqslant 10d$；月牙肋钢筋：$l_{as} \geqslant 12d$；光面钢筋：$l_{as} \geqslant 15d$。

　　如下部纵向受力钢筋伸入支座的锚固长度不能符合上述规定时，如图 4.16（b）所示，可采取在梁端将钢筋向上弯，或在纵筋端部加焊横向锚固钢筋或锚固钢板（图4.17）、将钢筋端部焊接在支座的预埋件上等专门锚固措施。

2. 中间支座

　　连续梁中间支座或框架梁中间节点的上部纵向钢筋应贯穿支座或节点（图 4.18）。下部纵向钢筋应伸入支座或节点，当计算中不利用其强度时，其伸入长度应符合简支支座的规定；当计算中充分利用其强度时，受拉钢筋的伸入长度不小于钢筋的锚固长度 l_a，受压钢筋的伸入长度不小于 $0.7 l_a$。框架中间层、顶层端节点钢筋的锚固要求见 GB 50010—2010。

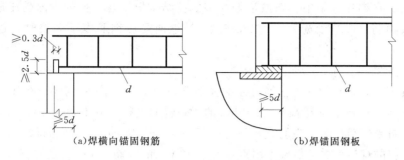

图 4.17　端部加焊钢筋或钢板

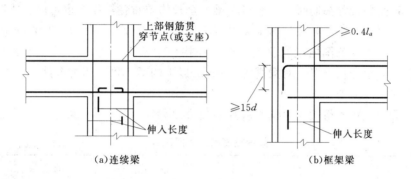

图 4.18　中间支座钢筋锚固

连续板的下部纵向受力钢筋，一般应伸至支座中线，且其锚固长度不应小于 $5d$。

3. 悬臂梁支座

如图 4.19 所示，悬臂梁的上部纵向受力钢筋从钢筋强度被充分利用的截面（即支座边缘截面）起伸入支座中的长度不小于钢筋的锚固长度 l_a；如果梁的下部纵向钢筋在计算上作为受压钢筋时，伸入支座的锚固长度不应小于 $0.7l_a$。

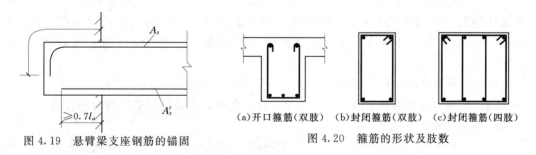

图 4.19　悬臂梁支座钢筋的锚固　　　　图 4.20　箍筋的形状及肢数

4.4.2　箍筋的构造

1. 箍筋的形状

箍筋除提高梁的抗剪能力之外，还能固定纵筋的位置。箍筋的形状有封闭式和开口式两种（图 4.20），矩形截面常采用封闭式箍筋，T 形截面当翼缘顶面另有横向钢筋时，可采用开口箍筋。配有受压钢筋的梁，则必须用封闭式箍筋。箍筋可按需要采用双肢或四肢。在绑扎骨架中，双肢箍筋最多能扎结 4 根排在一排的纵向受压钢筋，否则应采用四肢箍筋；或当梁宽大于 400mm，一排纵向受压钢筋多于 3 根时，也应采用四肢箍筋。

2. 箍筋的最小直径

对梁高 $h > 800$mm 的梁，箍筋直径不宜小于 8mm；对梁高 $h = 250 \sim 800$mm 的梁，箍筋直径不宜小于 6mm；对梁高 $h < 250$mm 的梁，箍筋直径不应小于 4mm。当梁内配有计算需要的纵向受压钢筋时，箍筋直径不应小于 $d/4$（d 为受压钢筋中的最大直径）。从箍筋的加工成型的难易来看，最好不用直径大于 10mm 的箍筋。

3. 箍筋的布置

如按计算需要设置箍筋时，一般可在梁的全长均匀布置箍筋，也可以在梁两端剪力较大的部位布置得密一些。如按计算不需设置箍筋时，对梁高 $h = 150 \sim 300$mm 的梁可仅在构件端部各 1/4 跨度范围内设置箍筋，但当在构件中部 1/2 跨度范围内有集中荷载作用时，箍筋仍应沿梁全长布置；对梁高为 150mm 以下的梁，可不布置箍筋。

4. 箍筋的最大间距

箍筋的最大间距不得大于表 4.1 所列的数值。

表 4.1 梁中箍筋的最大间距 s_{max} 单位：mm

项 次	梁高 h	$V > 0.7f_t bh_0$	$V \leqslant 0.7f_t bh_0$
1	$150 < h \leqslant 300$	150	200
2	$300 < h \leqslant 500$	200	300
3	$500 < h \leqslant 800$	250	350
4	$h > 800$	300	400

注 薄腹梁的箍筋间距宜适当缩小。

当梁中配有计算需要的受压钢筋时，箍筋的间距在绑扎骨架中不应大于 15d（d 为受压钢筋中的最小直径），在焊接骨架中不应大于 20d，同时在任何情况下均不应大于 400mm；当一排内纵向受压钢筋多于 5 根且直径大于 18mm 时，箍筋间距不应大于 10d。

在绑扎纵筋的搭接长度范围内，当钢筋受拉时，其箍筋间距不应大于 5d，且不大于 100mm；当钢筋受压时箍筋间距不应大于 10d。在此 d 为搭接钢筋中的最小直径。

5. 箍筋的强度取值

箍筋一般采用 HPB300 级钢筋，考虑到高强度的钢筋延性较差，施工时成型困难，所以不宜采用高强度钢筋作箍筋。

4.4.3 弯起钢筋的构造规定

在采用绑扎骨架的钢筋混凝土梁中，承受剪力的钢筋，宜优先采用箍筋。当设置弯起钢筋时，弯起钢筋的弯起角一般为 45°，当梁高 $h \geqslant 700$mm 时也可用 60°。当梁宽较大时，为使弯起钢筋在整个宽度范围内受力均匀，宜在同一截面内同时弯起两根钢筋。

弯起钢筋的弯折终点应留有足够长的直线锚固长度（图 4.21），其长度在受拉区不应

小于 $20d$，在受压区不应小于 $10d$。对光面钢筋，其末端应设置弯钩。位于梁底两侧的纵向钢筋不应弯起。

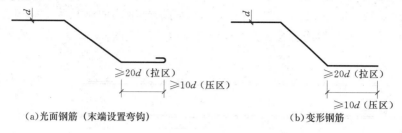

（a）光面钢筋（末端设置弯钩）　　　　　（b）变形钢筋

图 4.21　弯起钢筋的直线锚固段

4.4.4　其他钢筋的构造

1. 架立钢筋

为了使纵向钢筋和箍筋能绑扎成骨架，在箍筋的四角必须沿梁全长配置纵向钢筋，在没有纵向受力钢筋的区段，则应补设架立钢筋（图 4.22）。

当梁跨 $l < 4m$ 时，架立钢筋直径 d 不宜小于 6mm；当 l 为 4～6m 时，d 不宜小于 8mm；当 $l > 6m$ 时，d 不宜小于 10mm。

2. 腰筋及拉筋的设置

当梁高超过 700mm 时，为防止由于温度变形及混凝土收缩等原因在梁中部产生竖向裂缝，在梁的两侧沿高度每隔 300～400mm 应设置一根直径不小于 10mm 的纵向构造钢筋，称"腰筋"。为增加钢筋骨架的横向刚度，两侧腰筋之间用拉筋连接起来，拉筋的直径可取与箍筋相同，拉筋的间距常取为箍筋间距的倍数，一般为 500～700mm。

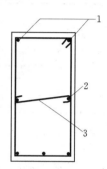

图 4.22　架立钢筋、
腰筋及拉筋
1—架立钢筋；2—腰筋；
3—拉筋

4.5　钢筋混凝土构件施工图

为了满足施工要求，钢筋混凝土构件施工图一般包括下列内容。

4.5.1　配筋图

配筋图表示钢筋骨架的形状以及在模板中的位置，主要为绑扎骨架用。为避免混乱，凡规格、长度或形状不同的钢筋必须编以不同的编号，写在小圆圈内，并在编号引线旁注上这种钢筋的根数及直径。最好在每根钢筋的两端及中间都注上编号，以便于查清各根钢筋的来龙去脉。

4.5.2　钢筋表

钢筋表表示构件中所有钢筋的品种、规格、形状、长度、根数，主要为断料及加工成型用，同时可用来计算钢筋用量。

现以简支梁为例将钢筋表中钢筋长度计算的一般方法介绍如下。

1. 直钢筋

图 4.23 中的①号钢筋为一直钢筋，其直段上所注尺寸是指钢筋两端弯钩外缘之间的

距离，即为全长6000mm减去两端弯钩外保护层各30mm。此长度再加上两端弯钩长即可得出钢筋全长。弯钩长度见第1章，但各工地并不完全统一，以人工弯钩为例，一般每个弯钩长度为$5d$或$6.25d$之间。本例按$5d$计，则①号钢筋的全长为$5940+2\times5\times20=6140$（mm）。同样架立钢筋③全长为$5940+2\times5\times12=6060$（mm）。

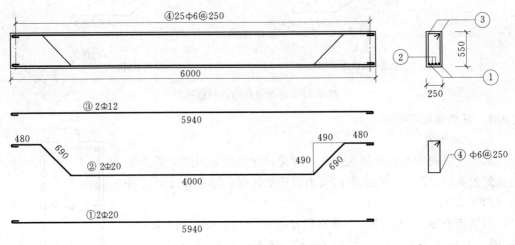

图4.23　钢筋长度的计算

2. 弯起钢筋

图4.23中钢筋②形如弓，俗称弓铁，也叫元宝筋。所注尺寸中弯起部分的高度以弓铁外皮计算，即从梁高550mm中减去上下混凝土保护层，$550-60=490$（mm）。由于弯起角度等于$45°$，故弯起部分的底宽及斜边各为490mm及690mm。钢筋②的中间水平直段长可由图量出为400mm，而弯起后的水平直段长度可由计算求出，即为$（6000-2\times30-4000-2\times490）/2=480$（mm）。最后可得弓铁的全长为$4000+2\times690+2\times5\times20=6540$（mm）。

3. 箍筋

箍筋尺寸注法各工地不完全统一，大致分为注箍筋外边缘尺寸及注箍筋内口尺寸两种。前者的好处在于与其他钢筋一致，即所注尺寸均代表钢筋的外皮到外皮的距离；注内口尺寸的好处在于便于校核，箍筋内口尺寸即构件截面外形尺寸减去主筋混凝土保护层，箍筋内口高度也即是弓铁的外皮高度。在注箍筋尺寸时，最好注明所注尺寸是内口还是外缘。箍筋的弯钩大小与主筋的粗细有关，根据箍筋与主筋直径的不同，箍筋两个弯钩的增加长度见表4.2。

表 4.2 　　　　　　　　　　箍筋两个弯钩的增加长度　　　　　　　　　　单位：mm

主筋直径	箍 筋 直 径				
	5	6	8	10	12
10～25	80	100	120	140	180
28～32		120	140	160	200

图4.23中的箍筋长度为$2\times（490+190）+100=1460$（mm）（内口）。

此简支梁的钢筋见表4.3。

钢筋长度的计算和钢筋表的制作是一项细致而重要的工作，必须仔细运算及认真复核方可无误。

表 4.3　　　　　　　　　　钢　筋　表

编号	形　状	规格	长度	根数	总长/m	每米质量/(kg/m)	质量/kg
①	5940	φ 20	6140	2	12.28	2.470	30.33
②	480 690　690 480　4000	φ 20	6540	2	13.08	2.470	32.31
③	5940	φ 12	6060	2	12.12	0.888	10.76
④	460　190	φ 6	1460	25	36.50	0.222	8.10
总质量/kg							81.50

必须注意，钢筋表内的钢筋长度还不是钢筋加工时的断料长度。由于钢筋在弯折及弯钩时，要伸长一些，因此断料长度等于计算长度扣除钢筋伸长值，伸长值和弯折角度大小等有关，具体可参阅有关施工手册。箍筋长度如注内口，则计算长度即为断料长度。

4.5.3 说明或附注

一般用图难以表达的内容，可用文字加以说明，文字说明要求简捷明了，例如尺寸单位、保护层厚度、混凝土等级以及其他施工注意事项。

4.6 钢筋混凝土外伸梁设计实例

【例 4.4】　设计某厂房楼盖外伸梁。其跨长、截面尺寸如图 4.24 所示。该梁在正常使用时承受均布荷载设计值 $g_1 = g_2 = 32\text{kN/m}$，均布活荷载设计值 $q_1 = 38\text{kN/m}$，$q_2 = 108\text{kN/m}$，采用 C25（$f_c = 11.9\text{N/mm}^2$，$f_t = 1.27\text{N/mm}^2$）混凝土，箍筋为 HPB300 级钢筋（$f_{yv} = 270\text{N/mm}^2$），纵筋采用 HRB335 级钢筋（$f_y = 300\text{N/mm}^2$）。

解：（1）作此梁在荷载作用下的弯矩图及剪力图。

1）计算跨度。简支段：$l_{01} = 7\text{m}$；悬臂段：$l_{02} = 1.8\text{m}$。

2）支座反力 R_A、R_B。

$$R_B = \frac{\frac{1}{2}(g_1 + q_1)l_{01}^2 + (g_2 + q_2)l_{02}\left(l_{01} + \frac{l_{02}}{2}\right)}{l_{01}}$$

$$= \frac{70 \times 7 \times \frac{7}{2} + 140 \times 1.8 \times \left(7 + \frac{1.8}{2}\right)}{7}$$

$$= 529.4 \text{ (kN)}$$

$$R_A = (g_1 + q_1)l_{01} + (g_2 + q_2)l_{02} - R_B = 70 \times 7 + 140 \times 1.8 - 529.4 = 212.6 \text{ (kN)}$$

3）内力计算。

A 支座边缘截面：

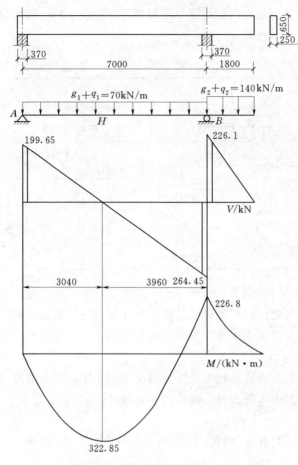

图 4.24　梁的计算简图及内力图

$$V_A = R_A - 70 \times \frac{0.37}{2} = 199.65 \text{ (kN)}$$

$$V_B^r = 140 \times \left(1.8 - \frac{0.37}{2}\right) = 226.1 \text{ (kN)}$$

$$V_B^l = R_A - 70 \times \left(7 - \frac{0.37}{2}\right) = -264.45 \text{ (kN)}$$

设剪力为零的截面距 A 支座距离为 x，则有

$$R_A - 70x = 0$$
$$x = 3.04 \text{m}$$

AB 跨的最大弯矩：

$$M_{\max} = R_A x - 70x \frac{x}{2} = 212.6 \times 3.04 - 70 \times 3.04 \times \frac{3.04}{2}$$
$$= 322.85 \text{ (kN · m)}$$

B 支座截面弯矩：

$$M_B = 140 \times 1.8 \times \frac{1.8}{2} = 226.8 \text{ (kN · m)}$$

（2）配筋计算数据。

1）已知参数。C25 混凝土：$f_c = 11.9\text{N/mm}^2$，$f_t = 1.27\text{N/mm}^2$；钢筋：$f_y = 300\text{N/mm}^2$，$f_{yv} = 270\text{N/mm}^2$；截面尺寸：$b = 250\text{mm}$，$h = 650\text{mm}$。

2）支座边缘截面剪力设计值。

$$V_A = 199.65\text{kN}$$

$$V_B^l = 264.45\text{kN}$$

$$V_B^r = 226.1\text{kN}$$

3）跨中截面最大弯矩设计值。

$$M_H = 322.85\text{kN} \cdot \text{m}$$

4）支座截面最大负弯矩设计值。

$$M_B = 226.8\text{kN} \cdot \text{m}$$

（3）验算截面尺寸。由于弯矩较大，估计纵筋需排两排，取 $a_s = 60\text{mm}$，则 $h_0 = h - a_s = 650 - 60 = 590$（mm）。

$$h_w = h_0 = 590\text{mm}$$

$$\frac{h_w}{b} = \frac{590}{250} = 2.36 < 4.0$$

$0.25 f_c b h_0 = 0.25 \times 11.9 \times 250 \times 590 = 438.81\text{(kN)} > V_{\max} = 264.45$（kN）

截面尺寸满足抗剪要求。

（4）计算纵向钢筋，见表4.4。

表 4.4   纵向受拉钢筋计算表

计算内容 \ 计算截面	跨中 H 截面	支座 B 截面
$M/(\text{kN} \cdot \text{m})$	322.85	226.8
$\alpha_s = \dfrac{M}{f_c b h_0^2}$	0.312	0.219
$\xi = 1 - \sqrt{1 - 2\alpha_s}$	0.387	0.250
$A_s = \dfrac{f_c b h_0 \xi}{f_y}$	2264	1463
选配钢筋	2Φ25+4Φ20	5Φ20
实配 A_s/mm^2	2238	1571

（5）计算抗剪钢筋。

1）验算是否按计算配置钢筋。

$$0.7 f_t b h_0 = 0.7 \times 1.27 \times 250 \times 590 = 131.13\text{(kN)} < V_{\max}$$

必须由计算确定抗剪箍筋。

2）受剪箍筋计算。按构造要求采用 φ8@250，$A_{sv} = 100.6\text{mm}^2$，$S \leqslant S_{\max} = 250\text{mm}$。

$$\rho_{sv} = \frac{A_{sv}}{bs} = \frac{100.6}{250 \times 250} = 0.16\% > \rho_{\min} = 0.24 \frac{f_t}{f_{yv}} = 0.11\%$$

满足最小配筋率要求。

$$V_{cs} = 0.7 f_t b h_0 + f_{yv} \frac{A_{sv}}{s} h_0$$

$$= 0.7 \times 1.27 \times 250 \times 590 + 270 \times \frac{100.6}{250} \times 590$$

$$= 195.23 \text{（kN）}$$

3）弯起钢筋的设置。

a. 在支座 B 左侧。

$$V_B^l = 264.45\text{kN} > V_{cs} = 195.23\text{kN}$$

需加配弯起钢筋。

$$A_{sb1} = \frac{V_1 - V_{cs}}{0.8 f_y \sin45°} = \frac{(264.45 - 195.23) \times 10^3}{0.8 \times 300 \times 0.707} = 407.94 \text{（mm}^2\text{）}$$

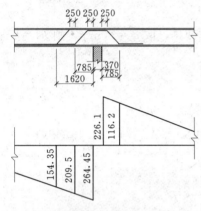

图 4.25　弯起钢筋的确定

由跨中弯起 $2\,\Phi\,20$（$A_{sb1}=628\text{mm}^2$）的纵向钢筋，第一排弯起钢筋的上弯点安排在离支座边缘 250mm，使 $s_1 = s_{\max} = 250\text{mm}$。

由图 4.25 可见，第一排弯起钢筋的下弯点离支座边缘的距离为 $L_1 250 + (650 - 2 \times 30 - 25 - 20 - 2 \times 30) = 735$（mm），该处的剪力设计值 V_2 为

$$V_2 = 264.45 - 70 \times 0.735 = 213\text{（kN）} > V_{cs}$$

$$A_{sb2} = \frac{V_2 - V_{cs}}{0.8 f_y \sin45°}$$

$$= \frac{(213 - 195.23) \times 10^3}{0.8 \times 300 \times 0.707}$$

$$= 104.73 \text{（mm}^2\text{）}$$

第二排弯起钢筋只需弯下 $1\,\Phi\,20$（$A_{sb2} = 314.2\text{mm}^2$）即可。

第二排弯筋的下弯点离支座边缘距离为

$$L_2 = 735 + 250 + (650 - 2 \times 30 - 25 - 30) = 1520 \text{（mm）}$$

$$V_3 = (264.45 - 70 \times 1.52) = 158\text{kN} < V_{cs}$$

故不需要弯起第三排钢筋。

b. 支座 B 右侧。

$$V_B^r = 226.1\text{kN} > V_{cs}$$

$$A_{sb1} = \frac{V_1 - V_{cs}}{0.8 f_y \sin45°} = \frac{(226.1 - 195.23) \times 10^3}{0.8 \times 300 \times 0.707} = 181.93 \text{（mm}^2\text{）}$$

弯下 $2\,\Phi\,20$（$A_{sb1}=628\text{mm}$），第一排弯起钢筋下弯点距支座边缘为 250mm，则 $L_1 = 735$，该处剪力值 $V_2 = 226.1 - 140 \times 0.735 = 123.2 < V_{cs}$，故不必再弯第二排弯筋。

c. 支座 A 边缘。

$$V_A = 199.65\text{kN} > V_{cs} = 195.23 \text{ kN}$$

$$A_{sb1} = \frac{V - V_{cs}}{0.8 f_y \sin45°} = \frac{(199.65 - 195.23) \times 10^3}{0.8 \times 300 \times 0.707} = 26.05 \text{（mm}^2\text{）}$$

将跨中纵筋 $2\,\Phi\,20$（$A_{sb1}=628\text{mm}^2$）弯起即可满足要求，不必再进行计算。

正截面的材料抵抗弯矩、梁的配筋及钢筋明细如图 4.26 所示。

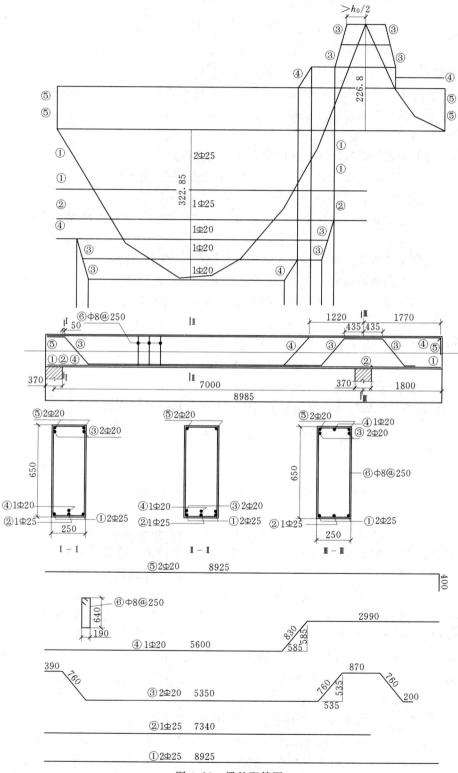

图 4.26 梁的配筋图

思　考　题

4.1　有腹筋梁斜截面承载力由哪几部分组成？影响有腹筋梁斜截面受剪承载力的主要因素有哪些？

4.2　受弯构件斜截面破坏形态有哪几种？各破坏形态的破坏特征分别是什么？

4.3　有腹筋梁斜截面受剪承载力计算公式是由哪种破坏形态建立起来的？为何对公式施加限制条件？

4.4　为何箍筋对提高斜压破坏的受剪承载力不起作用？

4.5　设计梁时，根据计算不需要配置腹筋，那么该梁是否仍需配置箍筋和弯起钢筋？若需要，其直径和间距如何确定？

4.6　若箍筋的布置满足最小直径和最大间距的要求，是否就意味着一定满足最小配箍率的要求？

4.7　何谓抵抗弯矩图？其物理意义如何？怎样绘制抵抗弯矩图？

4.8　何谓纵向钢筋的充分利用点？何谓纵向钢筋的理论截断点？

4.9　当弯起纵向受力钢筋时，何谓保证斜截面受弯承载力？为什么？如何保证正截面的受弯承载力？为什么？

4.10　斜截面受剪承载力的计算位置如何确定？

4.11　在计算弯起钢筋时，剪力值如何确定？

4.12　受拉钢筋、受压钢筋伸入各种支座的锚固长度有哪些要求？试分别说明。

4.13　直筋、弯起钢筋、箍筋的细部尺寸如何计算？试分别叙述之。

习　　题

4.1　一矩形截面简支梁，$b \times h = 250\text{mm} \times 550\text{mm}$，净跨 $l_n = 6\text{m}$，承受均布荷载设计值（包括自重）$q = 50\text{kN/m}$；采用混凝土 C25，HPB300 级箍筋，取 $a_s = 40\text{mm}$，试计算箍筋数量。

4.2　某矩形截面梁，截面尺寸 $b \times h = 250\text{mm} \times 500\text{mm}$，承受均布荷载作用下所产生的剪力设计值 $V = 180\text{kN}$，净跨 $l_n = 6.6\text{m}$，按正截面承载力计算配置纵向受拉钢筋 $4\,\Phi\,22$（$a_s = 40\text{mm}$）。采用混凝土 C20，HRB335 级纵筋，HPB300 级箍筋，试进行腹筋计算。

4.3　某一集中荷载作用下矩形截面简支梁，截面尺寸 $b \times h = 200\text{mm} \times 500\text{mm}$，$h_0 = 465\text{mm}$，承受剪力设计值 $V = 120\text{kN}$，$\lambda = 2.0$，采用混凝土 C20，HRB335 级纵筋，HPB300 级箍筋，试计算腹筋数量。

4.4　已知均布荷载作用下的矩形截面梁，$b \times h = 200\text{mm} \times 550\text{mm}$，配有双肢 $\phi\,8@200$ 箍筋。混凝土采用 C20，箍筋采用 HPB300 级。若支座边缘截面剪力设计值 $V = 140\text{kN}$，试按斜截面承载力复核该梁是否安全？

4.5　一简支矩形截面梁承受均布荷载作用，计算跨度 $l_0 = 6\text{m}$，净跨度 $l_n = 5.76\text{m}$，截面尺寸 $b \times h = 200\text{mm} \times 550\text{mm}$，截面上配有纵向受拉钢筋 $4\,\Phi\,25$，沿梁全长配置双肢 $\phi\,8@150$ 箍筋，支座边缘截面配有弯起钢筋 $4\,\Phi\,25$（$\alpha = 45°$），采用混凝土 C20，HRB335 级纵筋和弯筋，HPB300 级箍筋，$a_s = 70\text{mm}$，试计算该梁所能承担的均布荷载设计值 q。

4.6　某水电站副厂房砖墙上支承一受均布荷载作用的伸臂梁，其跨长、截面尺寸如图 4.27 所示。荷载设计值：$g_1 + q_1 = 53\text{kN/m}$，$g_2 + q_2 = 106\text{kN/m}$（均包括自重）。混凝土为 C20，纵筋采用 HRB335 级钢筋，箍筋用 HPB300 级钢筋。试设计此梁并进行钢筋布置。

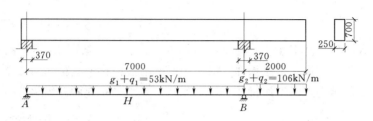

图 4.27　题 4.6 图

设计内容：

（1）进行内力计算，绘出弯矩图、剪力图。

（2）验算截面尺寸。

（3）按正截面承载力要求确定纵向钢筋用量。

（4）按斜截面承载力要求确定箍筋、弯起钢筋用量。

（5）绘制抵抗弯矩图。

（6）绘制施工图一张。

第5章　钢筋混凝土受压构件承载力计算

受压构件是以承受轴向压力为主的构件。受压构件在混凝土结构中应用非常广泛，常以柱的形式出现，如水闸工作桥立柱、渡槽排架立柱、水电站厂房立柱等。另外，闸墩、桥墩、箱形涵洞等也都属于受压构件。图5.1所示为渡槽排架立柱，承受槽身的自重及水的压力。图5.2所示为水闸工作桥及立柱，立柱主要承受相邻两孔纵梁传来的压力，并将荷载传递给闸墩。

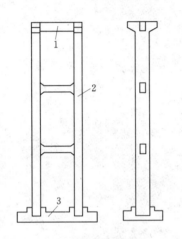

图5.1　渡槽排架立柱
1—横梁；2—立柱；3—基础

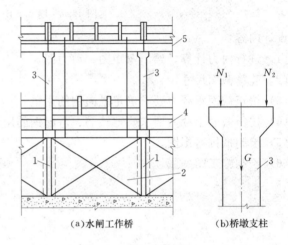

(a)水闸工作桥　　(b)桥墩支柱

图5.2　水闸工作桥及其中墩支柱受力情况
1—闸墩；2—闸门；3—立柱；4—公路桥；5—工作桥

根据轴向力作用位置不同，受压构件可分为轴心受压构件和偏心受压构件两种类型。当轴向压力作用线与构件重心轴重合时，称为轴心受压构件；当轴向压力作用线与构件重心轴不重合时，称为偏心受压构件。轴心压力 N 和弯矩 M 共同作用，与偏心距为 e_0（$e_0 = M/N$）的轴向压力 N 作用是等效的，因此，同时承受轴心压力 N 和弯矩 M 作用的构件，也是偏心受压构件。

实际工程中，真正的轴心受压构件是不存在的。由于混凝土的非均匀性，钢筋位置和构件尺寸的施工误差，荷载位置偏差，都会导致轴向力偏离构件形心轴线。但为了简化计算，对屋架受压腹件和永久荷载为主的多层、多跨房屋内柱，按轴心受压构件计算；其余情况，如单层厂房柱、多层框架柱和某些屋架上弦杆等，应按偏心受压构件计算。

5.1　受压构件的构造规定

5.1.1　截面形式和尺寸

轴心受压构件一般采用方形或圆形截面，偏心受压构件常采用矩形截面，截面长边布置在弯矩作用方向。当截面长边超过 600～800mm 时，为节省混凝土及减轻自重，也可采用工字形、T 形等形状的截面。构件截面尺寸与长度相比不宜太小，因为构件越细长，纵向弯曲的影响越大，承载力降低得越多，不能充分利用材料的强度。矩形截面的最小尺寸不宜小于 300mm，同时截面的长边 h 与短边 b 的比值 h/b 常选用 1.5～3.0。一般截面应控制在 $l_0/b \leqslant 30$ 及 $l_0/h \leqslant 25$（b 为矩形截面的短边，h 为长边）。

为了便于拼装模板，截面尺寸应符合模数要求。边长在 800mm 以下时，以 50mm 为模数递增；800mm 以上时，以 100mm 为模数递增。

5.1.2 混凝土材料

混凝土强度等级对受压构件的承载力影响较大。采用强度等级较高的混凝土，可减少构件截面尺寸并节省钢材，比较经济。一般柱的混凝土强度等级采用 C25 及 C30，对多层及高层建筑结构的下层柱必要时可采用更高的强度等级；若截面尺寸不是由强度条件确定时（如闸墩、桥墩），也可采用 C15 混凝土。

5.1.3 纵向钢筋

柱内纵向钢筋，除了与混凝土共同受力，提高柱的抗压承载力外，还可改善混凝土破坏的脆性性质，减小混凝土徐变，承受混凝土收缩和温度变化引起的拉力。

（1）强度。纵向受力钢筋一般选用 HPB300、HRB335、HRBF335、HRB400、HRBF400 等。对受压钢筋来说，不宜采用高强度钢筋，这是因为钢筋的抗压强度受到混凝土极限压应变的限制，不能充分发挥其高强度作用。

（2）配筋率。GB 50010—2010 规定，轴心受压全部纵向钢筋的配筋率不得小于 0.006。偏心受压构件中的受拉钢筋的最小配筋率要求与受弯构件相同，受压钢筋的最小配筋率为 0.002。如截面承受变号弯矩作用，则均应按受压钢筋考虑。从经济和施工方面考虑，为了不使截面钢筋过于拥挤，全部纵向钢筋配筋率不宜超过 5%。

（3）直径与根数。为了增加骨架的刚度，减少箍筋的用量，最好选用直径较粗的纵向钢筋。纵向钢筋直径 d 不宜小于 12mm，根数不得少于 4 根。如果不符合要求，钢筋骨架在施工过程中容易变形，钢筋位置会产生偏差。纵向钢筋直径通常在 12～32mm 范围内选择。

（4）布置与间距。轴心受压柱的纵向受力钢筋应沿周边均匀布置；偏心受压柱的纵向受力钢筋则沿垂直于弯矩作用平面的两边布置。柱截面每个角必须有一根钢筋。当偏心受压柱的截面高度大于 600mm 时，侧面应设置直径为 10～16mm 的纵向构造钢筋，其间距不大于 500mm，并相应设置附加箍筋或拉筋。

纵向钢筋的净距应不小于 50mm；水平浇筑的预制柱，纵筋最小间距与梁的规定相同。纵向钢筋的中距不大于 300mm。混凝土保护层厚度的要求与受弯构件相同。

5.1.4 箍筋

（1）作用、级别与形状。受压构件中的箍筋既可保证纵向钢筋的位置正确，又可防止纵向钢筋受压时向外弯凸和混凝土保护层横向胀裂剥落，偏心受压柱中剪力较大时还可以抵抗剪力，从而提高柱的承载能力。受压构件的箍筋一般采用 HPB300 级钢筋，应做成封闭式，并与纵筋绑扎或焊接形成整体骨架。

（2）直径。箍筋直径不小于 $d/4$（d 为纵向钢筋的最大直径），且不应小于 6mm。

（3）间距。箍筋的间距 s 应不大于构件截面的短边尺寸，且不应大于 400mm，在绑扎骨架中不宜大于 $15d$，在焊接骨架中不宜大于 $20d$。其中，d 为纵向钢筋的最小直径。柱内纵向钢筋搭接长度范围内的箍筋间距应符合梁中搭接长度范围内的相应规定。

当柱中全部纵向受力钢筋率超过 3%，箍筋直径不宜小于 8mm，且应焊成封闭式或在箍筋末端做不小于 135° 的弯钩，弯钩末端平直段的长度不应小于 10 倍箍筋直径间距。其间距不应大于 $10d$（d 为纵向钢筋的最小直径），且不应大于 200mm。

（4）附加箍筋。当截面短边大于 400mm，且一侧纵向受力钢筋多于 3 根；或截面短边尺寸小于 400mm，但纵向钢筋多于 4 根时，应设置附加箍筋，以防止位于中间的纵向钢筋向外弯凸。附加箍筋布置原则是尽可能使每根纵向钢筋均处于箍筋的转角处，若纵向钢筋根数较多，允许纵向钢筋隔一根位于箍筋的转角处。轴心受压柱的附加箍筋布置如图 5.3 所示。偏心受压柱的附加箍筋布置如图 5.4 所示。箍筋不允许内折角。

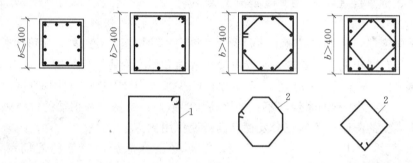

图 5.3　轴心受压柱基本箍筋与附加箍筋

1—基本箍筋；2—附加箍筋

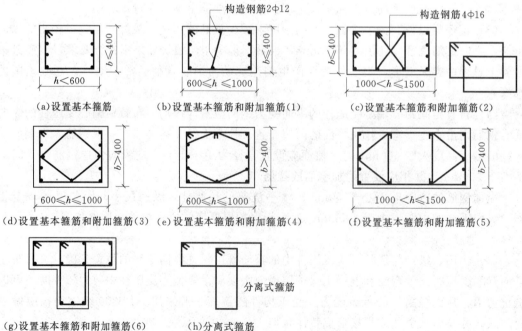

（a）设置基本箍筋　　（b）设置基本箍筋和附加箍筋（1）　　（c）设置基本箍筋和附加箍筋（2）

（d）设置基本箍筋和附加箍筋（3）　（e）设置基本箍筋和附加箍筋（4）　　（f）设置基本箍筋和附加箍筋（5）

（g）设置基本箍筋和附加箍筋（6）　　（h）分离式箍筋

图 5.4　偏心受压构件的构造要求

5.2 轴心受压构件正截面承载力计算

5.2.1 试验分析

受压构件承载力计算理论也是建立在试验基础之上。试验表明，构件的长细比对构件承载力有较大的影响。轴心受压柱长细比是指柱计算长度 l_0 与截面最小回转半径 i 或矩形截面的短边尺寸 b 之比。

$l_0/i \leqslant 28$ 或 $l_0/b \leqslant 8$，为短柱；$l_0/i > 28$ 或 $l_0/b > 8$，为长柱。

1. 短柱破坏试验

在加载过程中，在荷载较小的阶段，由于钢筋与混凝土之间存在黏结力，混凝土与钢筋始终保持共同变形，整个截面的应变是均匀分布的，两种材料的压应变保持一致，应力的比值基本上等于两者弹性模量之比。

随着荷载逐渐增大，混凝土塑性变形开始发展，其变形模量降低，随着柱子变形的增大，混凝土应力增加得越来越慢，钢筋应力增加得越来越快，两者的应力比值不再等于弹性模量之比。若荷载长期持续作用，混凝土将发生徐变，钢筋与混凝土之间产生应力重分配，混凝土的应力减少，钢筋的应力增加。

当轴向加载达到柱子破坏荷载的 90% 时，柱子出现与荷载方向平行的纵向裂缝［图 5.5（a）］，混凝土保护层剥落，最后，箍筋间的纵向钢筋向外弯凸，混凝土被压碎而破坏［图 5.5（b）］。破坏时，混凝土的应力达到轴心抗压强度 f_c，钢筋应力也达到受压屈服强度 f'_y。

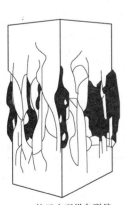 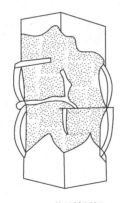

（a）柱子出现纵向裂缝　　（b）柱子被压坏

图 5.5　轴心受压短柱的破坏形态

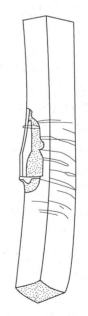

图 5.6　轴心受压长柱的破坏形态

2. 长柱破坏试验

长柱在轴向压力作用下，不仅发生压缩变形，同时还发生纵向弯曲。在荷载不大时，构件全截面受压，但内凹一侧的压应力比外凸一侧的压应力大。随着荷载增加，凸侧由压力突然变为受拉，出现受拉裂缝，凹侧混凝土被压碎，纵向钢筋受压向外弯曲（图 5.6）。

工程中的轴心受压柱都存在初始偏心距。初始偏心距对短柱的影响可以忽略不计，而对长柱的影响较大。长柱在荷载作用下，初始偏心距产生附加弯矩，附加弯矩产生的水平挠度又加大了偏心距，相互影响的结果是长柱最终在轴力和弯矩共同作用下发生破坏。

将截面尺寸、混凝土强度等级和配筋面积相同的长柱与短柱比较，发现长柱承载力小于短柱，并且柱子越细长则小得越多。因此，设计中必须考虑长细比对柱子承载力的影响，常用稳定系数 φ 表示长柱承载力较短柱降低的程度。

试验表明，影响 φ 值的主要因素是柱的长细比。对于 $l_0/b \leqslant 8$ 的短柱，可不考虑纵向弯曲的影响，取 $\varphi = 1.0$；$l_0/b > 8$ 时，为长柱，φ 值随 l_0/b 的增大而减小，φ 值与 l_0/b 的关系见表 5.1。轴心受压构件长细比超过一定数值后，构件可能发生"失稳破坏"。

表 5.1　　　　　　　　　　钢筋混凝土轴心受压构件的稳定系数 φ

l_0/b	$\leqslant 8$	10	12	14	16	18	20	22	24	26	28
l_0/d	$\leqslant 7$	8.5	10.5	12	14	15.5	17	19	21	22.5	24
l_0/i	$\leqslant 28$	35	42	48	55	62	69	76	83	90	97
φ	1.0	0.98	0.95	0.92	0.87	0.81	0.75	0.70	0.65	0.60	0.56
l_0/b	30	32	34	36	38	40	42	44	46	48	50
l_0/d	26	28	29.5	31	33	34.5	36.5	38	40	41.5	43
l_0/i	104	111	118	125	132	139	146	153	160	167	174
φ	0.52	0.48	0.44	0.40	0.36	0.32	0.29	0.26	0.23	0.21	0.19

注　l_0—构件计算长度；b—矩形截面短边尺寸；d—圆形截面的直径；i—截面最小回转半径。

受压构件的计算长度 l_0 与构件的两端支承情况有关，可由表 5.2 查得。在实际工程中，支座情况并非理想的固定或不移动铰支座，应根据具体情况具体分析。

5.2.2　普通箍筋柱的计算

1. 计算公式

根据上述受力分析，轴心受压柱正截面受压承载力计算应力如图 5.7 所示。根据承载力极限状态设计表达式的要求，可得轴心受压普通箍筋柱正截面承载力为：

$$N \leqslant 0.9\varphi(f_c A + f_y' A_s') \qquad (5.1)$$

表 5.2　　　　构件的计算长度

构件及两端约束情况	计算长度 l_0	
直杆	两端固定	$0.5l$
	一端固定，一端为不移动的铰	$0.7l$
	两端均为不移动的铰	$1.0l$
	一端固定，一端自由	$2.0l$

式中　N——轴向压力设计值；

φ——钢筋混凝土轴心受压构件稳定系数；

A——构件截面面积（当纵向钢筋配筋率 $\rho' > 3\%$ 时，式中 A 应改用净截面面积 A_n，$A_n = A - A_s'$）；

A_s'——全部纵向受力钢筋的截面面积；

0.9——为了保证与偏心受压构件正截面承载力计算具有相近的可靠度而引入的系数。

2. 截面设计

柱的截面尺寸可由构造要求或参照同类结构确定。然后根据构件的长细比由表 5.1 查出 φ 值，再用式（5.1）计算钢筋截面面积，计算出钢筋截面面积 A_s' 后，计算配筋率 ρ'（$\rho' = A_s'/A$）是否合适。如果 ρ' 过小或过大，说明截面尺寸选择不当，需要重新选择与计算。

3. 承载力复核

承载力复核时，构件的计算长度、截面尺寸、材料强度、纵向钢筋截面面积均为已知，先检查配筋率，根据构件的长细比由表 5.1 查出 φ 值，验算配筋率 ρ'，用式（5.1）直接求解。

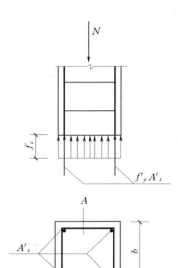

图 5.7 轴心受压构件
计算应力图形

【例 5.1】 某多层现浇钢筋混凝土框架结构，底层内柱承受轴向压力设计值 $N = 1500\text{kN}$（包括自重），截面尺寸为 $350\text{mm} \times 350\text{mm}$，基础顶面至楼面距离 $H = 6\text{m}$，柱计算长度 l_0 为 5.6m，采用 C25 混凝土，纵向钢筋采用 HRB335 级（$f_y' = 300\text{N/mm}^2$）。试计算柱底截面纵向钢筋和箍筋。

解：查表得：$f_c = 11.9\text{N/mm}^2$，$f_y' = 300\text{N/mm}^2$。

（1）确定稳定系数 φ。

$l_0/b = 5600/350 = 16 > 8$，属长柱，由表 5.1 查得 $\varphi = 0.87$。

（2）计算 A_s'。

$$A = 350 \times 350 = 122500 \ (\text{mm}^2)$$

$$A_s' = \frac{\dfrac{N}{0.9\varphi} - f_c A}{f_y'} = \frac{\dfrac{1500 \times 10^3}{0.9 \times 0.87} - 11.9 \times 350 \times 350}{300} = 1526.5 \ (\text{mm}^2)$$

$\rho_s' = \dfrac{A_s'}{A} = 1526.5/350^2 = 1.25\%$，$0.5\% < \rho' < 3\%$。在经济配筋率范围内，拟定的截面尺寸合理。

（3）选配钢筋。受压钢筋选用 $4 \oplus 25$（$A_s' = 1964\text{mm}^2$）。

5.3 偏心受压构件的破坏特性

5.3.1 试验分析

钢筋混凝土偏心受压构件的受力性能、破坏形态介于受弯构件与轴心受压构件之间。当 $N = 0$，$Ne_0 = M$ 时为受弯构件；当 $M = 0$，$e_0 = 0$ 时为轴心受压构件。受弯构件和轴心受压构件相当于偏心受压构件的特殊情况。

5.3.1.1 受拉破坏——大偏心受压破坏

试验表明，当轴向力的偏心距较大时，截面分受压和受拉两个区域，距轴向力较近的一侧受压，另一侧受拉。随着荷载的增加，首先在受拉区产生横向裂缝；荷载不断增加，裂缝将不断开展，混凝土受压区也不断减小。如果受拉一侧钢筋数量配置适当，受拉钢筋先达到屈服强度，随着钢筋塑性的增加，混凝土受压区迅速减小而被压碎，受压钢筋也达到屈服强度，这种破坏称为大偏心受压破坏，其破坏过程类似于受弯构件的适筋破坏。大偏心受压破坏具有明显的预兆，属于"塑性破坏"。图5.8为大偏心受压破坏时的截面应力图形。

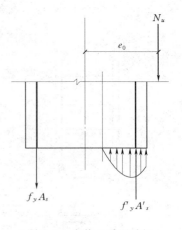

图5.8　大偏心受压破坏

因为这种偏心受压破坏是由于受拉钢筋先达到屈服，而导致的受压区混凝土压坏，其承载力主要取决于受拉钢筋，故称为受拉破坏。形成这种破坏的条件是：偏心距较大，且纵向配筋率不高。

5.3.1.2　受压破坏——小偏心受压破坏

小偏心受压破坏包括下列三种情况：

(1) 偏心距很小时，截面全部受压，如图5.9（a）所示。

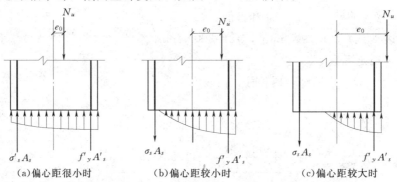

(a)偏心距很小时　　　　(b)偏心距较小时　　　　(c)偏心距较大时

图5.9　小偏心受压破坏截面应力图形

(2) 偏心距较小时，距轴向力较近的一侧受压，另一侧可能受压，也可能受拉，如图5.9（b）所示。

(3) 偏心距较大时，距轴向力较近的一侧受压，另一侧受拉，受拉钢筋配置过多，如图5.9（c）所示。

它们的共同特点是：构件的破坏是由于受压区混凝土达到其抗压强度，距轴向力较远一侧的钢筋，无论受拉或受压，一般均未达到屈服，其承载力主要取决于受压区混凝土及受压钢筋。小偏心受压破坏没有明显预兆，属于"脆性破坏"。

5.3.1.3　大、小偏心受压破坏形态的界限

大偏心受压破坏是受拉钢筋先达到屈服强度，受压区边缘混凝土后达到极限压应变 ε_{cu}（$\varepsilon_{cu}=0.0033$）而被压碎，破坏时受拉钢筋的应变一般超过其屈服应变（f_y/E_s），故称为受拉破坏；小偏心受压破坏是距轴向力近的一侧混凝土达到极限压应变而被压碎，距轴向力远的一侧钢筋的应变小于其屈服应变，故称为受压破坏。显然，大偏心受压破坏和小

偏心受压破坏之间存在着界限破坏。即离轴向力远的一侧钢筋是否受拉,且应力是否达到屈服。

根据平截面假定,可导出界限破坏时截面相对受压区高度 ξ_b,其表达式与受弯构件 ξ_b 的计算公式相同,数值也相同。当 $\xi \leqslant \xi_b$ 时,受拉钢筋先屈服,然后混凝土压碎,肯定为受拉破坏——大偏心受压;否则当 $\xi > \xi_b$ 时,截面为小偏心受压。

5.3.1.4 附加偏心距和初始偏心距

已知偏心受压构件截面上的弯矩 M 和轴向力 N,便可求出轴向力对截面重心的偏心距 $e_0 = \dfrac{M}{N}$。同时,由于工程中实际存在着荷载作用位置的不定性、混凝土质量的不均匀性及施工偏差等因素,还可能产生附加偏心距 e_a。因此,在偏心受压构件正截面承载力计算中,必须考虑附加偏心距 e_a 的影响。

我国规范参考国外规范的经验,并根据我国实际情况,取附加偏心距 e_a 为:20mm 和偏心方向截面最大尺寸的 1/30 两者中的较大者。

考虑附加偏心距后在计算偏心受压构件正截面承载力时,应将轴向力对截面重心的偏心距取为 e_i,称为初始偏心距,即

$$e_i = e_0 + e_a \tag{5.2}$$

5.3.1.5 考虑二阶效应的内力分析法

偏心受压长柱在偏心压力作用下将产生纵向挠曲变形(图 5.10),使偏心距由原来的 e_i 增加为 $e_i + f$,其中 f 为侧向挠度,相应作用在截面上的弯矩也由 Ne_i 增加为 $N(e_i + f)$,截面弯矩中的 Ne_i 称为一阶弯矩,Nf 称为二阶弯矩。若把由于结构挠曲(或结构侧移)引起的二阶弯矩称为二阶效应,显然由于二阶效应的影响,偏心受压长柱的承载力将显著降低,我国相关规范采用下列两种办法考虑二阶效应的影响。

1. 偏心距增大系数法

采用将轴向力对截面重心的初始偏心距 e_i 乘以一个偏心距增大系数 η 的办法,解决上述二阶效应的影响,即

$$e_i + f = \left(1 + \frac{f}{e_i}\right)e_i = \eta e_i$$

根据对国内钢筋混凝土偏心受压构件的实验结果和理论分析,得出偏心距增大系数的计算公式:

$$\left.\begin{array}{l} \eta = 1 + \dfrac{1}{1400 \frac{e_i}{h_0}}\left(\dfrac{l_0}{h}\right)^2 \zeta_1 \zeta_2 \\[3mm] \zeta_1 = \dfrac{0.5 f_c A}{N} \\[3mm] \zeta_2 = 1.15 - 0.01\dfrac{l_0}{h} \end{array}\right\} \tag{5.3}$$

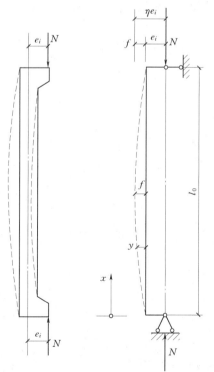

图 5.10 纵向挠曲变形

式中　l_0——构件计算长度；

　　　h——截面高度；

　　　h_0——截面有效高度；

　　　ζ_1——偏心受压构件的截面曲率修正系数，当 $\zeta_1>1.0$ 时，取 $\zeta_1=1.0$；

　　　A——构件截面面积，对 T 形、工字形截面，均取 $A_c=bh+2(b'_f-b)h'_f$；

　　　ζ_2——偏心受压构件长细比对曲率的修正系数，当 $l_0/h<15$ 时，取 $\zeta_2=1.0$。

还须指出，上述 η 公式的使用条件对矩形截面是 $5<l_0/h\leqslant30$ 的长柱，对 $l_0/h\leqslant5$ 的短柱，侧向挠度很小，可认为 $f/e_i=0$，纵向挠曲引起的二阶弯矩影响可忽略不计，即可取 $\eta=1$。而对 $l_0/h>30$ 的细长柱，破坏是由构件失稳引起的，材料强度不能充分发挥作用，故设计中应尽量避免采用。

2. 考虑二阶效应的弹性分析法

在结构分析中对构件的弹性抗弯刚度 E_cI 乘以下列折减系数：对梁，取 0.4；对柱，取 0.6；对剪力墙及核心筒壁，取 0.45。然后采用弹性分析法，求出构件内力（弯矩 M 和轴力 N）并按正截面偏心受压承载力公式计算，此时在有关公式中的 ηe_i 均应以 $(M/N+e_a)$ 代替，其中的 M、N 为经过刚度折减后进行弹性分析直接求得的弯矩设计值和相应的轴力设计值。

5.4　偏心受压构件正截面承载力计算

钢筋混凝土偏心受压构件的正截面承载力计算采用的基本假定与受弯构件相类似。

5.4.1　基本计算公式

根据偏心受压破坏时的极限状态和基本假定，简化出矩形截面偏心受压构件正截面承载力计算简图，如图 5.11 所示。

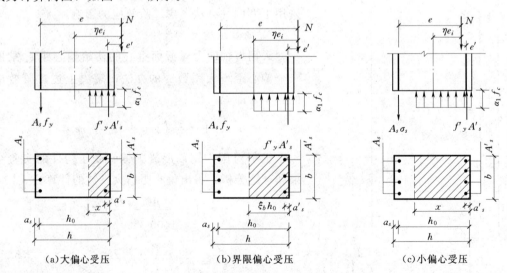

图 5.11　矩形截面偏心受压构件正截面承载力计算图

1. 大偏心受压（$\xi \leqslant \xi_b$，$\sigma_s = f_y$）

根据静力平衡条件，并满足承载力极限状态的计算要求［图 5.11（a）］，可建立基本计算公式为

$$N = \alpha_1 f_c bx + f'_y A'_s - f_y A_s \tag{5.4}$$

$$Ne = \alpha_1 f_c bx \left(h_0 - \frac{x}{2} \right) + f'_y A'_s (h_0 - a'_s) \tag{5.5}$$

$$e = \eta e_i + \frac{h}{2} - a_s \tag{5.6}$$

式中　N——轴向压力设计值；

　　　e——轴向压力作用点至钢筋 A_s 合力中心的距离。

为了保证受压钢筋（A'_s）应力达到 f'_y 及受拉钢筋应力达到 f_y，上式需符合下列条件：

$$x \leqslant \xi_b h_0 \tag{5.7}$$

$$x \geqslant 2a'_s \tag{5.8}$$

当 $x = \xi_b h_0$ 时，为大、小偏心受压的界限情况，在式（5.4）中取 $x = \xi_b h_0$，可写出界限受压情况下 N_b 的表达式：

$$N_b = \alpha_1 \xi_b bh_0 + f'_y A'_s - f_y A_s \tag{5.9}$$

当截面尺寸、配筋面积及材料强度为已知时，N_b 为定值，可按式（5.9）确定。如作用在该截面上的轴向力设计值 $N \leqslant N_b$，则为大偏心受压情况；若 $N > N_b$，则为小偏心受压情况。

2. 小偏心受压构件（$\xi > \xi_b$，$\sigma_s < f_y$）

根据小偏心受压破坏时的截面应力图形和基本假定，简化出小偏心受压构件的承载力计算简图，如图 5.11（c）所示。距轴向力较近的一侧钢筋为 A'_s，距轴向压力较远的一侧钢筋为 A_s，其应力 $\sigma_s < f_y$。

根据静力平衡条件，小偏心受压构件的承载力计算公式为

$$N = \alpha_1 f_c bx + f'_y A'_s - \sigma_s A_s \tag{5.10}$$

$$Ne = \alpha_1 f_c bx \left(h_0 - \frac{x}{2} \right) + f'_y A'_s (h_0 - a'_s) \tag{5.11}$$

远离纵向力一侧的纵向钢筋 A_s，可能受拉，也可能受压，一般不会达到屈服强度。其应力 σ_s 随 ξ 呈线性变化，按下式计算：

$$\sigma_s = \frac{\xi - \beta_1}{\xi_b - \beta_1} f_y \tag{5.12}$$

按上式算得的钢筋应力符合下列条件：

$$-f'_y \leqslant \sigma_s \leqslant f_y \tag{5.13}$$

当 $\xi \geqslant 2\beta_1 - \xi_b$ 时，取 $\sigma_s = -f'_y$。

式中　β_1——系数，当混凝土强度等级不超过 C50 时，$\beta_1 = 0.8$；当混凝土强度等级为 C80 时，$\beta_1 = 0.74$；其间按线性内插法取用。

5.4.2 截面配筋计算

当截面尺寸、材料强度及荷载产生的内力设计值 N 和 M 均为已知，要求计算需

配置的纵向钢筋 A_s 及 A'_s，需首先判断是哪一类偏心情况，才能采用相应的公式进行计算。

5.4.2.1　两种偏心受压情况的判别

如前所述，判别两种偏心受压情况的基本条件是：$\xi \leqslant \xi_b$ 为大偏心受压；$\xi > \xi_b$ 为小偏心受压。但在开始截面配筋计算时 A_s 及 A'_s 为未知，将无从计算相对受压区高度 ξ，因此也就不能利用 ξ 来判别。此时，可近似按下面方法进行判别：当 $\eta e_i \leqslant 0.3 h_0$ 时可按小偏心受压计算；当 $\eta e_i > 0.3 h_0$ 时可按大偏心受压计算。

5.4.2.2　大偏心受压构件的配筋计算

1. 受压钢筋 A'_s 和受拉钢筋 A_s 均未知

两个基本公式（5.4）和式（5.5）中三个未知数 A_s、A'_s 和 x，故不能得到唯一的解。为了使钢筋用量（$A_s + A'_s$）最省，应充分发挥混凝土的抗压作用，即取 $x = \xi_b h_0$。由式（5.5）可得

$$A'_s = \frac{Ne - \alpha_1 f_c bh_0^2 \xi_b (1 - 0.5\xi_b)}{f'_y (h_0 - a'_s)} = \frac{Ne - \alpha_{s,\max} \alpha_1 f_c bh_0^2}{f'_y (h_0 - a'_s)} \tag{5.14}$$

按式（5.14）求得的 A'_s 应不小于 $0.002bh$，如小于，则取 $0.002bh$，按 A'_s 为已知的情况计算。

将式（5.14）算得的 A'_s 代入式（5.4），可得

$$A_s = \frac{\alpha_1 f_c \xi_b bh_0 + f'_y A'_s - N}{f_y} \tag{5.15}$$

按上式求得的 A_s 应不小于 $\rho_{\min} bh$；否则应取 $A_s = \rho_{\min} bh$。

2. 受压钢筋 A'_s 已知，求 A_s

直接利用式（5.4）和式（5.5）解出两个未知数 A_s 和 x，求得唯一的解。由式（5.5）可知 Ne 由两部分组成：$M' = f'_y A'_s (h_0 - a'_s)$ 及 $M_1 = Ne - M' = \alpha_1 f_c bx (h_0 - x/2)$。$M_1$ 为压区混凝土与对应的一部分受拉钢筋 A_{s1} 所组成的力矩。与单筋矩形截面受弯构件相似：

$$\alpha_s = \frac{M_1}{\alpha_1 f_c bh_0^2} \tag{5.16}$$

由 α_s 按 $\gamma_s = \dfrac{1 + \sqrt{1 - 2\alpha_s}}{2}$ 可求得 γ_s，则

$$A_{s1} = \frac{M_1}{f_y \gamma_s h_0} \tag{5.17}$$

将 A'_s 及 A_s 代入式（5.4）可写出总的受拉钢筋 A_s 的计算公式：

$$A_s = \frac{\alpha_1 f_c bx + f'_y A'_s - N}{f_y} = A_{s1} + \frac{f'_y A'_s - N}{f_y} \tag{5.18}$$

应该指出的是，如果 $\alpha_s = \dfrac{M_1}{\alpha_1 f_c bh_0^2} > \alpha_{s,\max}$，则说明已知的 A'_s 尚不足，需按 A'_s 为未知的情况重新计算。如果 $\gamma_s h_0 > h_0 - a'_s$，即 $x < 2a'_s$，与双筋受弯构件相似，可近似取 $x = 2a'_s$，对 A'_s 合力中心取矩得出 A_s：

$$A_s = \frac{N\left(\eta e_i - \dfrac{h}{2} + a_s'\right)}{f_y(h_0 - a_s')} \tag{5.19}$$

5.4.2.3 小偏心受压构件的配筋计算

将 σ_s 的公式（5.12）代入式（5.10）及式（5.11），并将 x 代换为 ξh_0，则小偏心受压的基本公式为

$$N = \alpha_1 f_c \xi b h_0 + f_y' A_s' - f_y \frac{\xi - \beta_1}{\xi_b - \beta_1} A_s \tag{5.20}$$

$$Ne = \alpha_1 f_c b h_0^2 \xi(1 - 0.5\xi) + f_y' A_s'(h_0 - a_s') \tag{5.21}$$

$$e = \eta(e_0 + e_a) + h/2 - a_s \tag{5.22}$$

式（5.20）及式（5.21）中有三个未知数 ξ、A_s 及 A_s'，故不能得出唯一的解。由于在小偏心受压时，远离轴向力一侧的钢筋 A_s 无论拉压，其应力都达不到强度设计值，故配置数量很多的钢筋是无意义的。故可取构造要求的最小用量，但考虑到在 N 较大，而 e_0 较小的全截面受压情况下，如附加偏心距 e_a 与荷载偏心距 e_0 方向相反，即 e_a 使 e_0 减小。对距轴向力较远一侧受压钢筋 A_s 将更不利（图5.12）。对 A_s' 合力中心取矩，则

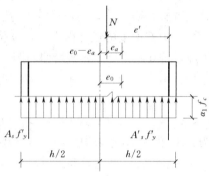

图 5.12 e_a 与 e_0 反向全截面受压

$$A_s = \frac{Ne' - \alpha_1 f_c b h \left(h_0' - \dfrac{h}{2}\right)}{f_y'(h_0' - a_s)} \tag{5.23}$$

式中 e'——轴向力 N 至 A_s' 合力中心的距离。

这时取 $\eta = 1.0$ 对 A_s 最不利，故

$$e' = \frac{h}{2} - a_s' - (e_0 - e_a) \tag{5.24}$$

按式（5.23）求得的 A_s 应不小于 $0.002bh$；否则应取 $A_s = 0.002bh$。

如上所述，在小偏心受压情况下，A_s 可直接由式（5.23）或 $0.002bh$ 中的较大值确定，与 ξ 及 A_s' 的大小无关，是独立的条件，因此当 A_s 确定后，小偏心受压的基本公式（5.20）及式（5.21）中只有两个未知数 ξ 及 A_s'，故可求得唯一的解。

将式（5.23）或 $0.002bh$ 中的 A_s 较大值代入基本公式消去 A_s'，求解 ξ，则

$$\xi = \left[\frac{a_s'}{h_0} + \frac{A_s f_y(1 - a_s'/h_0)}{(\xi_b - \beta_1)\alpha_1 f_c b h_0}\right]$$
$$+ \sqrt{\left[\frac{a_s'}{h_0} + \frac{A_s f_y(1 - a_s'/h_0)}{(\xi_b - \beta_1)\alpha_1 f_c b h_0}\right]^2 + 2\left[\frac{Ne'}{\alpha_1 f_c b h_0^2} - \frac{\beta_1 A_s f_y(1 - a_s'/h_0)}{(\xi_b - \beta_1)\alpha_1 f_c b h_0}\right]} \tag{5.25}$$

可能出现两种情形：

（1）如果 $\xi < 2\beta_1 - \xi_b$，将 ξ 代入式（5.21）可求得 A_s'，显然 A_s' 应不小于 $0.002bh$，否则取 $A_s' = 0.002bh$。

（2）如果 $\xi \geqslant 2\beta_1 - \xi_b$，这时 $\sigma_s = -f_y'$，基本公式转化为

$$N = \alpha_1 f_c \xi b h_0 + f'_y A'_s + f_y A_s$$

$$Ne = \alpha_1 f_c b h_0^2 \xi(1 - 0.5\xi) + f'_y A'_s (h_0 - a'_s)$$

将 A_s 代入上式，需按下式重新求解 ξ 及 A'_s：

$$\xi = \frac{a'_s}{h_0} + \sqrt{\left(\frac{a'_s}{h_0}\right)^2 + 2\left[\frac{Ne'}{\alpha_1 f_c b h_0^2} - \frac{A_s}{b h_0} \frac{f_y}{\alpha_1 f_c}\left(1 - \frac{a'_s}{h_0}\right)\right]} \tag{5.26}$$

同样 A'_s 应不小于 $0.002bh$；否则取 $A'_s = 0.002bh$。

对矩形截面小偏心受压构件，除进行弯矩作用平面内的偏心受压计算外，还应对垂直于弯矩作用平面按轴心受压构件进行验算。

现将非对称配筋偏心受压构件截面设计计算步骤归结如下：

（1）由结构功能要求及刚度条件初步确定截面尺寸 b、h；由混凝土保护层厚度、预估钢筋的直径确定 a_s、a'_s，计算 h_0 及 $0.3h_0$。

（2）由截面上的设计内力，计算偏心距 $e_0 = M/N$，确定附加偏心距 e_a（20mm 或 $h/30$ 的较大值），进而计算初始偏心距 $e_i = e_0 + e_a$。

（3）由构件的长细比 l_0/h，确定是否考虑偏心距增大系数 η，进而计算 η。

（4）将 ηe_i（或 $M/N + e_a$）与 $0.3h_0$ 比较来初步判定大、小偏心。

（5）当 ηe_i（或 $M/N + e_a$）$> 0.3h_0$ 时，按大偏心受压考虑。根据 A_s 和 A'_s 的状况可分为：A_s 和 A'_s 均为未知，引入 $x = \xi_b h_0$，由式（5.14）和式（5.15）确定 A_s 及 A'_s；A'_s 已知求 A_s，由式（5.4）和式（5.5）两方程可直接求 A_s；A'_s 已知求 A_s，但 $x < 2a'_s$，按式（5.19）求 A_s。

（6）当 ηe_i（或 $M/N + e_a$）$\leqslant 0.3h_0$ 时，按小偏心受压考虑。由式（5.23）或 $0.002bh$ 中取较大值确定 A_s，由基本公式（5.12）与式（5.10）或式（5.11）求 ξ 及 A'_s。求 ξ 时，采用式（5.25）或式（5.26），A'_s 由式（5.20）确定。此外，还应对垂直于弯矩作用平面按轴心受压构件进行验算。

（7）将计算所得的 A_s 及 A'_s，根据截面构造要求确定钢筋的直径和根数，并绘出截面配筋图。

【例 5.2】 矩形截面柱，$b \times h = 250\text{mm} \times 400\text{mm}$，$a_s = a'_s = 40\text{mm}$，柱的计算长度 $l_0 = 3.5\text{m}$；承受轴向压力设计值 $N = 350\text{kN}$，弯矩设计值 $M = 200\text{kN} \cdot \text{m}$；拟采用 C40 级混凝土，HRB400 级钢筋（$\alpha_1 = 1.0$，$f_c = 19.1\text{N/mm}^2$，$f_y = f'_y = 360\text{N/mm}^2$）；试计算所需的钢筋 A_s、A'_s。

解：（1）计算 e_a 及 η。

$$e_a = 20\text{mm} > h/30 = 400/30 = 13.3 \text{ (mm)}$$

$$e_i = e_0 + e_a = M/N + e_a = 200 \times 10^3/350 + 20 = 591 \text{ (mm)}$$

$$h_0 = h - a_s = 400 - 40 = 360 \text{ (mm)}$$

按式（5.3），则

$\zeta_1 = 0.5 f_c A/N = 0.5 \times 19.1 \times 250 \times 400/(350 \times 10^3) = 2.73 > 1.0$，取 $\zeta_1 = 1.0$

$l_0/h = 3500/400 = 8.75 < 15$，取 $\zeta_2 = 1.0$

$$\eta = 1 + \frac{1}{1400(e_i/h_0)}\left(\frac{l_0}{h}\right)^2 \zeta_1 \zeta_2$$

$$=1+\frac{1}{1400\times(591/360)}\times8.75^2\times1.0\times1.0=1.03$$

（2）$\eta e_i=1.03\times591=609$（mm）$>0.3h_0=0.3\times360=108$（mm）

按大偏心受压构件设计。

（3）计算 A'_s。

$$e=h/2+\eta e_i-a_s=400/2+609-40=769\text{（mm）}$$

$\xi_b=0.518$，取 $x=\xi_b h_0=0.518\times360=186.5$（mm）

代入式（5.5），则

$$
\begin{aligned}
A'_s&=\frac{Ne-\alpha_1 f_c b x(h_0-x/2)}{f'_y(h_0-a'_s)}\\
&=\frac{350000\times769-1.0\times19.1\times250\times186.5\times(360-186.5/2)}{360\times(360-40)}\\
&=274(\text{mm}^2)>\rho_{\min}bh=0.002\times250\times400=200\text{（mm}^2)
\end{aligned}
$$

（4）计算 A_s，按式（5.4），则

$$
\begin{aligned}
A_s&=(\alpha_1 f_c b x+f'_y A'_s-N)/f_y\\
&=(1.0\times19.1\times250\times186.5+360\times274-350000)/360=1775\text{（mm}^2)
\end{aligned}
$$

（5）配筋（图 5.13）。A'_s—2 Φ 16（按构造要求），$A'_s=402\text{mm}^2$；A_s—3 Φ 28，$A_s=1847\text{mm}^2$。

5.4.3 截面承载力复核

当构件的截面尺寸，配筋面积 A'_s 及 A_s，材料强度及计算长度均为已知，要求根据给定的轴力设计值 N（或偏心距 e_0）确定构件所能承受的弯矩设计值 M（或轴向力 N）时，属于截面承载力复核问题。一般情况下，单向偏心受压构件应进行两个平面内的承载力计算：弯矩作用平面内承载力计算及垂直于弯矩作用平面的承载力计算。

5.4.3.1 弯矩作用平面内的承载力计算

1. 给定轴向力设计值 N，求弯矩设计值 M

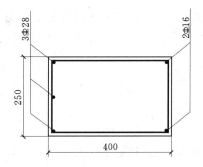

图 5.13 截面配筋图

由于截面尺寸、配筋及材料强度均为已知，故可首先按式（5.9）算得界限轴向力 N_b。如所给的设计轴向力 $N\leqslant N_b$，则为大偏心受压情况，可按式（5.4）求 x，再将 x 及由式（5.3）算得的 η 代入式（5.6）求 e。这时取 $e_a=20\text{mm}$ 或 $h/30$，$e_i=e_0+e_a$，弯矩设计值 $M=Ne_0$。如果 $N>N_b$，则为小偏心受压情况，将已知数据代入式（5.10）或式（5.12）求 x，再将 x 及 η 代入式（5.11）求 e_0 及 M。

2. 给定荷载的偏心距 e_0，求轴向力设计值 N

由于截面尺寸、配筋及 e_0 为已知，$e_a=20\text{mm}$ 或 $h/30$，$e_i=e_0+e_a$，当 $e_i\geqslant0.3h_0$ 时，可按大偏心受压情况，取 $\zeta_1=1.0$，按已知的 l_0/h，由式（5.3）计算偏心距增大系数 η。将 $e=\eta e_i+h/2-a_s$ 及已知数据代入式（5.4）及式（5.5），联立求解 x 及 N。当 $e_i<0.3h_0$ 时，视 ηe_i 的不同可能为大偏心受压或小偏心受压。由于承载力 N 为未知，可按近似公式

$\zeta_1 = 0.2 + 2.7 e_i / h_0$ 求 ζ_1，再代入式（5.3）计算 η（试算）。如果 $\eta e_i \geqslant 0.3 h_0$，需按大偏心受压计算；如果 $\eta e_i < 0.3 h_0$，则确属小偏心受压，将已知数据代入式（5.10）及式（5.11）联立求解 x 及 N。当求得 $N \leqslant \alpha_1 f_c bh$ 时，所求得的 N 即为构件的承载力；当 $N > \alpha_1 f_c bh$ 时，尚需按式（5.23）求轴向力 N，并与按式（5.10）和式（5.11）求得的 N 相比较，其中的较小值即为构件的承载力。

5.4.3.2　垂直于弯矩作用平面的承载力计算

当构件在垂直于弯矩作用平面内的长细比较大时，应按轴心受压构件验算垂直于弯矩作用平面的受压承载力。这时应考虑稳定系数 φ 的影响，按式（5.1）计算承载力 N。

5.5　矩形截面对称配筋的偏心受压构件正截面承载力计算

由上节可知，不论是大偏心受压构件，还是小偏心受压构件，截面两侧的 A_s 和 A'_s 不相等，这种配筋方式称为非对称配筋。非对称配筋钢筋用量较省，但施工不方便。

在工程实践中，当构件承受变号弯矩作用，必须采用对称配筋，即截面两侧采用相同配筋。与非对称配筋相比较，对称配筋用钢量较多，但构造简单，施工方便。

对称配筋时，$f'_y A'_s = f_y A_s$，故 $N_b = \alpha_1 f_c \xi_b bh_0$。

5.5.1　大偏心受压对称配筋（当 $\eta e_i > 0.3 h_0$，且 $N \leqslant N_b$）

此时，$x = N / \alpha_1 f_c b$，代入式（5.5），可有

$$A_s = A'_s = \frac{Ne - \alpha_1 f_c bx(h_0 - 0.5x)}{f'_y(h_0 - a'_s)} \tag{5.27}$$

若 $x < 2a'_s$，近似取 $x = 2a'_s$，则上式转化为

$$A_s = A'_s = \frac{N(\eta e_i - h/2 + a'_s)}{f'_y(h_0 - a'_s)} \tag{5.28}$$

5.5.2　小偏心受压对称配筋（当 $\eta e_i \leqslant 0.3 h_0$，或 $\eta e_i > 0.3 h_0$，且 $N > N_b$）

远离纵向力一边的钢筋不屈服，$\sigma_s = \dfrac{\xi - \beta_1}{\xi_b - \beta_1} f_y$。由式（5.20）且 $A'_s = A_s$，$f'_y = f_y$，可得

$$N = \alpha_1 f_c bh_0 \xi + f'_y A'_s \frac{\xi_b - \xi}{\xi_b - \beta_1}$$

或

$$f'_y A'_s = (N - \alpha_1 f_c bh_0 \xi) \frac{\xi_b - \beta_1}{\xi_b - \xi}$$

将上式代入式（5.21）可得

$$Ne \frac{\xi_b - \xi}{\xi_b - \beta_1} = \alpha_1 f_c bh_0^2 \xi (1 - 0.5\xi) \frac{\xi_b - \xi}{\xi_b - \beta_1} + (N - \alpha_1 f_c bh_0 \xi)(h_0 - a'_s) \tag{5.29}$$

这是一个 ξ 的三次方程，用于设计是非常不便的。为了简化计算，可用下式计算 ξ：

$$\xi = \frac{N - \xi_b \alpha_1 f_c bh_0}{\dfrac{Ne - 0.43 \alpha_1 f_c bh_0^2}{(\beta_1 - \xi_b)(h_0 - a'_s)} + \alpha_1 f_c bh_0} + \xi_b \tag{5.30}$$

将算得的 ξ 代入式（5.21），则矩形截面对称配筋小偏心受压构件的钢筋截面面积，可按下式计算：

$$A'_s = A_s = \frac{Ne - \xi(1 - 0.5\xi)\alpha_1 f_c b h_0^2}{f'_y(h_0 - a'_s)} \qquad (5.31)$$

对称配筋矩形截面承载力的复核与非对称矩形截面相同，只是引入对称配筋的条件 $A_s = A'_s$，$f_y = f'_y$。同样应同时考虑弯矩作用平面的承载力及垂直于弯矩作用平面的承载力。

现将对称配筋偏心受压构件截面设计计算步骤归结如下：

（1）由结构功能要求及刚度条件初步确定截面尺寸 b、h；由混凝土保护层厚度及预估钢筋的直径确定 a_s、a'_s，计算 h_0 及 $0.3h_0$。

（2）由截面上的设计内力，计算偏心距 $e_0 = M/N$，确定附加偏心距 e_a（20mm 或 $h/30$ 的较大值），进而计算初始偏心距 $e_i = e_0 + e_a$。

（3）由构件的长细比 l_0/h_0，确定是否考虑偏心距增大系数 η，进而计算 η。

（4）计算对称配筋条件下的 $N_b = \alpha_1 f_c \xi_b b h_0$，将 ηe_i（或 $M/N + e_a$）与 $0.3h_0$，N_b 与 N 比较来判别大、小偏心。

（5）当 ηe_i（或 $M/N + e_a$）$> 0.3h_0$ 时，且 $N \leqslant N_b$ 时，为大偏心受压。用 $x = \dfrac{N}{\alpha_1 f_c b}$，按式（5.27）或式（5.28）求出 $A_s = A'_s$。

（6）当 ηe_i（或 $M/N + e_a$）$\leqslant 0.3h_0$ 时，或 ηe_i（或 $M/N + e_a$）$> 0.3h_0$，且 $N > N_b$ 时，为小偏心受压。由式（5.30）求 ξ，再代入式（5.31）确定出 $A_s = A'_s$。

（7）将计算所得的 A_s 和 A'_s，根据截面构造要求确定钢筋的直径和根数，并绘出截面配筋图。

【例 5.3】 一矩形截面钢筋混凝土柱，对称配筋。截面尺寸 $b \times h = 400\text{mm} \times 600\text{mm}$，柱的计算长度为 6m，控制截面上轴向压力设计值 $N = 3200\text{kN}$，弯矩设计值 $M = 85\text{kN} \cdot \text{m}$。混凝土强度等级 C30（$\alpha_1 = 1$，$\beta_1 = 0.8$，$f_c = 14.3\text{N/mm}^2$），纵向受力钢筋为 HRB400，$f_y = f'_y = 360\text{N/mm}^2$，$\xi_b = 0.518$。求 A_s 及 A'_s。

解： 设 $a_s = a'_s = 40\text{mm}$，$h_0 = h - a_s = 600\text{mm} - 40\text{mm} = 560\text{mm}$。

（1）求偏心距增大系数 η。

$$e_0 = M/N = 85 \times 10^6 \text{N} \cdot \text{mm}/3200 \times 10^3 \text{N} = 26.56\text{mm}$$

$$e_a = 20\text{mm} \text{ 或 } h/30 = 600\text{mm}/30 = 20\text{mm}，\text{取 } e_a = 20\text{mm}$$

$$e_i = e_0 + e_a = 26.56\text{mm} + 20\text{mm} = 46.56\text{mm}$$

$l_0/h = 6000\text{mm}/600 = 10 > 5$，应考虑偏心距增大系数 η。

$$\zeta_1 = \frac{0.5 f_c A}{N} = \frac{0.5 \times 14.3\text{N/mm}^2 \times 400\text{mm} \times 600\text{mm}}{3200000\text{N}} = 0.536$$

$l_0/h = 10 < 15$，则 $\zeta_2 = 1.0$。

$$\eta = 1 + \frac{1}{1400 \dfrac{e_i}{h_0}}\left(\frac{l_0}{h}\right)^2 \zeta_1 \zeta_2$$

$$= 1 + \frac{1}{1400 \times \frac{46.56}{560}} \times 10^2 \times 0.536 \times 1.0 = 1.46$$

$$\eta e_i = 1.46 \times 46.56 = 67.98\text{mm} < 0.15h_0 = 84\,(\text{mm})$$

$$e = \eta e_i + h/2 - a_s = 67.98 + 600/2 - 40 = 327.98\,(\text{mm})$$

（2）求 N_b，判断受压类型。按对称配筋考虑，计算 N_b。

$$N_b = \alpha_1 f_c b \xi_b h_0 = 1.0 \times 14.3 \times 400 \times 0.518 \times 560 = 1659.2\,(\text{kN})$$

$N = 3200\text{kN} > N_b = 1659.2\text{kN}$ 且 $\eta e_i < 0.3h_0$，符合小偏心的条件，属于小偏心受压。

（3）求 ξ。由式（5.30）计算 ξ：

$$\xi = \frac{N - \xi_b \alpha_1 f_c b h_0}{\dfrac{Ne - 0.43\alpha_1 f_c b h_0^2}{(\beta_1 - \xi_b)(h_0 - a_s')} + \alpha_1 f_c b h_0} + \xi_b$$

$$= \frac{3200 \times 10^3 - 0.518 \times 1.0 \times 14.3 \times 400 \times 560}{\dfrac{3200 \times 10^3 \times 327.98 - 0.43 \times 1.0 \times 14.3 \times 400 \times 560^2}{(0.8 - 0.518) \times (560 - 40)} + 1.0 \times 14.3 \times 400 \times 560} + 0.518$$

$$= 0.82$$

（4）求钢筋截面面积。由式（5.31）得

$$A_s' = A_s = \frac{Ne - \xi(1 - 0.5\xi)\alpha_1 f_c b h_0^2}{f_y'(h_0 - a_s')}$$

$$= \frac{3200 \times 10^3 \times 327.98 - 0.82 \times (1 - 0.5 \times 0.82) \times 1.0 \times 14.3 \times 400 \times 560^2}{360 \times (560 - 40)}$$

$$= 970.6\,(\text{mm}^2)$$

最后选用 4 Φ 18（1017mm²）。

（5）对构件进行平面外轴心受压验算。此时全部钢筋受压，即 $A_s' = 2 \times 1017 = 2034\text{mm}^2$，$l_0/b = 6000\text{mm}/400\text{mm} = 15$。查表 5.1，$\varphi = 0.895$。

$$\rho' = \frac{A_s'}{bh_0} = 2034\text{mm}^2/(400\text{mm} \times 560\text{mm}) = 0.9\% < 3\%$$

$$N_u = 0.9\varphi(f_c A + f_y' A_s') = 0.9 \times 0.895 \times (14.3 \times 400 \times 600 + 2034 \times 360)$$

$$= 3354.3\text{kN} > N = 3200\text{kN}$$

说明平面外承载力满足要求。

5.6　工字形截面偏心受压构件正截面承载力计算

为了节省混凝土和减轻构件自重，在单层工业产房中，对截面尺寸较大的柱可采用工字形截面。工字形截面偏心受压构件的破坏特征和计算方法与矩形截面偏心受压构件是相似的。

5.6.1　基本公式及适用条件

5.6.1.1　大偏心受压（$x \leqslant \xi_b h_0$）

按照中和轴位置的不同，工字形截面大偏心受压构件可分为两类。

1. 中和轴在翼缘内

计算应力图形如图 5.14（a）所示，此时应按宽度为 b'_f 的矩形截面计算，由力的平衡条件可得基本公式：

$$\sum N = 0 \qquad N = \alpha_1 f_c b'_f x + f'_y A'_s - f_y A_s \tag{5.32}$$

$$\sum M = 0 \qquad Ne = \alpha_1 f_c b'_f x \left(h_0 - \frac{x}{2}\right) + f'_y A'_s (h_0 - a'_s) \tag{5.33}$$

公式适用条件为

$$2a'_s \leqslant x \leqslant h'_f$$

当 $x < 2a'_s$ 时，应取 $x = 2a'_s$，按式（5.19）计算。

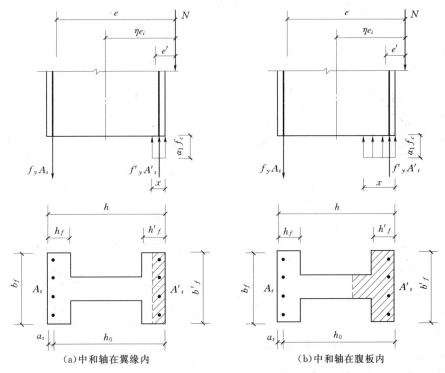

(a) 中和轴在翼缘内 　　　　　　　　　(b) 中和轴在腹板内

图 5.14　大偏心受压工字形截面计算应力图形

2. 中和轴在腹板内

计算应力图形如图 5.14（b）所示，这时应考虑受压区翼缘和腹板的共同受力，由力的平衡条件可得基本公式：

$$\sum N = 0 \qquad N = \alpha_1 f_c bx + \alpha_1 f_c (b'_f - b)h'_f + f'_y A'_s - f_y A_s \tag{5.34}$$

$$\sum M = 0 \qquad Ne = \alpha_1 f_c \left[bx \left(h_0 - \frac{x}{2}\right) + (b'_f - b)h'_f \left(h_0 - \frac{h'_f}{2}\right) \right]$$

$$+ f'_y A'_s (h_0 - a'_s) \tag{5.35}$$

公式适用条件：

$$h'_f < x \leqslant \xi_b h_0$$

5.6.1.2 小偏心受压 ($x > \xi_b h_0$)

1. 中和轴在腹板内

计算应力图形如图 5.15（a）所示，由力的平衡条件可得基本公式：

$$\sum N = 0 \qquad N = \alpha_1 f_c bx + \alpha_1 f_c (b'_f - b)h'_f + f'_y A'_s - \sigma_s A_s \qquad (5.36)$$

$$\sum M = 0 \qquad Ne = \alpha_1 f_c \left[bx \left(h_0 - \frac{x}{2} \right) + (b'_f - b)h'_f \left(h_0 - \frac{h'_f}{2} \right) \right]$$
$$+ f'_y A'_s (h_0 - a'_s) \qquad (5.37)$$

公式适用条件：

$$\xi_b h_0 < x \leqslant h - h_f$$

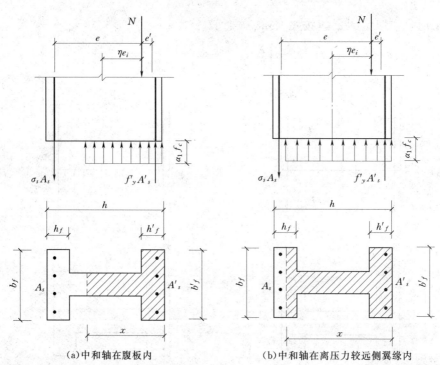

(a)中和轴在腹板内 　　　　(b)中和轴在离压力较远侧翼缘内

图 5.15　小偏心受压工字形截面计算应力图形

2. 中和轴在离压力较远侧翼缘内

计算应力图形如图 5.15（b）所示，由力的平衡条件可得基本公式：

$$\sum N = 0 \qquad N = \alpha_1 f_c \left[bx + (b'_f - b)h'_f + (b_f - b)(x - h + h_f) \right]$$
$$+ f'_y A'_s - \sigma_s A_s \qquad (5.38)$$

$$\sum M = 0 \qquad Ne = \alpha_1 f_c \left[bx \left(h_0 - \frac{x}{2} \right) \right.$$
$$+ (b'_f - b)h'_f \left(h_0 - \frac{h'_f}{2} \right)$$

$$+(b_f-b)(x-h+h_f)\left(\frac{h}{2}+\frac{h_f}{2}-\frac{x}{2}-a_s\right)\Big]$$
$$+f'_yA'_s(h_0-a'_s)\tag{5.39}$$

公式适用条件：

$$h-h_f<x\leqslant h$$

以上各式中 $e=\eta e_i+h/2-a_s$，式（5.36）和式（5.38）中的 σ_s 按式（5.12）计算。

5.6.2 对称配筋工字形截面偏心受压构件正截面承载力计算

在实际工程中，工字形截面偏心受压构件一般为对称配筋。截面设计时可按下面方法进行计算。

1. 大偏心受压（$x\leqslant\xi_bh_0$）

由于对称配筋 $A_s=A'_s$，$f_y=f'_y$，假定中和轴在翼缘内，则由公式（5.32）得

$$x=\frac{N}{\alpha_1f_cb'_f}\tag{5.40}$$

当 $2a'_s\leqslant x\leqslant h'_f$ 时，由式（5.33）得

$$A_s=A'_s=\frac{Ne-\alpha_1f_cb'_fx\left(h_0-\dfrac{x}{2}\right)}{f'_y(h_0-a'_s)}\tag{5.41}$$

其中

$$e=\eta e_i+\frac{h}{2}+a_s$$

当 $x<2a'_s$ 时，由式（5.19）得

$$A_s=A'_s=\frac{Ne'}{f_y(h_0-a'_s)}\tag{5.42}$$

其中

$$e'=\eta e_i-\frac{h}{2}+a'_s$$

当 $x>h'_f$ 时，表明中和轴进入腹板，这时应按式（5.34）重求 x。

$$x=\frac{N-\alpha_1f_c(b'_f-b)h'_f}{\alpha_1f_cb}\tag{5.43}$$

当按式（5.43）求得的 $x\leqslant\xi_bh_0$，属于大偏心受压，则

$$A_s=A'_s=\frac{Ne-\alpha_1f_c(b'_f-b)h'_f\left(h_0-\dfrac{h'_f}{2}\right)-\alpha_1f_cbx\left(h_0-\dfrac{x}{2}\right)}{f'_y(h_0-a'_s)}\tag{5.44}$$

2. 小偏心受压（$x>\xi_bh_0$）

当按式（5.43）求得的 $x>\xi_bh_0$，属于小偏心受压，这时，应按式（5.36）和式（5.37）或按式（5.38）和式（5.39）联立求解 x 和 A_s。

【例 5.4】 一钢筋混凝土单层工业厂房边柱，下柱为工字形截面（截面尺寸如图5.16所示），下柱高 7.2m，柱截面控制内力 $M=592$ kN·m，轴向压力 $N=467$ kN。混凝土强度等级为 $C30$（$\alpha_1=1.0$，$\beta_1=0.8$，$f_c=14.3$ N/mm²），钢筋用 HRB335（$f_y=f'_y=300$ N/mm²，$\xi_b=0.55$），按对称配筋，求所需钢筋截面面积 $A_s=A'_s$。

解： 在计算时，可近似地把图 5.16（a）简化为图 5.16（b）。

（1）求 η。由表 5.2 查得柱的计算长度 l_0。

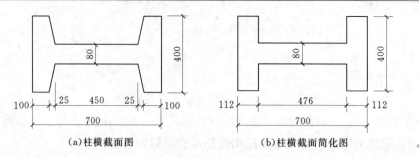

（a）柱横截面图　　　　　　　　　　（b）柱横截面简化图

图 5.16　［例 5.4］图

$$l_0 = 1.0H_1 = 1.0 \times 7.2 = 7.2 \text{ (m)}$$

式中　H_1——从基础顶面至装配式吊车梁底面或现浇吊车梁顶面的柱子下部高度。

$$l_0/h = 7200\text{mm}/700\text{mm} = 10.28 > 5$$

应考虑偏心距增大系数。

$$e_0 = M/N = 592000000\text{N} \cdot \text{mm}/467000\text{N} = 1267.7\text{mm}$$

设取 $a_s = a'_s = 40\text{mm}$，$h_0 = h - a_s = 700\text{mm} - 40\text{mm} = 660\text{mm}$。$e_a = 20\text{mm}$ 或 $h/30 = 700\text{mm}/30 = 23.3\text{mm}$，取 $e_a = 23.3\text{mm}$。

$$e_i = e_0 + e_a = 1267.7\text{mm} + 23.3\text{mm} = 1291.0\text{mm}$$

$$A = bh + 2(b'_f - b)h'_f = 80\text{mm} \times 700\text{mm} + 2 \times (400\text{mm} - 80\text{mm}) \times 112\text{mm}$$
$$= 127680\text{mm}^2$$

$$\zeta_1 = \frac{0.5f_c A}{N} = \frac{0.5 \times 14.3\text{N/mm}^2 \times 127680\text{mm}^2}{467000\text{N}} = 1.95 > 1.0 = 1.04，取 \zeta_1 = 1.0$$

$l_0/h = 10.28 < 15$，则 $\zeta_2 = 1.0$

$$\eta = 1 + \frac{1}{1400\frac{e_i}{h_0}}\left(\frac{l_0}{h}\right)^2 \zeta_1 \zeta_2 = 1 + \frac{1}{1400 \times \frac{1291\text{mm}}{660\text{mm}}} \times (10.28)^2 \times 1.0 \times 1.0 = 1.04$$

（2）求受压区计算高度。先按大偏心受压计算，由式（5.40）得

$$x = \frac{N}{\alpha_1 f_c b'_f} = \frac{467000\text{N}}{1.0 \times 14.3\text{N/mm}^2 \times 400\text{mm}} = 81.64\text{mm} < h'_f = 112\text{mm}$$

$$x > 2a'_s = 2 \times 40\text{mm} = 80\text{mm}$$

（3）求钢筋截面面积。此时，中和轴在受压翼缘内，可按 $b'_f \times h$ 的矩形截面大偏心受压计算公式进行计算。由于是对称配筋，即 $A_s = A'_s$，$f_y = f'_y$，则钢筋截面面积为

$$A_s = A'_s = \frac{Ne - \alpha_1 f_c b'_f x(h_0 - 0.5x)}{f'_y(h_0 - a'_s)}$$

$$= \frac{467000\text{N} \times 1652.6\text{mm} - 1.0 \times 14.3\text{N/mm}^2 \times 400\text{mm} \times 81.64\text{mm} \times (660\text{mm} - 0.5 \times 81.64\text{mm})}{300\text{N/mm}^2 \times (660\text{mm} - 40\text{mm})}$$

$$= 2594.7\text{mm}^2 > \rho_{\min}bh = 0.002 \times 80\text{mm} \times 700\text{mm} = 112\text{mm}^2$$

其中，$e = \eta e_i + h/2 - a_s = 1.04 \times 1291\text{mm} + 700\text{mm}/2 - 40\text{mm} = 1652.6\text{mm}$，最后每边选用 5 Φ 28（$A_s = A'_s = 3079\text{mm}^2$）。截面配筋如图 5.17 所示。

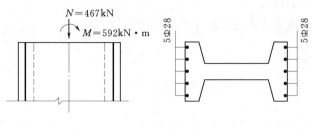

图 5.17 ［例 5.4］配筋图

5.7 偏心受压构件斜截面受剪承载力计算

在实际工程中，有不少构件同时承受轴向压力、弯矩和剪力的作用，如框架柱、排架柱等。这类构件由于轴向压力的存在，对其抗剪能力有明显的影响。因此，对于斜截面受剪承载力计算，必须考虑轴向压力的影响。

试验结果表明，轴向压力对受剪承载力起着有利的影响，轴向压力能限制构件斜裂缝的出现和开展，增加混凝土剪压区高度，从而提高混凝土的受剪承载力。但轴心压力对受剪承载力的有利作用是有限度的。随着轴压比 $N/(f_c bh)$ 的增大，斜截面受剪承载力将增大。当轴压比为 0.3～0.5 时，斜截面受剪承载力达到最大值，若轴压比再继续增加，受剪承载力将降低，并转变为带有斜裂缝的正截面小偏心受压破坏。

为了与受弯构件的斜截面受剪承载力计算公式相协调，矩形、T 形、工字形截面的钢筋混凝土偏心受压构件斜截面受剪承载力计算公式为

$$V \leqslant \frac{1.75}{\lambda + 1} f_t bh_0 + f_{yv} \frac{A_{sv}}{s} h_0 + 0.07N \tag{5.45}$$

式中 N——与剪力设计值 V 相应的轴向压力设计值；当 $N > 0.3 f_c A$ 时，取 $N = 0.3 f_c A$，A 为构件的截面面积；

λ——偏心受压构件计算截面的剪跨比。

λ 按下列规定取用：

(1) 对框架柱，取 $\lambda = h_n/2h_0$。对框架剪力墙结构的柱子，可取 $\lambda = M/Vh_0$。当 $\lambda < 1$ 时，取 $\lambda = 1$；当 $\lambda > 3$ 时，取 $\lambda = 3$。此处，h_n 为柱的净高，M 为计算截面上与剪力设计值 V 相应的弯矩设计值。

(2) 对其他偏心受压构件，当承受均布荷载时，取 $\lambda = 1.5$；当承受集中荷载时（包括作用有多种荷载、且集中荷载对支座截面或节点边缘所产生的剪力值占总剪力值 75% 以上的情况），取 $\lambda = a/h_0$，a 为集中荷载至支座截面或节点边缘的距离。当 $\lambda < 1.5$ 时，取 $\lambda = 1.4$；当 $\lambda > 3$，取 $\lambda = 3$。

为防止发生斜压破坏，偏心受压构件的截面尺寸应符合下列要求：

$$V \leqslant 0.25 \beta_c f_c bh_0 \tag{5.46}$$

当符合下列条件时：

$$V \leqslant \frac{1.75}{\lambda + 1} f_t bh_0 + 0.07N \tag{5.47}$$

则不进行斜截面受剪承载力计算，仅按构造规定配置箍筋。

偏心受压构件受剪承载力的计算步骤和受弯构件受剪承载力计算步骤相类似，这里不再重述。

5.8　小　　结

（1）混凝土和纵向受力钢筋两部分抗压能力组成，同时，对长细比较大的柱子还要考虑纵向弯曲的影响，其计算公式为 $N \leqslant 0.9\varphi(f_cA + f_y'A_s')$。

（2）偏心受压构件按其破坏特征不同，分大偏心和小偏心受压。大偏心受压破坏时，受拉钢筋先达到屈服强度，最后另一侧受压混凝土被压坏，受压钢筋也达到屈服强度。小偏心受压破坏时，距轴向力近侧混凝土先被压碎，受压钢筋也达到屈服强度，而距轴向力远侧的混凝土和钢筋无论受压还是受拉均未达到屈服强度。此外，对非对称配筋的小偏心受压构件，还可能发生距轴向力远侧混凝土先被压坏的反向破坏。

（3）大、小偏心受压构件，应该用相对受压区高度 ξ（或受压区高度 x）判别。当 $\xi \leqslant \xi_b$ 或 $x \leqslant \xi_b h_0$ 时，为大偏心受压；当 $\xi > \xi_b$ 时或 $x > \xi_b h_0$ 时，为小偏心受压。

（4）计算偏心受压构件时，无论哪种情况，都必须先计算 ηe_i。$e_i = e_0 + e_a$。其中 $e_0 = M/N$，e_a 取 20mm 和 $h/30$ 两者中的较大者。对于 η，当 $l_0/h \leqslant 5$ 时，取 $\eta = 1$；当 $l_0/h > 5$ 时，需用式（5.3）计算。

（5）对小偏心受压构件，无论截面设计还是截面复核都必须按轴心受压构件验算垂直于弯矩作用平面的受压承载力。其稳定系数 φ，应按截面宽度 b 计算。

（6）偏心受压构件斜截面受剪承载力计算公式是在受弯构件承载力公式基础上，加上一项由于轴向压力存在对构件受剪承载力产生的有利影响。

思　考　题

5.1　受压构件配置箍筋起什么作用？与受弯构件的箍筋有什么不同？

5.2　受压构件的箍筋直径和间距是如何规定的？哪些情况需要配置附加箍筋？

5.3　试比较大偏心受压构件和双筋受弯构件的应力分布和计算公式有何异同？

5.4　大偏心受压构件和小偏心受压构件破坏特征有何区别？大偏心受压和小偏心受压的界限是什么？

5.5　在大偏心和小偏心受压构件截面设计时为什么都要补充一个条件（或方程）？这个补充条件是根据什么建立的？

5.6　对称配筋与非对称配筋偏心受压构件的判别式有何不同？

5.7　为什么偏心受压构件要进行垂直于弯矩作用平面承载力复核？

5.8　偏心受压构件垂直于弯矩作用平面承载力复核，计算式中的 A_s' 是不是指一侧受压钢筋？并说明理由。

5.9　偏心受压构件采用对称配筋有什么优点和缺点？

5.10　工字形截面大、小偏心受压构件正截面承载力计算公式是如何建立的？其适用条件是什么？

习　题

5.1　某正方形截面轴心受压柱，两端为不动铰支座，$l_0 = 6.9$，采用 C25 混凝土，HRB335 级钢筋。计算截面承受的轴心压力设计值 $N = 1950 \text{kN}$（包括自重）。试设计该柱。

5.2　某钢筋混凝土轴心受压柱，截面尺寸 $350 \text{mm} \times 350 \text{mm}$，柱高 3.6m，两端为不移动铰支座，采用 C20 混凝土，已配 8 Φ 14 钢筋。作用在截面的轴心压力设计值 $N = 1100 \text{kN}$。试复核截面是否安全？

5.3　某钢筋混凝土柱，截面尺寸 $300 \text{mm} \times 400 \text{mm}$，柱计算长度 l_0 为 3m，采用 C20 混凝土，HRB335 级钢筋。轴向压力设计值 $N = 300 \text{kN}$，弯矩设计值 $M = 150 \text{kN} \cdot \text{m}$。试计算纵向受力钢筋。

5.4　某矩形截面偏心受压柱，截面尺寸 $b \times h = 400 \text{mm} \times 600 \text{mm}$，柱的计算长度 $l_0 = 7.5 \text{m}$，采用 C25 混凝土，钢筋为 HRB400（$f_y = f_y' = 360 \text{N/mm}^2$）。$a_s = a_s' = 40 \text{mm}$。控制截面承受的轴向压力设计值 $N = 860 \text{kN}$，弯矩设计值 $M = 356 \text{kN} \cdot \text{m}$。试按非对称配筋方式给该柱配置钢筋。

5.5　习题 5.4 中的钢筋混凝土受压柱，受压侧已配受压钢筋 3 Φ 25，试求 A_s，并画配筋图。

5.6　某水电站厂房矩形截面偏心受压柱，截面尺寸 $b \times h = 400 \text{mm} \times 600 \text{mm}$，柱的计算长度 $l_0 = 6.5 \text{m}$，采用 C20 混凝土，HRB335 级钢筋。截面承受的轴向力设计值 $N = 610 \text{kN}$，偏心距 $e_0 = 500 \text{mm}$，取 $a_s = a_s' = 40 \text{mm}$。采用非对称配筋方式，试计算钢筋 A_s 和 A_s'。

5.7　某钢筋混凝土受压柱，条件同习题 5.6，受压侧已配受压钢筋 3 Φ 20，试求 A_s。

5.8　习题 5.4 中的钢筋混凝土受压柱，若采用对称配筋，试配置该柱钢筋。

5.9　某矩形截面偏心受压柱，截面尺寸 $b \times h = 400 \text{mm} \times 500 \text{mm}$，计算长度 $l_0 = 7.2 \text{m}$，采用 C30 混凝土，为 HRB400，承受内力设计值 $N = 1200 \text{kN}$，$M = 330 \text{kN} \cdot \text{m}$。试按对称配筋配置该柱钢筋。

5.10　某工字形截面柱，截面尺寸 $b_f = b_f' = 500 \text{mm}$，$b = 100 \text{mm}$，$h_f = h_f' = 120 \text{mm}$，$h = 1000 \text{mm}$，计算长度 $l_0 = 11.5 \text{m}$，采用 C30 混凝土，钢筋为 HRB400，计算截面承受内力设计值 $N = 1700 \text{kN}$，$M = 700 \text{kN} \cdot \text{m}$。试按对称配筋方式给该柱配置钢筋。

第6章 钢筋混凝土受拉构件承载力计算

6.1 概　　述

　　钢筋混凝土受拉构件可分为轴心受拉构件和偏心受拉构件。当轴向拉力作用点与截面形心重合时，此构件称为轴心受拉构件；当轴向拉力作用点与截面形心不重合时，此构件即为偏心受拉构件。在实际工程中，理想的轴心受拉构件是不存在的，但在设计中为简便起见，可将有些构件近似地当作轴心受拉构件，例如承受节点荷载的桁架或托架的受拉弦杆和其他受拉腹杆、拱的拉杆、圆形贮水池的池壁等构件；而承受节间荷载的桁架或托架的受拉弦杆、矩形贮水池的池壁、工业厂房中的双肢柱、受地震力或风力作用的框架边柱等，均属于偏心受拉构件。图 6.1 为受拉构件工程实例。

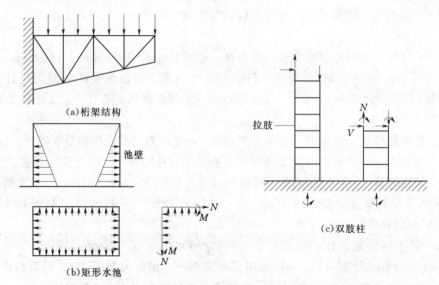

图 6.1　受拉构件工程实例

6.2 轴心受拉构件正截面承载力计算

　　轴心受拉构件中，混凝土开裂前，混凝土与钢筋共同承担拉力。由于混凝土抗拉强度很低，在应力很小时就出现裂缝，裂缝处混凝土退出工作，所有外力全部由钢筋承受。当轴向拉力使裂缝截面的钢筋应力达到其抗拉强度时，构件达到破坏状态。

　　轴心受拉构件的正截面受拉承载力应符合下列规定：

$$N \leqslant f_y A_s \tag{6.1}$$

116

式中　N——轴向拉力设计值；

　　　f_y——钢筋抗拉强度设计值；

　　　A_s——受拉纵向钢筋的全部截面面积。

6.3 偏心受拉构件承载力计算

6.3.1 偏心受拉构件的受力特点

偏心受拉构件同时承受轴心拉力 N 和弯矩 M，其偏心距 $e_0 = M/N$。它是介于轴心受拉（$e_0 = 0$）和受弯（$N = 0$，相当于 $e_0 = \infty$）之间的一种受力构件。因此，其受力和破坏特点与 e_0 的大小有关。当偏心距很小时（$e_0 < h/6$），构件处于全截面受拉状态，开裂前的应力分布如图 6.2（a）所示，随着偏心拉力的增大，截面受拉较大一侧的混凝土将先开裂，并迅速向对边贯通。此时，裂缝截面混凝土退出工作，偏心拉力由两侧的钢筋（A_s 和 A'_s）共同承受，只是 A_s 承受的拉力较为大。当偏心距稍大时（$h/6 < e_0 < h/2 - a_s$），起初，截面一侧受拉而另一侧受压，其应力分布如图 6.2（b）所示。随着偏心拉力的增大，靠近偏心拉力一侧的混凝土先开裂。由于偏心拉力作用于 A_s 和 A'_s 之间，在 A_s 一侧的混凝土开裂后，为保持力的平衡，在 A'_s 一侧的混凝土将不可能再存在有受压区，此时中和轴已经移至截面之外，而使这部分混凝土转化为受拉，并随着偏心拉力的增大而开裂。由于截面应变的变化 A'_s 也转为受拉钢筋。因此，如图 6.2（a）和图 6.2（b）所示的两种受力情况，截面混凝土都将裂通，偏心拉力全由左、右两侧的纵向受拉钢筋承受。只要两侧钢筋均不超过正常需要量，则当截面达到承载能力极限状态时，钢筋 A_s 和 A'_s 的拉应力均可能达到屈服强度。因此可以认为，对 $h/2 - a_s > e_0 > 0$ 的偏心受拉构件，即轴向拉力位于 A_s 和 A'_s 之间的受拉构件，混凝土完全不参加工作，两侧钢筋 A_s 和 A'_s 均受拉屈服。这种构件称为小偏心受拉构件。

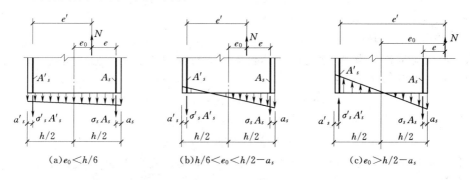

图 6.2　偏心受拉构件截面应力状态

当偏心距 $e_0 > h/2 - a_s$ 时，即轴向拉力位于 A_s 和 A'_s 之外时，开始截面应力分布如图 6.2（c）所示，混凝土受压区比图 6.2（b）明显增大，随着偏心拉力的增加，靠近偏心拉力一侧的混凝土开裂，裂缝虽能开展，但不会贯通全截面，而始终保持一定的受压区。其破坏特点取决于靠近偏心拉力一侧的纵向受拉钢筋 A_s 的数量。当 A_s 适量时，它将先达到屈服强度，随着偏心拉力的继续增大，裂缝开展，混凝土受压区缩小。最后，因受压区混凝土达到极限压应变及纵向受压钢筋 A_s' 达到屈服，而使构件进入承载能力极限状态，如图 6.3（b）所示。这种构件称为大偏心受拉构件。

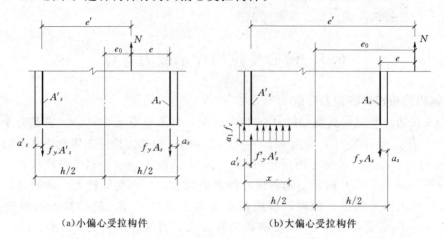

（a）小偏心受拉构件　　　　　　（b）大偏心受拉构件

图 6.3　偏心受拉构件承载力计算图

6.3.2　矩形截面非对称配筋偏心受拉构件正截面承载力计算

6.3.2.1　基本公式

1．小偏心受拉

如图 6.3（a）所示，分别对 A_s 和 A_s' 形心取矩，可得以下公式：

$$Ne \leqslant f_y'A_s'(h_0 - a_s') \tag{6.2}$$

$$Ne' \leqslant f_yA_s(h_0' - a_s) \tag{6.3}$$

$$e = h/2 - a_s - e_0, \quad e' = h/2 - a_s' + e_0, \quad e_0 = M/N$$

式中　e——轴向拉力作用点至 A_s 合力点的距离；

　　　e'——轴向拉力作用点至 A_s' 合力点的距离；

　　　e_0——轴向拉力至截面重心的偏心距。

2．大偏心受拉构件

大偏心受拉构件，当 A_s 适量时，其破坏特征与大偏心受压相同，如图 6.3（b）所示。由平衡条件可得以下公式：

$$N \leqslant f_yA_s - f_y'A_s' - \alpha_1 f_c bx \tag{6.4}$$

$$Ne \leqslant \alpha_1 f_c bx(h_0 - x/2) + f_y'A_s'(h_0 - a_s') \tag{6.5}$$

$$e = e_0 - h/2 + a_s$$

为保证构件不发生超筋和少筋破坏，并在破坏时纵向受压钢筋 A_s' 达到屈服强度，上述公式的适用条件是：$x \leqslant \xi_b h_0$，$x \geqslant 2a_s'$ 及 $A_s \geqslant \rho_{\min} bh$。

6.3.2.2　截面配筋计算

1．小偏心受拉（$e_0 \leqslant h/2 - a_s$）

当截面尺寸、材料强度及截面的作用效应 M 和 N 为已知时，将各已知值代入式（6.2）和式（6.3）中，直接求出两侧的受拉钢筋。

2．大偏心受拉（$e_0 > h/2 - a_s$）

大偏心受拉时，可能有下述几种情况发生：

情况 1：A_s 和 A'_s 均为未知。

令 $x=\xi_b h_0$，将 x 代入式（6.5）即可求得受压钢筋 A'_s。如果 $A'_s \geqslant \rho_{\min} bh$，说明取 $x=\xi_b h_0$ 成立。即进一步将 $x=\xi_b h_0$ 及 A'_s 代入式（6.4）求得 A_s。如果 $A'_s < \rho_{\min} bh$ 或为负值，则说明取 $x=\xi_b h_0$ 不能成立，此时应根据构造要求选用钢筋 A'_s 的直径及根数，然后按 A'_s 为已知的情况 2 考虑。

情况 2：已知 A'_s，求 A_s。

此时公式为两个方程解两个未知数。故可由式（6.4）及式（6.5）联立求解。其步骤是：由式（6.5）求得混凝土相对受压区高度。

$$\xi = 1 - \sqrt{1 - 2\frac{Ne - A'_s f'_y (h_0 - a'_s)}{\alpha_1 f_c bh_0^2}} \tag{6.6}$$

若 $2a'_s \leqslant x \leqslant \xi_b h_0$，则可将 x 代入式（6.4）求得靠近偏心拉力一侧的受拉钢筋截面面积。

$$A_s = (N + \alpha_1 f_c bx + A'_s f'_y)/f_y \tag{6.7}$$

若 $x < 2a'_s$ 或为负值，则表明受压钢筋位于混凝土受压区合力作用点的内侧，破坏时将达不到其屈服强度，即 A'_s 的应力为一未知量，此时，应按情况 3 处理。

情况 3：A'_s 为已知，但 $x < 2a'_s$。

此时可假设混凝土压应力合力点与受压钢筋压力作用点重合，取以 A'_s 为矩心的力矩平衡公式计算：

$$Ne' \leqslant f_y A_s (h'_0 - a_s) \tag{6.8}$$
$$e' = e_0 + h/2 - a'_s$$

【例 6.1】 某偏心受拉构件，截面尺寸 $b \times h = 300\text{mm} \times 450\text{mm}$，混凝土采用 C25，钢筋采用 HRB335 级，承受轴向力设计值 $N = 800\text{kN}$，弯矩设计值 $M = 86.4\text{kN} \cdot \text{m}$，取 $a_s = a'_s = 40\text{mm}$，试计算钢筋面积 A_s 和 A'_s。

解： $e_0 = M/N$　$86400/800 = 108\text{mm} < h/2 - a_s = 185\text{mm}$，为小偏心受拉情况。

$$e = h/2 - a_s - e_0　450/2 - 40 - 108 = 77 \text{ (mm)}$$
$$e' = h/2 - a_s + e_0　450/2 - 40 + 108 = 293 \text{ (mm)}$$

由式（6.3）可得

$A_s \geqslant Ne'/f_y(h'_0 - a'_s) = 800 \times 10^3 \times 293/[300 \times (410 - 40)] = 2112(\text{mm}^2)$，选用 $3 \Phi 22 + 2 \Phi 25$（$A_s = 2122\text{mm}^2$）。

由式（6.2）可得

$A'_s \geqslant Ne/f_y(h_0 - a_s) = 800 \times 10^3 \times 77/[300 \times (410 - 40)] = 555 \text{ (mm}^2)$，选用 $2 \Phi 22$（$A'_s = 760\text{mm}^2$）。

【例 6.2】 一钢筋混凝土矩形截面水池壁厚 $h = 250\text{mm}$，根据内力计算可知：沿池壁 1m 高度的垂直截面上（取 $b = 1\text{m}$）作用的轴向拉力设计值 $N = 210\text{kN}$（轴心拉力），弯矩设计值 $M = 84\text{kN} \cdot \text{m}$（池外侧受拉），若混凝土采用 C25，钢筋采用 HRB335 级。试确定垂直截面中沿池壁内外所需的钢筋数量。

解： 取 $a_s = a'_s = 40\text{mm}$，则

$e_0 = M/N = (84 \times 10^6)/(210 \times 10^3) = 400\text{mm} > h/2 - a_s = 85\text{mm}$，属于大偏心受拉情况。

$$e = e_0 - h/2 + a_s = 400 - 250/2 + 40 = 315 \text{ (mm)}$$

因为 A_s 和 A_s' 均未知，考虑充分发挥混凝土的抗压作用，使（$A_s + A_s'$）总用量最少，所以取 $x = \xi_b h_0 = 0.550 \times (250 - 40) = 115.5$（mm）。

将 x 代入式（6.5）可得

$$A_s' = \frac{Ne - \alpha_1 f_c bx(h_0 - 0.5x)}{f_y'(h_0 - a_s')}$$

$$= \frac{210 \times 10^3 \times 315 - 1.0 \times 11.9 \times 1000 \times 115.5 \times (210 - 0.5 \times 115.5)}{300 \times (210 - 40)} < 0$$

按构造要求配筋，即

$$A_s' = 0.002bh = 0.002 \times 1000 \times 250 = 500 \text{（mm}^2\text{）}$$

并要求 $A_s' \geqslant bh(45f_t/f_y)/100 = 1000 \times 250 \times (45 \times 1.27/300)/100 = 476$（mm²）。所以，水池内侧所需的水平受力钢筋选配 Φ 12@200（$A_s' = 565$ mm²）。

由于 A_s' 按构造要求确定，此时该题就变成了已知 A_s' 计算 A_s 的问题了。

$$x = h_0 - h_0 \sqrt{1 - \frac{Ne - f_y'A_s'(h_0 - a_s')}{0.5\alpha_1 f_c bh_0^2}}$$

$$= 210 - 210 \times \sqrt{1 - \frac{210 \times 10^3 \times 315 - 300 \times 565 \times (210 - 40)}{0.5 \times 1.0 \times 11.9 \times 1000 \times 210^2}}$$

$$= 15.5 \text{（mm）} < 2a_s' = 80 \text{（mm）}$$

所以 A_s 应按式（6.8）计算，其中：

$$e' = e_0 + h/2 - a_s' = 400 + 250/2 - 40 = 485 \text{（mm）}$$

$$A_s = Ne'/[f_y(h_0' - a_s)] = 210 \times 10^3 \times 485/[300 \times (210 - 40)] = 1997 \text{（mm}^2\text{）}$$

钢筋面积远大于最小配筋量，所以，水池外侧所需的水平受力钢筋选配 Φ 16@100（$A_s = 2011$ mm²）。

6.3.3　截面复核

1. 小偏心受拉

由式（6.2）、式（6.3）分别求得 N_u 值，其中较小者即为构件正截面的极限承载力。

2. 大偏心受拉

（1）求 x。联立解式（6.4）和式（6.5）得 x 值。

（2）求 N_u 或 M_u。若 $2a_s' \leqslant x \leqslant \xi_b h_0$，将 x 值代入式（6.4）或式（6.5）即可求得 N_u；若 $x > \xi_b h_0$，则取 $x = \xi_b h_0$ 代入式（6.4）求得 N_u；若 $x < 2a_s'$，由式（6.8）求得 N_u 值。

6.3.4　矩形截面偏心受拉构件斜截面承载力计算

在偏心受拉构件中，除作用有轴向力和弯矩外，一般还作用有剪力，因此，偏心受拉构件还需要进行斜截面承载力计算。试验表明，在拉力和剪力共同作用下，混凝土的抗剪强度随拉应力的增加而减小。这是由于轴向拉力的存在，增加了构件内的主拉应力，使构件的抗剪能力明显降低。

GB 50010—2010 建议按下式进行偏心受拉构件斜截面受剪承载力计算：

$$V \leqslant \frac{1.75}{\lambda + 1}f_t bh_0 + f_{yv}\frac{A_{sv}}{s}h_0 - 0.2N \tag{6.9}$$

式中　N——与剪力设计值相应的轴向拉力设计值；

λ——计算截面的剪跨比，$\lambda=a/h_0$，a 为集中荷载到支座之间的距离，当 $\lambda<1.5$ 时，取 $\lambda=1.5$；当 $\lambda>3$ 时，取 $\lambda=3$。

式（6.9）右边的计算值小于 $(f_{yv}A_{sv}h_0)/s$ 时，应取等于 $(f_{yv}A_{sv}h_0)/s$。

6.4　小　　结

（1）偏心受拉构件分大偏心受拉和小偏心受拉，当轴向力作用在钢筋 A_s 和 A'_s 合力点之间时，为小偏心受拉；当轴向力不作用在钢筋 A_s 和 A'_s 合力点之间时，为大偏心受拉。

（2）偏心受拉构件中靠近偏心拉力 N 的钢筋为 A_s，离 N 较远的钢筋为 A'_s。

（3）大偏心受拉构件与大偏心受压构件正截面承载力的计算公式是相似的，其计算方法也可参照大偏心受压构件进行。所不同的是 N 为拉力，不考虑偏心距增大系数 η 和附加偏心距 e_a。

（4）偏心受拉构件斜截面受剪承载力公式是在受弯构件受剪承载力公式基础上，减去一项由于轴向拉力存在对构件受剪承载力产生的不利影响。

思　考　题

6.1　在结构工程中，哪些构件可按轴心受拉构件计算？哪些应按偏心受拉构件计算？

6.2　怎样判别构件属于小偏心受拉还是大偏心受拉？它们的破坏特征有何不同？

6.3　大偏心受拉构件正截面承载力计算公式的适用条件是什么？为什么技术中要满足这些适用条件？

6.4　试从破坏形态、截面应力、计算公式来分析大偏心受拉和大偏心受压有什么相同与不同之处？

习　　题

6.1　偏心受拉构件截面尺寸 $b\times h=200\text{mm}\times400\text{mm}$，承受轴向拉力设计值 $N=450\text{kN}$，弯矩设计值 $M=100\text{kN}\cdot\text{m}$，钢筋采用 HRB335（$f_y=f'_y=300\text{N/mm}^2$）级，混凝土采用 C25（$f_c=11.9\text{N/mm}^2$），$a_s=a'_s=40\text{mm}$，求纵向钢筋截面面积 A_s 及 A'_s。

6.2　某矩形水池，池壁厚为 250mm，混凝土强度等级为 C30（$\alpha_1=1.0$，$f_c=14.3\text{N/mm}^2$），纵筋为 HRB335（$f_y=f'_y=300\text{N/mm}^2$，$\xi_b=0.55$），由内力计算池壁某垂直截面中的弯矩设计值为 $M=25\text{kN}\cdot\text{m}$（使池壁内侧受拉），轴向拉力设计值 $N=22.4\text{kN}$。试确定垂直截面中沿池壁内侧和外侧所需钢筋 A_s 及 A'_s 的数量。

第7章　钢筋混凝土受扭构件承载力计算

7.1　概　　述

承受扭矩作用的构件称为受扭构件。实际结构中很少有处于纯扭矩作用的情况,大多数都是弯矩、剪力和扭矩共同作用的复合受力情况。如图 7.1 所示的吊车梁、现浇框架边梁、雨篷梁等均属于受扭构件。

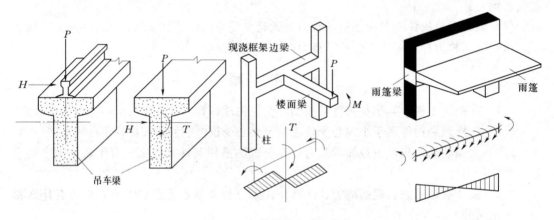

图 7.1　钢筋混凝土受扭构件

7.2　矩形截面纯扭构件承载力计算

7.2.1　开裂扭矩

1. 开裂前的受力性能

试验表明,钢筋混凝土纯扭构件开裂前抗扭钢筋的应力很小,且钢筋对开裂扭矩的影响也不大,因此,在分析时可忽略钢筋的作用。

图 7.2 为一矩形截面受扭构件在扭矩 T 作用下截面上的剪应力分布。由力学知,最大剪应力 τ_{max} 发生在截面长边中点,如图 7.2 (b) 所示,剪应力 τ_{max} 在构件侧面产生与剪应力方向成 45°的主拉应力 σ_{tp} 和主压应力 σ_{cp},σ_{tp} 与 σ_{cp} 迹线沿构件表面成 45°正交螺旋线,且在数值上等于剪应力,即 $\sigma_{tp} = \sigma_{cp} = \tau_{max}$。

当主拉应力 σ_{tp} 值达到混凝土的抗拉强度 f_t 值时,在构件中某个薄弱部位就会出现沿垂直于主拉应力方向的裂缝,所以纯扭矩作用下的混凝土构件的裂缝方向总是与构件轴线成 45°的角度。

2. 矩形截面开裂扭矩

按弹性理论,当主拉应力 $\sigma_{tp} = \tau_{max} = f_t$ 时将出现裂缝,此时的扭矩为开裂扭矩 $T_{cr,e}$:

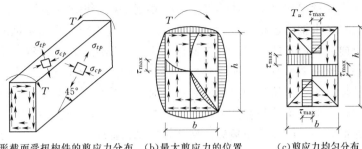

(a)矩形截面受扭构件的剪应力分布 (b)最大剪应力的位置 (c)剪应力均匀分布

图 7.2 纯扭构件开裂前的截面剪应力分布

$$T_{cr.e} = f_t \alpha b^2 h = f_t W_{te} \tag{7.1}$$

式中 b、h——截面的短边、长边；

$\quad\quad W_{te}$——截面受扭弹性抵抗矩；

$\quad\quad \alpha$——与比值 h/b 有关的系数，一般 $\alpha = 0.25$。

按塑性理论，当截面上某一点达到混凝土抗拉强度时并未破坏，构件开始进入塑性阶段，荷载还可少量增加，直至荷载上面各点拉应力全部达到混凝土抗拉强度时，截面开裂，此时截面上的剪应力为均匀分布，如图 7.2（c）所示。对截面的扭转中心取矩，可求得截面所能承担的塑性极限扭矩为

$$T_{cr.p} = f_t \frac{b^2}{6}(3h - b) = f_t W_t \tag{7.2}$$

式中 W_t——截面受扭塑性抵抗矩。

为实用计算方便，纯扭构件受扭开裂扭矩设计时，采用理想塑性材料截面的应力分布计算模式，但结构受扭开裂扭矩要适当降低。试验表明，对于低强度等级混凝土降低系数为 0.8，对于高强度等级混凝土降低系数近似为 0.7。为统一开裂扭矩值的计算公式，并满足一定的可靠度要求，其计算公式为

$$T_{cr} = 0.7 f_t W_t \tag{7.3}$$

式中 f_t——混凝土抗拉强度设计值；

$\quad\quad W_t$——截面受扭塑性抵抗矩，对矩形截面。

$$W_t = \frac{b^2}{6}(3h - b) \tag{7.4}$$

7.2.2 纯扭构件承载力计算

1. 纯扭构件的配筋

由上述主拉应力方向可见，受扭构件最有效的配筋形式是沿主拉应力迹线成螺旋形布置，但螺旋形配筋施工复杂，且不能适应变号扭矩的作用，实际受扭构件一般都采用抗扭箍筋和抗扭纵筋形成的空间骨架来承担扭矩。

2. 受力性能和破坏特征

试验表明，配置适当数量的受扭钢筋对提高构件的受扭承载力有着明显的作用。受扭钢筋数量对破坏形态影响很大，根据抗扭钢筋数量不同可分为以下四种类型的破坏形态：

（1）适筋破坏。当受扭箍筋和纵筋配置都适量时，构件开裂后并不立即破坏；随着扭

矩的增加，构件将陆续出现多条大体连续、倾角接近 45°的螺旋状裂缝，此时裂缝处原混凝土承担的拉力将转由钢筋承担。直到与临界（斜）裂缝相交的纵筋及箍筋均达到屈服强度后，裂缝迅速向相邻面延伸扩展，并在最后一个面上形成受压面，混凝土被压碎，构件破坏。破坏过程表现出塑性特征，属于延性破坏。受扭承载力与配筋量有关。

（2）少筋破坏。当受扭箍筋和纵筋配置过少时，在构件受扭开裂后，构件的破坏与素混凝土受扭构件相类似，构件先在一个长边面上出现斜裂缝，并迅速向相邻面上 45°螺旋方向延伸，而在最后一个面上受压破坏。破坏过程迅速而突然，属于脆性破坏。受扭承载力取决于混凝土的抗拉强度。

（3）完全超筋破坏。当受扭箍筋和纵筋配置过多时，构件受扭开裂，螺旋裂缝多而密，在纵向钢筋和箍筋均未达到屈服强度时，构件由于裂缝之间混凝土被压碎而破坏。破坏具有脆性性质，受扭承载力取决于截面尺寸和混凝土抗压强度。

（4）部分超筋破坏。当受扭箍筋和受扭纵筋有一种配置过多时，破坏时配置适量的钢筋首先达到屈服强度，然后受压区混凝土被压碎，此时配置过多的钢筋未达到屈服强度。

由于受扭钢筋由封闭箍筋和受扭纵筋两部分组成，为了使两种钢筋更好地共同发挥作用，并能充分利用，就必须把纵筋和箍筋在数量上和强度上的配比控制在合理的范围之内。GB 50010—2010 将受扭纵筋与箍筋的体积比和强度比的乘积（图 7.3）称为配筋强度比 ζ，通过限定 ζ 取值对钢筋用量比进行控制。

$$\zeta = \frac{A_{stl}s}{A_{st1}u_{cor}}\frac{f_y}{f_{yv}} \tag{7.5}$$

$$u_{cor} = 2(b_{cor} + h_{cor})$$

式中　A_{stl}——对称布置在截面中的全部受扭纵筋截面面积；

　　　A_{st1}——箍筋的单肢截面面积；

　　　　f_y——抗扭纵筋的抗拉强度设计值；

　　　f_{yv}——箍筋的抗拉强度设计值；

　　　　s——箍筋的间距；

　　　u_{cor}——截面核心部分的周长；

h_{cor}、b_{cor}——箍筋内表面范围内截面核心部分的长边和短边尺寸，如图 7.3 所示。

ζ 应满足 $0.6 \leqslant \zeta \leqslant 1.7$。

3. 矩形截面钢筋混凝土纯扭构件承载力计算公式

根据国内试验资料的统计分析，并考虑结构的可靠性要求后，GB 50010—2010 给出钢筋混凝土纯扭构件的承载力计算公式，该公式是根据适筋破坏形式建立的，由混凝土的受扭承载力（T_c）和受扭钢筋的受扭承载力（T_s）两部分组成，即

$$T \leqslant T_u = T_c + T_s = 0.35f_t W_t + 1.2\sqrt{\zeta}\frac{f_{yv}A_{st1}}{s}A_{cor} \tag{7.6}$$

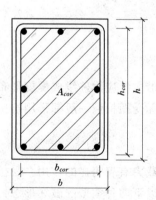

图 7.3　抗扭纵筋与箍筋

式中 T——扭矩设计值；

A_{cor}——截面核心面积，$A_{cor}=b_{cor}\times h_{cor}$。

7.3 弯剪扭构件承载力计算

7.3.1 扭矩对受弯、受剪构件承载力的影响

受弯构件同时受到扭矩作用时，扭矩的存在使构件受弯承载力降低。这是因为扭矩的作用使纵筋产生拉应力，加重了受弯构件纵向受拉钢筋的负担，使其应力提前达到屈服，因而降低了受弯承载力。弯扭构件的承载力受到很多因素的影响，精确计算是比较复杂的，且不便于设计应用，一种简单而且偏于安全的设计方法，就是将受弯所需纵筋与受扭所需纵筋，分别计算，然后进行叠加。

同时受到剪力和扭矩作用的构件，其承载力也是低于剪力和扭矩单独作用时的承载力，这是因为两者的剪应力在构件的一个侧面上是叠加的，其受力性能也是非常复杂的，完全按照其相关关系对承载力进行计算是很困难的。由于受剪和受扭承载力中均包含有钢筋和混凝土两部分，其中箍筋可按受扭承载力和受剪承载力分别计算其用量，然后进行叠加。至于混凝土部分在剪扭承载力计算中，有一部分被重复利用，过高地估计了其抗力作用，显然其扭矩和抗剪能力应予降低，我国规范 GB 50010—2010 采用剪扭构件混凝土受扭承载力降低系数 β_t 来考虑剪扭共同作用的影响。对于一般剪扭构件，β_t 的计算公式为

$$\beta_t=\frac{1.5}{1+0.5\dfrac{VW_t}{Tbh_0}} \tag{7.7}$$

式中，当 $\beta_t<0.5$ 时，取 $\beta_t=0.5$；当 $\beta_t>1.0$ 时，取 $\beta_t=1.0$。

7.3.2 矩形截面弯剪扭构件承载力计算公式及步骤

1. 按抗剪承载力计算需要的抗剪箍筋 nA_{sv1}/s_v

构件的抗剪承载力按以下公式计算：

$$V\leqslant 0.7(1.5-\beta_t)f_t bh_0+f_{yv}\frac{nA_{sv1}}{s}h_0 \tag{7.8}$$

对矩形截面独立梁，当集中荷载在支座截面中产生的剪力占该截面总剪力 75% 以上时，则改为按下式计算：

$$V\leqslant \frac{1.75}{\lambda+1}(1.5-\beta_t)f_t bh_0+f_{yv}\frac{nA_{sv1}}{s}h_0 \tag{7.9}$$

式中，$1.4\leqslant\lambda\leqslant3$。同时，系数 β_t 也相应改为按下式计算：

$$\beta_t=\frac{1.5}{1+0.2(\lambda+1)\dfrac{VW_t}{Tbh_0}} \tag{7.10}$$

当 $\lambda<1.4$ 时，取 $\lambda=1.4$；当 $\lambda>3$ 时，取 $\lambda=3$。同样应符合 $0.5\leqslant\beta_t\leqslant1.0$ 的要求。

2. 按抗扭承载力计算需要的抗扭箍筋 A_{st1}/s

构件的抗扭承载力按以下公式计算：

$$T \leqslant 0.35\beta_t f_t W_t + 1.2\sqrt{\zeta} f_{yv} \frac{A_{st1}A_{cor}}{s} \tag{7.11}$$

式中的系数 β_t 应区别抗剪计算中出现的两种情况，分别按式（7.7）或式（7.10）进行计算。

3. 按照叠加原则计算抗剪扭总的箍筋用量 A_{sv1}/s

由以上抗剪和抗扭计算分别确定所需的箍筋数量后，还要按照叠加原则计算总的箍筋需要量。叠加原则是指将抗剪计算所需要的箍筋用量中的单侧箍筋用量 A_{sv1}/s_v（如采用双肢箍筋，A_{sv1}/s_v 即为需要量 nA_{sv1}/s_v 的一半；如采用四肢箍筋，A_{sv1}/s_v 即为需要量的 1/4）与抗扭所需的单肢箍筋用量 A_{sv1}/s_t 相加，从而得到每侧箍筋总的需要量为

$$A_{svl}/s = A_{svl}/s_v + A_{svl}/s_t \tag{7.12}$$

7.3.3　受扭构件计算公式的适用条件及构造要求

7.3.3.1　截面限制条件

为防止完全超筋破坏，要求受扭构件的截面尺寸不能过小。GB 50010—2010 在试验的基础上，对钢筋混凝土受扭构件截面限制条件如下：

$$
\left.
\begin{aligned}
\text{当 } h_w/b \leqslant 4 \text{ 时} \qquad & \frac{V}{bh_0} + \frac{T}{0.8W_t} \leqslant 0.25\beta_c f_c \\
\text{当 } h_w/b = 6 \text{ 时} \qquad & \frac{V}{bh_0} + \frac{T}{0.8W_t} \leqslant 0.20\beta_c f_c
\end{aligned}
\right\} \tag{7.13}
$$

当 $4 < h_w/b < 6$ 时，按线性内插法确定。

式中　h_w——截面的腹板高度，对于矩形截面取有效高度 h_0；对于 T 形截面取有效高度减去翼缘高度；对于工字形截面取腹板净高度。

计算时若不满足式（7.13）的要求，则需加大构件截面尺寸，或提高混凝土强度等级。

7.3.3.2　构造配筋

1. 构造配筋界限

钢筋混凝土构件承受的剪力及扭矩相当于结构混凝土即将开裂时剪力及扭矩值的界限状态，称为构造配筋界限。从理论上说，结构处于界限状态时，由于混凝土尚未开裂，混凝土能够承受荷载作用而不需要设置受剪及受扭钢筋；但在设计时为了安全可靠，以防止混凝土偶然开裂而丧失承载力，按构造要求还应设置符合最小配筋率要求的钢筋截面面积。GB 50010—2010 规定对剪扭构件构造配筋的界限如下：

$$\frac{V}{bh_0} + \frac{T}{W_t} \leqslant 0.7f_t \tag{7.14}$$

2. 最小配筋率

钢筋混凝土受扭构件能够承受相当于素混凝土受扭构件所能承受的极限承载力时，相应的配筋率称为受扭构件钢筋的最小配筋率。受扭构件的最小配筋率，应包括构件箍筋最小配筋率及纵筋最小配筋率。规定最小配筋率是为了防止少筋破坏。

GB 50010—2010 在试验分析的基础上规定，结构的受剪及受扭箍筋最小配筋率为

$$\rho_{sv,\min} = \frac{A_{sv,\min}}{bs} = 0.28\frac{f_t}{f_{yv}} \tag{7.15}$$

对于结构在剪扭共同作用下，受扭纵筋的最小配筋率为

$$\rho_{stl,\min} = \frac{A_{stl,\min}}{bh} = 0.6\sqrt{\frac{T}{Vb}}\frac{f_t}{f_y} \tag{7.16}$$

式中，当 $\frac{T}{Vb} > 2$ 时，取 $\frac{T}{Vb} = 2$。

结构设计时纵筋最小配筋率应取受弯及受扭纵筋最小配筋率叠加值。

3. 抗扭钢筋的构造要求

在受扭构件中，箍筋在整个周长中均受拉力。因此，抗扭箍筋必须采用封闭式，且应沿着截面周边布置；当采用复合箍筋时，位于截面内部的箍筋不应计入受扭所需的箍筋面积。受扭箍筋末端应做成135°弯钩，弯钩的端头平直段长度不应小于10d（d 为箍筋直径）。受扭箍筋的间距不应超过受弯构件抗剪要求的箍筋最大间距，在超静定结构中，考虑协调扭转而配置的箍筋，其间距不宜大于 0.75b（b 为矩形截面的宽度）。

受扭纵筋在构件截面四角必须设置，并沿截面周边均匀对称布置，受扭纵向受力钢筋的间距不应大于 200mm 和梁截面宽度。当受扭纵筋按计算确定时，纵筋的接头及锚固都要按受拉钢筋的构造要求处理。

【例 7.1】 已知某构件截面尺寸 $b \times h = 250\text{mm} \times 600\text{mm}$，承受的内力设计为：弯矩 $M = 140\text{kN} \cdot \text{m}$，剪力 $V = 110\text{kN}$，扭矩 $T = 10\text{kN} \cdot \text{m}$。混凝土强度等级 C20，纵筋采用 HRB335 级钢筋，箍筋采用 HPB300 级钢筋，构件处于正常使用环境。求受扭纵筋及箍筋。

解：查表确定材料强度设计值：

$$f_t = 1.1\text{N/mm}^2, f_c = 9.6\text{N/mm}^2, f_y = 300\text{N/mm}^2, f_{yv} = 270\text{N/mm}^2$$

（1）验算截面尺寸。

$$h_0 = 600 - 40 = 560 \text{ (mm)}$$

$$W_t = \frac{b^2}{6}(3h - b) = \frac{250^2}{6} \times (3 \times 600 - 250) = 16.15 \times 10^6 \text{ (mm}^3\text{)}$$

$$\frac{V}{bh_0} + \frac{T}{0.8W_t} = \frac{110 \times 10^3}{250 \times 560} + \frac{10 \times 10^6}{0.8 \times 16.15 \times 10^6} = 1.56 \text{ (N/mm}^2\text{)}$$

$$< 0.25\beta_c f_c = 0.25 \times 1.0 \times 9.6 = 2.4 \text{ (N/mm}^2\text{)}$$

截面符合要求。

$$\frac{V}{bh_0} + \frac{T}{W_t} = \frac{110 \times 10^3}{250 \times 560} + \frac{10 \times 10^6}{16.15 \times 10^6} = 1.41(\text{N/mm}^2) > 0.7f_t = 0.7 \times 1.1 =$$

$0.77(\text{N/mm}^2)$，钢筋需要通过计算来求。

（2）确定计算方法。

$$T = 10 \times 10^6 \text{N/mm}^2 > 0.175W_t f_t = 0.175 \times 1.1 \times 16.15 \times 10^6 = 3.1 \times 10^6 (\text{N/mm}^2)$$

$$V = 110 \times 10^3 \text{N} > 0.35f_t bh_0 = 0.35 \times 1.1 \times 250 \times 560 = 54 \times 10^3 (\text{N})$$

由以上计算可知，不能忽略扭矩及剪力对构件的影响。

（3）受弯纵筋计算。

$$\alpha_s = \frac{M}{\alpha_1 f_c bh_0^2} = \frac{140 \times 10^6}{1.0 \times 9.6 \times 250 \times 560^2} = 0.186$$

得 $\gamma_s = 0.896$，$\xi = 0.208 < \xi_b = 0.550$。

$$A_s = \frac{M}{f_y\gamma_s h_0} = \frac{140 \times 10^6}{300 \times 0.896 \times 560} = 930 \ (\text{mm}^2)$$

（4）受剪箍筋计算。由式（7.7）得

$$\beta_t = \frac{1.5}{1 + 0.5\dfrac{VW_t}{Tbh_0}} = \frac{1.5}{1 + 0.5 \times \dfrac{110 \times 10^3 \times 16.15 \times 10^6}{10 \times 10^6 \times 250 \times 560}} = 0.918$$

采用双肢箍筋，即 $n = 2$，由式（7.8）得

$$\frac{A_{sv1}}{s} = \frac{V - (1.5 - \beta_t) \times 0.7 f_t bh_0}{n1.25 f_{yv} h_0} = 0.161$$

（5）受扭箍筋计算。

$$b_{cor} = 250 - 60 = 190 \ (\text{mm}), \ h_{cor} = 600 - 60 = 540 \ (\text{mm})$$

$$A_{cor} = b_{cor} \times h_{cor} = 102600 \ (\text{mm}^2)$$

$$u_{cor} = 2 \times (b_{cor} + h_{cor}) = 1460 \ (\text{mm})$$

设 $\zeta = 1.2$，由式（7.11）得

$$\frac{A_{st1}}{s} = \frac{T - 0.35\beta_t f_t W_t}{1.2\sqrt{\zeta} f_{yv} A_{cor}} = \frac{10 \times 10^6 - 0.35 \times 1.0 \times 1.1 \times 16.15 \times 10^6}{1.2 \times \sqrt{1.2} \times 270 \times 102600} = 0.104$$

选用 $\phi 8$ 箍筋，$A_{sv1} = 50.3 \text{mm}^2$，由扭矩和剪力共同作用所需单肢箍筋面积总量为

$$\frac{A_{st1}}{s} + \frac{A_{sv1}}{s} = 0.104 + 0.161 = 0.265$$

箍筋间距 $s = \dfrac{50.3}{0.265} = 189.8$，选用 $s = 150\text{mm}$。

配箍率验算：

$$\rho_{sv} = \frac{nA_{sv1}}{bs} = 0.268\% > \rho_{sv,\min} = 0.28\frac{f_t}{f_{yv}} = 0.28 \times \frac{1.1}{270} = 0.114\%$$

箍筋配置符合要求。

（6）纵筋计算。由式（7.5）得

$$A_{stl} = \zeta\frac{A_{st1}f_{yv}u_{cor}}{f_y s}$$

$$= 1.2 \times \frac{0.104 \times 270 \times 1460}{300} = 164 \ (\text{mm}^2)$$

受扭纵筋最小配筋率验算：

$$\rho_{stl,\min} = 0.6\sqrt{\frac{T}{Vb}}\frac{f_t}{f_y}$$

$$= 0.6\sqrt{\frac{10 \times 10^6}{110 \times 10^3 \times 250}} \times \frac{1.1}{300} = 0.133\%$$

$$A_{stl}/bh = 164/(250 \times 600) = 0.109\% < \rho_{tl,\min}$$

取 $\rho_{tl} = \rho_{tl,\min} = 0.133\%$，得

128

$$A_{stl} = 0.133\% \times 250 \times 600 = 199.5 \,(\text{mm}^2)$$

符合条件要求。

（7）纵筋配置。梁高 $h = 600\text{mm}$，由于抗扭纵筋间距不得超过 200mm，且不大于梁腹板 b，所以抗扭纵筋沿梁高四排布置，每排布置纵筋的面积为

$$A_{stl} = 199.5/4 = 50 (\text{mm}^2)$$

选用 $2\,\Phi\,10$（实配 $A_s = 157 \text{ mm}^2$）。

梁底受弯纵筋与受扭纵筋面积之和为

$$157 + 930 = 1087 (\text{mm}^2)$$

选用 $4\,\Phi\,20$（实配 1256mm^2）。

图 7.4 为配筋图。

验算梁底部最小配筋率，得

$$\frac{A_s}{bh} = \frac{1256}{250 \times 600} = 1.0\% > \rho_{\min} + \frac{\rho_{stl,\min}}{4} = 0.24\%$$

梁底部的配筋符合要求。

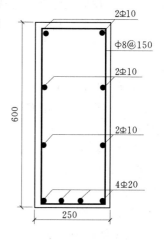

图 7.4 ［例 7.1］配筋图

7.4 小 结

（1）纯扭在建筑工程结构中很少，大多数情况的结构都是受弯矩、剪力和扭矩的复合作用。根据结构扭矩内力形成的原因，结构扭转分为两种类型：一是平衡扭转；二是协调扭转或称为附加扭转。

（2）受扭构件采用承受主拉应力的螺旋式配筋或采用纵筋及箍筋的配筋形式。

受扭构件按配筋数量可分为适筋、超筋（或部分超筋）及少筋构件。前者为延性破坏，后二者是脆性破坏；前者应用于结构，后二者在结构设计中应避免。

（3）矩形截面纯扭构件计算，它包括受扭开裂扭矩、承载力计算，结构满足承载力要求时，还应满足裂缝宽度限值及构件要求。

（4）对于矩形截面弯扭构件承载力计算，分别按受弯、受扭构件承载力计算，纵筋数量采用叠加方法，箍筋按受扭计算决定。

对于矩形截面弯剪扭构件承载力计算，分别按受弯、受剪和受扭构件承载力计算，纵筋数量采用叠加方法；按受剪和受扭承载力计算时应考虑混凝土承载力的相互影响 β_t，分别决定箍筋数量并采用叠加方法。

（5）钢筋混凝土纯扭、剪扭构件承载力计算时，应注意基本公式的适用条件及最小配筋率的要求。

思 考 题

7.1 在工程实际中有哪些构件存在扭矩作用？

7.2 简述钢筋混凝土受扭构件的破坏形式及其特点？以哪种破坏形式作为抗扭计算的依据？

7.3　在抗扭计算中要怎样避免少筋和超筋破坏?

7.4　纯扭构件承载力计算公式中的 ζ 物理意义是什么? 起什么作用? 有何限制?

7.5　在剪扭构件中为什么要引入系数 β_t? 起到什么作用? 有什么限制?

7.6　在抗扭构件中有哪些构造要求?

习　题

7.1　钢筋混凝土矩形截面纯扭构件, $b \times h = 250\text{mm} \times 600\text{mm}$, 承受的扭矩设计值 $T = 15\text{kN}$。混凝土采用 C20, 纵筋 HRB335 级, 箍筋 HPB300 级。试计算构件所需的抗扭钢筋。

7.2　截面尺寸、材料强度同上题, 构件在均布荷载作用下产生的内力设计值为: 扭矩 $T = 15\text{kN} \cdot \text{m}$, 弯矩 $M = 100 \text{ kN} \cdot \text{m}$, 剪力 $V = 90\text{kN}$。试计算构件所需的钢筋数量并绘配筋图。

7.3　一钢筋混凝土梁承受均布荷载, 截面尺寸 $b \times h = 250\text{mm} \times 400\text{mm}$, 经内力计算, 支座处截面承受扭矩值 $T = 8\text{kN} \cdot \text{m}$, 弯矩值 $M = 45\text{kN} \cdot \text{m}$, 剪力值 $V = 46\text{kN}$, 混凝土采用 C20, 钢筋采用 HPB300。试计算截面配筋。

第8章　钢筋混凝土构件的变形、裂缝

钢筋混凝土结构构件除了可能达到承载力极限状态而发生破坏外，还可能由于裂缝和变形过大，超过了允许限值，使结构不能正常使用，达到正常使用极限状态。对于所有结构构件，都应进行承载力计算。此外，对某些构件，还应根据使用条件和环境类别，进行裂缝宽度和变形验算及耐久性设计。例如：楼盖梁、板变形过大会影响支承在其上的仪器，尤其是精密仪器的正常使用和引起非结构构件（如粉刷、吊顶和隔墙）的破坏；水池、油罐等结构开裂会引起渗漏现象；吊车梁的挠度过大会妨碍吊车正常运行；承重大梁的过大变形（如梁端的过大转角）会对结构的受力产生不利影响。又如：裂缝宽度过大会影响结构的外观，引起使用者的不安，还可能使钢筋锈蚀，影响结构的耐久性。另外，混凝土的水灰比过大，水泥用量偏少，氯离子含量过多都会影响结构的耐久性。所以，在预期的自然环境和人为环境的化学和物理作用下，混凝土结构应能满足设计寿命要求。

考虑到结构构件不满足正常使用极限状态对生命财产的危害性比不满足承载力极限状态的要小，其相应的可靠指标 β 值要小些，故 GB 50010—2010 规定，结构构件承载力计算均采用设计值；变形及裂缝宽度验算均采用标准值。由于构件的变形及裂缝宽度都随时间而变化，因此，验算变形和裂缝宽度时，应按荷载的标准组合并考虑长期作用影响进行。

8.1　钢筋混凝土受弯构件的挠度验算

8.1.1　概述

1. 验算公式

进行受弯构件的挠度验算时，要求满足下面的条件：

$$a_{f,\max} \leqslant a_{f,\lim} \tag{8.1}$$

式中　$a_{f,\max}$——受弯构件按荷载效应的标准组合并考虑荷载长期作用影响计算的挠度最大值；

$a_{f,\lim}$——受弯构件的挠度限值，建筑工程受弯构件的挠度限值，见表8.1。

表 8.1　　　　　　　　　　　　　受弯构件的允许挠度

项　次	构件类型		挠度限值
1	吊车梁	手动吊车	$l_0/500$
		电动吊车	$l_0/600$
2	屋盖、楼盖及楼梯构件	当 $l_0 < 7$m 时	$l_0/200$（$l_0/250$）
		当 $7 \leqslant l_0 \leqslant 9$m 时	$l_0/250$（$l_0/300$）
		当 $l_0 > 9$m 时	$l_0/300$（$l_0/400$）

注　1. 表中 l_0 为构件的计算跨度；计算悬臂构件的挠度限值时，其计算跨度 l_0 按实际悬臂长度的 2 倍取用。

　　2. 表中括号内的数值适用于使用上对挠度有较高要求的构件。

　　3. 当构件对使用功能和外观有较高要求时，设计可对挠度限值适当加严。

2. 钢筋混凝土受弯构件挠度计算的特点

承受均布荷载 $g_k + q_k$ 的简支弹性梁，其跨中挠度为

$$a_f = \frac{5(g_k + q_k)l_0^4}{384EI} = \frac{5M_k l_0^2}{48EI} \qquad (8.2)$$

式中　EI——匀质弹性材料梁的抗弯刚度。

当梁的材料、截面和跨度一定时，挠度与弯矩呈线性关系，如图 8.1 所示。

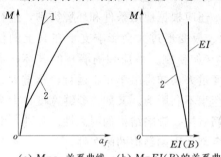

(a) M-a_f 关系曲线　(b) M-$EI(B)$ 的关系曲线

图 8.1　M-a_f 与 M-EI（B）的关系曲线

1—均匀弹性材料梁；2—钢筋混凝土适筋梁

钢筋混凝土梁的挠度与弯矩的关系是非线性的，因为梁的截面刚度不仅随弯矩变化，而且随荷载持续作用的时间变化，因此不能用 EI 这个常量来表示。通常用 B_s 表示钢筋混凝土梁在荷载短期效应组合作用下的截面抗弯刚度，简称短期刚度；而用 B 表示钢筋混凝土梁在荷载长期效应组合作用下的截面抗弯刚度，简称长期刚度。

由于在钢筋混凝土受弯构件中可采用平截面假定，故在变形计算中可直接引用材料力学中的计算公式。唯一不同的是，钢筋混凝土受弯构件的抗弯刚度不再是常量 EI，而是变量 B。例如，承受均布荷载 $g_k + q_k$ 的钢筋混凝土简支梁，其跨中挠度为

$$a_f = \frac{5(g_k + q_k)l_0^4}{384B} = \frac{5M_k l_0^2}{48B} \qquad (8.3)$$

由此可见，钢筋混凝土受弯构件的变形计算问题实质上是如何确定其抗弯刚度的问题。

8.1.2　短期刚度 B_s 的计算

1. 试验研究分析

由试验研究可知，裂缝稳定后，受弯构件的应变具有以下特点：

(1) 沿构件长度方向钢筋的应变分布不均匀，裂缝截面处较大，裂缝之间较小，其不均匀程度可以用受拉钢筋应变不均匀系数 $\Psi = \varepsilon_{sm}/\varepsilon_s$ 来反映。ε_{sm} 为裂缝间钢筋的平均应变，ε_s 为裂缝截面处钢筋的应变。

(2) 沿构件长度方向受压区混凝土的应变分布也不均匀，裂缝截面处较大，裂缝之间较小，但应变值的波动幅度比钢筋应变的波动幅度小很多，其最大值与平均应变值 ε_{cm} 相差不大。

(3) 沿构件的长度方向，截面中和轴高度 x_n 呈波浪形，即 x_n 值也是变化的，裂缝截面处较小，裂缝之间较大，其平均值 x_{nm} 称为平均中和轴高度，相应的中和轴称为"平均中和轴"，截面称为"平均截面"，曲率称为"平均曲率"，平均曲率半径记为 r_{cm}。如图 8.2 所示。

裂缝截面的实际应力分布如图 8.3 所示，计算时可把混凝土受压应力图形取作等效

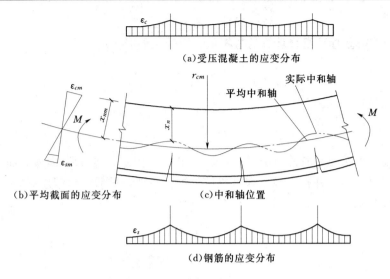

(a)受压混凝土的应变分布

(b)平均截面的应变分布　　　　(c)中和轴位置

(d)钢筋的应变分布

图 8.2　使用阶段梁纯弯段的应变分布中和轴位置图

矩形应力图形，并取平均应力 $\omega\sigma_c$，ω 为压应力图形系数。

2. B_s 计算公式的建立

根据材料力学的推导和平截面假设，钢筋混凝土受弯构件的短期刚度 B_s 与按荷载标准组合计算的弯矩 M_k 以及曲率 ϕ 有如下关系：

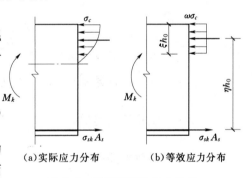

$$\phi = \frac{1}{r_c} = \frac{M_k}{B_s} \ \text{或} \ B_s = \frac{M_k}{1/r_c} \qquad (8.4)$$

建立短期刚度表达式要综合应用截面应变的几何关系、材料应变与应力的物理关系以及截面内力的平衡关系。

(a)实际应力分布　　(b)等效应力分布

图 8.3　裂缝截面的应力分布

几何关系：由于混凝土与钢筋的平均应变 ε_{sm} 和 ε_{cm} 符合平截面假定，则截面曲率为

$$\phi = \frac{1}{r_{cm}} = \frac{\varepsilon_{sm} + \varepsilon_{cm}}{h_0} \qquad (8.5)$$

物理关系：由于钢筋的平均应变与应力的关系符合虎克定律，则钢筋平均应变 ε_{sm} 与裂缝截面钢筋应力 σ_s 的关系为

$$\varepsilon_{sm} = \psi\varepsilon_s = \phi \frac{\sigma_s}{E_s} \qquad (8.6)$$

另外，由于受压区混凝土的平均应变 ε_{cm} 与裂缝截面的应变 ε_c 相差很小，再考虑到混凝土的塑性变形而采用变形模量 E'_c（ $E'_c = \nu E_c$，ν 为弹性系数），则

$$\varepsilon_{cm} \approx \varepsilon_c = \frac{\sigma_c}{E'_c} = \frac{\sigma_c}{\nu E_c} \qquad (8.7)$$

平衡关系：如图 8.3（b）所示，设裂缝截面的受压区高度为 ξh_0，截面的内力臂为 ηh_0，则由截面内力的平衡关系得

$$M_k = \xi \omega \eta \sigma_c b h_0^2 \tag{8.8}$$

式中的 M_k 为按荷载标准组合计算的弯矩值。则受压混凝土应力为

$$\sigma_c = \frac{M_k}{\xi \omega \eta b h_0^2} \tag{8.9}$$

同理，受拉钢筋应力为

$$\sigma_{sk} = \frac{M_k}{A_s \eta h_0} \tag{8.10}$$

综合上述三项关系，将式（8.6）～式（8.10）代入式（8.5），即得到曲率的表达式，再将其代入式（8.4），并根据经验和试验结果进行整理，最后得出钢筋混凝土受弯构件短期刚度的计算公式：

$$B_s = \frac{E_s A_s h_0^2}{1.15\psi + 0.2 + \dfrac{6\alpha_E \rho}{1 + 3.5\gamma'_f}} \tag{8.11}$$

式中　ψ——受拉钢筋应变（应力）不均匀系数，反映裂缝之间混凝土协助钢筋抗拉工作的程度；

$$\psi = 1.1 - \frac{0.65 f_{tk}}{\rho_{te} \sigma_{sk}} \tag{8.12}$$

f_{tk}——混凝土抗拉强度标准值；

α_E——钢筋弹性模量与混凝土弹性模量的比值，$\alpha_E = \dfrac{E_s}{E_c}$；

ρ——受拉钢筋的配筋率，$\rho = \dfrac{A_s}{b h_0}$；

ρ_{te}——有效配筋率，$\rho_{te} = \dfrac{A_s}{A_{te}}$；

A_{te}——有效受拉混凝土面积，按图 8.4 计算；

b_f, h_f——受拉翼缘的宽度和高度；

σ_{sk}——裂缝截面钢筋应力，$\sigma_{sk} = \dfrac{M_k}{0.87 A_s h_0}$；

γ'_f——受压翼缘面积与腹板有效面积之比值，$\gamma'_f = \dfrac{(b'_f - b) h'_f}{b h_0}$，其中，$b'_f$、$h'_f$ 为受

压翼缘的宽度、高度，当 $h'_f > 0.2 h_0$ 时，取 $h'_f = 0.2 h_0$。

为避免过高地估计混凝土协助钢筋抗拉的作用，当计算出 $\psi < 0.2$ 时，取 $\psi = 0.2$；当 $\psi > 1$ 时，取 $\psi = 1$；对直接承受重复荷载的构件，取 $\psi = 1.0$；同时，当 $\rho_{te} \leqslant 0.01$ 时，取 $\rho_{te} = 0.01$。

8.1.3　长期刚度 *B* 的计算

如前所述，当构件在持续荷载作用下，其挠度将随时间而不断缓慢增长。这也可理解为构件的抗弯刚度将随时间而不断缓慢降低。这一过程往往持续数年之久，主要原因是截面受压区混凝土的徐变。此外，还由于裂缝之间受拉混凝土的应力松弛，以及受拉钢筋和混凝土之间的滑移徐变使裂缝之间的受拉混凝土不断退出工作，从而引起受拉钢筋在裂缝

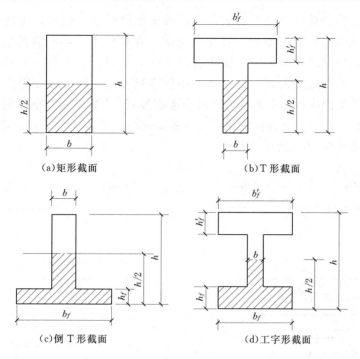

（a）矩形截面　　　　　　　　　　　（b）T形截面

（c）倒T形截面　　　　　　　　　　（d）工字形截面

图 8.4　有效受拉混凝土面积（图中阴影部分面积）

之间的应变不断增长。

　　GB 50010—2010 关于变形验算的条件，要求在荷载标准效应作用下并考虑长期作用影响后的构件挠度不超过规定的允许挠度值。亦即，应用长期刚度来计算构件的挠度，按 GB 50010—2010 规定，受弯构件的长期刚度可按下式计算：

$$B = \frac{M_k}{M_q(\theta-1)+M_k}B_s \tag{8.13}$$

式中，M_k 按荷载效应标准组合计算，M_q 按荷载效应准永久组合算得。在效应标准组合中荷载取标准值，在效应准永久组合中恒荷载取标准值，活荷载取标准值乘以准永久值系数 ψ_q。

　　根据试验结果，对于荷载长期作用下的挠度增大系数 θ，GB 50010—2010 建议按下式计算：

$$\theta = 2.0 - 0.4\rho'/\rho \tag{8.14}$$

式中，$\rho(\rho = A_s/bh_0)$ 和 $\rho'(\rho' = A_s'/bh_0)$ 分别为纵向受拉钢筋和受压钢筋的配筋率，当 $\rho'/\rho > 1$ 时，取 $\rho'/\rho = 1$。对翼缘在受拉区的 T 形截面，θ 应在式（8.14）的基础上增大 20%。

8.1.4　受弯构件挠度的计算

　　钢筋混凝土受弯构件截面的抗弯刚度随弯矩增大而减小。因此，即使对于等截面梁，由于各截面的弯矩并不相同，故其抗弯刚度都不相等。例如，承受均布弯矩的简支梁，当中间部分开裂后，其抗弯刚度分布情况如图 8.5（a）所示。按照这样的变刚度来计算梁的挠度显然是十分烦琐的。在实用计算中，考虑到支座附近弯矩较小区段虽然刚度较大，但它对全梁变形影响不大，故一般取同号弯矩区段内弯矩最大截面的抗弯刚度作为该区段的抗弯刚度。对于简支梁，即取最大正弯矩截面按式（8.13）计算的截面刚度，并以此作为全梁的抗弯刚度 ［图 8.5（b）］。对于带悬挑的简支梁、连续梁或框架梁，则取最大正弯矩截面和最小负弯矩截面的刚度，分别作为相应弯矩区段的刚度。这就是挠度计算中通称的"最小刚度原则"，据此可以很方便地确定构件的刚度分布。例如，受均布荷载作用带悬挑的等截面简支梁，其弯矩如图 8.6（a）所示，而截面刚度如图 8.6（b）所示。

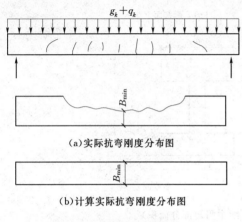

（a）实际抗弯刚度分布图

（b）计算实际抗弯刚度分布图

图 8.5 简支梁抗弯刚度分布图

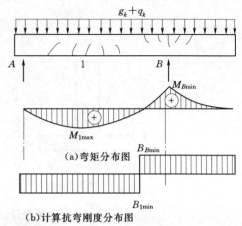

（a）弯矩分布图

（b）计算抗弯刚度分布图

图 8.6 带悬挑简支梁抗弯刚度分布图
1—跨中截面

构件刚度分布图确定后，即可按力学的方法计算钢筋混凝土受弯构件的挠度。

按荷载效应组合并考虑荷载长期效应影响的长期刚度 B 计算所得的长期挠度 a_f，应不大于 GB 50010—2010 规定的允许挠度 $a_{f.min}$，亦即应满足正常使用极限状态式（8.1）的要求。当该要求不能满足时，从短期及长期刚度公式（8.11）和式（8.13）可知：最有效的措施是增加截面高度；当设计上构件截面尺寸不能加大时，可考虑增加纵向受拉钢筋截面面积或提高混凝土强度等级；对某些构件还可以充分利用纵向受压钢筋对长期刚度的有利影响，在构件受压区配置一定数量的受压钢筋。此外，采用预应力混凝土构件也是提高受弯构件刚度的有效措施。

【例 8.1】　简支矩形截面梁的截面尺寸 $b \times h = 250\text{mm} \times 600\text{mm}$，混凝土强度等级为 C20，配置 HRB 335，4 ϕ 18 钢筋，混凝土保护层厚度 $c = 25\text{mm}$，承受均布荷载，按荷载的标准组合计算的跨中弯矩 $M_k = 120\text{kN} \cdot \text{m}$，按荷载的准永久组合计算的跨中弯矩 $M_q = 60\text{kN} \cdot \text{m}$，梁的计算跨度 $l_0 = 6.5\text{m}$，挠度允许值为 $l_0/250$。试验算挠度是否符合要求。

解： $f_{tk} = 1.5\text{N/mm}^2$，$E_s = 200 \times 10^3 \text{ N/mm}^2$，$E_c = 25.5 \times 10^3 \text{ N/mm}^2$

$$\alpha_E = \frac{E_s}{E_c} = 7.84$$

$$h_0 = 600 - (25 + 18/2) = 566 \text{ (mm)}, \quad A_c = 1017\text{mm}^2$$

$$\rho = \frac{A_s}{bh_0} = \frac{1017}{250 \times 566} = 0.00719$$

$$\rho_{te} = \frac{A_s}{0.5bh} = \frac{1017}{0.5 \times 250 \times 600} = 0.0136$$

$$\sigma_{sk} = \frac{M_k}{0.87h_0 A_s} = \frac{120 \times 10^6}{0.87 \times 566 \times 1017} = 240 \ (\text{N/mm}^2)$$

$$\psi = 1.1 - \frac{0.65 f_{tk}}{\rho_{te}\sigma_{sk}} = 1.1 - \frac{0.65 \times 1.5}{0.0136 \times 240} = 0.801$$

$$B_s = \frac{E_s A_s h_0^2}{1.15\psi + 0.2 + 6\alpha_E \rho} = \frac{200 \times 10^3 \times 1017 \times 566^2}{1.15 \times 0.801 + 0.2 + 6 \times 7.84 \times 0.00719} = 4.465 \times 10^{13}$$

$(\text{N} \cdot \text{mm}^2)$

$$B = \frac{M_k}{(\theta - 1)M_q + M_k} B_s = \frac{120}{(2-1) \times 60 + 120} \times 4.465 \times 10^{13} = 2.97 \times 10^{13} \ (\text{N} \cdot \text{mm}^2)$$

$$a_f = \frac{5}{48} \frac{M_k l_0^2}{B} = \frac{5}{48} \times \frac{120 \times 10^6 \times 6500^2}{2.97 \times 10^{13}} = 17.8 \ (\text{mm}) < \frac{l_0}{250} = 26 \ (\text{mm}) \ (\text{符合要求})$$

【例 8.2】　图 8.7（a）所示 8 孔空心板，配置 9 φ 6 钢筋，混凝土强度等级为 C20，混凝土保护层厚度 $c = 10$mm，按荷载的标准组合跨中弯矩 $M_k = 5.0$kN・m。按荷载的标准永久组合计算的跨中弯矩 $M_q = 3.5$kN・m，计算跨度 $l_0 = 3.04$m，允许挠度为 $l_0/200$。试验算挠度是否符合要求。

解：（1）截面特征：按截面形心位置、面积和对形心轴惯性矩不变的原则，将圆孔（圆孔直径为 d_h）换算成 $b_e h_e$ 的矩形孔，即由

$$b_e h_e = \frac{\pi}{4} d_h^2, \quad \frac{1}{12} b_e h_e^3 = \frac{\pi}{64} d_h^4, \quad \text{则}$$

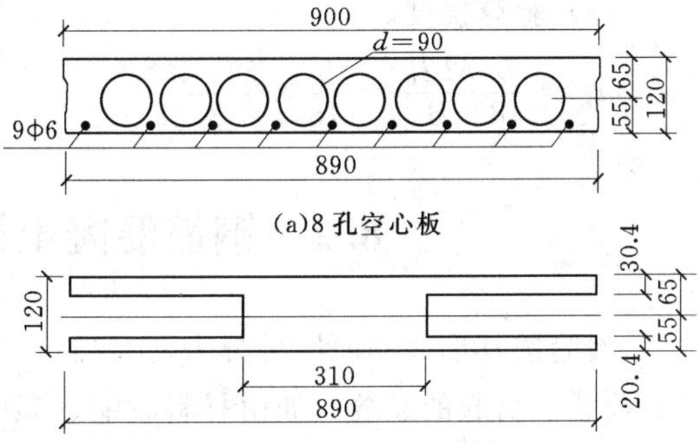

$$h_e = \frac{\sqrt{3}}{2} d_h = \frac{\sqrt{3}}{2} \times 80 = 69.3 \ (\text{mm})$$

$$b_e = \frac{\pi}{2\sqrt{3}} d_h = \frac{3.14}{2\sqrt{3}} \times 80 = 72.5 \ (\text{mm})$$

于是，可将圆孔板截面换算成工形截面。换算后的工形截面尺寸如图 8.7（b）所示。

$$b = 890 - 8 \times 72.5 = 310 \ (\text{mm})$$

$$h = 120\text{mm}$$

$$h_0 = 120 - (10 + 6/2) = 107 \ (\text{mm})$$

$$h'_f = 65 - \frac{69.3}{2} = 30.4 \ (\text{mm})$$

$$h'_f = 55 - \frac{69.3}{2} = 20.4 \ (\text{mm})$$

$$b'_f = b_f = 890\text{mm}$$

$$\frac{h'_f}{h_0} = \frac{30.4}{107} = 0.284 > 0.2, \text{取} \ h'_f = 0.2h_0 = 21.4 \ (\text{mm})$$

（2）计算截面刚度 B_s、B。

$$\alpha_E = \frac{E_s}{E_c} = \frac{200 \times 10^3}{25.5 \times 10^3} = 7.84$$

（a）8 孔空心板

（b）换算后的工字形截面

图 8.7　8 孔空心板

137

$$A_s = 9 \times 28.3 = 254.7 (\mathrm{mm}^2)$$

$$\rho = \frac{A_s}{bh_0} = \frac{254.7}{310 \times 107} = 0.00768$$

$$\rho_{te} = \frac{A_s}{0.5bh + (b_f - b)h_f} = \frac{254.7}{0.5 \times 310 \times 120 + (890 - 310) \times 20.4} = 0.00837$$

$$\sigma_{sk} = \frac{M_k}{0.87h_0 A_s} = \frac{5 \times 10^6}{0.87 \times 107 \times 254.7} = 211 (\mathrm{N/mm}^2)$$

$$\psi = 1.1 - \frac{0.65}{\rho_{te}\sigma_{sk}}f_{tk} = 1.1 - \frac{0.65 \times 1.5}{0.00837 \times 211} = 0.548$$

$$\gamma'_f = \frac{(b'_f - b)h'_f}{bh_0} = \frac{(890 - 310) \times 21.4}{310 \times 107} = 0.374$$

$$B_s = \frac{E_s A_s h_0^2}{1.15\psi + 0.2 + 6\alpha_E\rho} = \frac{2.0 \times 10^5 \times 254.7 \times 107^2}{1.15 \times 0.548 + 0.2 + 6 \times 7.84 \times 0.00768}$$
$$= 5.91 \times 10^{11} (\mathrm{N \cdot mm}^2)$$

$$B = \frac{M_k}{M_q(\theta - 1) + M_k}B_s = \frac{5}{3.5 \times (2 - 1) + 5} \times 5.91 \times 10^{11}$$
$$= 3.48 \times 10^{11} (\mathrm{N \cdot mm}^2)$$

（3）验算挠度。

$$a_f = \frac{5}{48}\frac{M_k l_0^2}{B} = \frac{5}{48} \times \frac{5 \times 10^6 \times 3040^2}{3.48 \times 10^{11}} = 13.83 < \frac{l_0}{200} = 15.2 (\mathrm{mm})（符合要求）$$

8.2　钢筋混凝土构件的裂缝宽度验算

　　裂缝按其形成的原因可分为两大类：一类是由荷载引起的裂缝；另一类是由变形因素（非荷载）引起的裂缝，如由材料收缩、温度变化、混凝土碳化（钢筋锈蚀膨胀）以及地基不均匀沉降等原因引起的裂缝。很多裂缝往往是几种因素共同作用的结果。调查表明，工程实践中结构物的裂缝属于变形因素为主引起的约占 80%，属于荷载为主引起的约占20%。非荷载引起的裂缝十分复杂，目前主要是通过构造措施（如加强配筋、设变形缝等）进行控制。本节所讨论的是荷载引起的正截面裂缝验算。

8.2.1　概述

　　根据正常使用阶段对结构构件裂缝的不同要求，将裂缝的控制等级分为三级：正常使用阶段严格要求不出现裂缝的构件，裂缝控制等级属一级；正常使用阶段一般要求不出现裂缝的构件，裂缝控制等级属二级；正常使用阶段允许出现裂缝的构件，裂缝控制等级属三级。

　　普通钢筋混凝土构件由于混凝土抗拉强度低，如要求不出现裂缝，必须增加截面尺寸来降低混凝土应力。在实际工程中，对不允许出现裂缝的特殊构件，多采用预应力结构；对非特殊构件，一般采用带裂缝工作，但限制裂缝宽度。裂缝宽度限值和裂缝控制等级的对应见表 8.2。

　　试验和工程实践表明，在一般环境情况下，只要将钢筋混凝土结构构件的裂缝宽度限制在一定范围以内，对结构构件的耐久性不会构成威胁。因此，裂缝宽度的验算可以按下式进行：

$$w_{\max} \leqslant w_{\lim} \tag{8.15}$$

式中　　$w_{\max}$——按荷载效应标准组合并考虑荷载长期作用影响计算的最大裂缝宽度；

　　　　$w_{\lim}$——最大裂缝宽度限值，见表 8.2。

表 8.2　　　　　　　　结构构件的裂缝控制等级及最大裂缝宽度的限值　　　　　单位：mm

环境类别		钢筋混凝土结构	
		裂缝控制等级	$\omega_{\lim}$
一		三	0.30（0.40）
二	a		0.20
	b		
三	a		
	b		

注　1. 表中的规定适用于采用热轧钢筋的钢筋混凝土构件。

　　2. 对处于年平均相对湿度小于 60％ 地区一类环境下的受弯构件，其最大裂缝宽度限值可采用括号内的数值。

　　3. 在一类环境下，对钢筋混凝土屋架、托架及需做疲劳验算的吊车梁，其最大裂缝宽度限值应取为 0.2mm；对钢筋混凝土屋面梁和托梁，其最大裂缝宽度限值应取为 0.3mm。

　　4. 对于烟囱、筒仓和处于液体压力下的结构构件，其裂缝控制要求应符合专门标准的有关规定。

　　5. 对于处于四、五类环境下的结构构件，其裂缝控制要求应符合专门标准的有关规定。

　　6. 表中的最大裂缝宽度限值用于验算荷载作用引起的最大裂缝宽度。

8.2.2　裂缝的发生和分布

　　钢筋混凝土轴心受拉构件裂缝的出现，沿构件长度基本上是均匀分布的。当混凝土的拉应力达到其抗拉强度 f_t，在构件抗拉能力最弱的截面将出现第一批裂缝，其位置是随机的。混凝土开裂后退出工作，拉力全部由钢筋承担，应力突变，使钢筋与混凝土之间产生黏结力 τ 和相对滑移。通过 τ 使钢筋的拉力部分地向混凝土传递，随着离开裂缝截面距离的增大，混凝土拉应力 σ_c 逐渐增大，直到 σ_c 等于 f_t，新的裂缝才可能出现。这个截面距第一批裂缝截面间距为 l，在间距小于 $2l$ 的第一批裂缝之间或在第一条裂缝两侧 l 的范围内，$\sigma_c < f_t$，不再出现新的裂缝。裂缝间距随荷载增大将逐渐减小，趋于稳定。

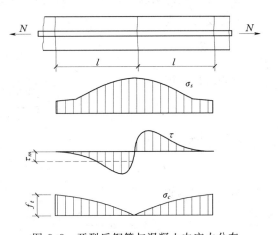

图 8.8　开裂后钢筋与混凝土中应力分布

　　钢筋混凝土梁纯弯段裂缝出现与钢筋混凝土受拉构件一样。开裂后钢筋与混凝土中应力分布如图 8.8 所示。

8.2.3　裂缝的平均间距 l_{cr}

　　理论分析表明，裂缝间距主要取决于有效配筋率 ρ_{te}、钢筋直径 d 及其表面形状。此外还与混凝土保护层厚度 c 有关。

　　根据试验结果，平均裂缝间距可按下列半理论半经验公式计算。

$$l_{cr} = \beta(1.9c + 0.08d_{eq}/\rho_{te}) \tag{8.16}$$

式中　β——系数，对轴心受拉构件取 1.1，对受弯、偏心受压构件取 1.0，对偏心受拉
　　　　　　构件取 1.05；

　　　　c——最外层纵向受拉钢筋外边缘至受拉区底边的距离，mm，当 $c < 20$ 时，取 $c =$
　　　　　　20；当 $c > 65$ 时，取 $c = 65$；

　　　d_{eq}——受拉区纵向受拉钢筋的等效直径，mm，$d_{eq} = \dfrac{\sum n_i d_i^2}{\sum n_i \nu_i d_i}$，$n_i$ 为受拉区第 i 种纵

　　　　　　向钢筋根数，d_i 为受拉区第 i 种钢筋的公称直径，ν 为纵向受拉钢筋相对黏
　　　　　　结特征系数，对光面钢筋，取 $\nu = 0.7$，对变形钢筋，取 $\nu = 1.0$；钢筋直径
　　　　　　换算的条件是单位周长上的面积相等，即 $d = 4A_s/u$。

8.2.4　平均裂缝宽度 ω_m

1. 平均裂缝宽度 ω_m 的计算公式

与平均裂缝间距相应的裂缝宽度叫做平均裂缝宽度。设钢筋的平均应变为 ε_{sm}，混凝
土的平均应变为 ε_{cm}，则平均裂缝宽度为二者在平均裂缝间距 l_m 长度内变形的差值。

$$\omega_m = \varepsilon_{sm} l_m - \varepsilon_{cm} l_m = (1 - \varepsilon_{cm}/\varepsilon_{sm}) \varepsilon_{sm} l_{cr} = \alpha_c \frac{\sigma_{sm}}{E_s} l_{cr} \tag{8.17}$$

令 $\sigma_{sm} = \psi \sigma_{sk}$，则得

$$\omega_m = \alpha_c \psi \frac{\sigma_{sk}}{E_s} l_{cr} \tag{8.18}$$

2. 裂缝截面钢筋应力 σ_{sk} 的计算

在荷载效应标准组合作用下，构件裂缝截面处纵向受拉钢筋的应力 σ_{sk}，根据使用阶
段（Ⅱ阶段）的应力状态，可按下列公式计算。

轴心受拉，则

$$\sigma_{sk} = \frac{N_k}{A_s} \tag{8.19}$$

偏心受拉，则

$$\sigma_{sk} = \frac{N_k e'}{A_s (h_0 - a_s')} \tag{8.20}$$

受弯，则

$$\sigma_{sk} = \frac{M_k}{0.87 A_s h_0} \tag{8.21}$$

偏心受压，则

$$\sigma_{sk} = \frac{N_k (e - z)}{A_s z} \tag{8.22}$$

$$z = \left[0.87 - 0.12(1 - \gamma_f') \left(\frac{h_0}{e} \right)^2 \right] h_0 \tag{8.23}$$

$$e = \eta_s e_0 + y_s \tag{8.24}$$

$$\eta_s = 1 + \frac{1}{4000 e_0/h_0} \left(\frac{l_0}{h} \right)^2 \tag{8.25}$$

当 $\dfrac{l_0}{h} \leqslant 14$ 时，取 $\eta_s = 1.0$。

式中 A_s ——受拉纵向钢筋截面面积，对轴心受拉构件，A_s 取全部纵向钢筋截面面积；对偏心受拉构件，A_s 取受拉较大边的纵向钢筋截面面积；对受弯构件和偏心受压构件，A_s 取受拉区纵向钢筋截面面积；

e' ——轴向拉力作用点至受压区或受拉较小边纵向钢筋合力点的距离；

e ——轴向压力作用点至纵向受拉钢筋的距离；

z ——纵向受拉钢筋合力点至受压区合力点之间的距离，且 $z \leqslant 0.87h_0$；

η_s ——使用阶段的偏心距增大系数；

y_s ——截面重心至纵向受拉钢筋合力点的距离，对矩形截面，$y_s = h/2 - a_s$；

γ'_f ——受压翼缘面积与腹板有效面积之比值，$\gamma'_f = \dfrac{(b'_f - b)h'_f}{bh_0}$，其中，$b'_f$、$h'_f$ 为受压翼缘的宽度、高度，当 $h'_f > 0.2h_0$ 时，取 $h'_f = 0.2h_0$。

8.2.5 最大裂缝宽度及其验算

如前所述，由于材料质量的不均匀性，裂缝的出现是随机的，裂缝间距和裂缝宽度的离散性是比较大的，因此必须考虑裂缝分布的开展的不均匀性。在荷载短期效应组合作用下，其短期最大裂缝宽度应等于平均裂缝宽度乘以荷载短期效应裂缝扩大系数。

当取最大裂缝宽度计算控制值的保证率为 95% 时，系数取为 1.66（受弯构件和偏心受压构件）或 1.9（轴心受拉和偏心受拉构件）。

在荷载长期作用下，由于混凝土进一步收缩、徐变及钢筋与混凝土之间的滑移等原因，裂缝宽度进一步扩大，所以，短期最大裂缝宽度还需乘以荷载长期效应裂缝扩大系数。对各种受力构件，系数均取为 1.5。

综合考虑，各种受力构件正截面最大裂缝宽度可按下式计算：

$$w_{max} = \alpha_{cr}\psi\frac{\sigma_{sk}}{E_s}\left(1.9c + 0.08\frac{d_{eq}}{\rho_{te}}\right) \tag{8.26}$$

式中 α_{cr} ——构件受力特征系数，对轴心受拉构件，取 $\alpha_{cr} = 2.7$；对偏心受拉构件，取 $\alpha_{cr} = 2.4$；对受弯和偏心受压构件，取 $\alpha_{cr} = 2.1$。

对 $e_0/h_0 \leqslant 0.55$ 的偏心受拉构件，可不做裂缝宽度验算。

在验算裂缝宽度时，构件的材料、截面尺寸及配筋、按荷载标准效应组合计算的钢筋应力，即式（8.26）中 ψ、E_s、σ_{sk}、ρ_{te} 均为已知，而 c 值按构造一般变化很小，故 w_{max} 主要取决于 d、ν 这两个参数。因此，当计算出 $w_{max} > w_{lim}$ 时，宜选择较细直径的变形钢筋，以增大钢筋与混凝土接触的表面积，提高钢筋与混凝土的黏结强度，但钢筋直径的选择也要考虑施工方便。

如采用上述措施不能满足要求时，也可增加截面面积 A_s，加大有效配筋率 ρ_{te}，从而减小钢筋应力 σ_{sk} 和裂缝间距 l_{cr}，达到式（8.15）的要求。改变截面形式和尺寸，提高混凝土强度等级，效果甚差，一般不宜采用。

【例 8.3】 简支矩形截面梁的截面尺寸 $b \times h = 200\text{mm} \times 500\text{mm}$，混凝土强度等级为 C20，配置 HRB335 级，4 $\oplus$ 16 钢筋，混凝土保护层厚度 $c = 25\text{mm}$，按荷载标准值计算的跨中弯矩 $M_k = 80\text{kN} \cdot \text{m}$，最大裂缝宽度限值 $w_{lim} = 0.3\text{mm}$，试验算其最大裂缝宽度是否符合要求。

解： $f_{tk} = 1.5 \text{N/mm}^2$，$E_s = 200 \times 10^3 \text{N/mm}^2$

$$h_0 = 500 - \left(25 + \frac{16}{2}\right) = 467(\text{mm})，\quad A_s = 804\text{mm}^2$$

$$\nu_i = \nu = 1, d_{eq} = d/\nu = 16/1 = 16(\text{mm})$$

$$\rho_{te} = \frac{A_s}{0.5bh} = \frac{804}{0.5 \times 200 \times 500} = 0.0161$$

$$\sigma_{sk} = \frac{M_k}{0.87h_0 A_s} = \frac{80 \times 10^6}{0.87 \times 467 \times 804} = 245(\text{N/mm}^2)$$

$$\psi = 1.1 - \frac{0.65 f_{tk}}{\rho_{te}\sigma_{sk}} = 1.1 - \frac{0.65 \times 1.5}{0.0161 \times 245} = 0.853$$

$$w_{\max} = 2.1\psi\frac{\sigma_{sk}}{E_s}\left(1.9c + 0.08\frac{d_{eq}}{\rho_{te}}\right)$$

$$= 2.1 \times 0.853 \times \frac{245}{200 \times 10^3} \times \left(1.9 \times 25 + 0.08 \times \frac{16}{0.0161}\right)$$

$$= 0.279(\text{mm}) < 0.3\text{mm}(满足要求)$$

8.3　小　　结

（1）钢筋混凝土构件的变形及裂缝宽度验算属于正常使用极限状态计算，钢筋和混凝土的强度以及作用于构件上的荷载均采用标准值。

（2）钢筋混凝土受弯构件的变形计算可以采用材料力学的方法进行，但计算时，必须用构件考虑荷载长期作用的刚度 B 代替 EI。在等截面直杆中，B 取同号弯矩区段内最大弯矩处的值。

（3）计算构件的变形与裂缝宽度时，应按荷载效应标准组合并考虑荷载长期作用的影响进行计算。荷载长期作用的影响在变形计算时通过刚度 B 来反映，而在裂缝宽度验算时，则是通过增大荷载效应标准组合下的结果来体现。

（4）构件的变形计算值和裂缝宽度的计算值不应超过 GB 50010—2010 规定的限值。

思　考　题

8.1　为什么要对混凝土结构构件的变形和裂缝进行验算？

8.2　试说明 GB 50010—2010 关于受弯构件挠度计算的基本规定。

8.3　试说明受弯构件刚度 B 的意义。

8.4　试总结计算构件挠度的步骤。

8.5　试总结计算构件裂缝宽度的步骤。

8.6　减小裂缝宽度有效的措施是什么？

8.7　减小受弯构件挠度的措施有哪些？

8.8　试述梁的主要计算内容。

习　题

8.1　某钢筋混凝土简支矩形截面梁的截面尺寸 $b \times h = 250\text{mm} \times 600\text{mm}$，混凝土强度等级为 C20，配置 HRB335，4 Φ 18 钢筋（$A_s = 1017\text{mm}^2$），钢筋混凝土的保护层厚度 $c = 25\text{mm}$，承受均布荷载，按荷载的标准组合计算的跨中弯矩 $M_k = 120\text{kN} \cdot \text{m}$，按荷载的准永久组合计算的跨中弯矩 $M_q = 60\text{kN} \cdot \text{m}$，梁的计算跨度 $l_0 = 6.5\text{m}$，挠度允许值为 $l_0/250$。试验算梁挠度是否满足要求。

8.2　某钢筋混凝土简支矩形截面梁的截面尺寸 $b \times h = 200\text{mm} \times 400\text{mm}$，计算跨度 $l_0 = 6.0\text{m}$，混凝土强度等级为 C20，经正截面计算在受拉区配置 HRB335 级，4 Φ 18 钢筋（$A_s = 1017\text{mm}^2$）。已知作用在梁上的恒荷载标准值 $g_k = 8\text{kN/m}$（含自重），活荷载标准值 $q_k = 8\text{kN/m}$（准永久值系数 $\psi_q = 0.4$），结构重要性系数 $\gamma_0 = 1$，允许挠度为 $l_0/200$，试验算挠度是否满足要求。

8.3　已知条件同习题 8.2，但截面尺寸 $b \times h = 200\text{mm} \times 450\text{mm}$。构件处于正常工作环境（一类环境），最大裂缝宽度限值为 0.3mm，试验算其最大裂缝宽度是否符合要求。

第9章 预应力混凝土构件

9.1 预应力混凝土的基本概念

9.1.1 预应力混凝土的基本概念

普通钢筋混凝土结构在使用上具有许多长处，目前仍是工业与民用建筑结构的主要形式之一。但是，它也有很多的弱点，主要是抗裂性能差，混凝土的受拉极限应变只有 $(0.1\sim0.15)\times10^{-3}$ 左右，而钢筋达到屈服强度时的应变却达到 $(1.0\sim2.5)\times10^{-3}$，两者相差悬殊。所以构件在正常使用阶段大多是带裂缝工作的，虽然在一般情况下，只要裂缝宽度不超过 $0.2\sim0.3mm$，并不影响结构的使用和耐久性。但是，对于使用上需要严格限制裂缝宽度或不允许出现裂缝的构件，普通混凝土就无法满足要求。为了满足变形和裂缝控制的要求，则需要增加构件的截面尺寸和用钢量，这将导致构件的截面尺寸和自重过大，使普通混凝土结构用于大跨度或承受动力荷载成为不可能或很不经济。另一方面，在普通钢筋混凝土采用高强度钢筋是不合理的，提高混凝土的强度等级对增加其极限拉应变的作用是极其有限的。工程实践证明，采用预应力混凝土结构是解决上述问题的良好方法。

所谓预应力混凝土结构，就是在外荷载作用之前，预先对由外荷载引起的混凝土受拉区施加以压应力，用产生的预压应力来抵消外荷载引起的部分或全部拉应力。这样，在外荷载作用下，裂缝就能延缓出现或不致发生，即使发生了，裂缝宽度也不会过宽。

下面就以图 9.1 所示简支梁（受弯构件）为例，来说明预应力混凝土的基本概念。

在外荷载作用之前，预先在梁的受拉区施加一对大小相等、方向相反的偏心预压力 N，使梁的下部产生预压应力 σ_c，如图 9.1（a）所示；在外荷载作用下，梁下部产生拉应力 σ_{ct} 如图 9.1（b）所示；这样梁截面的最终应力分布将是二者的叠加，如图 9.1（c）所示。由于预加压力 N 的大小可控制，就可通过对预加压力 N 的控制来达到裂缝控制等级的要求，使梁下部应力是压应力（$\sigma_c-\sigma_{ct}>0$）或数值较小的拉应力（$\sigma_c-\sigma_{ct}<0$）。

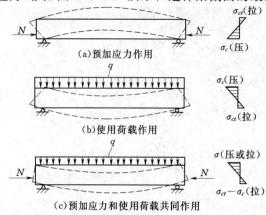

（a）预加应力作用

（b）使用荷载作用

（c）预加应力和使用荷载共同作用

图 9.1 预应力简支梁的基本受力原理

9.1.2 预应力混凝土结构的优缺点

预应力混凝土与普通混凝土相比具有以下特点：

（1）抗裂性和耐久性好。由于对构件施加预应力，延缓了裂缝的出现，减少构件发生锈蚀的可能性，增加了结构的耐久性，扩大了构件的使用范围，并提高了构件抵抗不良环境的能力。

（2）刚度大。因为混凝土不开裂，提高了构件的刚度，预加偏心应力产生的反拱可以减少构件的总挠度。

（3）节约材料、减轻自重。预应力混凝土结构充分利用高强钢筋和高强混凝土，减少了钢筋用量和构件截面尺寸，减轻结构的自重，对大跨度结构具有明显的优越性。

预应力混凝土结构也存在一定的缺点：

（1）施工工艺较复杂，对质量要求高，需技术熟练的专业队伍。

（2）需要专业的设备，且对设备的精度要求高。

（3）成本相对较高，尤其对构件需用数量少时。

9.1.3 预应力混凝土结构分类

为了克服采用过多预应力钢筋的构件所带来的问题，提出了预应力混凝土构件可根据不同功能的要求，分成不同的类别进行设计。目前，对预应力钢筋混凝土构件的分类主要依据截面应力状态划分如下：

（1）全预应力混凝土。在全部荷载效应的短期组合下，截面不出现拉应力。

（2）有效预应力混凝土。在全部荷载即荷载效应的短期组合下，截面拉应力不超过混凝土规定的抗拉强度；在荷载效应的长期组合下，不出现拉应力。

（3）部分预应力混凝土。允许出现裂缝，但最大裂缝宽度不得超过允许的限值。

（4）钢筋混凝土。预压应力为零时的混凝土。

施加预应力一般采用对钢筋的预张拉。利用钢筋的弹性回缩对构件施以预压应力，这种被张拉的钢筋称为预应力钢筋。根据预应力钢筋和混凝土之间有无黏结作用，又可分为有黏结预应力混凝土和无黏结预应力混凝土构件，无黏结预应力混凝土在施工时，将预应力钢筋外表面涂以沥青、油脂或其他润滑防锈材料，再套以塑料套管或塑料包膜后，将它如同普通钢筋一样放入模板即可浇筑混凝土，因此施工非常方便。

9.2 预应力的施加方法

9.2.1 预应力的施加方法

对混凝土施加预压力一般通过张拉钢筋，利用钢筋拉伸后的弹性回缩，使混凝土受到压力。根据张拉钢筋和浇筑混凝土的先后顺序，可把施加预应力的方法分为先张法和后张法两类。

9.2.1.1 先张法

在构件混凝土浇筑之前对钢筋张拉的方法即为先张法。其施工工序如下：

（1）在专门的台座上张拉钢筋，并将张拉后的钢筋固定在台座的传力架上［图 9.2 (a)、(b)］。

（2）在张拉好的钢筋周围绑筋（构件中配置的非预应力钢筋）、支模、浇筑混凝土并对其养护［图 9.2 (c)］。

（3）混凝土达一定强度后（一般不低于设计的混凝土强度等级的 75%），切断并放松钢筋，预应力钢筋在回缩时对混凝土施加预压应力［图 9.2 (d)］。

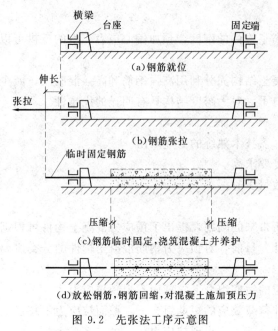

图 9.2　先张法工序示意图

凝土形成整体［图 9.3（d）］。

后张法是靠工作锚具来传递和保持预加应力的。

9.2.1.3　先张法与后张法比较

1．先张法的优缺点

主要优点：张拉工序简单；不需永久性锚具，用钢量少；可成批生产，生产效率高，特别是需用量较大的中小型构件。

主要缺点：需专门张拉台座，一次性投资较大；预应力钢筋多为直线布置，折线或曲线布筋较困难。

2．后张法的优缺点

主要优点：不需要专门台座，适宜于只能在现场制作的大型构件；可用于曲线形预应力钢筋。

主要缺点：所用永久性锚具要附在构件内，耗钢量较大；张拉工序比先张法要复杂，施工周期长。

9.2.2　夹具与锚具

锚具和夹具是锚固与张拉预应力钢筋时所选用的工具。通常把锚固在构件端部，与构件连成一体共同受力且不取下的称为锚具；在张拉过程中用来张拉钢筋，以后可取下来

在先张法构件中，预应力是靠钢筋与混凝土之间的黏结力传递的。

9.2.1.2　后张法

后张法是指先浇筑混凝土构件，然后直接在构件上张拉预应力钢筋的方法。其施工工序为：

（1）先浇筑混凝土，并在构件中穿筋孔道和灌浆孔［图 9.3（a）］。

（2）待混凝土达到规定的强度后，将预应力钢筋穿入孔道，直接在构件上对预应力钢筋进行张拉，同时混凝土受到预压［图 9.3（b）］。

（3）待预应力钢筋张拉到设计规定的应力后，用锚具将钢筋锚固在构件上［图 9.3（c）］。

（4）最后在预留孔道内压力灌注水泥浆，以防止钢筋锈蚀并使预应力钢筋与混

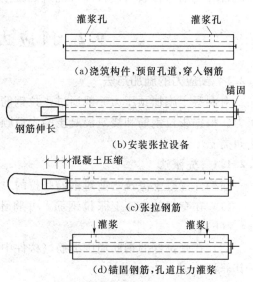

图 9.3　后张法工序示意图

重复使用的称为夹具。一般先张法不需永久性锚具，锚具可重复使用，称为工具锚具。后张法锚具称为工作锚具。锚具和夹具之所以能够锚住或夹住钢筋，主要是依靠摩阻、握裹和承压锚固。

1. 对锚具的要求

锚具和夹具是保证预应力混凝土施工安全、结构可靠的技术关键性设备。因此，在设计、制造或选择锚具时。应满足下列要求：受力安全可靠；预应力损失要小；构造简单，制作方便，用钢量少；张拉锚固方便迅速，设备简单。

2. 锚具的分类

锚具的形式繁多，按其构造形式及锚固原理，可分为三种基本类型：

(1) 锚块锚塞型。这类锚具由锚块和锚塞两部分组成（图9.4）。

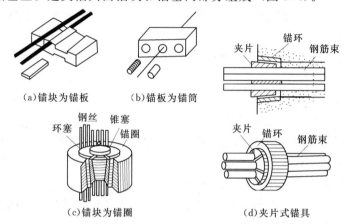

图 9.4　锚块锚塞型锚具

(2) 螺杆螺帽型。这类锚具由螺杆、螺帽和垫板三部分组成（图9.5）。

(3) 镦头型锚具。这类锚具由张拉端和固定端两部分组成（图9.6）。

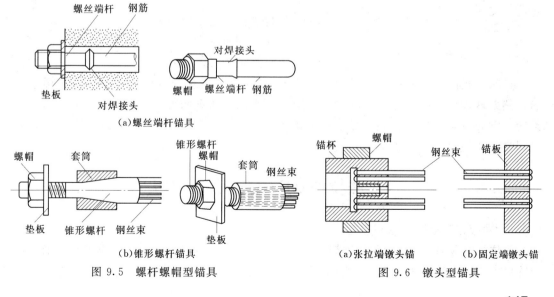

图 9.5　螺杆螺帽型锚具　　　　图 9.6　镦头型锚具

9.3　预应力混凝土的材料

9.3.1　混凝土

预应力混凝土构件通过预应力钢筋的张拉对混凝土预压，以提高构件的抗裂能力，因此构件对混凝土的要求较高，具体如下：

（1）具有较高的强度。采用高强混凝土可以增大黏结强度（先张法）和端部混凝土的承压能力（后张法），同时可以适应高强预应力钢筋的需要，保证钢筋充分发挥作用，有效减少构件的截面尺寸和自重。

（2）收缩、徐变小，以减少预应力损失。

（3）快凝、早强，使之能尽早施加预应力，加快施工进度，提高设备利用率。

GB 50010—2010 规定，预应力混凝土结构的混凝土强度等级不应低于 C40。且不应低于 C30；当采用钢绞线、钢丝、热处理钢筋作为预应力钢筋时，混凝土等级不宜低于 C40。

9.3.2　预应力钢筋

预应力混凝土构件中预应力钢筋应满足下列要求：

（1）具有较高的强度。预应力的大小取决于预应力钢筋张拉应力的大小，考虑到构件在制作和使用过程中会产生各种预应力损失，要达到预期的效果必须采用较高的张拉应力，这就要求预应力钢筋有较高的抗拉强度。

（2）具有一定的塑性。为避免预应力混凝土构件发生脆性破坏，要求构件破坏前有较大的变形能力，预应力钢筋必须具有足够的塑性性能，尤其是处于低温或受到冲击荷载作用的构件。

（3）具有良好的加工性能。要求预应力钢筋具有良好的可焊性，并且钢筋在镦粗后不影响原来的物理力学性能。

（4）与混凝土有良好的黏结强度。先张法构件主要通过预应力钢筋和混凝土之间的黏结力来实现对混凝土的预压，要求预应力钢筋具有良好的外形。

图 9.7　钢绞线

目前，我国常用的预应力钢筋有：预应力钢丝、钢绞线（图 9.7）预应力螺纹钢筋、热处理钢筋、冷拔低碳钢丝、冷拉钢筋、冷轧带肋钢筋等。GB 50010—2010 规定，预应力钢筋宜采用预应力钢绞线、钢丝和预应力螺纹钢筋。当采用其他钢筋时应符合专门规程或规定。

9.4　张拉控制应力及预应力损失

9.4.1　预应力钢筋张拉控制应力 σ_{con}

张拉控制应力 σ_{con} 是指张拉钢筋时，张拉设备（如千斤顶油压表）所指示出的总张拉力除以预应力钢筋的截面面积所得的应力值。它是预应力钢筋在进行张拉时控制达到的最大应力值。

张拉控制应力 σ_{con} 取得越高，对混凝土建立的预压应力值越大，构件的抗裂性越好，刚度越大。因此，仅从此角度考虑，σ_{con} 取得高些是有利的。但是，如果 σ_{con} 定得过高将会出现以下问题：

（1）构件的延性降低。构件的开裂荷载和极限荷载很接近，使构件在破坏前无明显的预兆，构件的延性差。

（2）个别钢筋或钢丝被拉断。由于张拉得不准确和工艺上有时要求超张拉，且预应力钢筋的实际屈服强度并非根根相同等因素，张拉时有可能使钢筋应力达到甚至超过实际屈服强度，而使钢筋产生塑性变形或脆断。

为此，GB 50010—2010 规定，预应力钢筋的张拉控制应力 σ_{con} 一般情况下不宜超过表 9.1 规定的张拉控制应力限值。

当符合下列情况之一时，表 9.1 中的张拉控制应力限值可提高 $0.05\,f_{ptk}$：

（1）要求提高构件在施工阶段的抗裂性能而在使用阶段受压区内设置的预应力钢筋。

表 9.1   张拉控制应力限值

钢筋种类	张拉方法	
	先张法	后张法
消除应力钢丝、钢绞线	$0.75\,f_{ptk}$	$0.75\,f_{ptk}$
热处理钢筋	$0.70\,f_{ptk}$	$0.65\,f_{ptk}$

（2）要求部分抵消由于应力松弛、摩擦、钢筋分批张拉以及预应力钢筋与台座之间的温差等因素产生的预应力损失。

9.4.2 预应力损失

由于张拉工艺和材料特性等原因，从张拉钢筋开始直到构件使用的整个过程中，预应力钢筋的张拉控制应力 σ_{con} 将慢慢降低，这种现象称为预应力损失。

预应力损失将降低预应力混凝土构件的预应力效果，加之其影响因素繁多，因此，在设计和施工预应力构件时，应正确计算预应力损失，并设法减少预应力损失。

预应力损失用 σ_l 表示，根据引起损失的原因可分为六类，下面分别说明各项损失值的计算和减少损失的措施。

1. 张拉端锚具变形和钢筋内缩引起的预应力损失 σ_{l1}

对预应力钢筋进行张拉达到张拉控制应力后，用锚具把预应力钢筋锚固在台座或构件上。由于预应力钢筋回弹使锚具、垫板与构件之间的缝隙被压紧时，预应力钢筋在锚具中的内缩造成钢筋应力降低，由此形成的预应力损失称为 σ_{l1}。GB 50010—2010 规定，对预应力直线形钢筋，σ_{l1} 按下式计算：

$$\sigma_{l1} = \frac{a}{l} E_s \tag{9.1}$$

式中 a——张拉端锚具变形和钢筋内缩值，mm，按表 9.2 采用；

l——张拉端至锚固端之间的距离，mm；

E_s——预应力钢筋的弹性模量，N/mm²。

后张法预应力曲线钢筋（图 9.8）或折线钢筋由于锚具变形和钢筋内缩引起的损失 σ_{l1} 按下式计算：

$$\sigma_{l1} = 2\sigma_{con}l_f(\mu/r_c + k)(1 - x/l_f) \tag{9.2}$$

表 9.2 　　　　　　　　　　　锚具变形和钢筋内缩值 a 　　　　　　　　　　　单位：mm

锚具类型		a
支承式锚具（钢丝束镦头锚具等）	螺帽缝隙	1
	每块后加垫板的缝隙	1
夹片式锚具	有预压时	5
	无预压时	6～8

注　1. 表中的锚具变形和钢筋内缩值也可根据实测数据确定。
　　2. 其他类型的锚具变形和钢筋内缩值应根据实测数据确定。

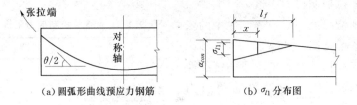

图 9.8　圆弧形曲线预应力钢筋因锚具变形和钢筋内
缩引起的预应力损失示意图

反向摩擦影响长度 l_f（m）按下式计算：

$$l_f = \sqrt{\frac{aE_s}{1000\sigma_{con}(\mu/r_c + k)}} \tag{9.3}$$

上二式中　　r_c——圆弧形曲线预应力钢筋的曲率半径，m；

　　　　　　x——张拉端至计算截面的距离，m，且应符合 $x \leqslant l_f$ 的规定；

　　　　　　μ——预应力钢筋与孔道壁之间的摩擦系数，按表 9.3 采用；

　　　　　　k——考虑孔道每米长度局部偏差的摩擦系数，按表 9.3 采用；

其他符号意义同前。

表 9.3 　　　　　　　　　　　　　　摩　擦　系　数 μ

孔道成型方式	k	μ	
		钢绞线、钢丝束	预应力螺纹钢筋
预埋金属波纹管	0.0015	0.25	0.50
预埋塑料波纹管	0.0015	0.15	—
预埋钢管	0.0010	0.30	—
抽芯成型	0.0014	0.55	0.60
无黏结预应力筋	0.0040	0.09	—

注　1. 表中系数也可根据实测数据确定。
　　2. 当采用钢丝束的钢质锥形锚具及类似形式的锚具时，还应考虑锚环口处的附加摩擦损失，其值可根据实测数
　　　据确定。

为减小锚具变形引起的预应力损失，除认真按照施工程序操作外，还可以采用如下减

小损失的方法：①选择变形小或预应力钢筋滑移小的锚具，减少垫板的块数；②对于先张法选择长的台座。

2. 预应力钢筋与孔道壁之间的摩擦引起的预应力损失 σ_{l2}

用后张法张拉预应力钢筋时，由于钢筋与孔道壁之间产生摩擦力，致使预应力钢筋截面的应力随着距张拉端的距离的增加而减小，这种应力损失称为摩擦损失 σ_{l2}。σ_{l2} 按下式计算：

$$\sigma_{l2} = \sigma_{con}\left(1 - \frac{1}{e^{kx+\mu\theta}}\right) \tag{9.4}$$

当 $kx + \mu\theta \leqslant 0.3$ 时，σ_{l2} 可按以下近似公式计算：

$$\sigma_{l2} = (kx + \mu\theta)\sigma_{con} \tag{9.5}$$

式中 μ——预应力筋与孔道壁之内的摩擦系数，按表 9.3 采用；

x——从张拉端至计算截面的孔道长度，m，可近似取该段孔道在纵轴上的投影长度；

θ——从张拉端至计算截面曲线孔道部分切线的夹角之和，rad，如图 9.9 所示；

其他符号意义同前。

减小摩擦损失的方法有：①采用两端张拉（图 9.10），可使预应力损失 σ_{l2} 减小一半左右；②采用"超张拉"工艺，超张拉程序为 $0 \rightarrow 1.1\sigma_{con}$（持续 2min）$\rightarrow 0.85\sigma_{con}$（持续 2min）$\rightarrow \sigma_{con}$，可使摩擦损失减小，比一次张拉的应力分布更均匀。

图 9.9 摩擦引起的预应力损失

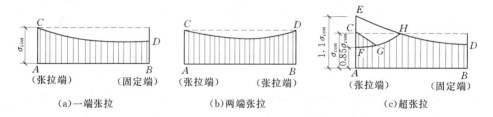

图 9.10 一端张拉、两端张拉及超张拉对减小摩擦损失的影响

3. 混凝土加热养护时预应力钢筋与台座间温差引起的预应力损失 σ_{l3}

在先张法构件的制作过程中，为加快设备的周转，缩短生产周期，混凝土浇筑后常采用蒸汽养护的方法来加速混凝土的凝固。升温时，混凝土尚未硬结，由于钢筋温度高于台座的温度，钢筋将产生相对伸长，预应力钢筋中的应力将降低，造成预应力损失。当降温时，混凝土已硬结，与钢筋之间已建立起黏结力，两者一起回缩，故钢筋应力的损失值将不能恢复。

设预应力钢筋与两端台座之间的温差为 Δt（℃），钢筋的线膨胀系数 $\alpha = 1 \times 10^{-5}/℃$，钢筋的弹性模量 $E_s = 2 \times 10^5$ N/mm²，则 σ_{l3} 的计算公式为

$$\sigma_{l3} = \varepsilon_s E_s = 2\Delta t \tag{9.6}$$

减小损失 σ_{l3} 的措施有：①采用两段升温养护的方法，先在常温下养护，当混凝土达

151

到一定强度后再升温养护，此时钢筋和混凝土已结为整体共同伸缩，不再引起该项预应力损失；②在钢模上张拉钢筋，钢筋锚固在钢模上，升温时两者温度相同，可不考虑由于温差引起的损失。

4. 预应力钢筋的应力松弛引起的预应力损失 σ_{l4}

预应力钢筋应力松弛是指钢筋在高应力作用下，在钢筋长度不变的条件下，钢筋应力随时间增长而降低的现象。钢筋应力松弛使预应力值降低，造成的预应力损失称为 σ_{l4}。试验表明，松弛损失与张拉控制应力值大小、钢筋种类、张拉方式等有关。σ_{l4} 分别按下列方法计算：

(1) 对预应力钢丝、钢绞线，则有

普通松弛：

$$\sigma_{l4} = 0.4\psi\left(\frac{\sigma_{con}}{f_{ptk}} - 0.5\right)\sigma_{con} \tag{9.7}$$

式中　ψ——与钢筋张拉工艺有关的系数，一次张拉时，取 $\psi = 1$；超张拉时，取 $\psi = 0.9$。

低松弛：

当 $\sigma_{con} \leqslant 0.7 f_{ptk}$ 时

$$\sigma_{l4} = 0.125\left(\frac{\sigma_{con}}{f_{ptk}} - 0.5\right)\sigma_{con} \tag{9.8}$$

当 $0.7 f_{ptk} < \sigma_{con} \leqslant 0.8 f_{ptk}$ 时

$$\sigma_{l4} = 0.20\left(\frac{\sigma_{con}}{f_{ptk}} - 0.575\right)\sigma_{con} \tag{9.9}$$

(2) 对热处理钢筋，则有

一次张拉：

$$\sigma_{l4} = 0.05\sigma_{con}$$

超张拉：

$$\sigma_{l4} = 0.035\sigma_{con}$$

减小损失 σ_{l4} 的措施有：①采用低松弛的钢筋；②采用超张拉工艺。

5. 混凝土收缩、徐变引起的预应力损失 σ_{l5}

混凝土在空气中硬结时发生体积收缩，而在预压力作用下，混凝土将沿压力方向产生徐变。收缩和徐变都使构件长度缩短，预应力钢筋也随着回缩，因而造成预应力损失 σ_{l5}。

GB 50010—2010 规定：混凝土收缩、徐变引起受拉区和受压区预应力钢筋的预应力损失 σ_{l5}、σ'_{l5}（N/mm²）可按下列公式计算。

(1) 先张法构件，则

$$\sigma_{l5} = \frac{45 + 280\dfrac{\sigma_{pc}}{f'_{cu}}}{1 + 15\rho} \tag{9.10}$$

$$\sigma'_{l5} = \frac{45 + 280\dfrac{\sigma'_{pc}}{f'_{cu}}}{1 + 15\rho'} \tag{9.11}$$

(2) 后张法构件，则

$$\sigma_{l5} = \frac{35 + 280 \dfrac{\sigma_{pc}}{f'_{cu}}}{1 + 15\rho} \tag{9.12}$$

$$\sigma'_{l5} = \frac{35 + 280 \dfrac{\sigma'_{pc}}{f'_{cu}}}{1 + 15\rho'} \tag{9.13}$$

式中　σ_{pc}、σ'_{pc}——受拉区、受压区预应力钢筋在各自合力点处混凝土法向压应力，其计算公式如下：

先张法
$$\sigma_{pc} = \frac{N_{p0}}{A_0} \pm \frac{N_{p0} e_{p0}}{I_0} y_0 \tag{9.14}$$

后张法
$$\sigma_{pc} = \frac{N_p}{A_n} \pm \left(\frac{N_p e_{pn}}{I_n} \pm \frac{M_2}{I_n} \right) y_n \tag{9.15}$$

其中，有关参数含义和计算取值详见 GB 50010—2010 第 6.1.5 条及第 6.1.6 条；

f'_{cu}——施加预应力时的混凝土立方体抗压强度；

ρ、ρ'——受拉区、受压区预应力钢筋和非预应力钢筋的配筋率，其计算公式如下：

先张法
$$\rho = \frac{A_p + A_s}{A_0}, \quad \rho' = \frac{A'_p + A'_s}{A_0} \tag{9.16}$$

后张法
$$\rho = \frac{A_p + A_s}{A_n}, \quad \rho' = \frac{A'_p + A'_s}{A_n} \tag{9.17}$$

其中，A_0 为先张法用混凝土换算截面面积，A_n 为后张法用混凝土净截面面积。

对于对称配置预应力钢筋和非预应力钢筋的构件，配筋率 ρ、ρ' 应按钢筋总截面面积的一半计算。

混凝土收缩、徐变引起的预应力损失是各项损失中最大的一项，为减少该项损失，通常的措施有：①采用高标号水泥，减少水泥用量，降低水灰比，采用干硬性混凝土；②采用级配较好的骨料，加强振捣，提高混凝土的密实性；③加强养护，以减少混凝土的收缩。

6. 用螺旋式预应力钢筋的环形截面，由于混凝土的局部挤压引起的预应力损失 σ_{l6}

采用环形配筋的预应力混凝土构件，由于预应力钢筋对混凝土的局部压陷，使构件直径减小，造成预应力钢筋应力损失。预应力损失 σ_{l6} 的大小与环形构件的直径 d 有关，GB 50010—2010 规定，当直径 $d \leqslant 3\mathrm{m}$ 时，取 $\sigma_{l6} = 30\mathrm{N/mm^2}$；当直径 $d > 3\mathrm{m}$ 时，可不考虑此项损失。

前述六项预应力损失有的只在先张法构件中产生，有的只在后张法构件中产生，有的两种构件都有。通常按对混凝土产生预压力的时间先后把预应力损失分成两批：即把发生在混凝土预压之前的预应力损失称为第一批损失，用 $\sigma_{lⅠ}$ 表示；发生在混凝土预压之后的预应力损失称为第二批损失，用 $\sigma_{lⅡ}$ 表示。GB 50010—2010 规定，预应力构件在各阶段的预应力损失值宜按表 9.4 的规定进行组合。

GB 50010—2010 要求按上述规定计算得到的预应力总损失值小于下列数值时，按下列数值取用：先张法：$100\mathrm{N/mm^2}$；后张法：$80\mathrm{N/mm^2}$。

153

表 9.4 各阶段预应力损失值的组合

预应力损失的组合	先张法构件	后张法构件
混凝土预压前（第一批）的损失	$\sigma_{l1} + \sigma_{l2} + \sigma_{l3} + \sigma_{l4}$	$\sigma_{l1} + \sigma_{l2}$
混凝土预压后（第二批）的损失	σ_{l5}	$\sigma_{l4} + \sigma_{l5} + \sigma_{l6}$

9.5 预应力混凝土轴心受拉构件

9.5.1 预应力混凝土轴心受拉构件的应力分析

当通过对一部分纵向钢筋施加预应力已能使构件符合裂缝控制要求时，承载力计算所需的其余纵向钢筋可采用非预应力钢筋。

预应力混凝土轴心受拉构件从钢筋张拉开始到构件破坏，可分为施工阶段和使用阶段两个阶段。在各阶段的不同受力过程中，预应力钢筋、非预应力钢筋和混凝土分别处于不同的应力状态。

本节为了解预应力混凝土构件在不同阶段的应力特点，分别对先张法和后张法构件进行应力分析。

9.5.1.1 先张法构件

先张法构件各阶段钢筋和混凝土的应力变化过程见表9.5。

1. 施工阶段

（1）混凝土预压前的应力状态。混凝土预压前，构件经历：①张拉预应力钢筋；②浇筑混凝土构件；③构件养护。该施工过程中产生第一批损失 σ_{lI} ，此时

预应力钢筋的应力： $$\sigma_{pe} = \sigma_{con} - \sigma_{lI} \tag{9.18}$$

非预应力钢筋的应力： $$\sigma_s = 0 \tag{9.19}$$

混凝土的应力： $$\sigma_{pc} = 0 \tag{9.20}$$

（2）混凝土预压后的应力状态。混凝土结硬后，放松钢筋，依靠钢筋和混凝土之间的黏结作用，钢筋和混凝土共同回缩，混凝土、预应力钢筋、非预应力钢筋的应力分别为 σ_{pcI}、σ_{peI}、σ_{sI} 。混凝土和钢筋的变形为 σ_{pcI}/E_c ，则

$$\sigma_{peI} = \sigma_{con} - \sigma_{lI} - (\sigma_{pcI}/E_c)E_s = \sigma_{con} - \sigma_{lI} - \alpha_E \sigma_{pcI} \tag{9.21}$$

$$\sigma_{sI} = -(\sigma_{pcI}/E_c)E_s = -\alpha_E \sigma_{pcI} （压） \tag{9.22}$$

根据截面内力平衡有 $\sigma_{pcI}A_c + \sigma_{sI}A_s = (\sigma_{con} - \sigma_{lI} - \alpha_E \sigma_{pcI})A_p$ ，整理得

$$\sigma_{pcI} = \frac{A_p(\sigma_{con} - \sigma_{lI})}{A_c + \alpha_E A_s + \alpha_E A_p} = \frac{N_{pI}}{A_0} \tag{9.23}$$

式中 A_p ——预应力钢筋截面面积；

     A_s ——非预应力钢筋截面面积；

     A_0 ——构件换算截面面积；

     α_E ——预应力钢筋与混凝土弹性模量之比；

     N_{pI} ——完成第一批损失后，预应力钢筋的总拉力。

随着时间的延长，混凝土收缩、徐变及预应力钢筋进一步松弛产生第二批损失 σ_{lII} ，此时混凝土、预应力钢筋和非预应力钢筋的应力分别为 σ_{pcII}、σ_{peII}、σ_{sII} ，则

$$\sigma_{pe\,II} = \sigma_{con} - \sigma_{l\,I} - \sigma_{l\,II} - (\sigma_{pc\,II}/E_c)E_s = \sigma_{con} - \sigma_l - \alpha_E \sigma_{pc\,II} \qquad (9.24)$$

$$\sigma_{s\,II} = -(\sigma_{pc\,II}/E_c)E_s - \sigma_{l5} = -\alpha_E \sigma_{pc\,II} - \sigma_{l5}（压） \qquad (9.25)$$

根据截面内力平衡得

$$\sigma_{pc\,II} = \frac{A_p(\sigma_{con} - \sigma_l) - \sigma_{l5}A_s}{A_c + \alpha_E A_s + \alpha_E A_p} = \frac{N_{p\,II}}{A_0} \qquad (9.26)$$

式中　σ_l——预应力总损失，$\sigma_l = \sigma_{l\,I} + \sigma_{l\,II}$。

2. 使用阶段

（1）加荷至混凝土应力为零（消压状态）。施加的外荷载 N_{p0} 刚好全部抵消已建立起来的混凝土预压应力 $\sigma_{pc\,II}$，此时：

$$\sigma_{pc} = 0 \qquad (9.27)$$

$$\sigma_s = -\alpha_E \sigma_{pc\,II} - \sigma_{l5} + \alpha_E \sigma_{pc\,II} = -\sigma_{l5}（压） \qquad (9.28)$$

$$\sigma_{pe} = \sigma_{con} - \sigma_l - \alpha_E \sigma_{pc\,II} + \alpha_E \sigma_{pc\,II} = \sigma_{con} - \sigma_l \qquad (9.29)$$

$$N_{p0} = \sigma_{pc\,II} A_0 \qquad (9.30)$$

（2）加荷至混凝土即将开裂。荷载增加至 N_{cr}，混凝土应力达到 f_{tk}，构件即将开裂，此时：

$$\sigma_{pc} = f_{tk} \qquad (9.31)$$

$$\sigma_s = -\sigma_{l5} + \alpha_E f_{tk} \qquad (9.32)$$

$$\sigma_{pe} = \sigma_{con} - \sigma_l + \alpha_E f_{tk} \qquad (9.33)$$

$$N_{cr} = (\sigma_{pc\,II} + f_{tk})A_0 \qquad (9.34)$$

由式（9.34）看出，预应力混凝土构件的开裂荷载比普通混凝土结构的开裂荷载 $f_{tk}A_0$ 大，所以可提高构件的抗裂能力。

表 9.5　　　　　　　先张法预应力混凝土轴心受拉构件各阶段的应力分析

受力阶段		简　图	预应力钢筋 σ_p	混凝土 σ_{pc}	非预应力钢筋 σ_s
施工阶段	张拉钢筋	σ_{con}	σ_{con}	—	0
	浇筑混凝土并进行养护，第一批损失出现		$\sigma_{con} - \sigma_{l\,I}$	0	0
	放松预应力钢筋，混凝土受到预压	$\sigma_{pc\,I}$（压）	$\sigma_{con} - \sigma_{l\,I}$ $-\alpha_E \sigma_{pc\,I}$	$\sigma_{pc\,I} = (\sigma_{con} - \sigma_{l\,I})$ A_p/A_0	$-\alpha_E \sigma_{pc\,I}$
	完成第二批损失	$\sigma_{pc\,II}$（压）	$\sigma_{con} - \sigma_l - \alpha_E \sigma_{pc\,II}$	$\sigma_{pc\,II} = [(\sigma_{con} - \sigma_l)$ $A_p - \sigma_{l5}A_s]/A_0$	$-\sigma_{l5} - \alpha_E \sigma_{pc\,II}$
使用阶段	加载至 $\sigma_{pc} = 0$	$N_{p0} \longleftrightarrow N_{p0}$	$\sigma_{con} - \sigma_l$	0	$-\sigma_{l5}$
	构件即将开裂	$N_{cr} \longleftrightarrow N_{cr}$ f_{tk}（拉）	$\sigma_{con} - \sigma_l$ $+\alpha_E f_{tk}$	f_{tk}	$-\sigma_{l5} + \alpha_E f_{tk}$
	加载至破坏	$N_u \longleftrightarrow N_u$	f_{py}	0	f_y

（3）加荷至构件破坏。加荷至 N_u 构件破坏，裂缝表面的混凝土退出工作，截面上的拉力主要由钢筋承担，当预应力钢筋和非预应力钢筋分别达到其抗拉设计强度 f_{py} 和 f_y 时，构件破坏。此时的外荷载 N_u 为

$$N_u = f_{py}A_p + f_yA_s \tag{9.35}$$

9.5.1.2 后张法构件

1. 施工阶段

（1）完成第一批损失（混凝土预压前）的应力状态。后张法张拉预应力钢筋至 σ_{con} 过程中，发生预应力钢筋与孔道壁之间的摩擦引起的预应力损失 σ_{l2}。锚固时发生锚具引起的预应力损失 σ_{l1}，此时预应力钢筋出现第一批应力损失 $\sigma_{l\mathrm{I}} = \sigma_{l1} + \sigma_{l2}$。于是，完成第一批损失时，混凝土、预应力钢筋、非预应力钢筋的应力分别为 $\sigma_{pc\mathrm{I}}$、$\sigma_{pe\mathrm{I}}$、$\sigma_{s\mathrm{I}}$，则

$$\sigma_{pe\mathrm{I}} = \sigma_{con} - \sigma_{l\mathrm{I}} \tag{9.36}$$

$$\sigma_{s\mathrm{I}} = -(\sigma_{pc\mathrm{I}}/E_c)E_s = -\alpha_E\sigma_{pc\mathrm{I}} \text{（压）} \tag{9.37}$$

根据截面内力平衡条件可求得

$$\sigma_{pc\mathrm{I}} = \frac{A_p(\sigma_{con} - \sigma_{l\mathrm{I}})}{A_c + \alpha_E A_s} = \frac{N_{p\mathrm{I}}}{A_n} \tag{9.38}$$

（2）混凝土预压后的应力状态。由于混凝土收缩、徐变和预应力钢筋的进一步松弛，引起了第二批预应力损失 $\sigma_{l\mathrm{II}}$，则此时预应力钢筋的有效预应力为

$$\sigma_{pe\mathrm{II}} = \sigma_{con} - \sigma_{l\mathrm{I}} - \sigma_{l\mathrm{II}} = \sigma_{con} - \sigma_l \tag{9.39}$$

$$\sigma_{s\mathrm{II}} = -\alpha_E\sigma_{pc\mathrm{II}} - \sigma_{l5} \text{（压）} \tag{9.40}$$

根据截面内力平衡得

$$\sigma_{pc\mathrm{II}} = \frac{A_p(\sigma_{con} - \sigma_l) - \sigma_{l5}A_s}{A_c + \alpha_E A_s} = \frac{N_{p\mathrm{II}}}{A_n} \tag{9.41}$$

2. 使用阶段

（1）加荷至混凝土应力为零（消压状态），此时：

$$\sigma_{pc} = 0 \tag{9.42}$$

$$\sigma_s = -\alpha_E\sigma_{pc\mathrm{II}} - \sigma_{l5} + \alpha_E\sigma_{pc\mathrm{II}} = -\sigma_{l5} \text{（压）} \tag{9.43}$$

$$\sigma_{pe} = \sigma_{con} - \sigma_l + \alpha_E\sigma_{pc\mathrm{II}} \tag{9.44}$$

$$N_{p0} = \sigma_{pc\mathrm{II}}A_0 \tag{9.45}$$

（2）加荷至混凝土即将开裂。荷载增加至 N_{cr}，混凝土应力达到 f_{tk}，构件即将开裂，此时：

$$\sigma_{pc} = f_{tk} \tag{9.46}$$

$$\sigma_s = -\sigma_{l5} + \alpha_E f_{tk} \tag{9.47}$$

$$\sigma_{pe} = \sigma_{con} - \sigma_l + \alpha_E\sigma_{pc\mathrm{II}} + \alpha_E f_{tk} \tag{9.48}$$

$$N_{cr} = (\sigma_{pc\mathrm{II}} + f_{tk})A_0 \tag{9.49}$$

（3）加荷至构件破坏。和先张法相同，裂缝表面的混凝土退出工作，截面上的拉力主要由钢筋承担，构件的承载力 N_u 为

$$N_u = f_{py}A_p + f_yA_s \tag{9.50}$$

由以上分析可知，预应力混凝土结构可以提高构件的抗裂性，但不能提高正截面承

载力。

9.5.2 预应力混凝土轴心受拉构件的设计

GB 50010—2010 规定，预应力混凝土结构构件，除应根据使用条件进行承载力计算及变形、抗裂、裂缝宽度和应力验算外，还应按具体情况对制作、运输及安装等施工阶段进行验算。因此，预应力混凝土轴心受拉构件的设计可分为使用阶段的计算和施工阶段的验算两部分。

9.5.2.1 使用阶段的计算

预应力混凝土轴心受拉构件使用阶段的计算可分为承载力计算、抗裂度验算和裂缝宽度验算。

1. 承载力计算

GB 50010—2010 规定，预应力可作为荷载效应考虑，对承载能力极限状态，当预应力效应对结构有利时，预应力分项系数取 1.0；不利时取 1.2。对正常使用极限状态，预应力分项系数应取 1.0。

根据构件破坏阶段截面应力分布情况（图 9.11），构件破坏时，拉力全部由预应力钢筋和非预应力钢筋承担。正截面受拉承载力按下式计算：

$$N \leqslant f_{py}A_p + f_yA_s \tag{9.51}$$

式中　N ——轴向拉力设计值；

其余符号意义同前。

2. 抗裂度验算

GB 50010—2010 规定，按构件所处环境类别确定相应的裂缝控制等级及最大裂缝宽度限值，并按下列规定进行受拉边缘应力或正截面裂缝宽度验算：

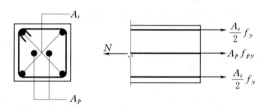

图 9.11　预应力轴心受拉构件
承载力计算简图

（1）严格要求不出现裂缝的构件（裂缝控制等级为一级），则在荷载效应的标准组合下应符合：$\sigma_{ck} - \sigma_{pc} \leqslant 0$

（2）一般要求不出现裂缝的构件（二级），则

在荷载效应的标准组合下应符合：$\sigma_{ck} - \sigma_{pc} \leqslant f_{tk}$

在荷载效应的准永久组合下应符合：$\sigma_{cq} - \sigma_{pc} \leqslant 0$

（3）允许出现裂缝的构件（三级）。按荷载效应的标准组合并考虑长期作用影响计算的最大裂缝宽度，应符合：

$$w_{\max} \leqslant w_{\lim} \tag{9.52}$$

式中　σ_{pc} ——扣除全部预应力损失后在抗裂验算边缘混凝土的预压应力，按式（9.26）或式（9.41）计算；

　σ_{ck}、σ_{cq} ——荷载效应的标准组合、准永久组合下抗裂验算边缘的混凝土法向应力，$\sigma_{ck} = N_k/A_0$，$\sigma_{cq} = N_q/A_0$，N_k、N_q 为按荷载效应的标准组合、准永久组合计算的轴向拉力值；

　$w_{\lim}$ ——最大裂缝宽度限值，按表 9.6 采用；

　$w_{\max}$ ——按荷载效应的标准组合并考虑长期作用影响计算的最大裂缝宽度，按下式计算：

$$w_{\max} = 2.7\psi \frac{\sigma_{sk}}{E_s}\left(1.9c + 0.08\frac{d_{eq}}{\rho_{te}}\right) \tag{9.53}$$

此处，裂缝截面处纵向钢筋的拉应力按下式计算：

$$\sigma_{sk} = \frac{N_k - N_{p0}}{A_p + A_s} \tag{9.54}$$

式中符号意义同前。

表 9.6　　　　　　　　　　　结构构件的裂缝控制等级及最大裂缝宽度的限值　　　　　　　　　　单位：mm

环境类别		预应力混凝土结构	
		裂缝控制等级	$w_{\lim}$
一		三级	0.20
二	a		0.10
	b	二级	—
三	a	一级	—
	b		—

9.5.2.2　施工阶段的验算

预应力构件在制作施工阶段，在预应力钢筋张拉放松过程中有可能对混凝土造成破坏或局部损坏；由于自重和预应力作用下，在运输中往往使吊点处产生很大的拉应力而引起该截面开裂或不满足抗裂要求。因此，构件截面边缘的混凝土应力应符合下列规定：

$$\sigma_{cc} \leqslant 0.8 f'_{ck} \tag{9.55}$$

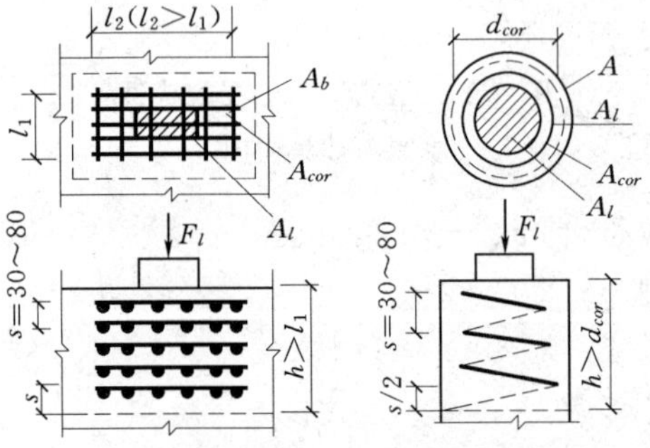

（a）方格网式配筋　　（b）螺旋式配筋

图 9.12　局部受压区的间接钢筋

式中　f'_{ck} ——与各阶段混凝土立方体抗压强度 f'_{cu} 相应的抗压强度标准值；

σ_{cc} ——相应施工阶段计算截面混凝土的压应力，按下式计算：

$$\sigma_{cc} = \sigma_{pc} + \frac{N_k}{A_0} \tag{9.56}$$

其中，N_k 为构件自重及施工荷载标准组合在计算截面产生的轴向力值，其余符号意义同前。

9.5.2.3　构件端部局部承压验算

由于预应力混凝土构件锚具、垫板下存在很大的局部压应力，这种压应力要经过一段距离才能扩散到整个截面上。为保证构件端部的局部承压能力，在预应力钢筋锚具下及张拉设备的支承处，应配置预埋的垫板及附加方格网片或螺旋式间接钢筋，且其核心面积 $A_{cor} \geqslant A_l$（图 9.12）。

根据规范，局部受压承载力应按下式计算

$$F_l \leqslant 0.9(\beta_c\beta_l f_c + 2\alpha\rho_v\beta_{cor}f_y)A_{ln} \tag{9.57}$$

式中　F_l ——局部受压面上作用的局部荷载或局部压力设计值。在后张法预应力混凝土构件中的锚头局压区，$F_l = 1.2\sigma_{con} A_p$；在无黏结预应力混凝土构件中，还应与 $f_{ptk} A_p$ 值相比较，取其中的较大值；

β_c —— 混凝土强度影响系数，当混凝土强度等级不超过 C50 时，取 $\beta_c = 1.0$；当混凝土强度等级为 C80 时，取 $\beta_c = 0.8$，其间按线性内插法取用；

β_l —— 混凝土局部受压时的强度提高系数：

$$\beta_l = \sqrt{\frac{A_b}{A_l}} \tag{9.58}$$

其中，A_b 为局部受压时的计算底面积；

f_c' —— 混凝土轴心抗压强度设计值，在后张法预应力混凝土构件的张拉阶段验算中，取相应阶段的混凝土立方体抗压强度 f_{cu}' 值，按线性内插法取用；

β_{cor} —— 配置间接钢筋的局部受压承载力提高系数。用式（9.58）计算，但 A_b 以 A_{cor} 代替；

A_{ln} —— 混凝土局部受压净面积，对后张法构件，应在混凝土局部受压面积中扣除孔道、凹槽部分的面积；

ρ_v —— 体积配筋率，当为方格网配筋时，则

$$\rho_v = \frac{n_1 A_{s1} l_1 + n_2 A_{s2} l_2}{A_{cor} S} \tag{9.59}$$

其中，n_1、A_{s1} 为方格网沿 l_1 方向的钢筋根数、单根钢筋的截面面积；n_2、A_{s2} 为方格网沿 l_2 方向的钢筋根数、单根钢筋的截面面积；要求在钢筋网两个方向的单位长度内，其钢筋截面面积相差不应大于 1.5 倍。

当为螺旋配筋时，体积配筋率按下式计算：

$$\rho_v = \frac{4 A_{ss1}}{d_{cor} S} \tag{9.60}$$

其中，d_{cor} 为螺旋式单根间接钢筋范围以内的混凝土直径；A_{ss1} 为配置螺旋式间接钢筋的截面面积；S 为方格网或螺旋式间接钢筋的间距。

间接钢筋应配置在图 9.12 所规定的 h 范围内。对柱接头 h 还不应小于 15 倍纵向钢筋直径。配置方格网钢筋不应少于 4 片，配置螺旋式钢筋不应少于 4 圈。

9.6 预应力混凝土构件的构造

预应力混凝土构件除需满足按受力要求及有关钢筋混凝土构件的构造要求以外，还必须满足张拉工艺、锚固方式、配筋种类、数量、布置形式、放置位置等方面提出的构造要求。

9.6.1 先张法构件

先张法预应力钢丝按单根方式配筋困难时，可采用相同直径钢丝并筋方式。并筋的等效直径，对双并筋应取为单根直径的 1.4 倍，对三并筋应取为单根直径的 1.7 倍。

并筋的保护层厚度、锚固长度、预应力传递长度及正常使用极限状态验算均应按等效

直径考虑。

先张法预应力钢筋之间的净距应根据浇筑混凝土、施加预应力及钢筋锚固等要求确定。预应力钢筋之间的净距离不应小于其公称直径或等效直径的1.5倍，且应符合下列规定：对于热处理钢筋及钢丝，不应小于15mm；对三股钢绞线，不应小于20mm；对七股钢绞线，不应小于25mm。

对先张法预应力混凝土构件，为防止放松钢筋时外围混凝土产生劈裂裂缝，对预应力钢筋端部周围的混凝土应采取下列加强措施：

（1）对单根预应力钢筋，在构件端部设置长度不小于150mm且不少于4圈的螺旋筋。

（2）对分散布置的多根预应力钢筋，在构件端部10d（d为预应力钢筋的公称直径）范围内，应设置3～5片与预应力钢筋垂直的钢筋网。

（3）对采用预应力钢丝配筋的薄板，在端部100mm范围内应适当加密横向钢筋。

9.6.2 后张法构件

后张法预应力钢筋所用锚具的形式和质量应符合国家现行有关标准的规定。

后张法预应力钢丝束、钢绞线束的预留孔道应符合下列规定：

（1）对预制构件，孔道之间的水平净距离不宜小于50mm；孔道至构件边缘的净距离不宜小于30mm。且不宜小于孔道直径的一半。

（2）在框架梁中，预留孔道在竖直方向的净距离不应小于孔道外径，水平方向的净距离不应小于1.5倍孔道直径；从孔壁算起的混凝土保护层厚度，梁底不宜小于50mm，梁侧不宜小于40mm。

（3）预留孔道的内径应比预应力钢丝束或钢绞线束外径及需穿过孔道的连接器外径大10～15mm。

（4）在构件两端及跨中应设置灌浆孔或排气孔，其孔距不宜大于12mm。

（5）凡制作时需要预先起拱的构件，预留孔道宜随构件同时起拱。

对后张法预应力混凝土构件的端部锚固区，应按下列规定配置间接钢筋：

（1）应进行局部受压承载力计算，并配置间接钢筋，其体积配筋率不应小于0.5%。

（2）在局部受压区间接钢筋配置区以外，在构件端部长度l不小于$3e$（e为截面重心线上部或下部预应力钢筋的合力点至临近边缘的距离）但不大于$1.2h$（h为构件端部截面高度）、高度为$2e$的附加配筋区范围内，应均匀配置附加箍筋或网片，其体积配筋率不应小于0.5%（图9.13）。

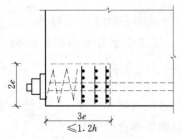

图9.13 端部的间接配筋

在后张法预应力混凝土构件的端部宜按下列规定布置钢筋：

（1）宜将一部分预应力钢筋靠近支座处弯起，弯起的预应力钢筋宜沿构件端部均匀布置。

（2）当构件端部预应力钢筋需集中布置在截面下部或集中布置在下部和上部时，应在构件端部$0.2h$（h为构件端部截面高度）范围内设置附加竖向焊接钢筋网、封闭式箍筋或其他形式的构造钢筋。

后张法预应力混凝土构件中，曲线预应力钢丝束、钢绞线束的曲率半径不宜小于4m；对折线配筋的构件，在预应力钢筋弯折处的曲率半径可适当减小。

构件端部尺寸应考虑锚具的布置、张拉设备的尺寸和局部受压的要求，必要时应适当加大。

思 考 题

9.1 何为预应力混凝土？与普通钢筋混凝土构件相比，预应力混凝土结构有何优缺点？

9.2 为什么预应力混凝土构件必须采用高强钢材，且应尽可能采用高强度等级的混凝土？

9.3 预应力混凝土分为哪几类？各有何特点？

9.4 施加预应力的方法有哪几种？先张法和后张法的区别何在？试简述它们的优缺点及应用范围。

9.5 什么是张拉控制应力？为什么张拉控制应力取值不能高也不能低？

9.6 预应力损失有哪几种？各种损失产生的原因是什么？计算方法及减小措施如何？先张法、后张法各有哪几种损失？哪些属于第一批，哪些属于第二批？

9.7 施加预应力对轴心受拉构件的承载力有何影响？为什么？

9.8 什么是预应力混凝土的换算面积和净截面面积？

9.9 简述先张法预应力混凝土轴心受拉构件各阶段中混凝土及钢筋的应力状态。

9.10 简述后张法预应力混凝土轴心受拉构件各阶段中混凝土及钢筋的应力状态。

第10章 钢筋混凝土梁板结构

10.1 概 述

钢筋混凝土梁板结构是由梁、板、柱（或无梁）组成的结构形式，在建筑工程中的楼盖、屋盖、整片式基础中广泛采用，此外，还应用于桥梁的桥面结构，水池的顶盖、池壁，挡土墙等结构物。其设计原理具有普遍意义。

钢筋混凝土楼盖按其施工方法的不同可分为现浇整体式、预制装配式和装配整体式三种。

现浇整体式楼盖的混凝土为现场浇筑，楼盖的整体性好，抗震性能强，防水性能好，且具有很强的适应性。但需较多模板。随着施工技术的不断革新和抗震对楼盖整体性要求的提高，现浇整体式楼盖的应用正在日益增多。现浇整体式楼盖按其受力和支撑情况的不同可分为单向板肋梁楼盖、双向板肋梁楼盖、井式楼盖和无梁楼盖四种（图10.1）。

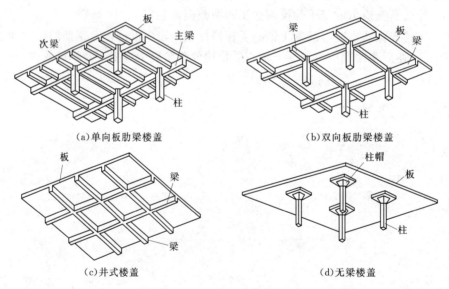

(a)单向板肋梁楼盖　　　　　　　(b)双向板肋梁楼盖

(c)井式楼盖　　　　　　　(d)无梁楼盖

图 10.1 现浇楼盖的结构形式

预制装配式楼盖采用混凝土预制构件，施工速度快，便于工业化生产。但楼盖的整体性、抗震性、防水性较差，不便于开设孔洞。高层建筑及抗震设防要求高的建筑均不宜采用。

装配整体式楼盖是在各预制构件吊装就位后，再在板面做配筋现浇层而形成的叠合式楼盖。这样做可节省模板，楼盖的整体性也较好，但费工、费料，采用较少。

10.2 整体式单向板肋梁楼盖

四边支承板按其长边 l_2 与短边 l_1 之比不同可分为单向板和双向板。当板的长边 l_2 与短边 l_1 之比较大时，板上荷载主要沿短边方向传递，可忽略荷载沿长边方向的传递，称为单向板。单向板是仅仅或主要在一个方向受弯的板。

GB 50010—2010 规定当 $l_2/l_1 \leqslant 2$ 时应按双向板计算；当 $2 < l_2/l_1 < 3$ 时，宜按双向板计算；当 $l_2/l_1 \geqslant 3$ 时，可按短边方向受力的单向板计算。

由单向板及其支承梁组成的楼盖，称为单向板肋梁楼盖。

单向板肋梁楼盖施工的基本步骤为：首先根据适用、经济、整齐的原则进行结构平面布置，然后分别进行单向板、次梁及主梁的设计。在板、次梁和主梁设计中均包括荷载计算、计算简图、内力计算、配筋计算和绘制施工图等内容。绘制施工图时除了考虑计算结果外，还应考虑构造要求。

10.2.1 结构平面布置

次梁的间距即为板的跨度，主梁的间距即为次梁的跨度，柱或墙在主梁方向的间距即为主梁的跨度，如图 10.2 所示。结构平面布置时应综合考虑以下几点：

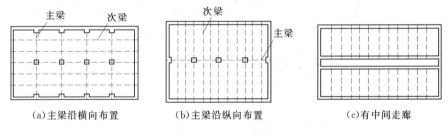

图 10.2 单向板肋梁楼盖的组成

(1) 柱网和梁格布置要综合考虑使用要求并注意经济合理。构件的跨度太大或太小均不经济，因此，在结构布置时，应综合考虑房屋的使用要求和各构件的合理跨度。单向板肋梁楼盖各种构件的经济跨度为：板 1.7～2.7m，次梁 4～6m，主梁 5～8m。当荷载较小时，宜取较大值；荷载较大时，宜取较小值。

(2) 除确定梁的跨度以外，还应考虑主、次梁的方向。工程中常将主梁沿房屋横向布置；这样，房屋的横向刚度容易得到保证。有时为满足某些特殊需要（如楼盖下吊有纵向设备管道），也可将主梁沿房屋纵向布置以减小层高。

一般情况下，主梁的跨中宜布置两根次梁，这样可使主梁的弯矩图较为平缓，有利于节约钢筋。

(3) 结构布置应尽量简单、规整和统一，以减少构件类型，并且便于设计计算及施工，易于实现适用、经济及美观的要求。为此，梁板尽量布置成等跨；板厚及梁截面尺寸在各跨内宜尽量统一。

10.2.2 计算简图的确定

钢筋混凝土楼盖中连续板、梁的内力计算的方法有两种：弹性理论计算法和塑性理论计算法。内力计算之前，首先应确定结构构件的计算简图。内容包括支承条件、计算跨度和跨数、荷载分布及大小等。

1. 支承条件

当梁、板为砖墙（或砖柱）承重时，由于其嵌固作用很小，可按铰支座考虑。板与次梁或次梁与主梁虽然整浇在一起，但支座对构件的约束并不太强，为简化计算起见，通常也假定为铰支座。主梁与柱整浇在一起时，支座的确定与梁和柱的线刚度比有关，当梁与柱的线刚度之比大于 5 时，柱可视为主梁的铰支座，否则应按框架结构计算。

2. 计算跨度和跨数

梁、板的计算跨度是指计算弯矩时所取用的跨间长度。设计中一般按下列规定取用：

当按弹性理论计算时，计算跨度一般可取支座中心线的距离。按塑性理论计算时，一般可取为净跨。但当边支座为砌体时，按弹性理论计算的边跨计算跨度如下（塑性理论计算时则不计入 $\frac{b}{2}$）：

板
$$l_0 = l_n + \frac{b}{2} + \left(\frac{a}{2} \text{ 和 } \frac{h}{2} \text{ 较小者}\right) \tag{10.1}$$

梁
$$l_0 = l_n + \frac{b}{2} + \left(\frac{a}{2} \text{ 和 } 0.025l_n \text{ 较小者}\right) \tag{10.2}$$

式中　l_0——计算跨度；

　　　l_n——净跨度；

　　　b——板或梁的中间支座的宽度；

　　　a——板或梁在边支座的搁置长度；

　　　h——板的厚度。

对于 5 跨和 5 跨以内的连续梁（板），按实际跨数考虑；超过 5 跨时，当各跨荷载及刚度相同、跨度相差不超过 10％ 时，可近似地按 5 跨连续梁（板）计算（图 10.3）。配筋计算时，中间各跨的内力均认为与 5 跨连续梁（板）计算简图中的第 3 跨相同。

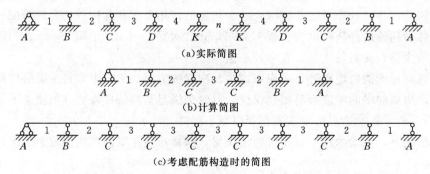

图 10.3　连续梁、板的计算简图

3. 荷载计算

作用于楼盖上的荷载有恒荷载和活荷载两种。恒荷载包括结构自重、构造层重和永久性设备重等。楼盖恒荷载标准值按实际构造情况计算确定。活荷载包括使用时的人群和临时性设备等重量。计算屋盖时活荷载还需考虑雪荷载。活荷载标准值可查阅《建筑结构荷载规范》取用。

计算连续单向板时，通常取 1m 宽的板带为计算单元，因此其均布线荷载的数值大小就等于其均布面荷载的数值。

次梁除自重（包括粉刷）外，还承受板传来的恒荷载和活荷载，次梁负荷范围宽度为次梁的间距。

主梁除自重（包括粉刷）外，还承受次梁传来的集中力。为简化计算，主梁的自重也可折算为集中荷载并入次梁传来的集中力中。

单向板肋梁楼盖梁、板的荷载情况如图 10.4 所示。

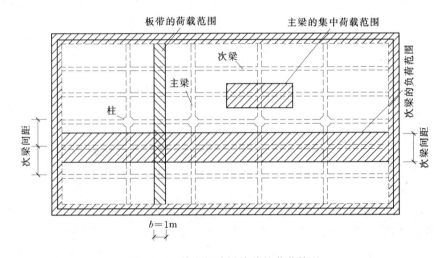

图 10.4　单向板肋梁楼盖的荷载情况

10.2.3　内力计算

10.2.3.1　按弹性理论计算内力

弹性计算法就是采用结构力学方法进行内力的计算。计算时假定梁板为理想弹性体系。

1. 内力系数表

为简化计算，对等跨度连续梁、板在不同布置的荷载作用下的内力系数，可直接查用附表 1，然后按照下式计算各截面的弯矩和剪力值。

在均布及三角形荷载作用下：

$$M = 表中系数 \times q l_0^2 \tag{10.3}$$

$$V = 表中系数 \times q l_0 \tag{10.4}$$

在集中荷载作用下：

$$M = 表中系数 \times F l_0 \tag{10.5}$$

$$V = 表中系数 \times F \tag{10.6}$$

式中　q——均布荷载，kN/m；

　　　F——集中荷载，kN。

165

跨度相差在 10% 以内的不等跨连续梁板也可近似地查用该表,在计算支座弯矩时取支座左右跨度的平均值作为计算跨度(或取其中较大值)。

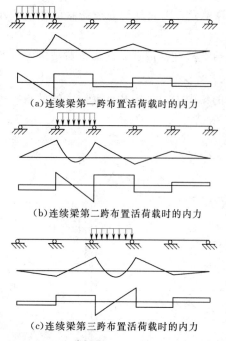

(a)连续梁第一跨布置活荷载时的内力

(b)连续梁第二跨布置活荷载时的内力

(c)连续梁第三跨布置活荷载时的内力

图 10.5　单跨承载时连续梁的内力

2. 荷载的最不利组合

连续梁板上的恒荷载按实际情况布置,但活荷载在各跨的分布是随机的,因此必须研究活荷载如何布置使各截面上的内力最不利的问题,即活荷载的最不利布置。图 10.5 为当活荷载布置在不同跨时梁的弯矩图和剪力图。

活荷载最不利布置的方法如下:

(1)求某跨跨中最大正弯矩时,应在该跨布置,然后再隔跨布置。

(2)求某跨跨中最小弯矩时,应在该跨的邻跨布置,然后再隔跨布置。

(3)求某支座最大负弯矩和支座边最大剪力时,应在该支座两边布置,然后再隔跨布置。

3. 内力包络图

以恒荷载作用下的内力图为基础,分别将恒荷载作用下的内力与各种活荷载不利布置情况下的内力进行组合,求得各组合的内力,并将各组合的内力图叠画在同一条基线上,其外包线所形成的图形便称为内力包络图。它表示连续梁在各种荷载最不利布置下各截面可能产生的最大内力值。图 10.6 为五跨连续梁的弯矩包络图和剪力包络图,根据弯矩包络图配置纵筋,根据剪力包络图配置箍筋,可达到既安全又经济的目的。但为简便起见,对于配筋量不大的梁(例如次梁),也可不作内力包络图,而按最大内力配筋,并按经验方法确定纵筋的

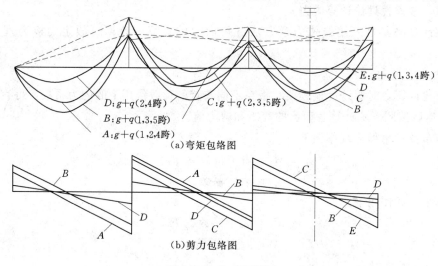

(a)弯矩包络图

$E:g+q(1,3,4$ 跨)
$D:g+q(2,4$ 跨)
$C:g+q(2,3,5$ 跨)
$B:g+q(1,3,5$ 跨)
$A:g+q(1,2,4$ 跨)

(b)剪力包络图

图 10.6　内力包络图

弯起和截断位置。

4. 荷载调整

计算简图中，将板和梁整体连接的支承简化为铰支座，实际上，当连续梁板与其支座整浇时，它在支座处的转动受到一定的约束，并不像铰支座那样自由转动，由此引起的误差，设计时可以用折算荷载的方法来进行调整。所谓折算荷载，是将活荷载减小，而将恒荷载加大。连续板和连续次梁的折算荷载可按下式计算：

对于板

$$g' = g + \frac{1}{2}q \tag{10.7}$$

$$q' = \frac{1}{2}q \tag{10.8}$$

对于次梁

$$g' = g + \frac{1}{4}q \tag{10.9}$$

$$q' = \frac{3}{4}q \tag{10.10}$$

式中　g、q——实际均布恒荷载和活荷载；

　　　　g'、q'——折算均布恒荷载和活荷载。

当现浇板或次梁的支座为砖砌体、钢梁或预制混凝土梁时，支座对现浇梁板并无转动约束，这时不可采用折算荷载。另外，因主梁较重要，且支座对主梁的约束一般较小，故主梁不考虑折算荷载问题。

5. 支座截面内力的计算

按弹性理论计算时，无论梁或者是板，求得的支座截面内力为支座中心线处的最大内力，由于在支座范围内构件的截面有效高度较大，故破坏不会发生在支座范围内，而是在支座边缘截面处。因此，应取支座边缘截面为控制截面，其弯矩和剪力可近似地按以下公式计算：

$$M_{边} = M - V_0 \frac{b}{2} \tag{10.11}$$

$$V_{边} = V - (g + q) \frac{b}{2} \tag{10.12}$$

式中　M、V——支座中心处的弯矩、剪力；

　　　　b——支座宽度；

　　　　V_0——按简支梁考虑的支座边缘剪力。

10.2.3.2　按塑性理论计算内力

按弹性理论计算钢筋混凝土连续梁板时，存在以下问题：弹性理论研究的是匀质弹性材料，而钢筋混凝土是由钢筋和混凝土两种弹塑性材料组成，这样用弹性理论计算必然不能反映结构的实际工作状况，而且与截面计算理论不相协调；按弹性理论计算连续梁时，各截面均按其最不利活荷载布置来进行内力计算并且配筋，由于各种最不利荷载组合并不同时发生，所以各截面钢筋不能同时被充分利用；另外利用弹性理论计算出的支座弯矩一般大于跨中弯矩，支座处配筋拥挤，给施工造成一定的困难。

为充分考虑钢筋混凝土构件的塑性性能，解决上述问题，提出按塑性理论计算内力的方法。

1. 钢筋混凝土受弯构件的塑性铰

图 10.7 为一集中荷载作用下的钢筋混凝土简支梁，当荷载加至跨中受拉钢筋屈服后，混凝土垂直裂缝迅速发展，受拉钢筋明显被拉长，受压区混凝土被压缩，在塑性变形集中产生的区域，犹如形成了一个能够转动的"铰"，直到受压区混凝土压碎，构件才告破坏。上述梁中，塑性变形集中产生的区域称为塑性铰。

图 10.7 梁的塑性铰

与理想铰相比，塑性铰具有以下特点：

(1) 理想铰不能传递弯矩，而塑性铰能传递一定的弯矩。

(2) 塑性铰是单向铰，仅能沿弯矩作用方向发生有限的转动。

对于静定结构，任一截面出现塑性铰后，即可使其变成几何可变体系而丧失承载力。但对于超静定结构，由于存在多余联系，构件某一截面出现塑性铰，并不能使其立即变成几何可变体系，仍能继续承受增加的荷载，直到其他截面也出现塑性铰，使其成为几何可变体系，才丧失承载力。

2. 钢筋混凝土超静定结构的塑性内力重分布

在钢筋混凝土超静定结构中，由于构件开裂后引起的刚度变化以及塑性铰的出现，在构件各截面间将产生塑性内力重分布，使各截面内力与弹性分析结果不一致。

现以图 10.8 所示两跨连续梁为例（各跨内距中间支座 1/3 跨处均受一个集中荷载 P 作用），说明超静定结构的塑性内力重分布过程。

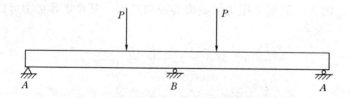

图 10.8 超静定结构的塑性内力重分布

该梁按弹性理论计算所得的支座与跨中最大弯矩分别为：$M_B = -0.185Pl$，$M_1 = 0.010Pl$。若在配筋时，支座钢筋按 $M_B = -0.148Pl$ 配置，跨中钢筋按 $M_1 = 0.123Pl$ 配置。随着荷载的增加，当荷载使得支座弯矩 $M_B = -0.148Pl$ 时，支座 B 钢筋屈服，出现塑性铰。荷载继续增大时，支座 B 维持 M_B 不增而 M_1 增加。当 M_1 增至 $M_1 = 0.123Pl$ 时，跨中也将出现塑性铰，此时结构变为几何可变体系而破坏。可见，塑性理论分析内力时，由于塑性铰的出现，构件中出现的内力与弹性理论分析的结果不一致。

3. 按塑性内力重分布设计的基本原则

按塑性内力重分布方法设计多跨连续梁、板时，可考虑连续梁、板具有的塑性内力重分布特性，采用弯矩调幅法将某些截面的弯矩（一般将支座截面弯矩）予以调整降低后配筋。这样既可以节约钢材，又保证结构安全可靠，还可以避免支座钢筋过于拥挤而造成施工困难。设计时应遵循以下基本原则：

（1）满足刚度和裂缝宽度的要求：为使结构满足正常使用条件，不致出现过宽的裂缝，弯矩调低的幅度不能太大，对 HPB300、HRB335、HRB400 钢筋宜不大于 20％，且应不大于 25％，对冷拉、冷拔和冷轧钢筋应不大于 15％。

（2）确保结构安全可靠：调幅后的弯矩应满足静力平衡条件，每跨两端支座负弯矩绝对值的平均值与跨中弯矩之和应不小于简支梁的跨中弯矩。

（3）塑性铰应有足够的转动能力：这是为了保证塑性内力重分布的实现，避免受压区混凝土过早被压坏，要求混凝土受压区高度 $x < 0.35h_0$，并宜采用 HPB300、HRB335 或 HRB400 钢筋。

4. 等跨连续梁、板按塑性理论计算内力的方法

为方便计算，对工程中常用的承受均布荷载的等跨连续梁、板，采用内力计算公式系数，设计时直接按照下列公式计算内力。

弯矩 $$M = a_m(g + q)l_0^2 \qquad (10.13)$$

剪力 $$V = a_v(g + q)l_n \qquad (10.14)$$

式中　a_m——弯矩系数，按图 10.9 采用（当边支座为砖墙时）；

　　　a_v——剪力系数，按图 10.9 采用；

　　g、q——均布恒、活载设计值；

　　　l_0——计算跨度；

　　　l_n——梁的净跨度。

对于跨度相差不超过 10％ 的不等跨连续梁板，也可近似按上式计算，在计算支座弯矩时可取支座左右跨度的较大值作为计算跨度。

图 10.9 所示的弯矩系数是根据弯矩调幅法将支座弯矩调低约 25％ 的结果，适用于 $g/q > 0.3$ 的结构。当 $g/q \leq 0.3$ 时，调幅应不大于 15％，支座弯矩系数需适当增大。

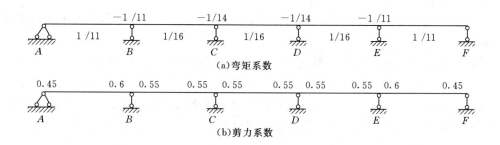

图 10.9 板和次梁按塑性理论计算的内力系数

5. 塑性理论计算法的适用范围

塑性理论计算法较弹性理论计算法能改善配筋、节约材料。但它不可避免地导致构件在使用阶段的裂缝过宽及变形较大，因此在下列情况下不能采用塑性理论计算法进行设计：

（1）直接承受动力荷载的结构。

（2）裂缝控制等级为一级或二级的结构构件。

（3）处于重要部位的结构，如主梁。

10.2.4　截面设计和构造要求

10.2.4.1　板的计算和构造要求

1. 板的计算

（1）通常取 1m 宽板带作为计算单元计算荷载及配筋。

（2）板内剪力较小，一般可以满足抗剪要求，设计时不必进行斜截面受剪承载力计算。

（3）对四周与梁整体连接的单向板，因受支座的反推力作用，该推力可减少板中各计算截面的弯矩，设计时其中间跨的跨中截面及中间支座截面的计算弯矩可减少 20%。但边跨跨中及第一内支座的弯矩不予降低。

2. 板的构造要求

（1）板厚。因板是楼盖中的大面积构件，从经济角度考虑应尽可能将板设计得薄一些，但其厚度必须满足规范对于最小板厚的规定。

（2）板的支承长度。板在砖墙上的支承长度一般不小于板厚及 120mm，且应该满足受力钢筋在支座内的锚固长度。

（3）受力钢筋。一般采用 HPB300、HRB335 级钢筋，直径常用 8mm、10mm、12mm、14mm、16mm。支座负弯矩钢筋直径不宜过小。

受力钢筋间距，一般不小于 70mm；当板厚不大于 150mm 时，其间距不宜大于 200mm；当板厚大于 150mm 时，其间距不宜大于 1.5 倍的板厚且不宜大于 250mm。伸入支座的正弯矩钢筋，其间距不应大于 400mm，截面面积不小于跨中受力钢筋截面面积的 1/3。

连续板受力钢筋的配筋方式有分离式和弯起式两种（图 10.10）。采用弯起式配筋时，板的整体性好，且可节约钢筋，但施工复杂。

分离式配筋由于其施工简单，一般板厚不大于 120mm，且所受动荷载不大时采用分离式配筋。

等跨或跨度相差不超过 20% 的连续板可直接采用图 10.10 确定钢筋弯起和切断的位置。当支座两边的跨度不等时，支座负筋伸入某一侧的长度应以另一侧的跨度来计算；为简便起见，也可均取支座左右跨较大的跨度计算。若跨度相差超过 20%，或各跨荷载相差悬殊，则必须根据弯矩包络图来确定钢筋的位置。

（4）构造钢筋。

1）分布钢筋。分布钢筋是与受力钢筋垂直的钢筋，并放在受力钢筋内侧；其截面面积不宜小于受力钢筋截面面积的 15%，且不宜小于该方向板截面面积的 0.15%；间距不宜大于 250mm，直径不宜小于 6mm。在受力钢筋的弯折处也应布置分布钢筋；当板上集中荷载较大或为露天构件时，其分布钢筋宜适当加密，取间距为 150~200mm。

2）板面构造钢筋。板面构造钢筋有嵌入墙内的板面构造钢筋、垂直于主梁的板面构造钢筋等。嵌固在墙内的板，在内力计算时通常按简支计算。但实际上由于墙的约束存在

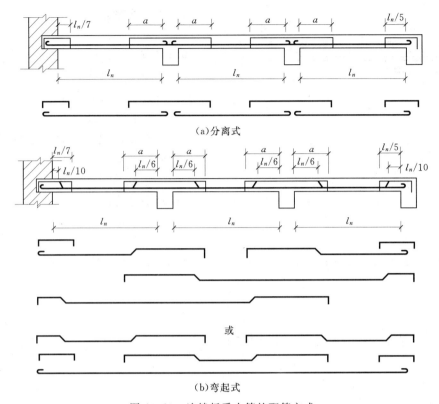

(a)分离式

(b)弯起式

图 10.10 连续板受力筋的配筋方式

当 $q/g \leqslant 3$ 时，$a = l_n/4$；$q/g > 3$ 时，$a = l_n/3$，其中 q 为均布荷载，g 为均布恒荷载

着负弯矩，需在此设置板面构造负筋。在主梁两侧一定范围内的板内也将产生一定的负弯矩，需设置板面构造负筋。

GB 50010—2010 规定，对于嵌入承重砌体墙内的现浇板，需配置间距不宜大于200mm、直径不应小于 8mm（包括弯起钢筋在内）的构造钢筋，其伸出墙边长度不应小于$l_1/7$。对两边嵌入墙内的板角部分，应双向配置上述构造钢筋，伸出墙面的长度应不小于$l_1/4$（图 10.11），l_1 为板的短边长度。沿板的受力方向配置的上部构造钢筋，其截面面积不宜小于该方向跨中受力钢筋截面面积的 1/3；沿非受力方向配置的上部构造钢筋，可根据经验适当减小。

应在板面沿主梁方向配置间距不大于200mm、直径不小于 8mm 的构造钢筋，单位长度内的总截面面积应不小于板跨中单位长度内受力钢筋截面面积的 1/3，伸出主梁两边的

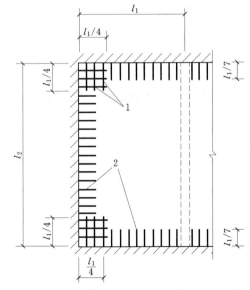

图 10.11 板嵌固在承重墙内时板的上部构造钢筋

1—双向，$\phi 8@200$；2—构造钢筋，$\phi 8@200$

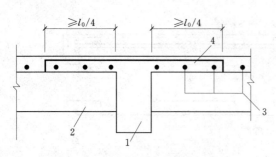

图 10.12　板中与梁肋垂直的构造钢筋

1—主梁；2—次梁；3—板的受力钢筋；

4—间距不大于 200mm、直径不小于

8mm 板上部构造钢筋

2. 构造要求

（1）次梁伸入墙内的长度一般应不小于 240mm，次梁的钢筋及其布置可参考图10.13。

长度不小于板的计算跨度 l_0 的 1/4（图 10.12）。

10.2.4.2　次梁的计算和构造要求

1. 次梁的计算

（1）正截面承载力计算时，跨中可按 T 形截面计算，支座只能按矩形截面计算。

（2）一般可仅设置箍筋抗剪，而不设弯筋。

（3）截面尺寸满足高跨比（1/18～1/12）和宽高比（1/3～1/2）的要求时，一般不必做挠度和裂缝宽度验算。

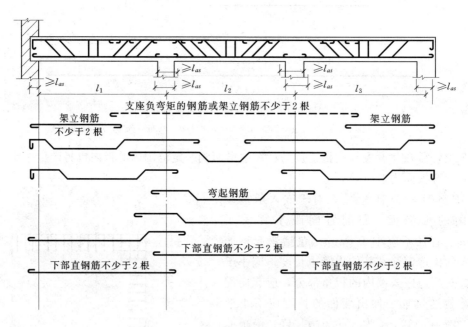

图 10.13　次梁的钢筋组成及布置

（2）当连续次梁相邻跨度差不超过 20%，承受均布荷载，且活载与恒载之比不大于 3 时，其纵向受力钢筋的弯起和切断可按图 10.14 进行；当不符合上述条件时，原则上应按弯矩包络图确定纵筋的弯起和截断位置。

10.2.4.3　主梁

1. 主梁的计算

（1）通常跨中可按 T 形截面计算正截面承载力，支座按矩形截面计算。

（2）由于支座处板、次梁和主梁的钢筋重叠交错，且主梁负筋位于次梁负筋之下，因

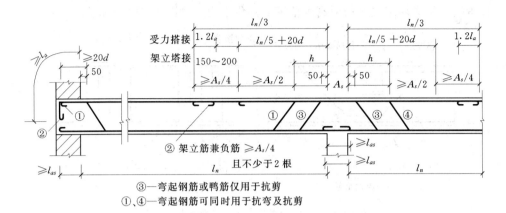

③—弯起钢筋或鸭筋仅用于抗剪
①、④—弯起钢筋可同时用于抗弯及抗剪

图 10.14 次梁的配筋构造要求

此主梁支座处的截面有效高度有所减小，当钢筋单排布置时，$h_0 = h - (50 \sim 60)$mm，当钢筋双排布置时，$h_0 = h - (70 \sim 80)$mm。

（3）主梁截面尺寸满足高跨比（1/14~1/8）和宽高比（1/3~1/2）的要求时，一般不必做挠度和裂缝宽度验算。

2. 构造要求

（1）主梁伸入墙内的长度一般应不小于370mm。主梁的配筋及其布置可参考图10.15。

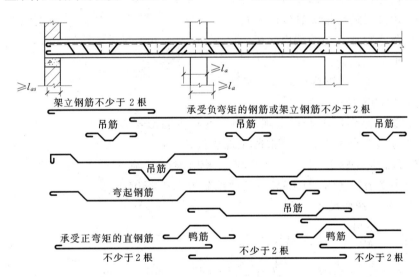

图 10.15 主梁配筋构造要求

（2）主梁纵筋的弯起和截断，原则上应在弯矩包络图上进行，并应满足有关构造要求，主梁下部的纵向受力钢筋伸入支座的锚固长度也应满足有关构造要求。

（3）梁的受剪钢筋宜优先采用箍筋，但当主梁剪力很大，箍筋间距过小时也可在近支座处设置部分弯起钢筋或鸭筋抗剪。

（4）在次梁与主梁交接处，由于主梁承受次梁传来的集中荷载，可能使主梁中下部产生约为45°的斜裂缝而发生局部破坏。因此应在主梁上的次梁截面两侧设置附加横向钢

173

筋，以承受次梁作用于主梁截面高度范围内的集中力，如图 10.16 所示。

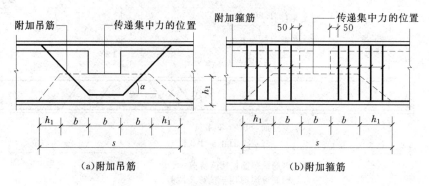

图 10.16   集中荷载作用时主梁附加横向钢筋

附加横向钢筋应布置在长度 $s = 3b + 2h_1$ 的范围内，b 为次梁宽度，h_1 为主次梁的底面高差。GB 50010—2010 建议附加横向钢筋宜优先采用箍筋，第一道附加箍筋距次梁侧 50mm 处布置。附加横向钢筋的用量按下式计算：

$$F \leqslant mA_{sv}f_{yv} + 2A_{sb}f_y \sin\alpha_s \qquad (10.15)$$

式中 F——次梁传给主梁的集中荷载设计值；

f_{yv}、f_y——附加箍筋、吊筋的抗拉强度设计值；

$\quad A_{sb}$——附加吊筋的截面面积；

$\quad \alpha_s$——附加吊筋与梁纵轴线的夹角，一般为 45°，梁高大于 800mm 时为 60°；

$\quad A_{sv}$——每道附加箍筋的截面面积，$A_{sv} = nA_{sv1}$，n 为每道箍筋的肢数，A_{sv1} 为单肢箍筋的截面面积；

$\quad m$——在宽度 s 范围内的附加箍筋道数。

10.2.5   单向板肋梁楼盖设计实例

【例 10.1】   某多层工业厂房现浇钢筋混凝土肋形楼盖，如图 10.17 所示。楼面做法：20mm 厚水泥砂浆面层；钢筋混凝土现浇楼板；12mm 厚纸筋石灰板底粉刷。墙厚为 370mm。楼板活荷载标准值：8.0kN/m²，采用混凝土强度等级为 C30，板中钢筋为 HPB300，梁中受力钢筋为 HRB335，其他钢筋为 HPB300。

解：1. 各构件截面尺寸

板厚：$\dfrac{l_0}{40} = \dfrac{2500}{40} = 62.5(\text{mm})$，取 $h = 80\text{mm}$

次梁：$h = \left(\dfrac{1}{18} \sim \dfrac{1}{12}\right)l_0 = \left(\dfrac{1}{18} \sim \dfrac{1}{12}\right) \times 6600 = 367 \sim 550(\text{mm})$

取 $h = 450\text{mm}$，$b = 200\text{mm}$

主梁：$h = \left(\dfrac{1}{14} \sim \dfrac{1}{8}\right)l_0 = \left(\dfrac{1}{14} \sim \dfrac{1}{8}\right) \times 7500 = 536 \sim 937(\text{mm})$

取 $h = 700\text{mm}$，$b = 300\text{mm}$

2. 单向板设计（塑性计算法）

（1）荷载计算。

20mm 水泥砂浆面层重：$1.2 \times 20 \times 0.02 = 0.48(\text{kN/m}^2)$

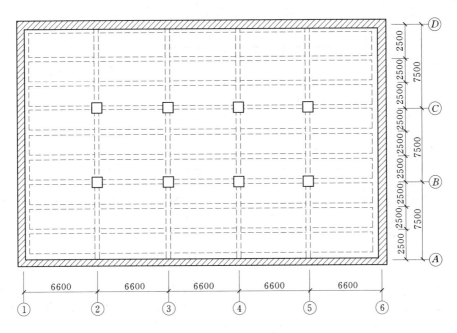

图 10.17 楼盖结构平面布置图

80mm 钢筋混凝土板重：$1.2 \times 25 \times 0.08 = 2.4(\text{kN/m}^2)$

12mm 纸筋石灰粉底重：$1.2 \times 16 \times 0.012 = 0.23(\text{kN/m}^2)$

恒荷载设计值：$\qquad g = 3.11(\text{kN/m}^2)$

活荷载设计值：$\qquad q = 1.3 \times 8 = 10.4(\text{kN/m}^2)$

总荷载设计值：$\qquad g + q = 13.51(\text{kN/m}^2)$

（2）计算简图。

边跨：$\qquad l_0 = l_n + \dfrac{h}{2} = 2160 + \dfrac{80}{2} = 2200(\text{mm})$

中间跨：$\qquad l_0 = l_n = 2500 - 200 = 2300(\text{mm})$

跨度差：$\qquad \dfrac{(2300 - 2200)}{2200} = 4.5\% < 10\%$

可按等跨计算。

取 1m 宽板带作为计算单元，其计算简图如图 10.18 所示。

（3）弯矩设计值。

边跨跨中：$M_1 = -M_B = \dfrac{1}{11}(q+g)l_0^2 = \dfrac{1}{11} \times 13.51 \times 2.2^2 = 5.94(\text{kN} \cdot \text{m})$

第一内支座：$M_C = -\dfrac{1}{14}(q+g)l_0^2 = -\dfrac{1}{14} \times 13.51 \times 2.3^2 = -5.11(\text{kN} \cdot \text{m})$

中间跨中及中间支座：

$$M_2 = M_3 = \dfrac{1}{16}(q+g)l_0^2 = \dfrac{1}{16} \times 13.51 \times 2.3^2 = 4.47(\text{kN} \cdot \text{m})$$

（4）配筋计算。

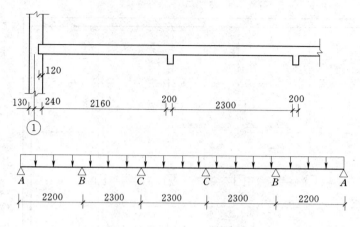

图 10.18　楼板设计计算简图

$b = 1000\text{mm}$，$h = 80\text{mm}$，$h_0 = 80 - 20 = 60$（mm），$f_c = 14.3\text{N/mm}^2$，$f_y = 270\text{N/mm}^2$。

计算过程见表 10.1。因板的内区格四周与梁整体连接，故其弯矩值可降低 20%。

表 10.1　　　　　　　　　　　　　　　　板 的 配 筋 计 算

截　　面		第一跨中	支座 B	第二、三跨中	支座 C
弯矩设计值 /(N·mm)		5940000	−5940000	4470000 (3580000)	−5110000 (−4088000)
$\alpha_s = \dfrac{M}{\alpha_1 f_c b h_0^2}$		0.115	0.115	0.087 (0.070)	0.099 (0.079)
$\xi = 1 - \sqrt{1 - 2\alpha_s}$		0.123	0.123	0.091 (0.073)	0.104 (0.082)
$A_S = \dfrac{\alpha_1 f_c b h_0 \xi}{f_y}/\text{mm}^2$		391	391	289 232	330 261
选配钢筋	①～②、 ⑤～⑥轴线	Φ 6/8@100 (393mm²)	Φ 6/8@100 (393mm²)	Φ 6@100 (283mm²)	Φ 6/8@100 (393mm²)
	②～③、③～④、 ④～⑤、轴线	Φ 6/8@100 (393mm²)	Φ 6/8@100 (393mm²)	Φ 6@100 (283mm²)	Φ 6@100 (283mm²)

3. 次梁设计（塑性计算法）

（1）荷载计算。

板传来的恒荷载设计值：$3.11 \times 2.5 = 7.775$（kN/m）

次梁自重设计值：$1.2 \times 25 \times 0.2 \times (0.45 - 0.08) = 2.22$（kN/m）

次梁粉刷重设计值：$1.2 \times 16 \times 0.012 \times (0.45 - 0.08) \times 2 = 0.17$（kN/m）

恒荷载总设计值：$g = 10.17$（kN/m）

活荷载设计值：$q=10.4\times2.5=26$（kN/m）

总荷载设计值：$g+q=10.17+26=36.17$（kN/m）

（2）计算简图。

主梁截面为 300mm×700mm，则次梁计算跨度为

边跨：$l_0=l_n+\dfrac{a}{2}=6210+\dfrac{240}{2}=6330(\text{mm})<1.025l_n=1.025\times6210=6365$（mm）。

取 $l_0=6330\text{mm}$。

中间跨：$l_0=l_n=6600-300=6300(\text{mm})$

跨度差：$\dfrac{(6330-6300)}{6300}=0.48\%<10\%$

可按等跨计算。

次梁计算简图如图 10.19 所示。

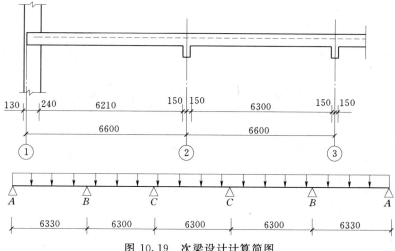

图 10.19 次梁设计计算简图

（3）内力计算。

1）弯矩设计值。

边跨跨中及第一内支座：

$$M_1=-M_B=\frac{1}{11}(q+g)l_0^2=\frac{1}{11}\times36.17\times6.33^2=131.75(\text{kN}\cdot\text{m})$$

中间跨中及中间支座：

$$M_2=M_3=\frac{1}{16}(q+g)l_0^2=\frac{1}{16}\times36.17\times6.3^2=89.724(\text{kN}\cdot\text{m})$$

$$M_C=-\frac{1}{14}(q+g)l_0^2=-\frac{1}{14}\times36.17\times6.3^2=102.54(\text{kN}\cdot\text{m})$$

2）剪力设计值。

$$V_A=0.45(q+g)l_n=0.45\times36.17\times6.21=101.08(\text{kN})$$

$$V_{Bl}=0.6(q+g)l_n=0.6\times36.17\times6.21=134.77(\text{kN})$$

$$V_{Br}=-V_{Cl}=0.55(q+g)l_n=0.55\times36.17\times6.3=125.33(\text{kN})$$

（4）正截面受弯承载力计算。

支座截面按矩形截面 $b \times h = 200\text{mm} \times 450\text{mm}$ 计算，跨中截面按 T 形截面计算，其受压翼缘计算宽度取值如下：

边跨：$b'_f = \dfrac{l_0}{3} = \dfrac{6330}{3} = 2110 < (b + s_0) = 200 + 2300 = 2500(\text{mm})$

中间跨：$b'_f = \dfrac{l_0}{3} = \dfrac{6300}{3} = 2100(\text{mm})$

故取 $b'_f = 2100\text{mm}$。

梁高 $h = 450\text{mm}$，取 $h_0 = 450 - 35 = 415(\text{mm})$，跨中 $h'_f = 80\text{mm}$。

判别 T 形截面类型：

$$\alpha_1 f_c b'_f h'_f \left(h_0 - \frac{h'_f}{2}\right) = 1.0 \times 14.3 \times 2100 \times 80 \times \left(415 - \frac{80}{2}\right) = 900.9(\text{kN} \cdot \text{m})$$

因为此值大于各跨中弯矩设计值，所以各跨中截面均属于第一类 T 形截面，次梁正截面承载力计算及配筋见表 10.2。

表 10.2　　　　　　　　　　　　　次梁正截面承载力计算

截面	1	B	2	C
弯矩设计值/(N·mm)	131750000	−131750000	89724000	−102540000
$\alpha_s = \dfrac{M}{\alpha_1 f_c b'_f h_0^2}$	0.025 ($b'_f = 2100$)	0.267 ($b'_f = b = 200$)	0.017 ($b'_f = 2100$)	0.208 ($b'_f = b = 200$)
ξ	0.025	0.316	0.017	0.236
$A_S = \dfrac{\alpha_1 f_c b'_f h_0 \xi}{f_y}$ /mm²	1038	1249	706	933.7
选配钢筋	3 Φ 22 (1140mm²)	4 Φ 20 (1256mm²)	2 Φ 22 (760mm²)	3 Φ 20 (942mm²)

（5）斜截面承载力计算。

验算截面尺寸：$h_w = h_0 - 80 = 415 - 80 = 335(\text{mm})$

$$\frac{h_w}{b} = \frac{335}{200} = 1.675 < 4$$

$0.25 \beta_c f_c b h_0 = 0.25 \times 1.0 \times 14.3 \times 200 \times 415 = 296.73(\text{kN}) > V_{Bl} = 134.77\text{kN}$

故各截面尺寸均满足要求。

$0.7 f_t b h_0 = 0.7 \times 1.43 \times 200 \times 415 = 83.08(\text{kN}) < V_A = 101.08\text{kN}$

故各截面均需按计算配置箍筋。

第一跨：取 $V = V_{Bl} = 134.77\text{kN}$

$$\frac{n A_{sv1}}{S} = \frac{V_{Bl} - 0.7 f_t b h_0}{f_{yv} h_0} = \frac{134770 - 83080}{270 \times 415} = 0.461$$

选用 ϕ 6 双肢箍，$n A_{sv1} = 2 \times 28.3 = 56.6(\text{mm}^2)$

$$S = \frac{56.6}{0.461} = 122.78(\text{mm})$$

取 $$S=110\text{mm}<S_{\max}=200\text{mm}$$

$$\rho_{sv}=\frac{nA_{sv}}{bs}=\frac{56.6}{200\times110}=0.257\%>\rho_{sv,\min}=0.24\frac{f_t}{f_{yv}}=0.24\times\frac{1.43}{270}=0.127\%$$

其余跨：取 $$V=V_{Br}=125.33\text{kN}$$

$$\frac{nA_{sv1}}{S}=\frac{V_{Br}-0.7f_tbh_0}{f_{yv}h_0}=\frac{125330-83080}{270\times415}=0.377$$

选用 ϕ 6 双肢箍，$nA_{sv1}=2\times28.3=56.6(\text{mm}^2)$

$$S=\frac{56.6}{0.377}=150.1(\text{mm})$$

取 $$S=110\text{mm},\ \rho_{sv}>\rho_{sv,\min}$$

4. 主梁设计（弹性计算法）

（1）荷载计算。

次梁传来的集中荷载：$10.17\times6.6=67.12(\text{kN})$

主梁自重：$1.2\times25\times0.3\times(0.7-0.08)\times2.5=13.95(\text{kN})$

主梁粉刷重：$1.2\times16\times0.012\times(0.7-0.08)\times2.5\times2=0.714(\text{kN})$

恒荷载设计值：$G=81.784\text{kN}$

活荷载设计值：$Q=26\times6.6=171.60(\text{kN})$

总荷载设计值：$G+Q=253.40(\text{kN})$

（2）计算简图。柱截面为 $400\text{mm}\times400\text{mm}$，则主梁计算跨度如下：

边跨：$l_0=l_n+\dfrac{a}{2}+\dfrac{b}{2}=7060+\dfrac{370}{2}+\dfrac{400}{2}=7445(\text{mm})>1.025l_n+\dfrac{b}{2}=1.025\times$

$7060+200=7437(\text{mm})$，取 $l_0=7437\text{mm}$

中间跨：$l_0=7500\text{mm}$

各跨度差小于 10%，可按等跨计算。计算简图如图 10.20 所示。

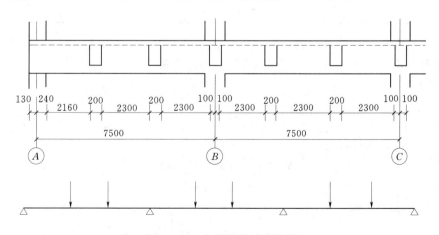

图 10.20 主梁设计计算简图

（3）内力计算。按弹性计算法查阅"等跨连续梁内力系数表"，弯矩和剪力计算公式为

$$M = k_1 G l_0 + k_2 Q l_0$$
$$V = k_1 G + k_2 Q$$

主梁的内力计算及最不利内力组合见表 10.3。

表 10.3　　主梁的内力计算表

序号	荷载简图	弯矩/(kN·m)			剪力/kN		
		k/M_1	k/M_B	k/M_2	k/V_A	k/V_{Bl}	k/V_{Br}
①		0.244	−0.267	0.067	0.733	−1.267	1.000
		148.41	−163.09	41.10	59.95	−103.62	81.784
②		0.244	−0.267	0.067	0.733	−1.267	1.000
		311.39	−342.19	86.23	125.78	−217.42	171.60
③		0.289	−0.133	−0.133	0.866	−1.134	—
		368.82	−170.45	−171.17	148.61	−194.60	
④		−0.044	−0.133	0.200	−0.133	−0.133	1.000
		−56.15	−170.45	257.40	−22.82	−22.82	171.60
⑤		0.229	−0.311 (0.089)	0.170	0.689	−1.311	1.222
		292.25	−398.58(114.06)	218.79	118.23	−224.97	209.70
⑥		0.274	−0.178	—	0.822	−1.178	0.222
		349.68	−227.16		141.06	−202.15	38.10
最不利内力组合		①+③ 517.23	①+⑤ −561.67 ①+⑤ −49.03	①+④ 298.50 ①+③ −130.07	①+③ 208.56	①+⑤ −328.59	①+⑤ 291.49

（4）主梁正截面受弯承载力计算。支座截面按矩形截面 $b \times h = 300\text{mm} \times 700\text{mm}$ 计算，跨中截面按 T 形截面计算，其受压翼缘计算宽度取值如下：

$$b'_f = \frac{l_0}{3} = \frac{7500}{3} = 2500 < (b + s_0) = 300 + 6300 = 6900 (\text{mm})$$

取 $b'_f = 2500\text{mm}$

因弯矩较大，两排布筋：

支座　　　　　　　　　　$h_0 = 700 - 80 = 620 (\text{mm})$

跨中　　　　　　　　$h_0 = 700 - 60 = 640 (\text{mm})$，$h'_f = 80\text{mm}$

判别 T 形截面类型：

$$\alpha_1 f_c b'_f h'_f \left(h_0 - \frac{h'_f}{2}\right) = 1.0 \times 14.3 \times 2500 \times 80 \times \left(640 - \frac{80}{2}\right) = 1716 (\text{kN·m})$$

因为此值大于各跨中弯矩设计值，所以各跨中截面均属于第一类 T 形截面，主梁正截面承载力计算及配筋见表 10.4。

表 10.4 主梁正截面承载力计算

截　　面	边跨跨中	B、C 支座	中间跨中	
弯矩设计值/(N·mm)	517230000	−561670000	298500000	−130070000
$M-\dfrac{V_0 b}{2}/(\text{N·mm})$	—	−512380000	—	—
$b'_f h_0$ (bh_0)	2500×640	300×620	2500×640	300×620
$\alpha_s = \dfrac{M}{\alpha_1 f_c b'_f h_0^2}$	0.035	0.311	0.020	0.079
ξ	0.036	0.385	0.019	0.082
$A_S = \dfrac{\alpha_1 f_c b'_f h_0 \xi}{f_y}$ /mm²	2746	3413	1449	727
选配钢筋	6 ⊕ 25 (2945mm²)	2 ⊕ 22+6 ⊕ 25 (3705mm²)	4 ⊕ 22 (1520mm²)	2 ⊕ 22 (760mm²)

（5）主梁斜截面承载力计算。验算截面尺寸：

$$\frac{h_w}{b} = \frac{620-80}{300} = 1.8 < 4$$

$0.25\beta_c f_c b h_0 = 0.25 \times 1.0 \times 14.3 \times 300 \times 620 = 664.95(\text{kN}) > V_{Bl} = 328.59\text{kN}$

V_{Bl} 为各截面最大剪力，故各跨截面尺寸均满足要求。不设弯筋，只设箍筋。

$0.7 f_t b h_0 = 0.7 \times 1.43 \times 300 \times 620 = 186.19(\text{kN}) < V_{Br} = 291.49\text{kN}$

故各跨均需按计算配置箍筋。

AB 跨：取 $V = V_{Bl} = 328.59\text{kN·m}$

$$\frac{nA_{sv1}}{S} = \frac{V_{Bl} - 0.7 f_t b h_0}{f_{yv} h_0} = \frac{328590 - 186190}{270 \times 620} = 0.851$$

选用 ϕ 8 双肢箍，$nA_{sv1} = 2 \times 50.3 = 100.6(\text{mm}^2)$

$$S = \frac{100.6}{0.851} = 118.2(\text{mm}^2)$$

取 $S = 100\text{mm}$

$$\rho_{sv} = \frac{nA_{sv}}{bs} = \frac{100.6}{300 \times 100} = 0.335\% > \rho_{sv,\min} = 0.24\frac{f_t}{f_{yv}} = 0.24 \times \frac{1.43}{270} = 0.127\%$$

BC 跨：取 $V = V_{Br} = 291.49\text{kN·m}$

$$\frac{nA_{sv1}}{S} = \frac{V_{Bl} - 0.7 f_t b h_0}{f_{yv} h_0} = \frac{291490 - 186190}{270 \times 620} = 0.629$$

选用 ϕ 8 双肢箍，$nA_{sv1} = 2 \times 50.3 = 100.6(\text{mm}^2)$

$$S = \frac{100.6}{0.629} = 160(\text{mm}^2)$$

取 $S = 100\text{mm}$

$$\rho_{sv} > \rho_{sv,\min}$$

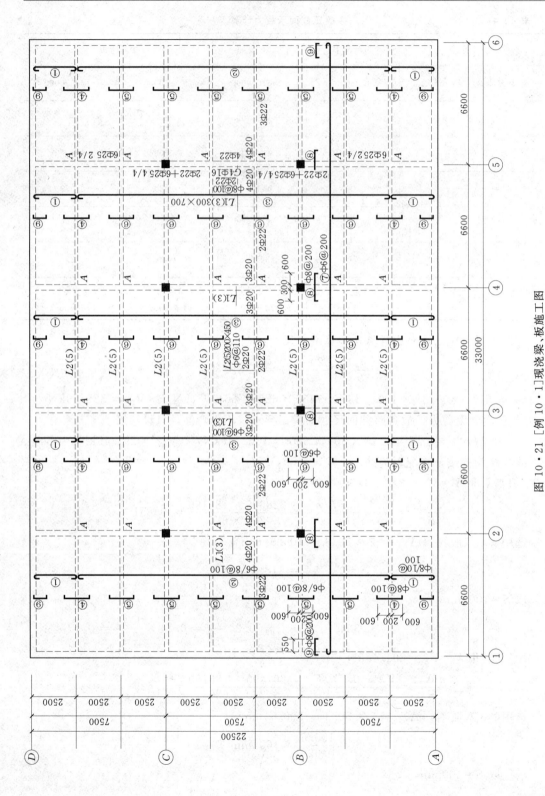

图 10·21　[例 10·1]现浇梁、板施工图

（6）主梁附加横向钢筋计算。次梁传来的集中荷载设计值为

$$F = 81.79 + 171.60 = 253.40 \text{(kN)}$$

在次梁支撑处可配置附加横向钢筋的范围为

$$h_1 = 700 - 450 = 250 \text{(mm)}$$

$$s = 2h_1 + 3b = 2 \times 250 + 3 \times 200 = 1100 \text{(mm)}$$

由附加箍筋和附加吊筋共同承担，设置φ8双肢箍共6道，$A_{sv1} = 50.3 \text{mm}^2$

由 $F \leqslant mA_{sv}f_{yv} + 2A_{sb}f_y\sin\alpha_s$

$$A_{sb} \geqslant \frac{F - mA_{sv}f_{yv}}{2f_y\sin\alpha_s} = \frac{253400 - 6 \times 2 \times 50.3 \times 270}{2 \times 300 \times 0.707} = 213 \text{(mm}^2\text{)}$$

选用 2 Φ 14（$A_{sb} = 308 \text{mm}^2$）

5. 施工图

如图 10.21 所示，为节省篇幅，板配筋图、次梁和主梁配筋的平面表示法在同一图上表达，其中 A 表示在主梁上于次梁截面两侧各配置加密箍筋φ8双肢箍3道，间距为50mm，并设置2 Φ 14附加吊筋。

10.3 整体式双向板肋梁楼盖

10.3.1 双向板的受力特征

双向板的受力特征不同于单向板，它在两个方向都存在弯矩作用，而单向板只认为在一个方向上作用有弯矩。因此，双向板的受力钢筋应该沿两个方向配置。

双向板的受力情况较为复杂，在承受均布荷载的四边简支的正方形板中，当荷载逐渐增加时，首先在板底中央出现裂缝，然后沿对角线向四周扩展，接近破坏时，板的顶面四角附近出现圆弧形裂缝，促使板底裂缝进一步扩展，最终由于跨中钢筋屈服导致板的破坏。

在承受均布荷载的四边简支的矩形板中，第一批裂缝出现在板底中央且平行于长边方向，荷载继续增加时，裂缝逐渐延伸，并沿45°方向向四周扩散，然后板顶四角出现圆弧形裂缝，导致板的破坏，如图 10.22 所示。

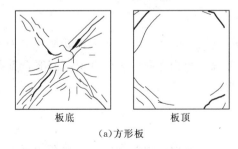
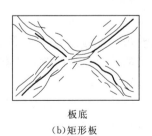

板底　　　　　　　　板顶　　　　　　　　　　　板底
　（a）方形板　　　　　　　　　　　　　　（b）矩形板

图 10.22　简支双向板破坏时的裂缝分布

10.3.2 双向板的内力计算

双向板内力计算方法有两种：弹性计算方法和塑性计算方法。由于塑性理论计算方法

存在一定的局限性，因而在工程中较少采用，本书仅介绍弹性理论计算方法。

10.3.2.1　单跨双向板的计算

为简化计算，单跨双向板的内力计算一般可直接查用附表 2。附表 2 给出了常用的几种支承情况下的计算系数，通过表查出计算系数后，每米宽度内的弯矩可由下式计算：

$$M = 表中系数 \times (g + q)l^2 \tag{10.16}$$

式中　M——跨中及支座单位板宽内的弯矩；

　　g、q——均布恒、活载的设计值；

　　l——板沿短边方向的计算跨度。

必须指出，附表 2 是根据材料泊松比 $\nu = 0$ 编制的。对于跨中弯矩，尚需考虑横向变形的影响，再按下式计算：

$$m_{x,\nu} = m_x + \nu m_y$$
$$m_{y,\nu} = m_y + \nu m_x$$

式中　$m_{x,\nu}$、$m_{y,\nu}$——考虑横向变形，跨中沿 l_x、l_y 方向单位板宽的弯矩。

对混凝土，规范规定 $\nu = 0.2$。

10.3.2.2　多区格双向板的实用计算方法

多区格双向板内力的精确计算是很复杂的，因此工程中一般采用"实用计算方法"。

实用计算法采用如下基本假定：支承梁的抗弯刚度很大，其垂直位移可忽略不计；支承梁的抗扭刚度很小，板在支座处可自由转动。实用计算法的基本方法是：考虑多区格双向板活荷载的不利位置布置，然后利用单跨板的计算系数表进行计算。

1. 跨中最大正弯矩

活荷载最不利位置为"棋盘式"布置（图 10.23）。为便于利用单跨板计算表格，将活荷载分解成正对称活载和反对称活载 ［图 10.23（b）、（c）］ 两部分，则板的跨中弯矩的计算方法如下：

（1）对于内区格，跨中弯矩等于四边固定板在 $(g + q/2)$ 荷载作用下的弯矩与四边简支板在 $q/2$ 荷载作用下的弯矩之和。

（2）对于边区格和角区格，其外边界条件应按实际情况考虑：一般可视为简支，有较大边梁时可视为固定端。

2. 支座最大负弯矩

求支座最大负弯矩时，取活荷载满布的情况考虑。内区格的四边均可看作固定端，边、角区格的外边界条件则应按实际情况考虑。当相邻两区格的情况不同时，其共用支座的最大负弯矩近似取为两区格计算值的平均值。

10.3.3　双向板的配筋计算及构造

1. 截面配筋计算特点

（1）双向板在两个方向均配置受力筋，且长筋配在短筋的内层，故在计算长筋时，截面的有效高度 h_0 小于短筋。

（2）对于四周与梁整体连结的双向板，除角区格外，考虑周边支承梁对板推力的有利影响，可将计算所得的弯矩按以下规定予以折减：

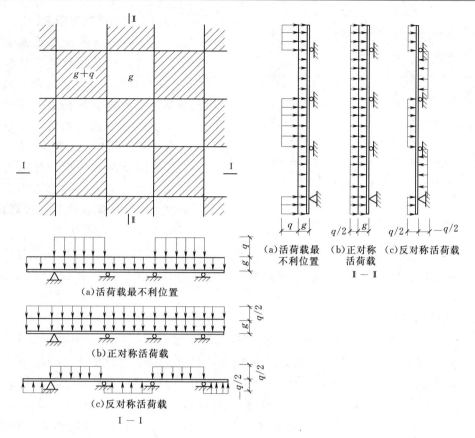

图 10.23　连续双向板计算简图

1）中间跨跨中截面及中间支座折减系数为 0.8。

2）边跨跨中截面及楼板边缘算起的第二支座截面：

当 $l_c/l < 1.5$ 时，折减系数为 0.8；

当 $1.5 \leqslant l_c/l \leqslant 2$ 时，折减系数为 0.9。

式中，l_c 为沿楼板边缘方向的计算跨度；l 为垂直于楼板边缘方向的计算跨度。

3）角区格的各截面弯矩不应折减。

2．双向板的构造要求

（1）板的板厚。双向板的厚度一般不宜小于 80mm，且不大于 160mm。同时，为满足刚度要求，简支板还应不小于 $l/45$，连续板不小于 $l/50$，l 为双向板的较小计算跨度。

（2）受力钢筋。受力钢筋常用分离式。短筋承受的弯矩较大，应放在外层，使其有较大的截面有效高度。支座负筋一般伸出支座边 $l_x/4$，l_x 为短向净跨。

当配筋面积较大时，在靠近支座 $l_x/4$ 的边缘板带内的跨中正弯矩钢筋可减少 50%。

（3）构造钢筋。底筋双向均为受力钢筋，但支座负筋还需设分布筋。当边支座视为简支计算，但实际上受到边梁或墙约束时，应配置支座构造负筋，其数量应不少于 1/3 受力钢筋和 φ8@200，伸出支座边 $l_x/4$，l_x 为双向板的短向净跨度。

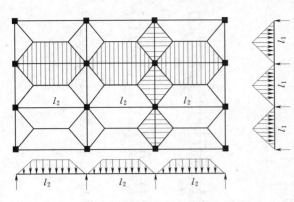

图 10.24 双向板楼盖中梁所承受的荷载

10.3.4 双向板的支承梁计算

双向板的荷载就近传递给支承梁。支承梁承受的荷载可从板角作 45°角平分线来分块。因此，长边支承梁承受的是梯形荷载，短边支承梁承受的是三角形荷载。支承梁的自重为均布荷载，如图 10.24 所示。

梁的荷载确定后，其内力可按照结构力学的方法计算，当梁为单跨时，可按实际荷载直接计算内力。当梁为多跨且跨度差不超过 10%时，可将梁上的三角形或梯形荷载按照《建筑结构静力计算手册》折算成等效均布荷载，从而计算出支座弯矩，最后，按照取隔离体的办法，按实际荷载分布情况计算出跨中弯矩。

10.3.5 设计实例

【例 10.2】 某厂房钢筋混凝土现浇双向板肋形楼盖的结构平面布置如图 10.25 所示，楼板厚 120mm，恒荷载设计值 $g=5kN/m^2$，楼面活荷载设计值 $q=6kN/m^2$，采用强度等级为 C20 的混凝土和 HPB300 级钢筋。试按弹性理论进行设计并绘制配筋图。

解：根据结构的对称性，对图 10.25 所示各区格分类编号为 A、B、C、D 四种。

区格 A $l_x=5.1m$，$l_y=5.0m$，$l_y/l_x=5.0/5.1=0.98$，四边固定时的弯矩系数和四边简支时的弯矩系数见表 10.5。

表 10.5　　　　四边固定和四边简支的弯矩系数

l_y/l_x	支承条件	α_x	α_y	α'_x	α'_y
0.98	四边固定	0.0174	0.0185	−0.0519	−0.0528
	四边简支	0.0366	0.0385	—	—

取钢筋混凝土的泊松比 $\nu=0.2$，则可求得 A 区格的跨中弯矩和支座弯矩如下：

$$m_x=0.0174(g+\frac{q}{2})l_y^2+0.0366\frac{q}{2}l_y^2+0.2[0.0185(g+\frac{q}{2})l_y^2+0.0385\frac{q}{2}l_y^2]$$

$$=[0.0174\times(5+3)+0.0366\times3]\times5.0^2+0.2\times[0.0185\times(5+3)+0.0385\times3]\times5.0^2$$

$$=6.225+0.2\times6.5875=7.54 \text{ (kN·m)}$$

$$m_y=6.5875+0.2\times6.225=7.83 \text{ (kN·m)}$$

$$m'_x=-0.0519\times(5+6)\times5.0^2=-14.27 \text{ (kN·m)}$$

$$m'_y=-0.0528\times(5+6)\times5.0^2=-14.52 \text{ (kN·m)}$$

区格 B $l_x=5.1m$，$l_y=3.755+0.125+0.06=3.94$ (m)，$l_y/l_x=3.94/5.1=0.77$，三边固定一边简支时的弯矩系数和四边简支时的弯矩系数见表 10.6。

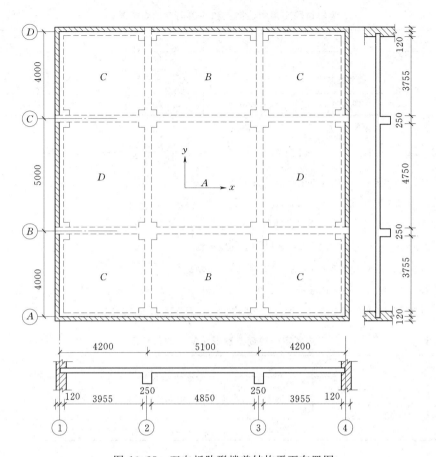

图 10.25 双向板肋形楼盖结构平面布置图

表 10.6　　　　　　　　　　三边固定一边简支和四边简支的弯矩系数

l_y/l_x	支承条件	α_x	α_y	α'_x	α'_y
0.77	三边固定一边简支	0.0218	0.0337	−0.0720	−0.0811
	四边简支	0.0324	0.0596	—	—

$$m_x = 0.0218\left(g + \frac{q}{2}\right)l_y^2 + 0.0324\,\frac{q}{2}l_y^2 + 0.2\left[0.0337\left(g + \frac{q}{2}\right)l_y^2 + 0.0596\,\frac{q}{2}l_y^2\right]$$

$$= [0.0218 \times (5 + 3) + 0.0324 \times 3] \times 3.94^2 + 0.2 \times [0.0337 \times (5 + 3) + 0.0596 \times 3] \times 3.94^2$$

$$= 4.2162 + 0.2 \times 6.9608 = 5.61\ (\text{kN} \cdot \text{m})$$

$$m_y = 6.9608 + 0.2 \times 4.2162 = 7.80\ (\text{kN} \cdot \text{m})$$

$$m'_x = -0.0720 \times (5 + 6) \times 3.94^2 = -12.29\ (\text{kN} \cdot \text{m})$$

$$m'_y = -0.0811 \times (5 + 6) \times 3.94^2 = -13.85\ (\text{kN} \cdot \text{m})$$

区格 C　$l_x = 3.955 + 0.125 + 0.06 = 4.14$（m），$l_y = 3.755 + 0.125 + 0.06 = 3.94$（m），$l_y/l_x = 3.94/4.14 = 0.95$，两邻边固定两邻边简支和四边简支时的弯矩系数见表10.7。

表 10.7   两邻边固定两邻边简支和四边简支的弯矩系数

l_y/l_x	支承条件	α_x	α_y	α'_x	α'_y
0.95	两邻边固定 两邻边简支	0.0244	0.0267	−0.0698	−0.0726
	四边简支	0.0364	0.0410	—	—

$$m_x = 0.0244\left(g + \frac{q}{2}\right)l_y{}^2 + 0.0364\,\frac{q}{2}l_y{}^2 + 0.2\left[0.0267\left(g + \frac{q}{2}\right)l_y{}^2 + 0.0410\,\frac{q}{2}l_y{}^2\right]$$
$$= [0.0244 \times (5 + 3) + 0.0364 \times 3] \times 3.94^2 + 0.2 \times [0.0267 \times (5 + 3) + 0.0410 \times 3] \times 3.94^2$$
$$= 4.7254 + 0.2 \times 5.2252 = 5.77 \text{ (kN} \cdot \text{m)}$$
$$m_y = 5.2252 + 0.2 \times 4.7254 = 6.17 \text{ (kN} \cdot \text{m)}$$
$$m'_x = -0.0698 \times (5 + 6) \times 3.94^2 = -11.92 \text{ (kN} \cdot \text{m)}$$
$$m'_y = -0.0726 \times (5 + 6) \times 3.94^2 = -12.40 \text{ (kN} \cdot \text{m)}$$

区格 D $l_x = 3.955 + 0.125 + 0.06 = 4.14$ （m），$l_y = 5.0$m，$l_x/l_y = 4.14/5.0 = 0.83$，三边固定一边简支时的弯矩系数和四边简支时的弯矩系数见表10.8。

表 10.8   三边固定一边简支和四边简支的弯矩系数

l_x/l_y	支承条件	α_x	α_y	α'_x	α'_y
0.83	三边固定 一边简支	0.0288	0.0228	−0.0735	−0.0693
	四边简支	0.0528	0.0342	—	—

$$m_x = 0.0288\left(g + \frac{q}{2}\right)l_y{}^2 + 0.0528\,\frac{q}{2}l_y{}^2 + 0.2\left[0.0228\left(g + \frac{q}{2}\right)l_y{}^2 + 0.0342\,\frac{q}{2}l_y{}^2\right]$$
$$= [0.0288 \times (5 + 3) + 0.0528 \times 3] \times 4.14^2 + 0.2 \times [0.0228 \times (5 + 3) + 0.0342 \times 3] \times 4.14^2$$
$$= 6.6639 + 0.2 \times 4.8848 = 7.64 \text{ (kN} \cdot \text{m)}$$
$$m_y = 4.8848 + 0.2 \times 6.6639 = 6.22 \text{ (kN} \cdot \text{m)}$$
$$m'_x = -0.0735 \times (5 + 6) \times 4.14^2 = -13.86 \text{ (kN} \cdot \text{m)}$$
$$m'_y = -0.0693 \times (5 + 6) \times 4.14^2 = -13.07 \text{ (kN} \cdot \text{m)}$$

选用 φ 10 钢筋作为受力主筋，则短跨方向跨中截面的 $h_0 = 100$mm；长跨方向跨中截面的 $h_0 = 90$mm；支座截面的 h_0 均为 100mm。

根据截面弯矩设计值的折减规定，C 区格弯矩不予折减，A 区格跨中及支座弯矩折减20%，边区格跨中截面及第一内支座截面上，由于平行于楼板边缘方向的计算跨度与垂直于楼板边缘方向的计算跨度之比均小于 1.5，所以其弯矩也可减少 20%。

计算截面配筋时，近似取内力臂系数 $\gamma_s = 0.9$，则

$$A_s = \frac{m}{\gamma_s f_y h_0} = \frac{m}{0.9 f_y h_0} = \frac{m}{0.9 \times 270 h_0} = \frac{m}{243 h_0}$$

截面配筋计算结果见表 10.9，配筋图如图 10.26 所示，边缘板带配筋可减半。

表 10.9   **板的截面配筋计算**

截	面		h_0 /mm	m /(kN·m/m)	A_s /(mm²/m)	配筋	实配 /(mm²/m)
跨中	区格 A	l_x 方向	90	7.54×0.8=6.032	276	Φ6@100	283
		l_y 方向	100	7.83×0.8=6.262	258	Φ6@100	283
	区格 B	l_x 方向	90	5.61×0.8=4.488	205	Φ6@100	283
		l_y 方向	100	7.80×0.8=6.24	257	Φ6@100	283
	区格 C	l_x 方向	90	5.77	264	Φ6@100	283
		l_y 方向	100	6.17	254	Φ6@100	283
	区格 D	l_x 方向	100	7.64×0.8=6.112	252	Φ6@100	283
		l_y 方向	90	6.22×0.8=4.976	228	Φ6@200	283
支座	A—B		100	(14.52+13.85)/2×0.8=11.35	467	Φ10@150	523
	A—D		100	(14.27+13.86)/2×0.8=11.25	463	Φ10@150	523
	B—C		100	(12.29+11.92)/2=12.11	498	Φ10@150	523
	C—D		100	(12.40+13.07)/2=12.74	524	Φ10@150	523

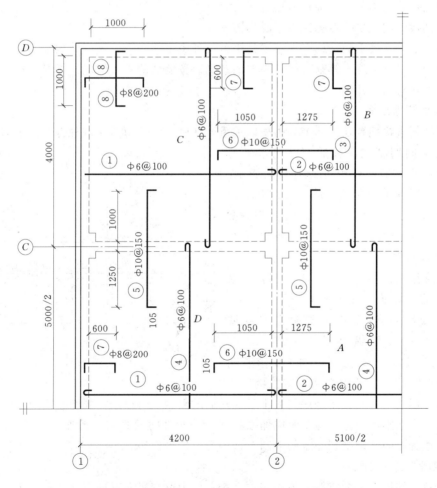

图 10.26 双向板肋形楼盖楼板按弹性理论计算的配筋图

10.4　装 配 式 楼 盖

10.4.1　概述

  装配式结构适用于非地震区及抗震设防烈度为 6～8 度地区的丙类及丙类以下的钢筋混凝土建筑。这种结构宜用于平面规整对称、竖向刚度均匀的建筑。为了实现建筑工业现代化，加快施工速度，进一步节约材料和劳动力，并降低造价，楼盖结构和其他结构一样，也考虑采用装配式，并争取施加预应力。装配式楼盖施工进度快，现场湿作业少，但整体性不如现浇的好，其荷载的使用情况及支承方式必须按原设计的标准实行。

  铺板的宽度主要根据安装时的起重条件以及制造和运输设备的具体情况而定。目前常用的铺板宽度大小不一，小的可为 300mm，大的可达到整个房间宽度。铺板的跨度，其变化幅度也很大，可从 1～6m。装配式楼盖的设计内容主要是：合理地进行楼盖结构布置；正确选用预制构件，并对构件进行验算；妥善处理好预制构件间的连接及预制构件和墙、柱的连接等，本节将详细地讲述这些内容。

10.4.2　铺板式混凝土楼盖的结构平面布置

  铺板式混凝土楼盖的结构平面布置是楼盖设计中重要一环，做好结构平面布置对建筑的使用功能、经济、施工等都有非常重要的意义。按墙体的承重情况，铺板式楼盖的结构平面布置方案有以下几种。

  1. 横墙承重方案

  将预制板直接搁置在横墙上，由横墙承重，如图 10.27 所示。这种方案由于横墙间距较小，故空间刚度大，对抵抗横向水平荷载，如风荷载、地震作用等有有利的影响。另外由于房屋纵墙为非承重墙，故可开设较大的门窗洞口，主要用于住宅或宿舍等不要求有较大开间的建筑中。这种方案较常用。

  2. 纵墙承重方案

  将板直接搁置在纵墙上或将板搁置在沿横向布置的进深梁（或屋面梁、屋架）上，进深梁（或屋面梁、屋架）则搁置在纵墙上，这种方案即为纵墙承重方案，如图 10.28 所示。这种方案主要适用于要求开间较大或内部空间较大的教学楼、实验楼、商店、礼堂等建筑中，其优点是房间大小不受横墙的限制，可根据需要随意确定。由于横墙

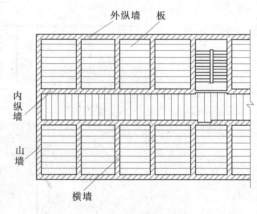

图 10.27　横墙承重

间距较大，横向刚度较差，施工时应加强各种结构构件间的联结。另外，由于纵墙承重，纵墙上各种洞口的开设受到一定的限制。这种方案较少使用。

  3. 纵横墙承重方案

  当楼板一端搁置于横墙上，另一端在大梁上，大梁则搭在纵墙上，这种承重方案即为纵横墙承重方案，如图 10.29 所示。它的布置较灵活，横向度较纵墙承重方案有所提高，

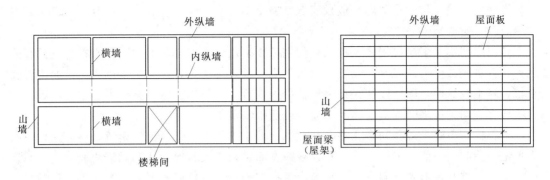

图 10.28　纵墙承重

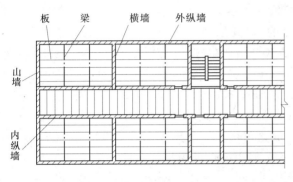

图 10.29　纵横墙承重

在民用建筑中最常用。

另外当要求房间的内部空间较大时，也可以把大梁的一端置于纵墙上，而另一端与柱联结，这就形成了内框架的承重方案。

在确定结构平面布置方案时，从结构经济合理的角度考虑，板应有较小的跨度，这样节省材料。从施工方便的角度考虑，应尽量减少板的型号，另外还应结合各种方案的优缺点适当选择。

10.4.3　铺板式楼盖的构件形式

在铺板式楼盖中，目前所采用的构件形式很多，常见的有实心板、空心板、槽形板、梁。

10.4.3.1　实心板

实心板是最简单的一种楼面铺板。它的主要特点是表面平整、构造简单、施工方便，但自重大，刚度小。因此板长 l 往往在 $1.2 \sim 2.4m$ 之间，采用预应力时，最大跨度也不宜超过 $2.7m$，否则不经济。板厚 $h \geqslant l/30$，一般为 $50 \sim 100mm$，板宽一般为 $500 \sim 1000mm$。实心平板常用于房屋中的走道板、管沟盖板、楼梯平台板。

实心板的形式如图 10.30 所示，因考虑到板与板之间的灌缝及施工时便于安装，板的

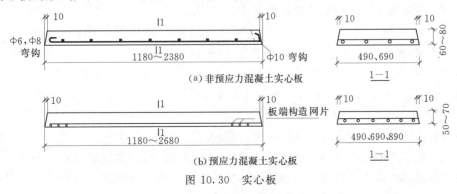

图 10.30　实心板

实际尺寸应较设计尺寸小些，一般板底宽度要小10mm，板面宽度至少要小20～30mm。

10.4.3.2　空心板

预制多孔板是多层民用建筑特别是住宅以往采用最多的楼板形式。空心板不仅具有刚度大、自重轻、受力性能好、隔音、隔热效果亦较好等优点，而且由于板底比带肋的板较平整，施工较简便，因此以往在预制楼盖中得到普遍的使用。由于其抗震不如现浇板，而且结构有不均匀沉降时板侧缝间易开裂，现已限制使用。

空心板有单孔、双孔和多孔的。其孔洞形状有圆形的、方形的、矩形的和椭圆形的，为了便于抽芯，一般多采用圆孔。孔数视板宽而定，扩大和增加孔洞对节约混凝土、减轻自重和隔音有利，但若孔洞过大，其板面需按配筋计算时反而不经济。此外，大孔洞板在抽芯时，易造成尚未结硬的混凝土坍落。

空心板的规格尺寸各地不一。空心板截面高度可取为跨度的 $l/20$～$l/25$（普通钢筋混凝土的）或 $l/30$～$l/35$（预应力混凝土的），其取值宜符合砖模数。通常有 120mm、180mm、240mm 几种。空心板的宽度主要根据当地制作、运输和吊装设备的具体条件而定，常用 500mm、600mm、900mm、1200mm。应尽可能采用宽板以加快安装进度。板的长度视开间或进深的大小而定，一般有 3.0m、3.3m、3.6m、6m，多数按 0.3m 进级。目前，非预应力空心板最大长度为 4.8m，预应力空心板可达 7.5m。图 10.31（a）是用于一般民用房屋楼盖的非预应力圆孔板，板宽 500mm，板跨 3.9m，实际板长 3.88m，板所用混凝土材料强度等级为 C20，主筋采用 HPB300 级钢筋，允许外荷载 2.39kN/m²。图 10.31（b）为大型的预应力混凝土圆孔板，板宽达 1200mm，板跨达 6.0m，板厚为 180mm。当混凝土采用 C40，板底主筋采用钢丝（预应力）时，允许外荷载可达5.10kN/m²。

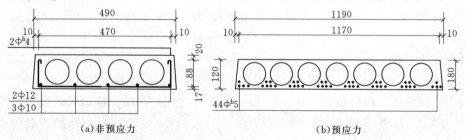

(a)非预应力　　　　　　　　　　　(b)预应力

图 10.31　圆孔形空心板

10.4.3.3　槽形板（目前很少采用此种形式）

当板的跨度和荷载较大时，为了减轻板的自重，提高板的刚度，可以采用槽形板。槽形板承载能力大大优于多孔板。预制槽形板由面板、纵肋和横肋组成，横肋除在板的两端必须设置外，在板的中部也可设置 2～3 道，以提高板的整体刚度。面板厚度一般不小于25mm，肋高一般为跨度的 $l/17$～ $l/22$，当用作楼板时，肋高应符合砖厚的模数。

槽形板有肋朝下（正槽板）和肋朝上（倒槽板）两种。正槽板可较充分地利用板面混凝土受压，但不能形成平整的天棚。槽形板较空心板轻，但隔热性能较差。槽形板由于开洞自由，承载能力较大，故在工业建筑中采用较多。此外，也可用于对天花板要求不高的民用建筑屋盖和楼面结构。根据荷载和跨度的大小，槽形板有各种不同的型号。用于民用房屋楼盖时，板高通常为 120mm、180mm，板宽为 500～700mm，板跨可达 3.6m（当板高为 120mm 时）、4.2m（当板高为 180mm 时），如图 10.32 所示。用于工业房屋楼盖时，通常板宽为 1～1.2m，板跨为 6m，板高为 350mm。

在民用房屋的楼盖中，有时为了房屋的天棚平整美观，也可采用倒槽板，然后再在上铺设楼面，其受力不如正搁，但可利用肋间空隙布置管道，或放置保温、隔声材料。但此时槽形板的受力性能较差，施工也麻烦，所以目前很少采用此种形式。

预制板的构件形式，除上述几种常见的以外，还有单肋板、双 T 形板、双向板、双向密肋及折叠式 V 形板等，有的适用于楼面，有的适用于屋面，使用时可根据具体情况选用。为了设计和施工的方便，全国各省对于常用的预制板构件均编制有各种标准图集或通用图集，可供查阅和使用。

必须指出，铺板、排板时必须注意，多孔板两侧不可铺入墙内，因为它进墙易被墙体压碎。而槽形板板肋则不会发生这种现象，且槽形板进墙可加强板的刚度。

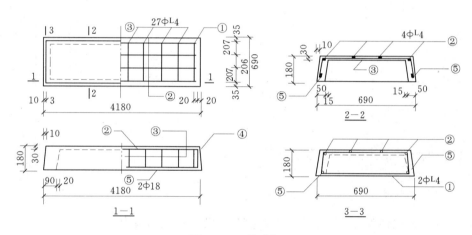

图 10.32　槽形板

10.4.3.4　梁

装配式楼盖中的预制梁，常见的截面形式有矩形、L 形、花篮形和十字形等，如图 10.33 所示。由于 L 形截面的梁在支承楼板时，可以减小楼盖的结构高度，所以这种形式的梁在楼盖中应用较广，一般房屋的门窗过梁和工业房屋的连系梁也常采用 L 形或倒 L 形截面。矩形截面多用于房屋外廊的悬臂挑梁。梁的截面尺寸和配筋，可根据计算和构造要求确定。

10.4.4　构造要求

装配式楼盖不仅要求各个预制构件具有足够的强度和刚度，同时应使各构件之间有紧密和可靠的连接，以保证整个结构的整体性与稳定性。

混合结构房屋多为刚性方案。在水平荷载（风荷载、地震力）作用下，楼盖起着支承纵墙的水平梁的作用，并通过楼盖本身的弯曲和剪切，将水平力传给横墙。因此，预制板缝间的连接承受楼盖在水平方向发生的弯曲和剪切应力，起着保证装配式楼盖水平方向整体性的作用；板与横墙的连接起着保证将水平力传给横墙的作用；板与纵墙的连接起着支

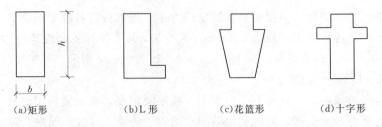

| (a)矩形 | (b)L形 | (c)花篮形 | (d)十字形 |

图 10.33　常见预制梁的截面形式

承纵墙传给楼板的水平压力或吸力的作用，并保证纵墙的竖向稳定。

在竖向荷载作用下，预制板间的连接，可以保证几块板共同承受荷载，增强楼盖在垂直方向的整体刚性（图 10.34）。如果预制板、梁作用在墙体上的压力对墙体是偏心荷载时，在梁板支承处产生水平拉力（图 10.35），这时，板、梁与墙的连接，不但保证竖向荷载的传递，而且还起着承受这个水平拉力的作用。

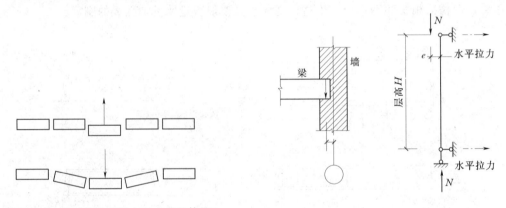

图 10.34　预制板的连接在竖向的整体性　　　　图 10.35　砖墙计算简图

在设计装配式楼盖时，应当重视并处理如下几个连接构造问题。

10.4.4.1　板与板的连接

板与板之间的连接，主要通过填实板缝来解决。板缝的截面形式应有利于楼板间能够相互传递荷载，图 10.36（a）和图 10.36（b）为常见的两种连接形式。为了能使板缝灌筑密实，缝的上口宽度不宜小于 30mm，缝的下端宽度以 10mm 为宜。填缝材料与板缝宽度有关，当缝宽大于 20mm 时，一般宜用细石混凝土（不应低于 C20，水灰比不大于0.3）灌筑（为避免拼缝开裂，可掺入膨胀剂）；当缝宽小于或等于 20mm 时，宜用水泥砂浆（强度不低于 $15N/mm^2$）灌筑。当板缝过宽（$\geqslant 50mm$）时，则应按板缝上作用有楼面荷载的现浇板带计算配筋，如图 10.36（c）所示。此时受力的填缝材料，其强度等级应比构件混凝土的强度等级提高两级（即 10MPa）。

10.4.4.2　板与墙、梁的连接

预制板在支座上必须有一定的搁置长度，以避免地震发生时或过大振动后楼板坍塌。一般情况下，预制板搁置于墙、梁上，不承受水平荷载，故不需要特殊的连接措施，仅在搁置前，支承面铺设一层 10～20mm 厚的水泥砂浆（坐浆），然后将构件直接平铺上去即可（砂浆强度不应低于 $5N/mm^2$）。为了使板与墙、梁搭接可靠，常规做法是：预制板在

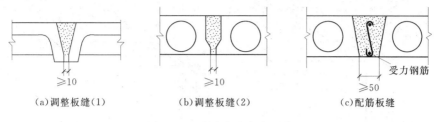

|（a）调整板缝（1）|（b）调整板缝（2）|（c）配筋板缝|

图 10.36　板与板之间的连接

墙上的支承长度，不宜小于 100mm，一般规定预制板在梁上的支承长度不小于 80mm，如图 10.37 所示。

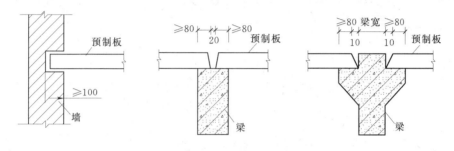

图 10.37　预制板的搁置

空心板搁置在砖墙上时，为防止板嵌入墙内的端部被压坏，一般当作用板上的压力较大时（≥1.20N/mm²），则两端需用混凝土块或砖将孔洞堵塞密实。槽形板搁置在墙上时，因板的两端为实体横肋，除坐浆外，不必采取其他措施。

对于装配式楼面的整体性要求较高时（例如平屋顶、地下室等），为增强预制楼板间的联系，板缝间及楼板与墙体间常用拉结筋加以锚固。预制板在支座上部应设置锚固钢筋与墙或梁连接，具体构造如图 10.38 所示。

10.4.4.3　梁与墙的连接构造

梁在砖墙上的支承长度，应满足梁内受力钢筋在支座处的锚固要求和支座处砌体局部抗压承载力的要求。一般情况下，预制梁在墙上的支承长度不小于 180mm，而且在支承处应坐浆 10～20mm，以承受因梁在墙上偏心作用而产生的水平拉力。

预制梁下砌体局部受压验算承载力不足时，应按计算设置梁垫，梁和梁垫以及梁垫和墙体之间都要坐浆砂浆。

另外，地震区预制楼盖的连接构造还有更高的要求，设计时，请参见有关规范和设计手册。

10.4.4.4　板间较大空隙的处理

垂直于板跨方向的板缝有时较大，此时可采用下列方法进行处理：

（1）扩大板缝，将板缝均匀增大，但最大不超过 30mm。

（2）采用不同宽的板搭配。

（3）结合立管的设置，作现浇板带。

（4）当所余空隙小于半砖时（120mm），可由墙面挑砖补缝。

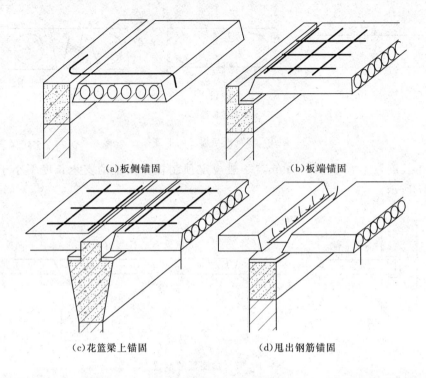

(a)板侧锚固　　　　　　　　(b)板端锚固

(c)花篮梁上锚固　　　　　　(d)甩出钢筋锚固

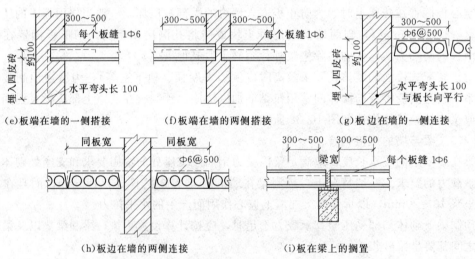

(e)板端在墙的一侧搭接　　(f)板端在墙的两侧搭接　　(g)板边在墙的一侧连接

(h)板边在墙的两侧连接　　　　(i)板在梁上的搁置

图 10.38　板与梁、墙的连接构造（各种锚固筋的放置方式）

10.4.5　装配式楼盖的计算特点

装配式构件的计算分使用阶段的计算和施工阶段的验算两方面。

装配式楼盖无论是板还是梁，其使用阶段与现浇整体式楼盖完全相同，亦应按一般原理分别进行承载力的计算和变形、裂缝宽度验算。只是由于其支承往往是铰支，故各构件通常应按单跨简支情况计算。

施工阶段的验算，应考虑由于施工、运输、堆放、安装等过程所产生的内力，这个过程的构件受力情况与使用阶段有所不同。例如，吊装点或堆放支承点若设在距构件端部某处时则该处截面就会产生负弯矩，对该截面就应进行验算，如图 10.39 所示。

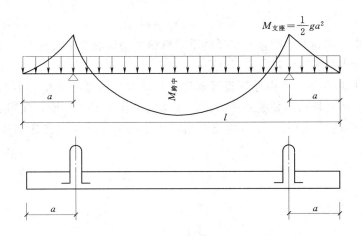

图 10.39 吊装时的内力图

进行构件施工阶段的验算时，一般应注意以下问题：

（1）计算简图。应按运输、堆放的实际情况和吊点位置确定该阶段的计算简图。

（2）动力系数。考虑运输、吊装的振动作用，构件的自重应乘以动力系数 1.5。

（3）结构的重要性系数。因施工阶段的承载力是临时性的，验算时结构的重要性系数应较使用阶段计算降低一级使用，但不低于三级。

（4）施工或检修集中荷载。设计屋面板、檩条、预制小梁、挑檐和雨篷时，应分别按 0.8kN 和 1kN 施工或检修集中荷载出现在最不利位置进行验算，但此集中荷载与使用可变荷载不同时考虑。

预制构件有的设置吊环，有的不设置。如设置吊环时，则其位置 a 值（图 10.39），对于一般预制板、梁可取等于（0.1～0.2）l（此处 l 为构件的长度）。吊环应采用塑性性能较好的 HPB300 级钢筋制作。为防止脆断，严禁使用冷加工钢筋。吊环埋入深度不应小于 30d（d 为吊环钢筋的直径），并应焊接或绑扎在钢筋骨架上。设计吊环时，每个吊环可按两个截面计算。

吊环截面可按下式计算确定：

$$A_s = \frac{G}{2m[\sigma_s]}$$

式中　G——构件自重（不考虑动力系数）标准值；

m——受力吊环数，当一个构件上设有四个吊环时，计算中最多只能考虑其中三个同时发挥作用，取 $m=3$；

$[\sigma_s]$——吊环钢筋的容许设计应力，按经验可取 $[\sigma_s]=50\text{N/mm}^2$（已将动力作用考虑在此容许设计应力中）。

10.5　楼　　梯

10.5.1　概述

楼梯是解决不同高差之间垂直交通的重要枢纽，钢筋混凝土楼梯由于经济耐用，防火性能好，在一般多层房屋中被广泛采用。

楼梯的外形和几何尺寸由建筑设计确定。目前常见的楼梯类型较多，按施工方法的不同，可分为整体式楼梯和装配式楼梯。按楼梯段结构形式的不同，又可分板式、梁式、剪刀式和螺旋式（图 10.40）。本节主要介绍最基本的整体式板式楼梯和梁式楼梯的计算与构造。

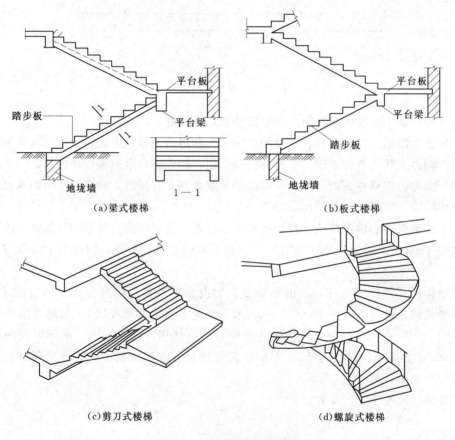

图 10.40　各种形式的楼梯

10.5.2　现浇板式楼梯的计算与构造

当梯段的水平投影跨度不超过 4m、活荷载较小时，一般可采用板式楼梯。

板式楼梯由梯段板（斜板和踏步）、平台板和平台梁组成。梯段板分别支承于上、下平台梁上。

10.5.2.1　梯段板

梯段板在计算时，首先需要假定其厚度。为了保证板具有一定的刚度，梯段板的厚度

h 一般可取 $l_0/30$ 左右（l_0 为梯段板水平方向的跨度）。一般可取板厚 h 为 $100\sim120\text{mm}$。

梯段板的荷载计算，应考虑活荷载、踏步自重、斜板自重等荷载作用。由于活荷载是沿水平方向分布，而斜板自重却是沿板的倾斜方向分布，为了使计算方便，一般将荷载均换算成沿水平方向分布再进行计算。

计算梯段板时，可取出 1m 宽板带或以整个梯段板作为计算单元。

两端支承在平台梁上的梯段板 [图 10.41（a）]，内力计算时，可以简化为简支斜板，计算简图如图 10.41（b）所示。斜板又可化作水平板计算 [图 10.41（c）]，计算跨度按斜板的水平投影长度取值，荷载亦可化作沿斜板的水平投影长度上的均布荷载（指梯段板自重）。

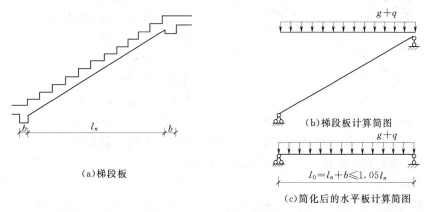

（a）梯段板

（b）梯段板计算简图

$l_0 = l_n + b \leqslant 1.05 l_n$

（c）简化后的水平板计算简图

图 10.41　梯段板的内力计算简图

由结构力学可知，简支斜梁（板）在竖向均布荷载下（沿水平投影长度）的最大弯矩与相应的简支水平梁（荷载相同、水平跨度相同）的最大弯矩是相等的，即

$$M = \frac{1}{8}(g+q)l_0{}^2$$

而简支斜梁（板）在竖向均布荷载下的最大剪力与相应的简支水平梁的最大剪力有如下关系：

$$V = \frac{1}{2}(g+q)l_n$$

式中　　g、q——作用于梯段板上的沿水平投影方向永久荷载及可变荷载的设计值；

l_0、l_n——梯段板的计算跨度及净跨的水平投影长度。

但考虑到梯段斜板与平台梁为整体连接，平台梁对梯段斜板有弹性约束作用这一有利因素，故可以减小梯段板的跨中弯矩，通常计算时最大弯矩取

$$M = \frac{1}{10}(g+q)l_0{}^2$$

由于梯段斜板为斜向搁置受弯构件，竖向荷载除引起弯矩和剪力外，还将产生轴向力，但其影响很小，设计时可不考虑。

梯段斜板中受力钢筋按跨中弯矩计算求得，配筋可采用弯起式或分离式。当板厚 h_t ≥200 时纵向受力筋宜采用双层配筋。分离式配筋由于施工方便在工程中较多使用。采用

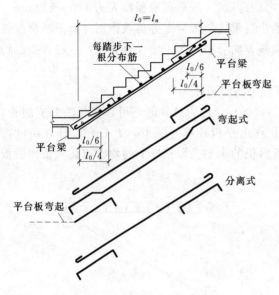

图 10.42　梯段板的楼梯配筋

弯起式时，一半钢筋伸入支座，一半靠近支座处弯起，以承受支座处实际存在的负弯矩，支座截面负筋的用量一般可取与跨中截面相同，至少取跨中配筋量的 1/4。受力钢筋的弯起点位置如图 10.42 所示。在垂直受力钢筋方向仍应按构造配置分布钢筋，并要求每个踏步板内至少放置一根钢筋。梯段板的厚度不小于 150mm 时，横向构造筋宜采用 φ8@200。

梯段斜板和一般板计算一样，可不必进行斜截面抗剪承载力验算。

平台板（图 10.43）一般属单向板（有时也可能是双向板），当板的两边均与梁整体连接时，考虑梁对板的弹性约束，板的跨中弯矩也可按 $M = (g + q) l_0^2 / 10$

来计算。当板的一边与梁整体连接而另一边支承在墙上时，板的跨中弯矩则应按 $M = (g + q) l_0^2 / 8$ 来计算，式中 l_0 为平台板的计算跨度。

10.5.2.2　平台梁

平台梁两端一般支承在楼梯间承重墙上，承受梯段板、平台板传来的均布荷载和平台梁自重，可按简支的倒 L 形梁计算。平台梁截面高度一般取 $h \geqslant l_0 / 12$（l_0 为平台梁的计算跨度），其他构造要求与一般梁相同。图 10.44 为板式楼梯平台梁计算简图。

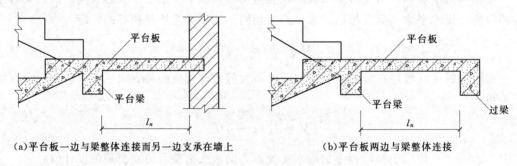

（a）平台板一边与梁整体连接而另一边支承在墙上　　　　（b）平台板两边与梁整体连接

图 10.43　平台板的两种支承方式

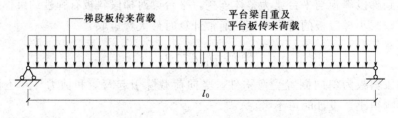

图 10.44　板式楼梯平台梁计算简图

10.5.3 现浇板式楼梯设计例题

【例10.3】 设计资料：某楼梯，采用现浇整体式钢筋混凝土结构，其结构布置如图10.45所示。踏步面层为20mm水泥砂浆，楼梯踏步见详图，采用金属栏杆，设计此板式楼梯。

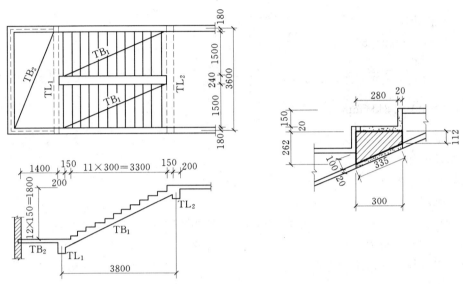

图 10.45 楼梯结构平面布置图和踏步详图

（1）活荷载标准值。

$$q_k = 2.5\text{kN/m}^2$$

（2）材料选用。

混凝土 C20（$f_c = 9.6\text{N/mm}^2$）

钢筋 HPB300级钢筋 $f_y = 270\text{N/mm}^2$

解：（1）梯段板的计算。

1）确定板厚。梯段板的厚度为 $h = 3600/30 = 120$（mm），取100mm。

2）荷载计算（取1m宽作计算单元）。

楼梯斜板的倾斜角 $\tan\alpha = 150/300 = 0.5$ $\alpha = 26.56°$

恒荷载：踏步重 $0.5 \times 0.15 \times 0.3 \times 25/0.3 = 1.875$（kN/m）

斜板重 $\dfrac{1}{\cos\alpha} \times 0.1 \times 25 = 2.8$（kN/m）

20mm厚找平层 $(0.3+0.15) \times 0.02 \times 20/0.3 = 0.60$（kN/m）

板底抹灰 $0.335 \times 0.02 \times 17/0.3 = 0.38$（kN/m）

栏杆重 0.1kN/m

恒荷载标准值	$g_k = 5.755\text{kN/m}$
恒荷载设计值	$g_d = 1.2 \times 5.755 = 6.9$（kN/m）
活荷载标准值	$q_k = 2.5 \times 1 = 2.5$（kN/m）
活荷载设计值	$q_d = 1.4 \times 2.5 = 3.5$（kN/m）

总荷载 $\qquad\qquad\qquad\qquad\qquad p_d = q_d + g_d = 10.4$ （kN/m）

3）内力计算。

计算跨度 $\quad l_0 = 3.8$m

跨中弯矩 $\quad M = \dfrac{1}{10} \times 10.4 \times 3.8^2 = 15$ （kN·m）

4）配筋计算。

取 $h_0 = 100 - 20 = 80$ （mm）

$$\alpha_s = \frac{M}{f_c b h_0^2} = \frac{15 \times 10^6}{9.6 \times 1000 \times 80^2} = 0.244 \rightarrow \xi = 0.285 \rightarrow A_s = \xi \frac{f_c}{f_y} b h_0 = 0.285 \times$$

$\dfrac{9.6}{270} \times 10^3 \times 80 = 811$（mm²）

受力筋选用 12 ϕ12@130 （$A_s = 870$mm²）。

分布筋选用ϕ6@300。

（2）平台板的计算。

1）荷载计算（取 1m 宽板带计算）。

恒荷载：平台板自重（假定板厚 80mm）　　0.08×1×25＝2.0 （kN/m）

　　　　　平台板面层重　　　　　　　　　0.02×1×20＝0.4 （kN/m）

　　　　　板底抹灰重　　　　　　　　　　0.02×1×17＝0.34 （kN/m）

恒荷载标准值 $\qquad\qquad\qquad\qquad g_k = 2.74$kN/m

恒荷载设计值 $\qquad\qquad\qquad\qquad g_d = 1.2 \times 2.74 = 3.3$ （kN/m）

活荷载标准值 $\qquad\qquad\qquad\qquad q_k = 2.5 \times 1 = 2.5$ （kN/m）

活荷载设计值 $\qquad\qquad\qquad\qquad q_d = 1.4 \times 2.5 = 3.5$ （kN/m）

总荷载 $\qquad\qquad\qquad\qquad\qquad\quad p_d = q_d + g_d = 6.8$ （kN/m）

2）内力计算。

计算跨度 $\quad l_0 = 1.4 + 0.08/2 = 1.44$ （m）

跨中弯矩 $\quad M = \dfrac{1}{8} \times 6.8 \times 1.44^2 = 1.76$ （kN·m）

3）配筋计算。

取 $h_0 = 80 - 20 = 60$ （mm）

$$\alpha_s = \frac{M}{\alpha_1 f_c b h_0^2} = \frac{1.76 \times 10^6}{9.6 \times 1000 \times 60^2} = 0.051 \rightarrow \xi = 0.052 \rightarrow A_s = \xi \frac{f_c}{f_y} b h_0 = 0.052 \times$$

$\dfrac{9.6}{270} \times 10^3 \times 60 = 111$（mm²）

受力筋选用ϕ6@200 （$A_s = 141$mm²）

（3）平台梁 TL_1 计算（梁截面取为 200×400mm）。

1）荷载计算。

斜板传来　10.4×3.6/2＝18.72 （kN/m）

平台板传来　6.8×（1.4/2＋0.2）＝6.12 （kN/m）

平台梁自重　（0.4－0.08）×0.2×25×1.2＝1.92 （kN/m）

梁侧抹灰　$2 \times 0.02 \times 17 \times 0.32 \times 1.2 = 0.26$（kN/m）
$$p = 27.0 \text{ kN/m}$$

2）内力计算。

计算跨度　$\left. \begin{array}{l} l_0 = l_n + a = 3.24 + 0.36 = 3.6（\text{m}） \\ l_0 = 1.05 l_n = 3.24 \times 1.05 = 3.4（\text{m}） \end{array} \right\}$ 取 $l_0 = 3.4 \text{m}$

跨中弯矩　$M = \dfrac{1}{8} \times 27 \times 3.4^2 = 39.0$（kN·m）

剪力　$V = \dfrac{1}{2}（g + q）l_n = \dfrac{1}{2} \times 27 \times 3.24 = 43.7$（kN）

3）配筋计算。

取 $h_0 = 400 - 35 = 365$（mm）

a. 正截面承载力计算。

TL_1 与 TB_1 现浇，按倒 L 形截面计算。

$$h'_f = 80 \text{mm}$$

$\left. \begin{array}{l} b'_f = l_0/6 = 3400/6 = 567（\text{mm}） \\ b'_f = b + s_n = 200 + \dfrac{1400}{2} = 900（\text{mm}） \end{array} \right\}$ 取 $b'_f = 567 \text{mm}$

$$\alpha_1 f_c b'_f h'_f \left(h_0 - \frac{h'_f}{2} \right) = 1.0 \times 9.6 \times 567 \times 80 \times（365 - 40） = 141.5（\text{kN·m}） > 39 \text{kN·m}$$

属于第一类 T 形截面。

$$\alpha_s = \frac{M}{\alpha_1 f_c b h_0^2} = \frac{39 \times 10^6}{1.0 \times 9.6 \times 567 \times 365^2} = 0.054 \rightarrow \xi = 0.055 \rightarrow A_s = \xi \frac{f_c}{f_y} b h_0 =$$

$$0.055 \times \frac{9.6}{270} \times 567 \times 365 = 405（\text{mm}^2）$$

受力筋选用 $3\phi14$（$A_s = 461 \text{mm}^2$）

b. 斜截面承载力计算。

$$0.7 f_t b h_0 = 0.7 \times 1.1 \times 200 \times 365 = 56210（\text{N}） > 43700 \text{N}$$

按构造选腹筋，选用箍筋 $\phi6@200$，沿梁长均匀布置，如图 10.46 所示，验算配箍率 $\rho_{sv\min} = 0.24 f_t / f_{yv} = 0.24 \times 1.1/270 = 0.10\% < \rho_{sv} = A_{sv}/bs = 2 \times 28.3/（200 \times 200） = 0.141\%$，满足要求。

10.5.4　现浇梁式楼梯的计算与构造

10.5.4.1　踏步板

梁式楼梯一般有两种类型，第一种在楼梯跑的两侧都布置有斜梯梁，踏步板为两端支承在梯段斜梁上的单向板［图 10.47（a）］，第二种是在楼梯宽度的中央布置一根斜梯梁。中梁式楼梯（后者）适用于楼梯不很宽，荷载也不太大时，多用于大型公共建筑的室外楼梯。这里介绍的是第一种楼梯。为了方便，可在竖向切出一个踏步作为计算单元［图 10.47（b）中阴影所示］，其截面为梯形，可按截面面积相等的原则简化为同宽度的矩形截面的简支梁计算，计算简图见图 10.47（c）。

由于未考虑踏步板按全部梯形截面参与受弯工作，故其斜板部分可以薄一些，厚

度一般取 $\delta \geqslant 40\text{mm}$。踏步板配筋除按计算确定外，要求每个踏步一般不宜少于 $2\phi6$ 受力钢筋，布置在踏步下面斜板中，并沿梯段布置间距不大于 300mm 的分布钢筋。如图 10.48 所示。

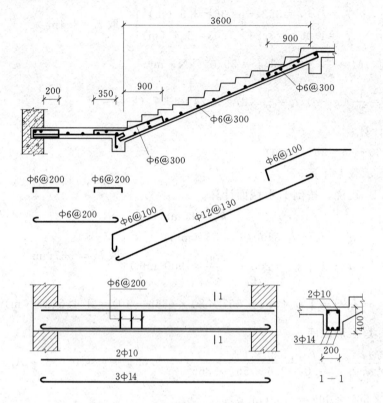

图 10.46　［例 10.3］图

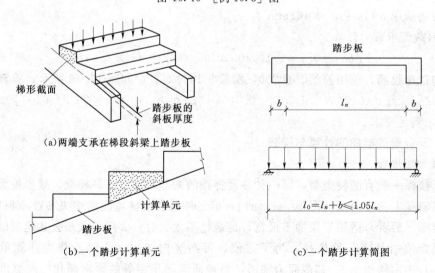

（a）两端支承在梯段斜梁上踏步板

（b）一个踏步计算单元

（c）一个踏步计算简图

图 10.47　踏步板的内力计算

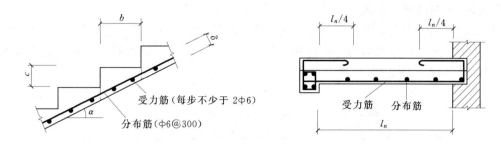

图 10.48　踏步板的配筋

10.5.4.2　梯段斜梁

梯段斜梁两端支承在平台梁上，承受踏步传来的荷载，图 10.49（a）为其纵剖面。计算内力时，与板式楼梯中梯段斜板的计算原理相同，可简化为简支斜梁，又将其化作水平梁计算，计算简图见图 10.49（b），其内力按下式计算（轴向力亦不予考虑）：

$$M_{max} = \frac{1}{8}(g + q)l_0{}^2$$

$$V_{max} = \frac{1}{2}(g + q)l_n$$

式中　M_{max}，V_{max}——简支斜梁在竖向均布荷载下的最大弯矩和剪力；

　　　　l_0，l_n——梯段斜梁的计算跨度及净跨的水平投影长度。

梯段斜梁按倒 L 形截面计算，踏步板下斜板为其受压翼缘。梯段梁的截面高度一般取 $h \geqslant l_0/20$。梯段梁的配筋与一般梁相同，配筋图如图 10.50 所示。

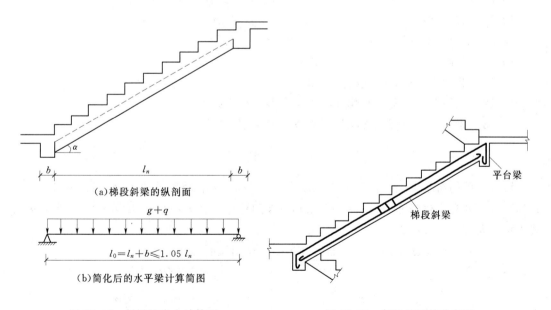

图 10.49　斜梁的内力计算图　　　　图 10.50　斜梁的配筋分布图

205

10.5.4.3　平台梁与平台板

梁式楼梯的平台梁、平台板与板式楼梯基本相同，其不同处仅在于，梁式楼梯中的平台梁，除承受平台板传来的均布荷载和平台梁自重外，还承受梯段斜梁传来的集中荷载。平台梁的计算简图如图 10.51 所示。

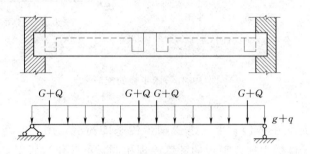

图 10.51　平台梁的计算简图

思　考　题

10.1　钢筋混凝土楼盖有哪些类型？各如何应用？

10.2　什么是单向板？什么是双向板？它们有哪些区别？

10.3　简述单向板肋形结构设计的一般步骤。

10.4　单向板肋形结构内力的计算方法有哪些？它们各有什么特点？

10.5　什么叫"塑性铰"？什么是塑性内力重分布？二者有什么关系？

10.6　塑性内力重分布方法的适用条件是什么？

10.7　双向板有哪些破坏特征？双向板的配筋方式有几种情况？

10.8　在多区格双向板跨中弯矩计算时，荷载如何布置？

10.9　双向板支承梁上的荷载计算应遵循什么原则？

10.10　装配式楼盖有哪些组成构件？

10.11　装配式楼盖有哪些构造要求？

10.12　钢筋混凝土楼梯有哪几种类型？各有什么特点？

10.13　梁式楼梯与板式楼梯计算方法有何区别？

习　题

10.1　单向板肋形结构五跨连续板中，单位板宽承受的永久荷载标准值为 $g_k=3.6kN/m$，可变荷载标准值为 $q_k=6kN/m$，板的计算跨度 $l_0=2m$。试求板的折算荷载和其边跨最大正弯矩及剪力。

10.2　双向板支承梁的荷载是如何分布的？绘图说明。

第11章 单层工业厂房结构

11.1 概　述

单层厂房是工业厂房中最常见的一种，适用于需要有较高净空、较大跨度和较重起重设备的厂房。由于厂房跨度大和净高大，因此构件的截面尺寸较大；由于作用有吊车荷载，这是一种不同于民用建筑的荷载，它是一种动力荷载；同时由于使用要求，厂房内部一般无隔墙，仅四周有围护墙体，是一种空旷结构，因而厂房柱是一种既承受竖向荷载，又承受水平荷载的主要受力构件。

11.2　单层工业厂房的结构组成

11.2.1　结构形式

单层厂房按结构材料大致可分为混合结构、钢筋混凝土结构和钢结构。一般说来，对于无吊车或吊车吨位不超过5t且跨度在15m以内、柱顶标高在8m以下、无特殊工艺要求的小型厂房，可采用由砖柱、钢筋混凝土屋架或木屋架或轻钢屋架组成的混合结构。对于吊车吨位在250t（中级载荷状态）以上或跨度大于36m的大型厂房，或有特殊工艺要求的厂房（如设有10t以上锻锤的车间以及高温车间的特殊部位等），一般采用钢屋架、钢筋混凝土柱或全钢结构。其他大部分厂房均可采用钢筋混凝土结构。

目前，我国混凝土单层厂房的结构形式主要有排架结构和刚架结构两种。

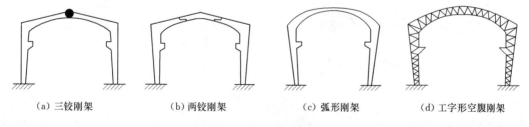

（a）三铰刚架　　　　（b）两铰刚架　　　　（c）弧形刚架　　　（d）工字形空腹刚架

图 11.1　刚架形式

常用的刚架结构是装配式钢筋混凝土门式刚架。刚架特点是立柱和横梁由刚结点连接成整体。柱与基础通常为铰接。刚架顶节点做成铰接的，称为三铰刚架，如图 11.1（a）所示，做成刚接的称为两铰刚架，如图 11.1（b）所示，前者是静定结构，后者是超静定结构。为便于施工吊装，两铰刚架通常做成三段，在横梁中弯矩为零（或很小）的截面处设置接头，用焊接或螺栓连接成整体。刚架顶部一般为人字形［图 11.1（a）、（b）］，也有做成弧形的［图 11.1（c）、（d）］。刚架立柱和横梁的截面高度都是随内力（主要是弯矩）的增减沿轴线方向做成变高的，以节约材料。构件截面一般为矩形，但当跨度和高度都较大时，为减轻自重，也有做成工字形或空腹的［图 11.1 （d）］。刚架的优点是梁柱合一，构件种类少，制作较简单，且结构轻巧，当跨度和高度较小时，其经济指标稍优于排架结构。刚架的缺点是刚度较差，承载后会产生跨变，梁柱转角处易产生早期裂缝，所以，对于吊车吨位较大的厂房，刚架的应用受到一定的限制。此外，由于刚架构件呈 Γ 形或 Υ 形，使构件的翻身、起吊和对中、就位等都比较麻烦，跨度大时，尤其是这样。

我国从 20 世纪 60 年代初期以来，刚架已较广泛地用于屋盖较轻、无吊车或吊车吨位不大（一般不超过 10t、个别至 20t）、跨度一般为 16～24m（国内已建成的两铰刚架最大跨度达 38m）、立柱高度 6～10m（最高已达 14m）的金工、机修、装配等车间或仓库。目前已发展成为单层厂房中的一种结构体系。

排架结构由屋架（或屋面梁）、柱和基础组成，柱与屋架铰接，与基础刚接。根据生产工艺和使用要求的不同，排架结构可做成等高、不等高和锯齿形等多种形式，如图 11.2 和图 11.3 所示，后者通常用于单向采光的纺织厂。排架结构是目前单层厂房结构的基本结构形式，其跨度可超过 30m，高度可达 20～30m 或更高，吊车吨位可达 150t 甚至更大。排架结构传力明确，构造简单，施工亦较方便。

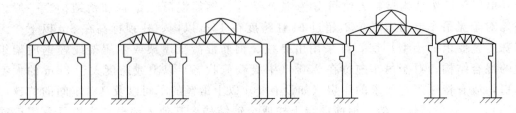

图 11.2　排架类型

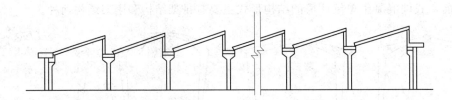

图 11.3　锯齿形厂房

本章主要介绍排架结构。

11.2.2　组成构件

单层厂房排架结构通常由屋盖结构、吊车梁、柱与基础、围护结构等部分组成并相互连接成整体（图 11.4）。

1. 屋盖结构

屋盖结构的主要作用是承受屋面荷载（如自重、雪荷载、检修活荷载等）并将荷载传给排架柱，起采光、通风、隔热等围护作用。

屋盖结构分为有檩体系和无檩体系两类：有檩体系由小型屋面板、檩条和屋架、支撑

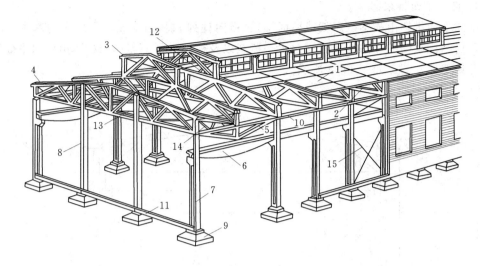

图 11.4 单层厂房结构组成

1—屋面板；2—天沟板；3—天窗架；4—屋架；5—托架；6—吊车梁；7—排架柱；
8—抗风柱；9—基础；10—连系梁；11—基础梁；12—天窗架垂直支撑；
13—屋架下弦横向水平支撑；14—屋架端部垂直支撑；15—柱间支撑

等组成，将小型屋面板或瓦材支承在檩条上，再将檩条支承在屋架上；无檩体系由大型屋面板、屋架及支撑组成，将大型屋面板直接支承在屋架或屋面梁上的称为无檩屋盖体系。有檩体系屋面刚度较小，无檩体系屋面刚度大，是排架结构中常用的屋盖，其组成包括大型屋面板、天沟板、天窗架、屋架、屋盖支撑及托架等。在屋盖结构中，屋面板起围护作用并承受作用在板上的荷载，再将这些荷载传至屋架或屋面梁；屋架或屋面梁是屋面承重构件，承受屋盖结构自重和屋面板传来的活荷载，并将这些荷载传至排架柱。天窗架支承在屋架或屋面梁上，也是一种屋面承重构件。

2．吊车梁

吊车梁一般为装配式的，简支在柱的牛腿上，主要承受吊车竖向、横向荷载或纵向水平荷载，并将它们分别传至横向或纵向平面排架。吊车梁是直接承受吊车动力荷载的构件。

3．柱与基础

柱是单层厂房中承受屋盖结构、吊车梁、围护结构传来的竖向荷载和水平荷载的主要构件，常用柱的形式有矩形、工字形以及双肢柱等，一般都做成变截面柱。

基础承受柱和基础梁传来的荷载并将它们传至地基。

4．围护结构

由纵墙、横墙（也称山墙）及抗风柱、基础梁、墙梁等组成的围护结构（图11.4），主要起围护作用，并承受墙体和构件的自重以及作用于墙面上的风荷载。

11.2.3 单层厂房的受力特点

单层厂房是由屋盖结构、吊车梁、柱与基础、围护结构等部分构件组成的一个空间体系，现分别取厂房的横向平面排架和纵向平面排架，对厂房的结构受力进行分析。

1. 横向平面排架

横向平面排架由横梁（屋架或屋面梁）、横向柱列和基础组成，是厂房的基本承重结构。厂房结构承受的竖向荷载、横向水平荷载以及横向水平地震作用都是由横向平面排架承担并传至地基的，如图 11.5 所示。

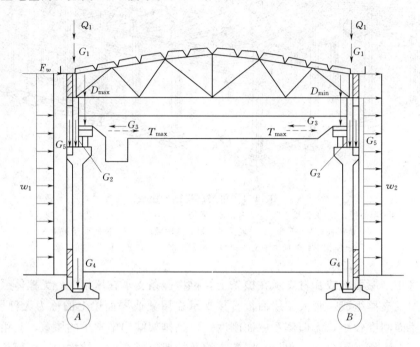

图 11.5 横向平面排架

2. 纵向平面排架

纵向平面排架由纵向柱列、连系梁、吊车梁、柱间支撑和基础等组成，其作用是保证厂房的纵向稳定性和刚性，并承受作用在山墙、天窗端壁以及通过屋盖结构传来的纵向风荷载、吊车纵向水平荷载等，再将其传至地基，如图 11.6 所示，另外，它还承受纵向水平地震作用、温度应力等。

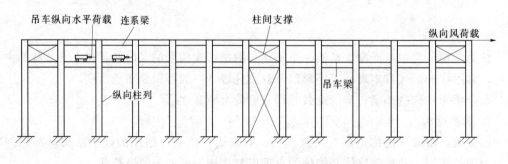

图 11.6 纵向平面排架

单层厂房结构所承受的各种荷载，基本上都是传递给排架柱，再由柱传至基础及地基的，因此，屋架（或屋面梁）柱、基础是单层厂房的主要承重构件。

11.3 单层工业厂房的结构布置和主要构件选型

11.3.1 柱网布置

厂房承重柱或承重墙的定位轴线在平面上构成的网络，称为柱网。柱网布置就是确定纵向定位轴线之间的尺寸（跨度）和横向定位轴线之间的尺寸（柱距）。柱网布置既是确定柱的位置，也是确定屋面板、屋架和吊车梁等构件尺寸（跨度）的依据，并涉及结构构件的布置。柱网布置恰当与否，将直接影响厂房结构的经济合理性和先进性，对生产使用也有着密切关系。

柱网布置的原则一般为：符合生产和使用要求；建筑平面和结构方案经济合理；在厂房结构形式和施工方法上具有先进性和合理性；适应生产发展和技术革新的要求。

厂房跨度在 18m 及以下时，应采用扩大模数 30m 数列；在 18m 以上时，应采用扩大模数 60m 数列，如图 11.7 所示。当跨度在 18m 以上，工艺布置有明显优越性时，也可采用扩大模数 30m 数列。厂房的柱距应采用扩大模数 60m 数列，如图 11.7 所示。

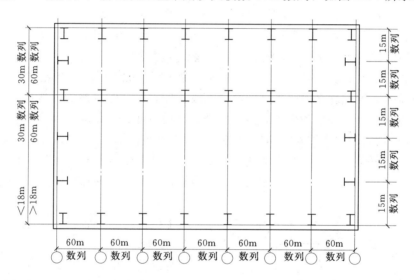

图 11.7 跨度和柱距示意图

目前，从经济指标、材料用量和施工条件等方面衡量，特别是高度较低的厂房，采用 6m 柱距比 12m 柱距优越。但从现代工业发展趋势来看，扩大柱距对增加厂房有效面积、提高设备布置和工艺布置的灵活性，以及机械化施工中减少结构构件的数量和加快施工进度等，都是有利的。当然，由于构件尺寸增大，也会给制作、运输和吊装带来不便。

11.3.2 变形缝

变形缝包括伸缩缝、沉降缝和防震缝。

1. 伸缩缝

伸缩缝的作用是减小厂房的温度应力。因为当厂房过长或过宽时，气温变化产生的温度应力会导致墙面、屋面开裂，影响正常使用，如图 11.8（a）所示。为此，可设置伸缩缝将厂房结构分为若干个温度区段，使各个区段内温度应力不致过大，如图 11.8（b）

211

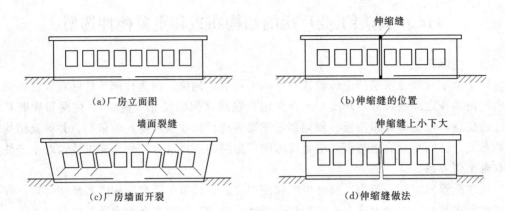

(a)厂房立面图　　　　　　　　　　　　(b)伸缩缝的位置

(c)厂房墙面开裂　　　　　　　　　　　(d)伸缩缝做法

图 11.8　温度变化产生裂缝示意图

所示。

　　温度区段的形状，应力求简单，并应使伸缩缝的数量最少。温度区段的长度（伸缩缝之间的距离），取决于结构类型和温度变化情况。GB 50010—2010 对钢筋混凝土结构伸缩缝的最大距离作了规定，对排架结构，室内或土中，伸缩缝的最大间距为 100m，露天为 70m。当厂房的伸缩缝间距超过规定值时，应验算温度应力。

　　伸缩缝的做法是：从基础顶面开始，将两个温度区段的上部结构和建筑全部分开，并留有一定的宽度；伸缩缝之间的距离即温度区段长度称为伸缩缝间距，取决于结构类型、结构整体性和结构所处环境条件。对装配式排架结构，伸缩缝最大间距为 100m（室内或土中）或 70m（露天）。当排架结构的柱高（从基础顶面算起）低于 8m、屋面无保温或隔热措施、位于气候干燥地区、夏季炎热且暴雨频繁地区，或经常处于高温作用下时，伸缩缝间距宜适当减少。此外，材料收缩较大、室内结构因施工外露时间较长时，也宜减少伸缩缝间距。

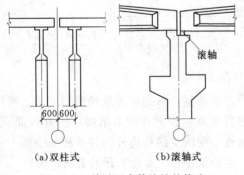

(a)双柱式　　　(b)滚轴式

图 11.9　单层厂房伸缩缝的构造

　　伸缩缝的构造，如图 11.9 所示。

　　2. 沉降缝

　　沉降缝的作用是避免不均匀沉降产生的影响，一般在单层厂房中不需设置。在有些情况下，为避免厂房因基础不均匀沉降而引起开裂和损坏，需在适当部位用沉降缝将厂房划分成若干刚度较一致的单元。如厂房相邻两部分高度相差很大（如 10m 以上）；两跨间吊车吨位相差悬殊；地基承载力或下卧层土质有较大差别；厂房各部分的施工时间先后相差很大；地基土的压缩程度不同等情况。

　　沉降缝的做法是将建筑物从基础到屋顶全部分开，使两边成为完全独立的结构，以使在缝两边发生不同沉降时不致损坏整个建筑物。沉降缝可兼作伸缩缝，但伸缩缝不能兼作沉降缝。

3. 防震缝

防震缝是为了减轻厂房震害而采取的措施之一，是防止地震时水平振动、房屋相互碰撞而设置的隔离缝。当厂房平、立面布置复杂、结构高度或刚度相差很大以及在厂房侧边贴建有生活间、变电所、炉子间等披屋时，应设置防震缝，将相邻两部分分开。地震区的伸缩缝和沉降缝均应符合防震缝要求，具体做法参见《建筑抗震设计规范》（GB 50011—2010）。

11.3.3　单层厂房的支撑体系

支撑体系的作用是：加强厂房结构的空间刚度，使厂房结构形成整体；保证结构构件在安装和使用阶段的稳定和安全；传递风荷载、吊车刹车力等水平荷载。

支撑体系包括屋盖支撑和柱间支撑。

11.3.3.1　屋盖支撑

屋盖支撑包括设置在屋架间的垂直支撑、水平系杆（图 11.10），在上、下弦平面内的横向水平支撑和下弦平面内的纵向水平支撑（图 11.11）。

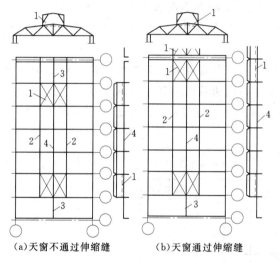

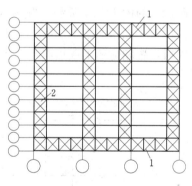

图 11.10　屋盖垂直支撑和水平系杆
1—上弦横向支撑；2—下弦系杆；3—垂直支撑；4—上弦系杆

图 11.11　下弦横向、纵向水平支撑
1—横向支撑；2—纵向支撑

（a）天窗不通过伸缩缝　　（b）天窗通过伸缩缝

1. 屋架（屋面梁）上弦横向水平支撑

屋架上弦横向水平支撑是指厂房每个伸缩缝区段端部的横向水平支撑，它的作用是：在屋架上弦平面内构成刚性框架，增强屋盖的整体刚度，保证屋架上弦或屋面梁上翼缘平面外的稳定，同时将抗风柱传来的风荷载传递到（纵向）排架柱顶。

当屋面为大型屋面板，并与屋架上弦有三点焊接，且屋面板纵肋间用 C20 细石混凝土灌实，能保证屋盖平面的稳定并能传递山墙的风荷载，屋面板可起上弦横向水平支撑的作用，此时，可不设上弦横向水平支撑。

当采用钢筋混凝土屋面梁的有檩屋盖体系或山墙风力传至屋架上弦，而大型屋面板与屋架上弦的连接不符合上述要求时，应在屋架的上弦平面内设置横向水平支撑，并应布置在端部第一柱距内以及伸缩缝区段两端的第一个或第二个柱距内，如图 11.12 所示。

对于采用钢筋混凝土拱形及梯形屋架的屋盖系统，应在每一个伸缩缝区段端部的第一

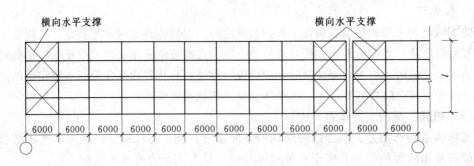

图 11.12　屋盖梁上弦横向水平支撑

个或第二个柱距内布置上弦横向水平支撑。当厂房设置天窗时，可根据屋架上弦杆件的稳定条件，在天窗范围内沿厂房纵向设置连系杆。

2. 屋架（屋面梁）下弦支撑

屋架（屋面梁）下弦支撑包括下弦横向水平支撑和纵向水平支撑两种。

下弦横向水平支撑的作用是承受垂直支撑传来的荷载，并将屋架下弦受到的风荷载传递至纵向排架柱顶。

当厂房跨度 $l \geqslant 18m$ 时，下弦横向水平支撑应布置在每一伸缩缝区段端部的第一个柱距内，如图 11.13 所示。当 $l < 18m$ 且山墙上的风荷载由屋架上弦水平支撑传递时，可不设屋盖下弦横向水平支撑。当设有屋盖下弦纵向水平支撑时，为保证厂房空间刚度，必须同时设置相应的下弦横向水平支撑。

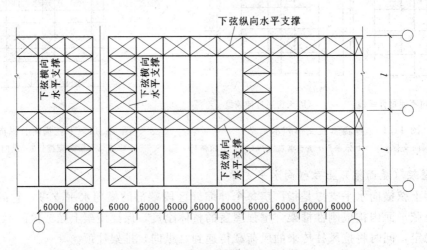

图 11.13　屋架下弦横向水平支撑

下弦纵向水平支撑能提高厂房的空间刚度，增强排架间的空间工作，保证横向水平力的纵向分布。当厂房柱距为 6m 且厂房内设有普通桥式吊车、吊车吨位不小于 10t（重级）或吊车吨位不小于 30t 等情况时，应设置下弦纵向水平支撑。

3. 屋架（屋面梁）垂直支撑和水平系杆

屋架垂直支撑是指布置在屋架（屋面梁）间或天窗架（包括挡风板立柱）间的支撑。垂直支撑的形式，如图 11.14 所示。

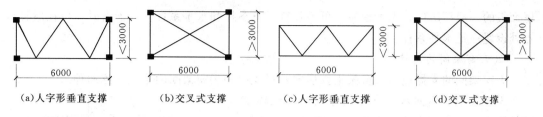

| （a）人字形垂直支撑 | （b）交叉式支撑 | （c）人字形垂直支撑 | （d）交叉式支撑 |

图 11.14　屋盖垂直支撑形式

垂直支撑除能保证屋盖系统的空间刚度和屋架安装时结构的安全外，还能将屋架上弦平面内的水平荷载传递到屋架下弦平面内。所以，垂直支撑应与屋架下弦横向水平支撑布置在同一柱间内。在有檩屋盖体系中，上弦纵向系杆是用来保证屋架上弦或屋面梁受压翼缘的侧向稳定的（即防止局部失稳），并可减小屋架上弦杆的计算长度。

当厂房跨度为 18～30m、屋架间距为 6m、采用大型屋面板时，应在屋架跨度中点布置一道垂直支撑，如图 11.15 和图 11.16 所示。对于拱形屋架及屋面梁，因其支座处高度不大，故该处可不设置垂直支撑，但须对梁支座进行抗倾覆验算，如果稳定性不能满足要求，应采取措施。梯形屋架支座处必须设置垂直支撑。

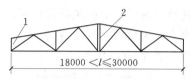

图 11.15　层架垂直支撑
1—支座垂直支撑；2—跨中垂直支撑

当屋架跨度超过 30m、间距为 6m、采用大型屋面板时，应在屋架跨度 1/3 左右附近的节点处设置两道垂直支撑及系杆。

在一般情况下，当屋面采用大型屋面板时，应在未设置支撑的屋架间相应于垂直支撑平面的屋架上弦和下弦节点处设置通长的水平系杆，系杆分刚性（压杆）和柔性（拉杆）两种。对于有檩体系，屋架上弦的水平系杆可以用檩条代替（但应对檩条进行稳定和承载力验算），仅在下弦设置通长的水平系杆。

垂直支撑一般在伸缩缝区段的两端各设置一道。在屋架跨度不大于 18m、屋面为大型

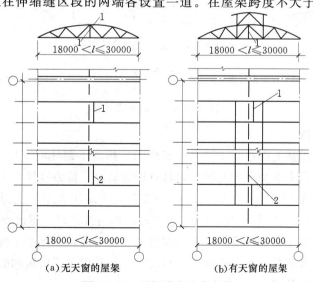

| （a）无天窗的屋架 | （b）有天窗的屋架 |

图 11.16　屋架跨中垂直支撑
1—跨中垂直支撑；2—通长的水平系杆

屋面板的一般厂房中，无天窗时，可不设置垂直支撑和水平系杆；有天窗时，可在屋脊节点处设置一道水平系杆。

4. 天窗架间的支撑

天窗架间的支撑包括天窗架上弦横向水平支撑和天窗架间的垂直支撑两种。

天窗架上弦横向水平支撑的作用是将天窗端壁的风力传递给屋盖系统和保证天窗架上弦平面外的稳定。当屋盖为有檩体系或虽为无檩体系但大型屋面板与屋架的连接不能起整体作用时，应设置这种支撑，应将上弦水平支撑布置在天窗端部的第一柱距内，如图11.17所示。

天窗垂直支撑除保证天窗架的整体稳定外，还将天窗端壁上的风荷载传至屋架上弦水平支撑，因此，天窗的垂直支撑应与屋架上弦横向水平支撑布置在同一柱距内（在天窗端部的第一柱距内），且一般沿天窗的两侧设置，如图 11.18（a）所示。为了不妨碍天窗的开启，也可设置在天窗斜杆平面内，如图11.18（b）所示。

由上可知，在每一个温度区段内，屋盖支撑的构成思路是这样的：由上、下弦水平支撑分别

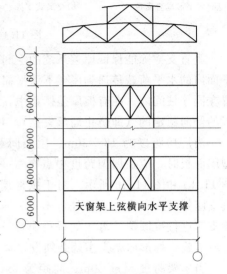

图 11.17 天窗架上弦横向水平支撑

在温度区段的两端构成横向的上、下水平刚性框，再用垂直支撑和水平系杆把两端的水平刚性框连接起来。天窗架间的支撑构成思路也与此相同。

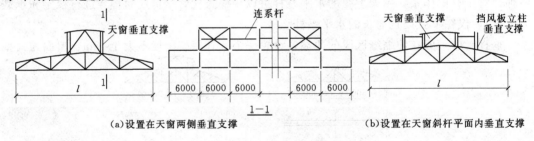

（a）设置在天窗两侧垂直支撑 （b）设置在天窗斜杆平面内垂直支撑

图 11.18 天窗垂直支撑

11.3.3.2 柱间支撑

柱间支撑一般包括上部柱间支撑、中部柱间支撑及下部柱间支撑，如图 11.19 所示。柱间支撑通常宜采用十字交叉形支撑，它具有构造简单、传力直接和刚度较大等特点。交叉杆件的倾角一般在 35°~55° 之间。当 $l/h \geqslant 2$ 时，可采用人字形支撑；当 $l/h \geqslant 2.5$ 时，可采用八字形支撑；当柱距为 15m 且 h_2 较小时，采用斜柱式支撑比较合理。

柱间支撑的作用是保证厂房结构的纵向刚度和稳定性，并将水平荷载（包括天窗端壁部和厂房山墙上的风荷载、吊车纵向水平制动力以及作用于厂房纵向的其他荷载）传到两侧纵向柱列，再传至基础。

凡属下列情况之一者，应设置柱间支撑：

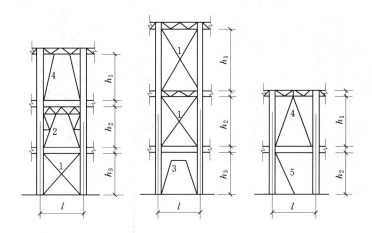

图 11.19　柱间支撑形式

1—十字交叉支撑；2—空腹门形支撑；3—八字形支撑；4—人字形支撑；5—斜柱支撑

（1）厂房内设有悬臂吊车或 3t 及以上悬挂吊车。

（2）厂房内设有重级工作制吊车，或设有中级、轻级工作制吊车，起重量在 10t 及以上。

（3）厂房跨度在 18m 以上或柱高在 8m 以上。

（4）纵向柱列的总数在七根以下。

（5）露天吊车栈桥的柱列。

柱间支撑应布置在伸缩缝区段的中央的柱间或临近中央（上部柱间支撑在厂房两端第一个柱距内也应同时设置），这样有利于在温度变化或混凝土收缩时，厂房可较自由地变形而不致产生过大的温度应力或收缩应力。当柱顶纵向水平力没有构件（如连系梁）传递时，则在柱顶必须设置通长刚性连系杆来传递荷载，如图 11.20 所示。当屋架端部设有下弦连系杆时，也可不设柱顶连系杆。

当钢筋混凝土矩形柱或工字形柱的截面高度 $h \geqslant 600mm$ 时，下部柱间支撑应设计成双片，且其间距应等于柱高减去 200mm，如图 11.21（a）所示。双肢柱的下部柱间支撑应设在吊车梁的垂直平面内，如图 11.21（b）所示。当一段柱截面高度大于 1000mm 或设有人孔及刚度要求较高时，柱间支撑一般宜设计成双片的，如图 11.21（c）所示。

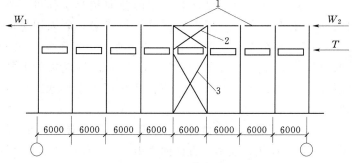

图 11.20　柱间支撑

1—柱顶系杆；2—上部柱间支撑；3—下部柱间支撑

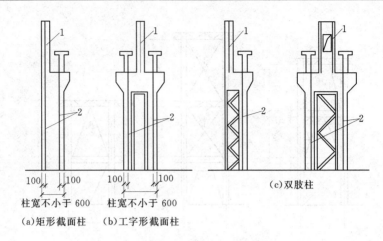

100 | 100   100 | 100

柱宽不小于600   柱宽不小于600

(a)矩形截面柱   (b)工字形截面柱   (c)双肢柱

图11.21 矩形、工字形及双肢柱的支撑布置

1—上部柱间支撑；2—下部柱间支撑

柱间支撑一般采用钢结构，杆件承载力和稳定性验算均应符合《钢结构设计规范》的有关规定。当厂房设有中级或轻级工作制吊车时，柱间支撑亦可采用钢筋混凝土结构。

11.3.4 抗风柱、圈梁、连系梁、过梁和基础梁的功能和布置原则

11.3.4.1 抗风柱（山墙壁柱）

单层厂房的端墙，称为山墙。山墙受风面积较大，一般需设置抗风柱将山墙分成区格，使墙面受到的风荷载，一部分（靠近纵向柱列的区格）直接传至纵向柱列，另一部分则传给抗风柱，再由抗风柱下端直接传至基础，而上端则通过屋盖系统传至纵向柱列。

当厂房跨度和高度均不大（如跨度不大于12m，柱顶标高8m以下）时，可在山墙设置砌体壁柱作为抗风柱；当跨度和高度均较大时，一般都设置钢筋混凝土抗风柱，柱外侧再贴砌山墙。在很高的厂房中，为不使抗风柱的截面尺寸过大，可加设水平抗风梁或钢抗风桁架作为抗风柱的中间铰支点，如图11.22所示。

抗风柱的柱脚，一般采用插入基础杯口的固接方式。抗风柱上端与屋架的连接必须满足两个要求：一是在水平方向必须与屋架有可靠的连接以保证有效地传递风荷载；二是在竖向脱开，且二者竖向之间应允许有一定的竖向相对位移可能性，以防厂房与抗风柱沉降不均匀时产生不利影响。所以，抗风柱与屋架一般采用竖向可以移动、水平向又有较大刚度的弹簧板连接，如图11.22（b）所示，若不均匀沉降可能较大时，则宜采用长圆孔的螺栓连接方案，如图11.22（c）所示。抗风柱的上柱宜采用矩形截面，其截面尺寸不宜小于350mm×300mm，下柱宜采用工字形或矩形截面，当柱较高时，也可采用双肢柱。

抗风柱主要承受山墙风荷载，一般情况下，其竖向荷载只有柱自重，故设计时可近似地按受弯构件计算，并应考虑正、反两个方向的弯矩。当抗风柱还承受由承重墙梁、墙板及雨篷等传来的竖向荷载时，则应按偏心受压构件计算。

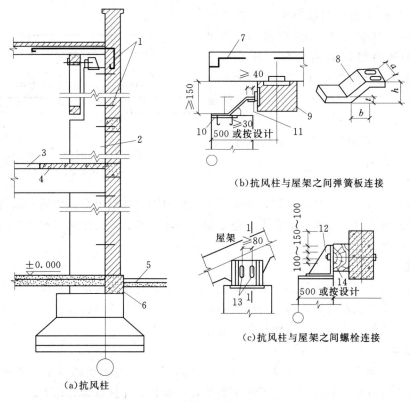

图 11.22 抗风柱

1—锚拉钢筋；2—抗风柱；3—吊车梁；4—抗风梁；5—散水坡；6—基础梁；
7—屋面纵筋或檩条；8—弹簧板；9—屋架上弦；10—柱中预埋件；
11—≥2 Φ 16 螺栓；12—加劲板；13—长圆孔；14—硬木块

11.3.4.2 圈梁、连系梁、过梁和基础梁

当用砌体作为厂房的围护结构时，一般要设置圈梁或连系梁、过梁及基础梁。

1. 圈梁

圈梁的作用是将墙体与厂房柱箍在一起，增强房屋的整体刚度，防止由于地基的不均匀沉降或较大振动荷载等对厂房的不利影响。圈梁设在墙内，并与柱用钢筋拉结。圈梁不承受墙体重量，故柱上不设置支承圈梁的牛腿。

圈梁的设置位置为：檐口标高处、吊车梁标高处、窗顶处及墙中适当位置。

圈梁的布置与墙体高度、对厂房刚度的要求以及地基情况有关。一般单层厂房圈梁布置的原则是：对无桥式吊车的厂房，当墙厚不大于 240mm、檐口标高为 5～8m 时，应在檐口附近布置一道，当檐高大于 8m 时，宜增设圈梁；对有桥式吊车或较大振动设备的厂房，除在檐口或窗顶布置圈梁外，还应在吊车梁标高处或其他适当位置增设一道；外墙高度大于 15m 时，还应适当增设。

圈梁宜连续地设在同一水平面上，并形成封闭圈。当圈梁被门窗洞口截断时，应在洞口上部增设相同截面的附加圈梁，附加圈梁与圈梁的搭接长度不应小于其垂直距离的 2 倍，且不得小于 1.0m，如图 11.23 所示。

219

圈梁的截面宽度宜与墙厚相同，当墙厚 $h \geqslant 240\text{mm}$ 时，其宽度不宜小于 $2h/3$，圈梁高度应为砌体每层厚度的倍数，且不小于 120mm。圈梁的纵向钢筋不宜少于 $4 \phi 10$，钢筋的搭接长度如图 11.23 所示。圈梁的搭接长度为 $1.2l_a$（l_a 为锚固长度），箍筋间距不大于 250mm。当圈梁兼作过梁时，过梁部分配筋应按计算确定。

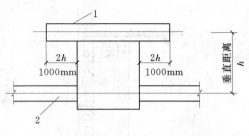

图 11.23　圈梁的搭接长度
1—附加圈梁；2—圈梁

2. 连系梁

连系梁的作用是连系纵向柱列，增强厂房的纵向刚度并把风荷载传递到纵向柱列，另外，连系梁还承受其上部墙体的重力。连系梁通常是预制的，两端搁置在柱牛腿上，其连接可采用螺栓连接或焊接连接。

3. 过梁

过梁是设置在厂房围护结构门窗洞口上的构件，它的作用是承受门窗洞口上的重量。

在进行厂房结构布置时，应尽可能将圈梁、连系梁和过梁结合起来，使一个构件能起到两个或三个构件的作用，以节约材料，简化施工。

4. 基础梁

当厂房采用钢筋混凝土柱承重时，常用基础梁来承托围护墙的重量，并把它传给柱基，而不另作墙基础。基础梁位于围护墙底部，两端各自在柱基础杯口上。当厂房高度不大且地基比较好、柱基础又埋得较浅时，也可不设基础梁而做砖石或混凝土的墙基础。

基础梁底部距土壤表面要预留 100mm 的空隙，使梁可随柱基础一起沉降。当基础梁下有冻胀性土时，应在梁下铺设一层干砂、碎砖或矿渣等松散材料，并留 $50 \sim 150\text{mm}$ 的空隙，防止土壤冻胀时将梁顶裂。基础梁与柱一般不要求连接，直接搁置在基础杯口上 [图 11.24 （a）、（b）]；当基础埋置较深时，则搁置在基础顶面的混凝土垫块上 [图 11.24 （c）]。施工时，基础梁支承处应坐浆。基础梁顶面一般设置在室内地坪以下 50mm 标高处 [图 11.24 （b）、（c）]。

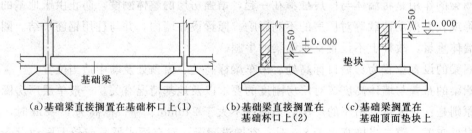

（a）基础梁直接搁置在基础杯口上(1)　（b）基础梁直接搁置在　（c）基础梁搁置在
　　　　　　　　　　　　　　　　　　　 基础杯口上(2)　　　　基础顶面垫块上

图 11.24　基础梁的布置

基础梁应优先采用矩形截面，必要时，也可采用梯形截面。

11.3.5　主要承重构件

单层厂房排架结构的主要承重构件有：屋面板、屋架或屋面梁、吊车梁、排架柱和基础。除柱和基础外，都采用标准图集进行构件的选择。

1. **屋面板**

屋面板起承重和维护作用。用于无檩体系的屋面板一般采用预应力大型屋面板、F形屋面板、单肋板或空心板（图 11.25），均可选用标准图集，在预制场生产。

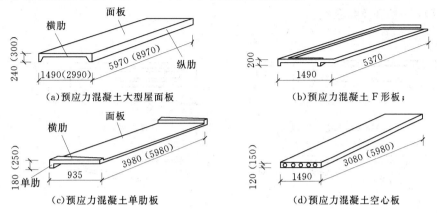

图 11.25 屋面板的类型

2. **屋面梁和屋架**

屋面梁有单坡屋面梁和双坡屋面梁，适用于跨度为±5m 及以下厂房。屋架有三角形、梯形、折线形及拱形多种形状，用于跨度为 18m 及以上厂房。屋面梁和屋架主要类型如图 11.26 所示。

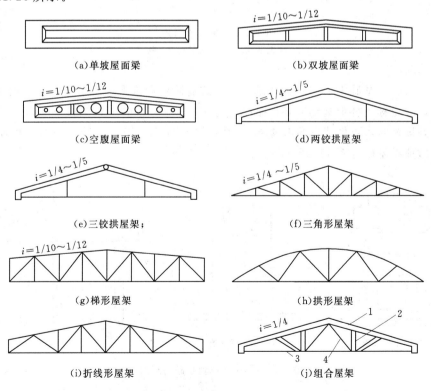

图 11.26 屋面梁和屋架的类型

1、2—钢筋混凝土上弦及压腹杆；3、4—钢下弦及拉腹杆

221

屋面梁和跨度较小的屋架可在工厂预制，而跨度较大的屋架则在现场预制。

3. 吊车梁

吊车梁承受吊车荷载并将荷载传给厂房柱，截面形式有 T 形、工形及排架式（图 11.27），一般在工厂预制。

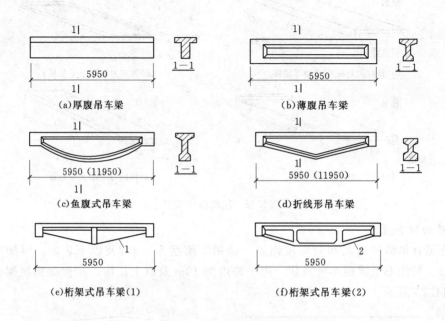

（a）厚腹吊车梁　　　　　　　　　　　　（b）薄腹吊车梁

（c）鱼腹式吊车梁　　　　　　　　　　　　（d）折线形吊车梁

（e）桁架式吊车梁（1）　　　　　　　　　　（f）桁架式吊车梁（2）

图 11.27　吊车梁形式

1—钢下弦；2—钢筋混凝土下弦

4. 基础

单层厂房柱下基础常采用单独基础，其形式有阶形和锥形。由于它们与柱的连接部分做成杯口，故也称为杯形基础或杯口基础［图 11.28（a）、（b）］；当柱下基础与设备基础有冲突需要埋深时，可做成高杯口基础［图 11.28（c）］；当上部结构荷载、地质条件差时，也可做成桩基础［图 11.28（d）］。

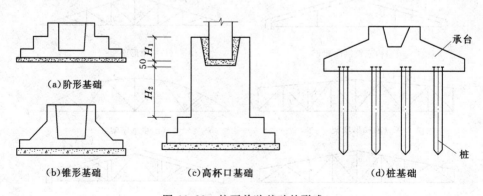

（a）阶形基础

（b）锥形基础　　　　　　　　（c）高杯口基础　　　　　　　　（d）桩基础

图 11.28　柱下单独基础的形式

11.4 单层工业厂房排架柱的设计

11.4.1 柱的形式

单层厂房柱的形式很多，目前常用的有实腹矩形柱 [图 11.29 (a)]、工字形柱 [图 11.29 (b)]、平腹杆双枝柱 [图 11.29 (c)]、斜腹杆双肢柱 [图 11.29 (d)] 等。

实腹矩形柱的外形简单，施工方便，但混凝土用量多，经济指标较差。

工字形柱的材料利用比较合理，目前在单层厂房中应用广泛，但其混凝土用量比双肢柱多，特别是当截面尺寸较大（如截面高度不小于 1600mm）时更甚，同时自重大，施工吊装也较困难，因此，使用范围也受到一定限制。

双肢柱有平腹杆和斜腹杆两

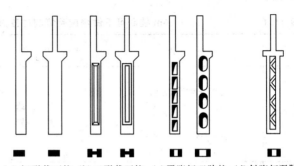

(a) 矩形截面柱 (b) 工形截面柱 (c) 平腹杆双肢柱 (d) 斜腹杆双肢柱

图 11.29 柱的形式

种。前者构造较简单，制作也较方便，在一般情况下，受力合理，而且腹部整齐的矩形孔洞便于布置工艺管道。当承受较大水平荷载时，宜采用具有桁架受力特点的斜腹杆双肢柱。但其施工制作较复杂，若采用预制腹杆，则制作条件将得到改善。双肢柱与工形柱相比较，混凝土用量少，自重较轻，柱高大时，尤为显著，但其整体刚度差些，钢筋构造也较复杂，用钢量稍多。

除此之外，还有一种管柱，其优点是管壁很薄，仅为 50～100mm，混凝土用量少，自重轻，但节点的构造复杂，若设计不当，用钢量会增多。

根据工程经验，目前对预制柱可按截面高度 h 确定截面形式：

当 $h \leqslant 600$mm 时，宜采用矩形截面；

当 $h = 600 \sim 800$mm 时，宜采用工字形截面或矩形截面；

当 $h = 900 \sim 1400$mm 时，宜采用工字形截面；

当 $h > 1400$mm 时，宜采用双肢柱。

对设有悬臂吊车的柱，宜采用矩形柱；对易受撞击及设有壁行吊车的柱，宜采用矩形柱或腹板厚度不小于 120mm、翼缘高度不小于 150mm 的工字形柱，当采用双肢柱时，则在安装壁行吊车的区段宜做成实腹柱。

实践表明，矩形、工字形和斜腹杆双肢柱的侧移刚度和受剪承载力都较大，因此，《建筑抗震设计规范》规定，当抗震设防烈度为 8 度和 9 度时，厂房宜采用矩形、工字形截面和斜腹杆双肢柱，不宜采用薄壁工字形柱、腹板开孔柱、预制腹板的工字形柱和管柱；柱底至室内地坪以上 500mm 范围内和阶形柱的上柱宜采用矩形截面。

11.4.2　钢筋混凝土排架柱的截面尺寸

单层厂房中柱的形式虽然很多，但在同一工程中，柱形及规格宜统一，以便为施工创造有利条件。通常应根据有无吊车、吊车规格、柱高和柱距等因素选取柱形，做到受力合理、节约材料。

根据刚度要求，对于柱距6m的厂房柱可参考表11.1确定。边柱常用截面尺寸见表11.2，中柱常用截面尺寸见表11.3。对于管柱或其他柱型可根据实践经验和工程的具体条件选用。

表 11.1　　　　　　　　　6m柱距可不做刚度验算的柱截面最小尺寸

项　目	简　图	适　用　条　件		截面高度 h	截面宽度 b
无吊车厂房	H	单　　跨		$\dfrac{H}{18}$	$\dfrac{H}{30}$ 及 300mm
		多　　跨		$\dfrac{H}{20}$	$r=\dfrac{H}{105}$ 及 $d=300$mm 管柱
有吊车厂房	H_k H_l	$G<10$t		$\dfrac{H_k}{14}$	$\dfrac{H_k}{20}$ 及 400mm $r=\dfrac{H_k}{85}$ 及 $d=400$mm 管柱
		$G=15\sim20$t	$H_k\leqslant10$m	$\dfrac{H_k}{11}$	
			$H_k\geqslant12$m	$\dfrac{H_k}{13}$	
		$G=30$t	$H_k\leqslant10$m	$\dfrac{H_k}{10}$	
			$H_k\geqslant12$m	$\dfrac{H_k}{12}$	
		$G=50$t	$H_k\leqslant11$m	$\dfrac{H_k}{9}$	
			$H_k\geqslant13$m	$\dfrac{H_k}{11}$	
		$G=75\sim100$t	$H_k\leqslant12$m	$\dfrac{H_k}{9}$	
			$H_k\geqslant14$m	$\dfrac{H_k}{10}$	
露天吊车栈桥	H_k H_l	$G<10$t		$\dfrac{H_k}{10}$	$\dfrac{H_k}{25}$ 及 400mm
		$G=15\sim30$t		$\dfrac{H_k}{9}$	
		$G=50$t		$\dfrac{H_k}{8}$	

注　1. 表中 G 为吊车起重量；r 为管柱单管回转半径；d 为单管外径。
　　2. 有吊车厂房表中数值适用于重级工作制。当为中级工作制时截面高度 h 可乘以系数0.95。
　　3. 屋盖为有檩体系，且无下弦纵向水平支撑时柱截面高度宜适当增大。
　　4. 当柱截面为平腹杆双肢柱及斜腹杆双肢柱时柱截面高度 h 应分别乘以系数1.1及1.05。

表 11.2 单层厂房边柱常用截面 单位：mm

吊车起重量 /t	轨顶标高 /m	6m 柱距		12m 柱距	
		上柱	下柱	上柱	下柱
≤5	6~7.8	矩 400×400	矩 400×600	矩 400×400	I400×700×100×100
10	8.4	矩 400×400	I400×700×100×100 （矩 400×600）	矩 400×400	I400×800×150×100
	10.2	矩 400×400	I400×800×150×100 （I400×700×100×100）	矩 400×400	I400×900×150×100
15~20	8.4	矩 400×400	I400×900×150×100 （I400×800×150×100）	矩 400×400	I400×1000×150×100 （I400×900×150×100）
	10.2	矩 400×400	I400×1000×150×100 （I400×900×150×100）	矩 400×400	I400×1100×150×100 （I400×1000×150×100）
	12.0	矩 500×400	I500×1000×200×120 （I500×900×150×120）	矩 500×400	I500×1100×200×120 （I500×1000×200×120）
30/5	10.2	矩 500×500 （矩 400×500）	I500×1000×200×120 （I400×1000×150×100）	矩 500×500	I500×1100×200×120 （I500×1000×200×120）
	12.0	矩 500×500	I500×1100×200×120 （I500×1000×200×120）	矩 500×500	I500×1200×200×120 （I500×1100×200×120）
	14.0	矩 600×600	I600×1200×200×120	矩 600×500	I600×1300×200×120 （I600×1200×200×120）
50/10	10.2	矩 500×600	I500×1200×200×120 I500×1100×200×120	矩 500×600	I500×1400×200×120 （I500×1200×200×120）
	12.0	矩 500×600	I500×1300×200×120 （I500×1200×200×120）	矩 500×600	I500×1400×200×120
	14.0	矩 600×600	（I600×1400×200×120）	矩 600×600	双 600×1600×300 （I600×1400×200×120）
75/20	12.0	矩 600×900	I600×1400×200×120	矩 600×900	双 600×1800×300 （双 600×1600×300）
	14.4	矩 600×900	双 600×1600×300	矩 600×900	双 600×2000×350 （双 600×1600×300）
	16.2	矩 700×900	双 700×1800×300	矩 700×900	双 700×2000×250
100/20	12.0	矩 600×900	双 600×1600×300	矩 600×900	双 600×2000×350 （双 600×1800×300）
	14.4	矩 600×900	双 600×1800×300 （双 600×1600×300）	矩 600×900	双 600×2200×350 （双 600×2000×350）
	16.2	矩 700×900	双 700×2000×350	矩 700×900	双 700×2200×350

表 11.3 单层厂房中柱常用截面 单位：mm

吊车起重量 /t	轨顶标高 /m	6m 柱距		12m 柱距	
		上柱	下柱	上柱	下柱
≤5	6~7.8	矩 400×600	矩 400×600	矩 400×600	矩 400×800
10	8.4	矩 400×600	I400×800×100×100	矩 500×600	I500×1100×200×120
	10.2	矩 400×600	I400×900×150×100	矩 500×600	I500×1100×200×120

吊车起重量 /t	轨顶标高 /m	6m柱距		12m柱距	
		上柱	下柱	上柱	下柱
15~20	8.4	矩 400×600	I400×900×150×100	矩 500×600	双 500×1600×300
	10.2	矩 400×600	(I400×800×150×100)	矩 500×600	双 500×1600×300
	12.0	矩 500×600	(I400×1000×150×100)	矩 500×600	双 500×1600×300
			(I400×800×150×100)		
			I500×1000×150×120		
30/5	10.2	矩 500×600	I500×1100×200×120	矩 500×700	双 500×1600×300
	12.0	矩 500×600	I500×1200×200×120	矩 500×700	双 500×1600×300
	14.4	矩 600×600	I600×1200×200×120	矩 600×700	双 600×1600×300
50/10	10.2	矩 500×700	I500×1300×200×120	矩 600×700	双 600×1800×300
	12.0	矩 500×700	I500×1400×200×120	矩 600×700	双 600×1800×300
	14.4	矩 600×700	I600×1400×200×120	矩 600×700	双 600×1800×300
75/20	12.0	矩 600×900	双 600×2000×350	矩 600×900	双 600×2000×350
	14.4	矩 600×900	双 600×2000×350	矩 600×900	双 600×2000×350
	16.2	矩 700×900	双 700×2000×350	矩 700×900	双 600×2000×350
100/20	12.0	矩 600×900	双 600×2000×350	矩 600×900	双 600×2000×350
	14.4	矩 600×900	双 600×2000×350	矩 600×900	双 600×2200×350
	16.2	矩 700×900	双 700×2000×350	矩 700×900	双 700×2200×350

注 表中矩形、工字形、双肢柱尺寸按图 11.30 所示尺寸表示法表示。

11.4.3 排架柱的设计

单层厂房排架柱属于偏心受压构件，其设计主要内容包括柱截面配筋设计及柱上牛腿设计。

由于排架柱是预制构件，在施工、安装阶段与使用阶段的受力情况不同，柱的配筋设计包括使用阶段计算和施工阶段验算。

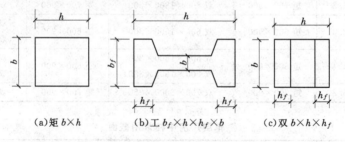

图 11.30 尺寸表示法（单位：mm）

(a)矩 $b×h$　　　(b)工 $b_f×h×h_f×b$　　　(c)双 $b×h×h_f$

11.4.3.1 使用阶段计算

在已经选定柱截面形式、柱截面尺寸的基础上（内力分析前必须确定），排架柱的配筋计算应注意如下要点：

（1）计算是针对控制截面进行的。

（2）柱以受压为主，宜选择较高的混凝土强度等级，如 C25～C40；纵向受力钢筋可选择 HRB400 级钢筋或 HRB335 级钢筋；箍筋可选择 HPB300 级钢筋。

（3）柱截面配筋通常采用对称配筋，大、小偏心受压判断直接由 N_b 确定。

（4）柱的计算长度 l_0 可按表 11.4 确定。

（5）在具体进行配筋计算时，无论大、小偏心，N 相近时取 M 大者配筋；而当 M 相近时，小偏心受压取 N 大者、大偏心受压取 N 小者配筋。

表 11.4　采用刚性屋盖的单层工业厂房排架柱、露天吊车柱和栈桥柱的计算长度 l_0

项次	柱 的 类 型		排架方向	垂直排架方向	
				有柱间支撑	无柱间支撑
1	无吊车厂房柱	单　跨	1.5H	1.0H	1.2H
		两跨及多跨	1.25H	1.0H	1.2H
2	有吊车厂房柱	上　柱	$2.0H_u$	$1.25H_u$	$1.5H_u$
		下　柱	$1.0H_l$	$0.8H_l$	$1.0H_l$
3	露天吊车和栈桥柱		$2.0H_l$	$1.0H_l$	—

注　1. H—从基础顶面算起的柱全高；

　　　H_l—从基础顶面至装配式吊车梁底面或现浇式吊车梁顶面的柱下部高度；

　　　H_u—从装配式吊车梁底面或从现浇式吊车梁顶面算起的柱上部高度。

　　2. 表中有吊车厂房排架柱的计算长度，当计算中不考虑吊车荷载时，可按无吊车厂房的计算长度采用；但上柱的计算长度仍按有吊车厂房采用。

　　3. 表中有吊车厂房排架柱，在排架方向上柱的计算长度，仅适用于 $H_u/H_i \geqslant 0.3$ 的情况，当 $H_u/H_i < 0.3$ 时，宜采用 $2.5H_u$。

11.4.3.2　施工阶段验算

施工阶段验算主要是吊装验算。

此时，荷载取柱自重标准值，并乘以动力系数 1.5。吊点一般设在牛腿下边缘处，其计算简图如图 11.31 所示，吊装方式有翻身吊和平吊两种方式，图 11.31 所示的吊装方式为翻身吊，其截面受力方向与使用时的方向一致，一般不必进行验算即可满足承载力要求和裂缝宽度要求，应强调采用该吊装方式并在施工图中注明。当采用平吊方式时，截面的受力方向是柱的平面外方向，此时截面验算应按 $b = 2h_1$、$h = b_1$ 的矩形截面，受力钢筋为翼缘最外侧钢筋进行，由于这种受力方式对构件不利，必须进行承载力和裂缝宽度验算。

11.4.3.3　牛腿的设计

单层厂房中，常采用柱侧伸出的牛腿来

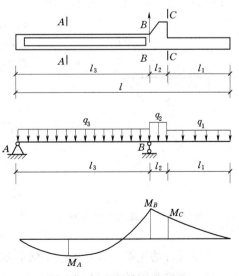

图 11.31　柱吊装验算时的
计算简图及弯矩图

支承屋架（屋面梁）、托架、墙梁、吊车梁等构件，有时还要承担设备的重量。由于这些构件大多是负荷较大或有动力作用，而牛腿的作用是将这些荷载传递给柱子，所以，牛腿是柱子的一个重要部分。

1. 牛腿的受力特点

根据牛腿竖向力 F_v 的作用点至下柱边缘的水平距离 a 的大小，一般把牛腿分成两类：当 $a \leqslant h_0$ 时，为短牛腿，如图 11.32（a）所示，当 $a > h_0$ 时，为长牛腿，如图 11.32（b）所示。此处，h_0 为牛腿与竖直截面的有效高度。

一般支承吊车梁等构件的牛腿均为短牛腿（简称"牛腿"），它实质上是一变截面深梁，其受力性能与普通悬臂梁不同。厂房中常用的牛腿通常均是短牛腿，下面所讨论的内容均是对短牛腿而言。

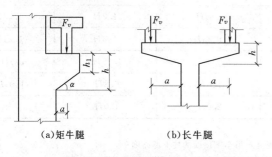

(a)矩牛腿　　　　(b)长牛腿

图 11.32　牛腿分类

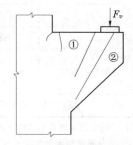

图 11.33　牛腿的裂缝

2. 牛腿的破坏形态及计算简图

牛腿受外荷载作用后，首先在上柱与牛腿上表面交接处出现垂直裂缝，如图 11.33 所示，但此裂缝发展缓慢。随着荷载的增加，在加载板内侧出现向下发展的斜裂缝①，若继续加载，裂缝①不断扩展，并在①的外侧出现大量细小裂缝，直至临近破坏时，突然出现三条斜裂缝②，这预示着牛腿即将破坏。牛腿的破坏有两种可能，一种是斜裂缝①、②之间的斜向混凝土被压坏（斜压破坏），另一种可能是牛腿上部纵向钢筋的屈服。因此，可将牛腿看成以纵向钢筋为拉杆和以斜向筋的屈服。在此，可将牛腿看成以纵向钢筋为拉杆和以斜向压力区混凝土为压杆组成的三角形桁架（图 11.34），并以此作为牛腿承载力计算的计算简图。

由于 a/h_0 比值的不同，牛腿尚有其他破坏现象，如弯曲破坏、纯剪破坏、斜拉破坏及局部受压破坏，但厂房常用牛腿的破坏主要是斜压破坏。对于其他破坏现象，则主要采取构造措施来防止。

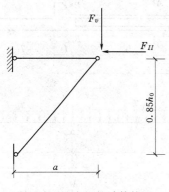

图 11.34　牛腿的计算简图

3. 牛腿截面尺寸的确定

牛腿设计的主要内容是确定牛腿的截面尺寸、承载力计算和配筋构造。

（1）确定牛腿的截面尺寸。牛腿一般与柱等宽。因此，主要是确定截面高度。设计时一般根据经验预先假定牛腿高度 h_0。对于支承吊车梁的牛腿，牛腿的外边缘与吊车梁的距离不宜小于 50mm，如图 11.35 所示。

由上述牛腿试验结果可知，牛腿的破坏都是发生在斜缝形成和展开以后。因此，牛腿截面高度的确定，一般以控制其在使用阶段不出现或仅出现细微斜裂缝为准。为此，牛腿根部的有效高度应以满足斜裂缝控制条件和构造要求来确定，如图 11.35 所示。

$$F_{vk} \leqslant \beta\left(1 - 0.5\frac{F_{hk}}{F_{vk}}\right)\frac{f_{tk}bh_0}{0.5 + \dfrac{a}{h_0}} \tag{11.1}$$

式中　F_{vk}——作用于牛腿顶部按荷载效应标准组合计算的竖向力值；

　　　　F_{hk}——作用于牛腿顶部按荷载效应标准组合计算的水平拉力值；

　　　　β——裂缝控制系数，对支承吊车梁的牛腿，取 $\beta=0.65$；对其他牛腿，取 $\beta=0.8$；

　　　　a——竖向力的作用点至下柱边缘的水平距离，此时，应考虑安装偏差 20mm；当考虑 20mm 安装偏差后的竖向力的作用点仍位于下柱截面以内时，取 $a=0$；

　　　　b——牛腿宽度；

　　　　h_0——牛腿与下柱交接处的垂直截面有效高度，取 $h_0 = h_1 - a_s + c\tan\alpha$，$\alpha$ 为牛腿底面的倾斜角，当 $\alpha>45°$ 时，取 $\alpha=45°$；c 为下柱边缘到牛腿外边缘的水平长度。

在式（11.1）中的（$1 - 0.55 F_{hk}/F_{vk}$）是考虑在竖向力 F_{vk} 与水平拉力 F_{hk} 同时作用下对牛腿抗裂度的不利影响；系数 β 考虑了不同使用条件对牛腿抗裂度的要求，当取 $\beta=0.65$ 时，可使牛腿在正常使用条件下基本上不出现裂缝，当取 $\beta=0.8$ 时，可使多数牛腿在正常使用条件下不出现裂缝，有的仅出现细微裂缝。

根据试验结果，牛腿的纵向钢筋对斜裂缝出现基本上没有影响，弯筋对斜裂缝展开有重要作用，但对斜裂缝出现也无明显影响，因此，在式（11.1）中未引入与纵向钢筋和弯筋有关的参数。

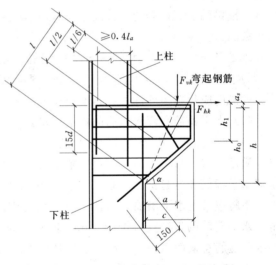

图 11.35　牛腿的尺寸和钢筋配置

牛腿外边缘高度 h_1 不应太小，否则，当 a/h_0 较大而竖向力靠近外边缘时，将会造成斜裂缝不能向下发展到与柱相交，而发生沿加载板内侧边缘的近似垂直截面的剪切破坏。因此，GB 50010—2010 规定，牛腿外边缘高度 h_1 不应小于 $h/3$，且不应小于 200mm。

牛腿底面倾斜角 α 不应大于 45°（一般取 45°），以防止斜裂缝出现后可能引起底面与下柱交接处产生严重的应力集中。

加载板尺寸大小对牛腿的承载力有一定的影响，尺寸越大（并有足够刚度），牛腿的承载力越高。尺寸过小，将导致牛腿在加载板处发生局部承压不足而破坏。

因此，GB 50010—2010 规定，在竖向力 F_{vk} 作用下，牛腿支承面上局部受压应力不应

229

超过 $0.75f_c$，即

$$\frac{F_{vk}}{A} \leqslant 0.75f_c \qquad (11.2)$$

式中　A——牛腿支承面上的局部受压面积。

若不满足上式的要求，应采取加大垫块尺寸，设置钢筋网等有效措施。

（2）确定牛腿的受力钢筋。牛腿中纵向受力钢筋的总截面面积，是由承受竖向力所需的受拉钢筋截面面积和承受水平拉力所需的锚筋截面面积组成，其计算公式：

$$A_s = \frac{F_v a}{0.85 f_y h_0} + 1.2\frac{F_h}{f_y} \qquad (11.3)$$

式中　F_v——作用在牛腿顶部的竖向力设计值；

　　　　F_h——作用在牛腿顶部的水平拉力设计值。

当 $a < 0.3h_0$ 时，取 $a = 0.3h_0$。

（3）配筋构造。牛腿承受竖向荷载产生的弯矩和水平荷载产生的拉力的纵向受拉钢筋宜采用 HRB500 级或 HRB400 级钢筋，钢筋直径不应小于 12mm。由于水平纵向受拉钢筋的应力沿牛腿上部受拉边全长基本相同，因此，不得将其下弯兼作弯起钢筋，而应全部直通至牛腿外边缘再沿斜边下弯，并伸入下柱内 150mm，另一端在柱内应有足够的锚固长度（按梁的上部钢筋的有关规定），以免钢筋未达到强度设计值前就被拔出而降低牛腿的承载能力。

承受竖向力所需的水平纵向受拉钢筋的配筋率（按牛腿有效截面计算）不应小于 0.2% 及 $0.45f_t/f_y$，也不宜大于 0.6%，根数不宜少于 4 根直径 12mm 的钢筋。承受水平拉力的锚筋应焊在预埋件上，且不应少于 2 根。

（4）水平箍筋和弯起钢筋的构造要求。

1）水平箍筋。由于式（11.1）的斜裂缝控制条件比斜截面受剪承载力条件严格，所以，满足了式（11.1）后，不再要求进行牛腿的斜截面受剪承载力计算，但应按构造要求设置水平箍筋和弯起钢筋。在总结我国的工程设计经验和参考国外有关设计规范的基础上，牛腿应设置水平箍筋，以便形成钢筋骨架及控制斜裂缝的出现。GB 50010—2010 规定，水平箍筋的直径宜为 6~12mm，间距宜为 100~150mm，且在牛腿上部 $2h_0/3$ 范围内的水平箍筋总截面面积不宜小于承受竖向力的水平纵向受拉钢筋截面面积的 1/2。

2）弯起钢筋。试验表明，弯起钢筋虽然对牛腿抗裂的影响不大，但对限制斜裂缝展开的效果较显著。试验还表明，当剪跨比 $a/h_0 \geqslant 0.3$ 时，弯起钢筋可提高牛腿的承载力 $10\% \sim 30\%$，剪跨比较小时，在牛腿内设置弯起钢筋不能充分发挥作用。因此，GB 50010—2010 规定，对于悬臂较长，剪跨比 $a/h_0 \geqslant 0.3$ 时，牛腿宜设置弯起钢筋，弯起钢筋宜采用 HRB500 级或 HRB400 级钢筋，直径不宜小于 12mm，并且配筋位置应使其与集中荷载作用点到牛腿斜边下端点连线的交点位于在牛腿上部 $l/6 \sim l/2$ 之间的范围内，l 为该连线的长度，如图 11.35 所示。其截面面积不宜少于承受竖向力的受拉钢筋截面面积的 1/2，且不应小于 $0.001bh$，其根数不应少于 2 根直径 12mm 的钢筋。

当满足以上构造要求时，就能满足牛腿受剪承载力的要求。

当牛腿设于上柱柱顶时，宜将牛腿对边的柱外侧纵向受力钢筋沿柱顶水平弯入牛腿，作为牛腿纵向受力钢筋使用。若牛腿顶面纵向受拉钢筋与牛腿对边的柱外侧纵向受力钢筋分开配置时，牛腿顶面纵向受拉钢筋应弯入柱外侧。柱顶牛腿配筋构造如图 11.36 所示。

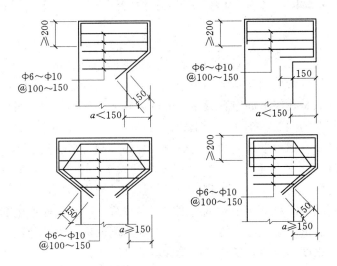

图 11.36 柱顶牛腿的配筋构造

思 考 题

11.1 简述装配式钢筋混凝土排架结构由哪些构件组成？

11.2 简述单层工业厂房结构主要荷载的传递路线。

11.3 单层工业厂房有哪些支撑？它们的作用是什么？

11.4 单层工业厂房中变形缝包括哪几种？各有什么作用？

11.5 牛腿有哪两种类型？牛腿的尺寸和配筋如何确定？

第 12 章　钢筋混凝土高层建筑结构简介

近些年来，建筑业有了突飞猛进的发展，钢筋混凝土结构的建筑应用也越来越广泛，特别是高层建筑结构常常应用于各种办公楼、写字楼、住宅、旅馆酒店、商场等建筑中。这些结构的突出优点是建筑平面布置灵活，能获得较大的使用空间，可以适应于不同的房屋类型。随着建筑业的发展，钢筋混凝土的高层结构应用越来越多，根据结构特性而言，高层建筑物必须着重考虑水平荷载和竖向荷载组合的影响。高层建筑是指 10 层及 10 层以上或房屋高度超过 28m 的住宅建筑结构和房屋高度大于 24m 的其他民用建筑结构。在设计高层建筑时，它的结构除在上述荷载组合下的强度、刚度和稳定性应予以保证外，还必须控制由风荷载（或地震水平作用）所产生的侧向位移，防止由此产生的结构的和非结构性材料的破坏。控制由风荷载造成的顶部楼层的加速度反应，以便使用户对摆动的感觉和不舒适感降到最低程度，从而高层建筑需要合适的结构予以应用。

12.1　高层建筑结构体系的类型和特点

目前国内的高层建筑基本上采用钢筋混凝土结构。其结构体系有：框架结构、剪力墙结构、框架-剪力墙结构、筒体结构等。根据高层建筑结构的设计基本原则、受力特点以及一些其他影响因素，综合考虑，选取合适的结构体系或其组合体系。

12.1.1　框架结构体系

框架结构体系是指由楼板、梁、柱及基础四种承重构件组成的承受竖向和水平作用的结构。由梁、柱、基础构成平面框架，它是主要承重结构，各平面框架再由连系梁联系起来，即形成一个空间结构体系，它是高层建筑中常用的结构形式之一，其框架结构如图 12.1 所示。

（1）框架结构体系的优点：建筑平面布置灵活，能获得较大的使用空间，建筑立面也容易处理，结构自重轻，计算理论也比较成熟，施工简单，在一定高度范围内造价较低，比较经济。框架结构的柱网平面布置形式如图 12.2 所示。

（2）框架结构体系的缺点：框架结构本身柔性较大，侧向刚度较小，抗侧力能力较差，抵抗水平荷载的能力较差，在水平荷载作用下会产生较大的侧向位移，例如在风荷载作用下会产生较大的水平位移。在地震荷载作用下比较容易破坏，非结构构件破坏比较严重。对支座不均匀沉降比较敏感。

（3）框架结构体系的适用范围：框架结构的合理层数一般是 6～15 层，最经济的层数是 10 层左右。由于框架结构能提供较大的建筑空间，平面布置灵活，可适合多种工艺与使用的要求，已广泛应用于办公、住宅、商店、医院、旅馆、学校及多层工业厂房和仓库中。可以做成有较大空间的会议室、餐厅、车间、营业厅、教室等。如有需要时，还可以用隔断分割成小房间，或拆除隔断改成大房间，因此使用灵活。外墙采用非承重构件，也可使立面设计灵活多变。

（a）施工中的框架结构外部图

（b）施工中的框架结构内部图

图 12.1 框架结构图

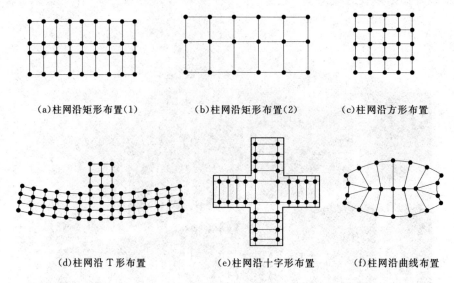

| (a)柱网沿矩形布置(1) | (b)柱网沿矩形布置(2) | (c)柱网沿方形布置 |

| (d)柱网沿 T 形布置 | (e)柱网沿十字形布置 | (f)柱网沿曲线布置 |

图 12.2　框架结构柱网布置形式

12.1.2　剪力墙结构体系

在高层建筑中为了提高房屋结构的抗侧力刚度，在其中设置的钢筋混凝土墙体称为"剪力墙"，剪力墙是一种能较好地抵抗水平荷载的墙体，剪力墙的主要作用在于提高整个房屋的抗剪强度和刚度，墙体同时也作为建筑物的围护和房间分隔构件。如图 12.3 所示，剪力墙结构体系是利用建筑物墙体作为承受竖向荷载、抵抗水平荷载的结构体系。剪力墙间距一般为 3~8m。

（1）剪力墙结构体系的优点。在剪力墙结构中，由钢筋混凝土墙体承受全部水平和竖向荷载，现浇钢筋混凝土剪力墙结构整体性好，抗侧刚度大。在水平荷载作用下侧向变形小，承载力要求容易满足。剪力墙可以沿横向和纵向正交布置或沿多轴线斜交布置，空间整体性好，用钢量省。剪力墙结构具有良好的抗震性能，震害发生较少，而且程度也较轻微，在住宅和旅馆客房中采用剪力墙结构，可以很好地适应房屋建筑墙体较多、房间面积不太大的特点，而且还可以使房间不露梁柱，室内墙面平整，整齐美观。剪力墙结构平面布置形式如图 12.4 所示。

（2）剪力墙结构体系的缺点。剪力墙结构间距不能太大，平面布置不够灵活，而且不宜开过大的洞口，自重往往也较大，吸收地震能量大，不是能很好地满足公共建筑的使用要求，施工比较麻烦，而且其成本也较大，造价较高。剪力墙结构体系因墙体较多，不容易布置面积较大的房间，例如为了满足旅馆布置门厅、餐厅、会议室等大面积公共用房的要求，以及在住宅楼底层布置商店和公共设施的要求，可以将部分底层或部分层取消剪力墙代之以框架，形成框支剪力墙结构。在框支剪力墙中，底层柱的刚度小，形成上下刚度突变，在地震作用下底层柱会产生很大内力及塑性变形，因此，在地震区不允许采用这种框支剪力墙结构。

（3）剪力墙结构体系的适用范围。适于建造较高的高层建筑，是高层住宅采用最为广泛的一种结构形式。

(a)施工中的剪力墙结构外部

(b)施工中的剪力墙结构内部

图 12.3 剪力墙结构

12.1.3 框架-剪力墙结构体系

框架-剪力墙结构体系由框架和剪力墙组成,在框架结构中布置一定数量的剪力墙,是框架和剪力墙协同工作的一种结构体系,具有两种结构的优点。如图 12.5 所示,在框架-剪力墙结构中,其中剪力墙作为主要的水平荷载承受的构件,由于剪力墙刚度大,剪力墙承担大部分水平力(有时可以达到 $80\%\sim90\%$),是抗侧力的主体,整个结构的侧向刚度大大提高。框架则承受竖向荷载,提供较大的使用空间,同时承担少部分水平力。由于有了剪力墙,其体系比框架结构体系的刚度和承载力都大大提高了,在地震作用下层间

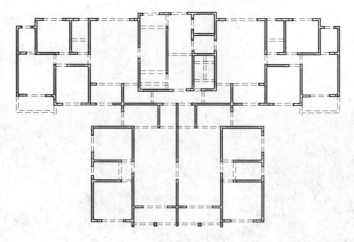

图 12.4　剪力墙结构平面布置

变形减小，因而也就减小了非结构构件（隔墙和外墙）的损坏。这样无论在非地震区还是地震区，都可以用来建造较高的高层建筑。还可以把中间部分的剪力墙形成筒体结构，布置在内部，外部柱子的布置就可以十分灵活；内筒采用滑模施工，外围的框架柱断面小、开间大、跨度大，很适合现在的建筑设计要求。

图 12.5　框架-剪力墙结构

这种结构既有框架结构布置灵活、使用方便的特点，又有较大的刚度和较强的抗震能力，因而广泛地应用于高层建筑中的办公楼和旅馆。框架-剪力墙结构平面布置，如图12.6所示。

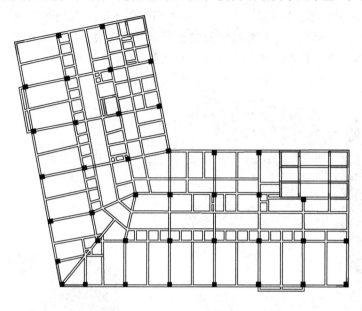

图 12.6　框架-剪力墙结构平面布置

12.1.4　筒体结构体系

随着建筑层数、高度的增长和抗震设防要求的提高，以平面工作状态的框架、剪力墙来组成高层建筑结构体系，往往不能满足要求。这时可以由剪力墙构成空间薄壁筒体，成为竖向悬臂箱形梁，加密柱子，以增强梁的刚度，也可以形成空间整体受力的框筒，由一个或多个筒体为主抵抗水平荷载的结构称为筒体结构。通常筒体结构类型如下：

（1）框架-筒体结构，即框架-核心筒结构，中央布置剪力墙薄壁筒（即钢筋混凝土核心筒），由它承受大部分水平荷载，周边布置大柱距（一般为5～8m）的普通框架，这种结构受力特点类似框架-剪力墙结构。目前广西南宁市的地王大厦采用这种结构形式，如图12.7所示。

图 12.7　南宁市地王大厦

237

　　（2）筒中筒结构。筒中筒结构由内、外两个筒体组合而成，内筒为剪力墙薄壁筒，外筒为密柱（通常柱距为 3～4m）和裙楼组成的框筒。由于外柱很密，梁刚度很大，门窗洞口面积小（一般不大于墙体面积 50%），因而框筒工作不同于普通平面框架，而且具有很好的空间整体作用，类似于一个多孔的竖向箱形梁，具有很好的抗风和抗震性能。目前国内较高的钢筋混凝土结构如上海金茂大厦（88 层、420.5m，图 12.8）、广州中天广场大厦（80 层、320m，图 12.9）都是采用筒中筒结构。

图 12.8　上海金茂大厦

图 12.9　广州中天广场大厦

　　（3）成束筒结构。在平面内设置多个剪力墙薄壁筒体，每个筒体都比较小，这种结构多用于平面形状复杂的建筑中。

　　通常筒体结构基本形式还可以根据外观情况分为以下三种形式：实腹筒、框筒及桁架筒。筒体结构最主要的特点就是它的空间受力性能，不论哪一种筒体结构，在水平荷载作用下都可看成固定于基础上的箱形悬壁构件，它比单片平面结构具有更大的抗侧刚度和承载力，并具有良好的抗扭刚度。筒中筒结构是一种抵抗较大水平荷载的有效结构体系，但是由于它需要密柱深梁，当采用钢筋混凝土结构时，可能延性不好，而且造价昂贵。筒体结构是空间结构，其抵抗水平荷载的能力很大，因而特别适合在超高层结构中采用。筒体结构的平面布置如图 12.10 所示。

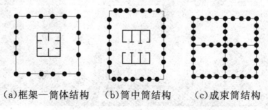

(a)框架—筒体结构　　(b)筒中筒结构　　(c)成束筒结构

图 12.10　筒体结构的平面布置

除了上述的几种结构体系外，还有其他一些结构体系，如薄壳、膜结构、网架等。随着时代的进步，会涌现出越来越多更好的结构体系。还需要科学技术的发展，从各方面考虑运用经济合理的手段达到所需求的目标。

12.2　高层建筑结构体系的选型内容

12.2.1　高层建筑结构竖向承重结构的最大适用高度

钢筋混凝土高层建筑结构各种竖向承重结构的最大适用高度分为 A 级和 B 两级。

A 级高度的钢筋混凝土高层建筑的最大适用高度见表 12.1。

表 12.1　　　　　　　　A 级高度钢筋混凝土高层建筑的最大适用高度　　　　　　　　单位：m

结构体系		非抗震设计	抗震设防烈度				
			6 度	7 度	8 度		9 度
					0.20g	0.30g	
框架		70	60	50	40	35	24
框架-剪力墙		150	130	120	100	80	50
剪力墙	全部落地剪力墙	150	140	120	100	80	60
	部分框支剪力墙	130	120	100	80	50	不应采用
筒体	框架-核心筒	160	150	130	100	90	70
	筒中筒	200	180	150	120	100	80
板柱-剪力墙		110	80	70	55	40	不应采用

注　1. 房屋高度指室外地面至主要屋面高度，不包括局部突出屋面的电梯机房、水箱、构架等高度。

　　2. 表中框架不含异形柱框架结构。

　　3. 部分框支剪力墙结构指地面以上有部分框支剪力墙的剪力墙结构。

　　4. 甲类建筑，6 度、7 度、8 度抗震设计时宜按本地区抗震设防烈度提高后符合本表的要求；9 度时应专门研究。

　　5. 框架结构、板柱-剪力墙结构以及 9 度抗震设防的表列其他结构，当房屋高度超过本表数值时，结构设计应有可靠依据，并采取有效地加强措施。

　　6. 表中 g 为重力加速度。

当框架-剪力墙、剪力墙及筒体结构超出表 12.1 的高度时，应列入 B 级高度高层建筑。

B 级高度高层建筑的最大适用高度不宜超过表 12.2 的规定，并且应该遵守更严格的计算和构造措施，并且需要经过专家审查复核。

表 12.2　　　　　　　　B 级高度钢筋混凝土高层建筑的最大适用高度　　　　　　　　单位：m

结构体系	非抗震设计	抗震设防烈度			
		6 度	7 度	8 度	
				0.20g	0.30g
框架-剪力墙	170	160	140	120	100

续表

结构体系		非抗震设计	抗震设防烈度			
			6 度	7 度	8 度	
					0.20g	0.30g
剪力墙	全部落地剪力墙	180	170	150	130	110
	部分框支剪力墙	150	140	120	100	80
筒体	框架-核心筒	220	210	180	140	120
	筒中筒	300	280	230	170	150

注　1. 房屋高度指室外地面至主要屋面高度，不包括局部突出屋面的电梯机房、水箱、构架等高度。

2. 部分框支剪力墙结构指地面以上有部分框支剪力墙的剪力墙结构。

3. 甲类建筑，6 度、7 度抗震设计时宜按本地区抗震设防烈度提高后符合本表的要求；8 度时应专门研究。

4. 当房屋高度超过本表数值时，结构设计应有可靠依据，并采取有效措施。

5. 表中 g 为重力加速度。

12.2.2　高层建筑结构竖向承重结构适用的最大高宽比

高宽比对房屋结构的刚度、整体稳定、承载力和经济合理性有着重大影响，设计时应该对其进行控制。

钢筋混凝土高层建筑结构高宽比的限值见表 12.3。

表 12.3　　　　　钢筋混凝土高层建筑结构适用的最大高宽比

结构类型	非抗震设计	抗震设防烈度		
		6 度、7 度	8 度	9 度
框架	5	4	3	2
板柱-剪力墙	6	5	4	—
框架-剪力墙、剪力墙	7	6	5	4
框架-核心筒	8	7	6	4
筒中筒	8	8	7	5

12.2.3　高层建筑结构布置

建筑结构的形式确定以后，要进行结构的布置。结构布置的主要内容有：一是结构的平面布置，主要内容是确定梁、柱、墙、基础等构件在建筑平面上的位置。二是结构的竖向布置，主要内容是确定结构竖向形式、楼层高度、屋顶水箱高度、电梯井、楼梯间和电梯机房的位置与高度，以及是否设有地下室、加强层、转换层、技术夹层及其位置与高度。

结构布置的原则是：应该满足使用要求，并且尽可能地做到简单、规则、均匀、对称，结构具有足够的承载能力、刚度和变形能力，应避免因为结构局部破坏而引起的结构整体破坏，避免局部突变和扭转效应形成薄弱部位，结构应具有多道抗震防线。

1. 高层建筑结构平面布置

结构平面布置的一般原则如下：

（1）在高层建筑的一个独立结构单元内，结构平面形状宜简单、规则，质量、刚度和承载力分布宜均匀。不应采用严重不规则的平面布置。

（2）高层建筑宜选用风作用效应较小的平面形状。

（3）抗震设计的混凝土高层建筑，其平面布置宜符合以下要求：

1）平面宜简单、规则、对称，减少偏心。

2）平面长度不宜过长，突出部分长度 l 不宜过大，如图 12.11 所示；L、l 等值宜满足表 12.4 的要求。

3）建筑平面不宜采用角部重叠或细腰形平面布置，如图 12.12 所示。

（4）避免平面不规则影响的要求和规定，详见表 12.5。

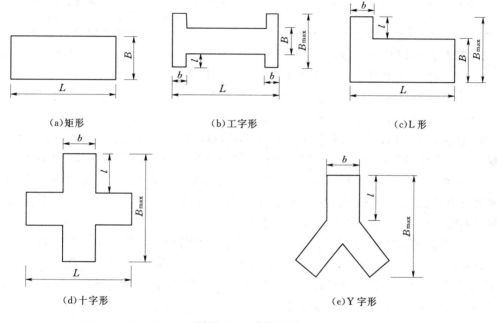

（a）矩形　　　　　　　　　　（b）工字形　　　　　　　　　　（c）L形

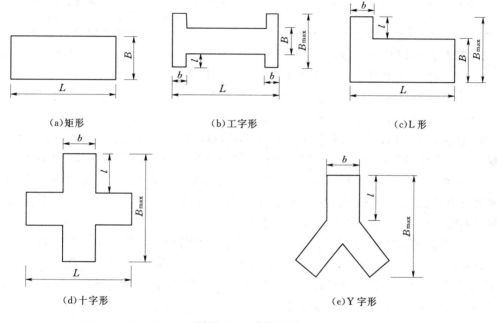

（d）十字形　　　　　　　　　　　　　　（e）Y字形

图 12.11　建筑平面

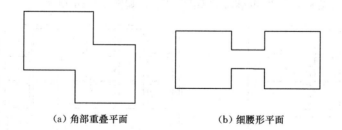

（a）角部重叠平面　　　　　　　　　　（b）细腰形平面

图 12.12　对抗震不利的建筑平面

表 12.4　L、l 的限值

设防烈度	L/B	l/B_{max}	l/b
6度、7度	≤6.0	≤0.35	≤2.0
8度、9度	≤5.0	≤0.30	≤1.5

表 12.5　　　　　　　　　　　　避免平面不规则影响的要求和规定

不规则的影响因素	具体要求和规定
扭转的影响	结构的平面布置应减少扭转的影响。在考虑偶然偏心影响的地震力作用下，楼层竖向构件的最大水平位移和层间位移，A 级高度高层建筑不宜大于该楼层平均值的 1.2 倍，不应大于该楼层平均值的 1.5 倍；B 级高度高层建筑、超过 A 级高度的混合结构以及复杂高层建筑不宜大于该楼层平均值的 1.2 倍，不应大于该楼层平均值的 1.4 倍
平面凹凸的影响	结构平面凹进的一侧尺寸，不应大于相应投影方向总尺寸的 30%
楼板局部不连续和削弱的影响	当楼板平面比较狭长、有较大的凹入和开洞而使楼板有较大削弱时，楼板的尺寸和平面刚度急剧变化时，有效楼板宽度不宜小于该层楼面宽度的 50%；楼板开洞总面积不宜超过楼面面积的 30%；在去掉凹入或开洞后，楼板在任一方向的最小净宽度不宜小于 5m，并且开洞后每一边的楼板净宽度不应小于 2m

2. 高层建筑结构竖向布置

(1) 结构竖向布置要求。结构竖向布置应满足下列要求：

1) 高层建筑的竖向体形宜规则、均匀，避免有过大的外挑和内收。结构的侧向刚度宜下大上小，逐渐均匀变化，不应采用竖向布置严重不规则的结构。

2) 按抗震设计的高层建筑结构，对于框架结构，其楼层侧向刚度与相邻上部楼层侧向刚度的比不宜小于 0.7，与其上部相邻三层侧向刚度比的平均值不宜小于 0.8；对于框架-剪力墙和板柱-剪力墙结构，剪力墙结构、框架-核心筒结构、筒中筒结构，其楼层侧向刚度与相邻上部楼层侧向刚度的比不宜小于 0.9，楼层层高大于上部相邻楼层层高 1.5 倍时，不应小于 1.1，底部嵌固楼层不应小于 1.5。

3) A 级高度高层建筑的楼层抗侧力结构的层间受剪承载力不宜小于其相邻上一层受剪承载力的 80%，不应小于其相邻上一层受剪承载力的 65%；B 级高度高层建筑不应小于 75%。（楼层抗侧力结构的层间受剪承载力是指在所考虑的水平地震作用方向上，该层全部柱、剪力墙、斜撑的受剪承载力之和）。

4) 抗震设计时，高层建筑结构竖向抗侧力结构宜上下连续贯通。竖向抗侧力结构上、下不贯通时，底层结构容易发生破坏，如图 12.13 和图 12.14 所示。

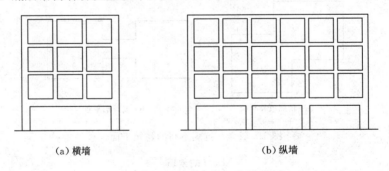

(a) 横墙　　　　　　　　　　　　　　(b) 纵墙

图 12.13　框架柱竖向不连续示例

5) 抗震设计时，当结构上部楼层收进部位到室外地面的高度 H_1 与房屋高度 H 之比大于 0.2 时，上部楼层收进后的水平尺寸 B_1 不宜小于下部楼层水平尺寸的 0.75 倍；如图

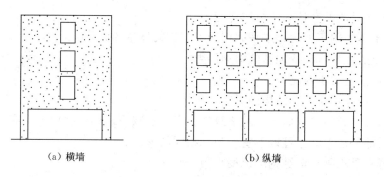

(a) 横墙　　　　　　　　　　　　　　(b) 纵墙

图 12.14　剪力墙竖向不连续示例

12.15（a）、（b）所示；当上部结构楼层相对于下部楼层外挑时，下部楼层的水平尺寸 B 不宜小于上部结构楼层水平尺寸 B_1 的 0.9 倍，且水平外挑尺寸 a 不宜大于 4m，如图 12.15（c）、（d）所示。

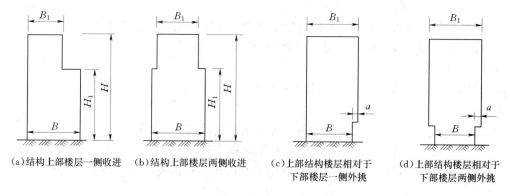

(a)结构上部楼层一侧收进　　(b)结构上部楼层两侧收进　　(c)上部结构楼层相对于　　(d)上部结构楼层相对于
　　　　　　　　　　　　　　　　　　　　　　　　　　　　下部楼层一侧外挑　　　　下部楼层两侧外挑

图 12.15　结构竖向收进和外挑示意

6）楼层质量沿高度宜均匀分布，楼层质量不宜大于相邻下部楼层质量的 1.5 倍。

7）结构顶层取消部分墙、柱形成空旷房间时，应进行弹性动力时程分析计算，并且采取有效构造措施。

8）高层建筑宜设置地下室。

（2）基础埋置深度及地下室设置。为了防止高层建筑发生倾覆和滑移，高层建筑的基础应有一定的埋置深度。埋置深度确定的影响因素有：建筑物的高度、体型、地基土质、抗震设防烈度等因素。埋置深度是指室外地坪至基础底面的高度，并且宜符合以下要求：

1）天然地基或复合地基，可以取房屋高度的 1/15。

2）桩基础，可以取房屋高度的 1/18（不含桩的长度）。

当建筑物采用岩石地基或采取有效措施时，在满足地基承载力、稳定性要求以及基底零应力区满足要求的前提下，基础埋深可以不受上述两款的限制。当地基可能产生滑移时，应采取有效的抗滑移措施。

地震作用下结构的动力效应与基础埋置深度关系较大，软弱土层时更为明显。所以，高层建筑的基础应该具有一定的埋置深度。当抗震设防烈度高、场地差时，宜采用较大的埋置深度，以抵抗倾覆和滑移，保证建筑物的安全。

243

高层建筑设置地下室具有的结构功能：

1）利用土体的侧压力防止水平力作用下结构的滑移和倾覆。

2）减小土的重量，降低地基的附加压力。

3）提高地基土的承载能力。

4）减少地震作用对上部结构的影响。

地震震害调查表明，有地下室的建筑物震害明显减轻。同一结构单元应全部设置地下室，不宜采用部分地下室，且地下室应当有相同的埋深。

12.2.4 高层建筑水平承重结构的选型

1. 水平承重结构的主要形式和特点

水平承重结构对保证高层建筑的水平荷载传递和整体稳定起着非常重要的作用。在高层建筑中的水平承重结构主要是楼盖部分。

常用的楼盖结构主要形式和特点如下。

（1）普通钢筋混凝土肋形楼盖：

1）种类有单向板肋形楼盖、双向板肋形楼盖和井字形楼盖与密肋楼盖。

2）特点是板薄，自重轻，混凝土用量较少，施工方便简单，比较经济。但是板底不够平整，影响使用和美观。

（2）无梁楼盖。一般需要和剪力墙与筒体结构配合使用。

种类如下：

1）实心平板：非预应力混凝土平板、无黏结预应力混凝土平板。

2）空心平板：板厚通常是 300～400mm，内部埋设大孔空心管。

3）组合式楼盖。通常与竖向承重钢结构配合使用。种类有：压型钢板-混凝土楼板，钢梁-混凝土板组合楼盖、网架楼盖，如图 12.16 所示。

2. 水平承重结构的选择

高层建筑楼盖结构应该满足以下基本要求：

（1）房屋建筑高度超过 50m 时，框架-剪力墙结构、筒体结构以及复杂高层建筑结构应采用现浇楼盖结构；框架结构和剪力墙结构宜采用现浇楼盖结构。

（2）房屋建筑高度不超过 50m 时，8 度、9 度抗震设计时宜采用现浇楼盖结构；6 度、7 度抗震设计时可采用装配整体式楼盖，并且应该满足以下要求：

1）预制板搁置在梁上或剪力墙上的长度分别不宜小于 35mm 和 25mm。

2）预制板板端宜预留胡子筋，其长度不宜小于 100mm。

3）预制板板孔堵头宜留出不小于 50mm 的空腔，并采用强度等级不低于 C20 的混凝土浇灌密实。

4）楼盖的预制板板缝宽度不宜小于 40mm，板缝宽度大于 40mm 时应在板缝内配置钢筋，并宜贯通整个结构单元。预制板板缝、板缝梁的混凝土强度等级应高于预制板的混凝土强度等级。

5）楼盖每层宜设置钢筋混凝土现浇层。现浇层厚度不应小于 50mm，并应双向配置直径 6～8mm、间距 150～200mm 的钢筋网，钢筋应锚固在剪力墙内。

（3）房屋的顶层、结构转换层、平面复杂或开洞过大的楼层、作为上部结构嵌固部位

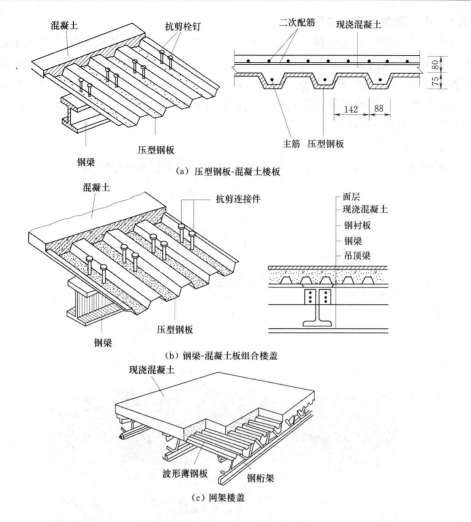

（a）压型钢板-混凝土楼板

（b）钢梁-混凝土板组合楼盖

（c）网架楼盖

图 12.16　组合式楼盖

的地下室楼层应采用现浇楼盖结构。

（4）现浇楼盖的混凝土强度等级不宜低于 C20，也不宜高于 C40。

普通高层建筑楼盖结构选型可以按照表 12.6 予以确定。

表 12.6　　　　　　　　　　　普通高层建筑楼盖结构选型

结构体系	高　度	
	不超过 50m	超过 50m
框架	可采用装配式楼盖结构（灌板缝）	宜采用现浇楼盖结构
剪力墙	可采用装配式楼盖结构（灌板缝）	宜采用现浇楼盖结构
框架-剪力墙	宜采用现浇楼盖结构； 可采用装配整体式楼盖结构 （灌板缝加现浇面层）	应采用现浇楼盖结构
板柱-剪力墙	应采用现浇楼盖结构	
框架-核心筒、筒中筒	应采用现浇楼盖结构	应采用现浇楼盖结构

12.2.5　高层建筑下部结构的选型

高层建筑的基础是高层建筑承受荷载的主要部分，高层建筑的基础形式直接关系和影响着整个高层建筑的安全、使用以及造价和施工。因此高层建筑的基础工程非常重要而且造价也比较高，能否采用经济合理的基础设计方案，具有较大的经济效益和潜力，这就需要更准确可靠的工程地质勘察资料和更全面深入细致的结构分析计算与方案比较。以下为高层建筑的基础类型与应用。

1. 柱下独立基础

适用于建筑层数不多，地基土质较好的框架结构，如图 12.17 所示。

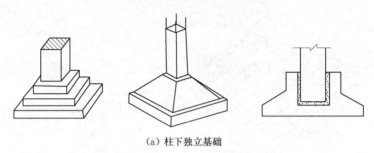

（a）柱下独立基础

（b）施工中的柱下独立基础

图 12.17　柱下独立基础

2. 交梁式条形基础

交梁式条形基础又称十字交叉条形基础，即两个方向为条形基础。该基础常常适用于建筑层数不多，地基土质一般的框架结构、剪力墙结构、框架-剪力墙结构，如图 12.18 所示。

3. 筏板基础

该基础常常适用于建筑层数不多，地基土质较弱；或者层数较多，土质较好的高层框架结构、剪力墙结构、框架-剪力墙结构。筏板基础分为平板式筏形基础和梁板式筏形基础，如图 12.19 所示。

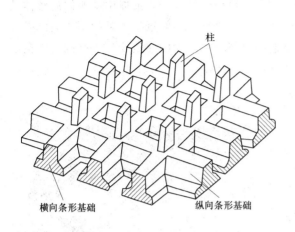

（a）十字交叉条形基础　　　　　　　　　　（b）施工中的十字交叉条形基础

图 12.18　交梁式条形基础

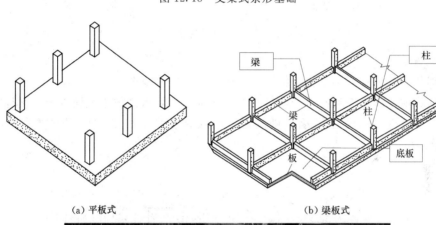

（a）平板式　　　　　　　　　　　　（b）梁板式

（c）拉板基础实例

图 12.19　筏板基础

247

4. 箱形基础

箱形基础是由钢筋混凝土的底板、顶板和若干纵横墙组成的，形成中空箱体的整体结构，共同来承受上部结构的荷载。箱形基础整体空间刚度大，对抵抗地基的不均匀沉降有利，一般适用于高层建筑或在软弱地基上建造的上部荷载较大的建筑物。当基础的中空部分尺寸较大时，可用作地下室，如图 12.20 所示。

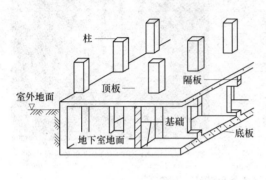

(a) 箱形基础简图   (b) 施工中的箱形基础

图 12.20 箱形基础

5. 桩基础

桩基础是由基桩和连接于桩顶的承台共同组成。若桩身全部埋于土中，承台底面与土体接触，则称为低承台桩基础；若桩身上部露出地面而承台底位于地面以上，则称为高承台桩基础。建筑桩基通常为低承台桩基础。高层建筑中，桩基础应用非常广泛，如图 12.21 所示。

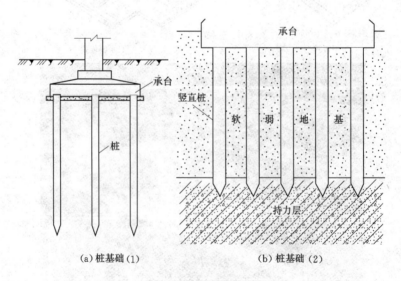

(a) 桩基础 (1)   (b) 桩基础 (2)

图 12.21 （一） 桩基础

(c) 施工中的桩基础

图 12.21（二）　桩基础

12.3　高层建筑结构设计的基本构造

12.3.1　一般规定

（1）高层建筑混凝土结构可采用框架结构、剪力墙结构、框架-剪力墙结构、板柱-剪力墙结构和筒体结构等结构体系。

（2）高层建筑不应采用严重不规则的结构体系，并且应该符合以下要求：

1）应该具有必要的承载能力、刚度和延性。

2）应该具有避免因部分结构或构件的破坏而导致整个结构丧失承受重力荷载、风荷载和地震作用的能力。

3）对可能出现的薄弱部位，应该采取有效地加强措施。

4）规则结构。规则结构是指体型规则，平面布置均匀、对称，并且具有很好的抗扭刚度，竖向质量和刚度无突变的结构。

（3）高层建筑的结构体系还应该符合以下要求：

1）结构的竖向或水平布置宜使结构具有合理的刚度和承载力分布，避免因刚度和承载力局部突变或结构扭转效应而形成薄弱部位。

2）抗震设计时宜具有多道防线。

（4）高层建筑结构宜采取措施减少混凝土收缩、温度变化、基础差异沉降等非荷载效应的不利影响。房屋高度不低于 150m 的高层建筑外墙宜采用各类建筑幕墙。

249

12.3.2　材料选择

（1）高层建筑混凝土结构宜采用高强高性能混凝土和高强钢筋；构件内力较大或抗震性能有较高要求时，宜采用型钢混凝土、钢管混凝土构件。

（2）高层建筑的填充墙、隔墙等非结构构件宜采用各类轻质材料，构造上宜与主体结构柔性连接，并应满足自身的承载力、稳定要求和适应主体结构变形的能力。

（3）各类结构采用混凝土的强度等级均不应低于 C20，并且应该符合以下要求：

1）抗震设计时，一级抗震等级框架梁、柱及其节点的混凝土强度等级不应低于C30。

2）筒体结构的混凝土强度等级不应低于 C30。

3）作为上部结构嵌固部位的地下室楼盖的混凝土强度等级不应低于 C30。

4）转换层楼面应采用现浇楼板，其混凝土强度等级不应低于 C30。框支梁、框支柱、箱型转换结构以及转换厚板的混凝土强度等级不应低于 C30。

5）预应力混凝土结构的混凝土强度等级不宜低于 C40，不应低于 C30。

6）型钢混凝土梁、柱的混凝土强度等级不应低于 C30。

7）现浇非预应力混凝土楼盖结构的混凝土强度等级不宜高于 C40。

8）抗震设计时，框架柱的混凝土强度等级，9 度时不宜高于 C60，8 度时不宜高于C70；剪力墙的混凝土强度等级不宜高于 C60。

（4）高层建筑混凝土结构的受力钢筋及其性能应符合现行国家标准《混凝土结构设计规范》（GB 50010—2010）的要求。按一级、二级、三级抗震等级设计的框架和斜撑构件，其纵向受力钢筋还应符合以下规定：

1）钢筋的抗拉强度实测值与屈服强度实测值的比值不应小于 1.25。

2）钢筋的屈服强度实测值与屈服强度标准值的比值不应大于 1.30。

3）钢筋最大拉应力下的总伸长率不应小于 9%。

（5）抗震设计时混合结构中的钢材应符合以下规定：

1）钢材的屈服强度实测值与抗拉强度实测值的比值不应大于 0.85。

2）钢材应有明显的屈服台阶，且伸长率不应小于 20%。

3）钢材应有良好的焊接性和合格的冲击韧性。

（6）混合结构中的型钢混凝土竖向构件的型钢和钢管混凝土的钢管宜采用 Q345 和Q235 等级的钢材，也可采用 Q390、Q420 等级或符合结构性能要求的其他钢材；型钢梁宜采用 Q235 和 Q345 等级的钢材。

12.3.3　变形缝设置

高层建筑在结构平面布置时，不但需要考虑梁、柱、墙等结构构件的合理布置，还需要考虑变形缝的设置。

1. 伸缩缝

由于高层建筑结构平面尺度大，同时竖向的高度也很大，则温度变化和混凝土收缩，将使高层结构产生水平方向和竖向的变形与内力，这类问题一般根据构造措施来解决。高层建筑结构伸缩缝的最大间距见表 12.7。

表 12.7 伸缩缝的最大间距

结构体系	施工方法	最大间距/m	结构体系	施工方法	最大间距/m
框架结构	现浇	55	剪力墙结构	现浇	45

注 1. 框架-剪力墙结构的伸缩缝间距可以根据结构的具体布置情况取表中框架结构与剪力墙结构之间的数值。

2. 当屋面无保温或隔热措施时，混凝土的收缩较大或室内结构因施工外露时间较长时，伸缩缝间距应适当减小。

3. 位于气候干燥地区，夏季炎热且暴雨频繁地区的结构，伸缩缝的间距宜适当减小。

设置伸缩缝可以避免由于温度变化导致房屋开裂。但是伸缩缝的设置会给施工带来不方便，导致工期延长，房屋立面效果受到一定影响。因此现在的发展趋势是采取适当的措施，尽可能不设或者少设伸缩缝。

不设或者增大伸缩缝间距的措施如下：

(1) 顶层、底层、山墙和纵墙端开间等温度变化较大的部位提高配筋率。

(2) 顶层加强保温、隔热和通风措施，外墙设置外保温层。

(3) 提高每一层楼板的构造配筋率或采用部分预应力结构。

(4) 采用收缩小的水泥、减少水泥用量、在混凝土中加入适宜的外加剂。

(5) 留后浇带。后浇带每 30~40m 间距留一道，带宽 800~1000mm，钢筋采用搭接接头，混凝土宜在两个月后再浇灌。

2. 沉降缝

高层建筑层数多、高度大，不均匀的地基沉降对结构的影响较大。为防止地基不均匀沉降或房屋层数和高度相差很大，引起房屋开裂而设置沉降缝。高层建筑沉降缝的设置需要由沉降量的计算来确定。

不需设置沉降缝的措施如下：

(1) 采用端承桩的基础。

(2) 主楼与裙房采用不同形式的基础。

(3) 先施工主楼，后施工裙房。

3. 防震缝

防震缝是在地震区为防止房屋或结构单元当发生地震时相互碰撞而设置的缝。高层建筑按抗震设计时，宜设置防震缝的情况如下：

(1) 平面长度和外伸长度尺寸超出了规定的限值而又没有采取加强措施。

(2) 各部分结构刚度相差很大，采用了不同的材料和不同的结构体系。

(3) 各部分质量相差很大。

(4) 各部分有较大错层。

防震缝最小宽度的规定如下：

(1) 框架结构房屋，高度不超过 15m 时，不应小于 100mm；高度超过 15m 时，6度、7度、8度、9度分别每增加高度 5m、4m、3m 和 2m，宜加宽 20mm。

(2) 框架-剪力墙结构房屋不应小于第一项规定数值的 70%，剪力墙结构房屋不应小于第一项规定数值的 50%，但二者均不宜小于 100mm。

防震缝两侧结构体系不同时，防震缝宽度应按不利的结构类型确定；防震缝两侧的房屋高度不同时，防震缝宽度可按较低的房屋高度确定。8 度、9 度框架结构房屋防震缝两侧结构层高相差较大时，防震缝两侧框架柱的箍筋应沿房屋全高加密，并可根据需要在缝两侧沿房屋全高各设置不少于两道垂直于防震缝的抗撞墙。当相邻结构的基础存在较大沉降差时，宜增大防震缝的宽度。防震缝宜沿房屋全高设置，地下室、基础可不设防震缝，但在与上部防震缝对应处，应加强构造和连接。结构单元之间或主楼与裙房之间如果没有可靠措施，不应采用牛腿托梁的做法设置防震缝。

思　考　题

12.1　什么是高层建筑？结合实例说明高层建筑结构的应用。

12.2　什么是框架结构？框架结构的特点有哪些？

12.3　结合实例说明框架结构适用于哪些建筑？

12.4　什么是剪力墙结构？剪力墙结构有哪些特点？

12.5　结合实例说明剪力墙结构适用于哪些建筑？

12.6　什么是框架-剪力墙结构？框架-剪力墙结构的特点有哪些？

12.7　结合实例说明框架-剪力墙结构适用于哪些建筑？

12.8　什么是筒中筒结构？筒中筒结构有哪些特点？

12.9　结合实例说明筒中筒结构适用于哪些建筑？

12.10　高层建筑结构设计的基本原则是什么？

12.11　高层建筑结构设计应满足哪些基本要求？

12.12　高层建筑竖向承重结构有哪些主要形式？各种竖向承重结构有哪些主要特点？各种形式选用的依据是什么？

12.13　高层建筑水平承重结构有哪些主要形式？各种水平承重结构有哪些主要特点？如何选用？

12.14　对 A 级高度钢筋混凝土高层建筑有什么要求？

12.15　对 B 级高度钢筋混凝土高层建筑有什么要求？

12.16　高层建筑的基础有哪些主要形式？各种基础有什么主要特点？选用的依据是什么？

12.17　高层建筑结构平面布置原则是什么？

12.18　高层建筑结构平面布置的要求有哪些？

12.19　高层建筑结构竖向布置的要求有哪些？

12.20　高层建筑基础埋置深度如何确定？高层建筑基础埋置深度应满足哪些要求？

12.21　高层建筑设置的地下室具有哪些结构功能？

12.22　高层建筑对钢筋有哪些要求？

12.23　高层建筑对混凝土有哪些要求？

12.24　高层建筑的变形缝有哪些形式？

12.25　各种变形缝设置时应该满足哪些要求？

第2篇 砌 体 结 构

砌体结构是由块体和砂浆砌筑而成的，是砖砌体、砌块砌体、石砌体结构的统称。墙、柱作为建筑物的主要受力构件，常常是由砌体结构而组成的。因过去大量应用的是砖砌体和石砌体，所以习惯上称为砖石结构。本篇内容是根据《砌体结构设计规范》（GB 50003—2011）编写而成。

第13章 砌体材料和砌体的类型

13.1 砌 体 材 料

砌体结构用的块体材料一般分成人工砖石和天然石材两大类。

13.1.1 砌体材料种类

13.1.1.1 砖

1. 烧结普通砖

由黏土、页岩、煤矸石或粉煤灰为主要原料，经过焙烧而成的实心或空洞率不大于15％的砖称为烧结普通砖。应用最广泛的是黏土砖，但黏土砖生产要占用农田，所以部分地区正逐步限制或取消黏土砖。其他非黏土原料制成的砖的生产和推广应用，既可充分利用工业废料，又可保护良田，是墙体材料发展方向。如烧结页岩砖、烧结煤矸石砖、烧结粉煤灰砖等。

我国烧结普通"标准砖"的统一规格尺寸为240mm×115mm×53mm。重度标准值为 $18 \sim 19kN/m^3$。

2. 非烧结硅酸盐砖

以硅质材料和石灰为主要原料压制成型并经高压釜蒸汽养护而成的实心砖，统称为硅酸盐砖。常用的有蒸压灰砂砖、蒸压粉煤灰砖、炉渣砖、矿渣砖等。其规格尺寸与实心黏土砖相同。

蒸压灰砂砖是以石灰和砂为主要原料，也可掺入着色剂或掺和料，经坯料制备、压制成型、蒸压养护而成的实心砖，简称灰砂砖。色泽一般为灰白色。

蒸压粉煤灰砖又称烟灰砖，是以粉煤灰、石灰为主要原料，掺和适量石膏和集料，经坯料制备、压制成型、高压蒸汽养护而成的实心砖。这种砖的抗冻性、长期强度稳定性以及防水性能等均不及黏土砖，当长期受热高于200℃以及冷热交替作用或有酸性侵蚀时应避免采用。

3. 烧结多孔砖

为了使墙体自重减轻，改善砖砌体的技术经济指标，我国一些地区生产应用了具有不同孔洞形状和不同孔洞率的黏土空心砖。这种砖自重较小，保温隔热性能有了进一步改善，砖的厚度较大，抗弯抗剪能力较强，而且节省砂浆。

烧结多孔砖以黏土、页岩、煤矸石或粉煤灰为主要原料，经焙烧而成，孔洞率不小于25%，孔的尺寸小而数量多，主要用于承重部位的砖，简称多孔砖。多孔砖分为 M 型和 P 型砖。M 型砖的规格尺寸为 190mm×190mm×90mm，P 型砖的规格尺寸为 240mm×115mm×90mm、240mm×180mm×115mm 以及相应的配砖。烧结多孔砖的外形与尺寸，如图 13.1 所示。

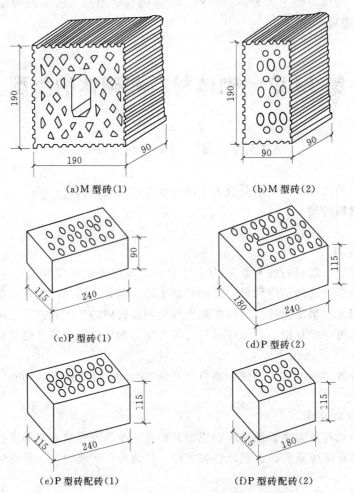

(a)M 型砖(1)	(b)M 型砖(2)
(c)P 型砖(1)	(d)P 型砖(2)
(e)P 型砖配砖(1)	(f)P 型砖配砖(2)

图 13.1　几种多孔砖的规格和孔洞形式

黏土空心砖按其孔洞方向分为竖孔和水平孔两大类。前者用作承重称为烧结多孔砖，后者用作框架填充墙或非承重隔墙称为烧结空心砖。

13.1.1.2　砌块

砌块是采用普通混凝土及硅酸盐材料制作的实心或空心块材。砌块砌体可加快施工进度及减轻劳动量，既能保温又能承重，是比较理想的节能墙体材料。常用砌块有普通混凝土空心砌块、轻集料混凝土空心砌块、粉煤灰砌块、煤矸石砌块、炉渣混凝土砌块、加气混凝土砌块等。

砌块按尺寸大小和重量可分为小型砌块、中型砌块、大型砌块三种。通常把高度为 180～350mm 的砌块称为小型砌块；高度为 360～900mm 的砌块称为中型砌块；高度大于 900mm 的砌块称为大型砌块。

混凝土小型空心砌块是由普通混凝土或轻集料混凝土制成。主规格尺寸为 390mm×190mm×190mm，空心率为 25％～50％，简称混凝土砌块或砌块，在我国墙体材料中使用最为普遍，如图 13.2 所示。

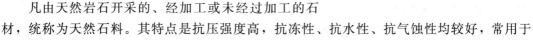

图 13.2　混凝土小型空心砌块块型

13.1.1.3　天然石材

凡由天然岩石开采的、经加工或未经过加工的石材，统称为天然石料。其特点是抗压强度高，抗冻性、抗水性、抗气蚀性均较好，常用于建筑物的基础、挡土墙等，在石材产地也可用于砌筑承重墙体。

石材分为料石和毛石两种。料石按其加工后外形的规则程度又分为细料石、半细料石、粗料石和毛料石。毛石是指形状不规则，中部厚度不小于 200mm 的块石。

石砌体中的石材要选择无明显风化的天然石材。

13.1.1.4　砂浆

砂浆是由砂、无机胶结材料（水泥、石灰、石膏、黏土等）按一定比例加水搅拌而成的。

砌体是用砂浆将单块的块体砌筑成为整体的。砂浆在砌体中的作用是使块体与砂浆接触表面产生黏结力和摩擦力，从而把散放的块体材料凝结成整体以承受荷载，并应抹平块体表面使应力分布均匀。同时，砂浆填满了块体间的缝隙，减少了砌体的透气性，从而提高砌体的隔热、防水和抗冻性能。砌体对所用砂浆的要求主要是足够的强度，适当的可塑性（流动性）和保水性。

砂浆按其原料成分可分为水泥砂浆、水泥混合砂浆和非水泥砂浆三种。

1. 水泥砂浆

水泥砂浆是由水泥与砂加水按一定配合比拌和而成的不加塑性掺和料的纯水泥砂浆。这种砂浆强度较高，耐久性较好，但其流动性和保水性较差，一般多用于含水量较大的地下砌体。

2. 水泥混合砂浆

水泥混合砂浆是加有塑性掺和料的水泥砂浆，例如水泥石灰砂浆、水泥黏土砂浆等。这种砂浆具有较高的强度、较好的耐久性、和易性、流动性和保水性，施工方便，常用于地上砌体。

3. 非水泥砂浆

非水泥砂浆是不含水泥的砂浆。如石灰砂浆，强度不高，气硬性（即只能在空气中硬化），通常用于地上砌体；黏土砂浆，强度低，用于简易建筑；石膏砂浆，硬化快，一般用于不受潮湿的地上砌体。

13.1.2　砌体材料的强度等级

13.1.2.1　块体的强度等级

块体的强度等级是块体力学性能的基本标志，用符号"MU"表示。块体的强度等级是由标准试验方法得出的块体极限抗压强度按规定的评定方法确定的，单位为 MPa。

1. 砖的强度等级

烧结普通砖、烧结多孔砖的强度等级分为 MU30、MU25、MU20、MU15、MU10 五个强度等级。

蒸压灰砂普通砖和蒸压粉煤灰普通砖的强度等级分为 MU25、MU20、MU15 三个强度等级。

粉煤灰砖的强度等级分为 MU20、MU15、MU10 三个强度等级。

2. 石材的强度等级

石材强度等级分为 MU100、MU80、MU60、MU50、MU40、MU30、MU20 七个强度等级。

3. 砌块的强度等级

砌块的强度等级分为 MU20、MU15、MU10、MU7.5、MU5 五个强度等级。

4. 混凝土砌块灌孔混凝土

在砌块竖向孔洞中设置钢筋并浇注灌孔混凝土，使其形成钢筋混凝土芯柱。灌孔混凝土是由水泥、砂子、碎石、水以及根据需要加入的掺和料和外加剂等组成成分，按一定比例采用机械搅拌后，用于浇注混凝土砌块砌体芯柱或其他需要填实部位孔洞的混凝土，简称砌块灌孔混凝土，强度等级用"Cb"表示。

13.1.2.2　砂浆的强度等级

砂浆的强度等级是以边长为 70.7mm 的标准立方体试块，在标准条件下养护 28 天，进行抗压试验，按规定方法计算得出砂浆试块强度值。砂浆的强度等级符号用"M"表示，分为 M15、M10、M7.5、M5 和 M2.5 五个强度等级。另外，施工阶段尚未凝结或用冻结法施工解冻阶段的砂浆强度为零。

混凝土砌块砌筑砂浆是由水泥、砂、水以及掺和料和外加剂等组成成分按一定比例采用机械拌和制成，专门用于砌筑混凝土砌块的砌筑砂浆，简称砌块专用砂浆。混凝土砌块砌筑砂浆的强度等级用"Mb"表示。

13.1.3　砌体材料的选择

砌体结构所用的块材和砂浆，应根据承载能力、耐久性以及保温、隔热等要求选择。砌体材料大多是地方材料，应依据"因地制宜，就地取材"的原则选用。按技术经济指标较好和符合施工队伍技术水平的原则确定。对于寒冷地区，块体必须满足抗冻性的要求，确保在多次冻融循环后块体不至于剥蚀和强度降低。对于多层房屋，上面几层受力较小，可选择强度等级较低的材料，下面几层则应采用较高的强度等级。但也不应变化过多。

GB 50003—2011 规定如下：

（1）五层及五层以上房屋的墙，以及受振动或层高大于 6m 的墙、柱所用材料的最低强度等级为：砖为 MU10；石材为 MU30；砌块为 MU7.5；砂浆为 M5。

（2）对地面以下或防潮层以下的砌体，所用材料的最低强度等级应符合表 13.1 的规定。

（3）在冻胀地区，地面以下或防潮层以下的砌体，不宜采用多孔砖。如采用时，其孔洞应采用不低于 M10 的水泥砂浆预先灌实。当采用混凝土空心砌块时，其孔洞应采用强度等级不低于 Cb20 的混凝土预先灌实。

（4）对安全等级为一级或设计使用年限大于50年的房屋，表13.1中材料强度等级应至少提高一级。

表 13.1　　地面以下或防潮层以下的块体、潮湿房间墙所用材料的最低强度等级

基土的潮湿程度	烧结普通砖	混凝土普通砖、蒸压灰砂普通砖	混凝土砌块	石　　材	水泥砂浆
稍潮湿的	MU15	MU20	MU7.5	MU30	M5
很潮湿的	MU20	MU20	MU10	MU30	M7.5
含水饱和的	MU20	MU25	MU15	MU40	M10

13.2　砌　体　的　种　类

13.2.1　无筋砌体

砌体分为无筋砌体和配筋砌体两大类。无筋砌体有：砖砌体、砌块砌体和石砌体。配筋砌体是指在砌体中配有钢筋或钢筋混凝土。

1．砖砌体

由砖（包括空心砖）和砂浆砌筑而成的整体称为砖砌体。通常用作承重外墙、内墙、砖柱、围护墙及隔墙。墙体厚度是根据强度和稳定要求确定的。

砖砌体按砖的组砌方式有：一顺一丁、三顺一丁等砌法，如图13.3所示。

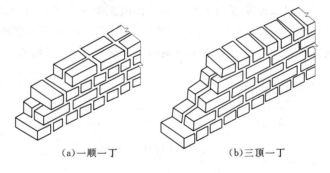

（a）一顺一丁　　　　　　　　　（b）三顶一丁

图 13.3　砖墙砌合法

烧结普通砖和硅酸盐砖实心砌体的墙厚度可分为：240mm（一砖）、370mm（一砖半）、490mm（两砖）等。还有些砖必须侧砌而构成的墙厚为180mm、300mm、420mm等。

试验表明：在上述做法范围内，用同样的砖和砂浆砌成的砌体，其抗压强度没有明显的差异。但当顺砖层数超过五层时，则砌体的抗压强度明显下降。

空斗墙是将部分或全部砖在墙的两侧立砌，而在中间留有空斗的墙体，如图13.4所示。

2．砌块砌体

目前我国应用较多的砌块砌体主要是：混凝土小型空心砌块砌体。混凝土小型空心砌块因块小便于手工砌筑，在使用上比较灵活，而且可以利用其孔洞做成配筋芯柱，满足抗震要求。

砌块砌体砌筑时应分皮错缝搭砌。如小型砌块上、下皮搭砌长度不得小于90mm。砌

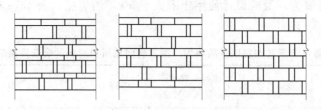

图 13.4　空斗墙

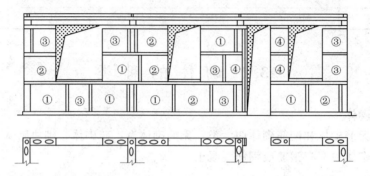

图 13.5　混凝土中型空心砌块砌筑的外墙及其平面示意图

筑空心砌块时，应对孔，使上、下皮砌块的肋对齐以便有利于传力，如图 13.5 所示。

3. 石砌体

石砌体是由天然石材和砂浆或由天然石材和混凝土砌筑形成，可分为料石砌体、毛石砌体和毛石混凝土砌体，如图 13.6 所示。石砌体可用于一般民用房屋的承重墙、柱和基础，还可用于建造拱桥、坝和涵洞等。毛石混凝土砌体常用于基础。

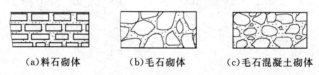

（a）料石砌体　　　（b）毛石砌体　　　（c）毛石混凝土砌体

图 13.6　石砌体的几种类型

13.2.2　配筋砌体

为了提高砌体的强度或当构件截面尺寸受到限制时，可在砌体内配置适量的钢筋或钢筋混凝土，构成配筋砌体。

13.3　无筋砌体的力学性能

13.3.1　砌体的抗压性能

砌体是由单块块材用砂浆铺垫黏结而成，因而它的受压工作性能和均质的整体结构构件有很大差别。由于灰缝厚度和密实性的不均匀，块体的抗压强度不能充分发挥，使砌体的抗压强度一般低于单个块体的抗压强度。下面以标准砖砌体为例，研究砌体的抗压性能。

1. 砖砌体轴心受压的破坏特征

砖砌体轴心受压及破坏过程为：第一阶段是当砌体上加的荷载约为破坏荷载的50％～70％时，砌体内的单块砖出现裂缝，如图13.7（a）所示，此阶段特点是，如果停止加荷，则裂缝停止开展，当继续加荷时，则裂缝将继续发展。砌体逐渐进入第二阶段，单块砖内的一些裂缝将连接起来形成贯通几皮砖的竖向裂缝，如图13.7（b）所示。第二阶段的荷载约为破坏荷载的80％～90％。继续加荷到砌体完全破坏瞬间，即为第三阶段，此时砌体被分割成若干个小砖柱，最后因被压碎或丧失稳定而破坏，如图13.7（c）所示。

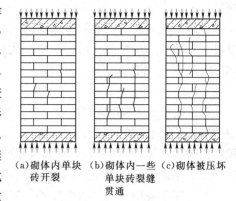

（a）砌体内单块　（b）砌体内一些　（c）砌体被压坏
　　砖开裂　　　　单块砖裂缝
　　　　　　　　　贯通

图13.7　砖砌体轴心受压时破坏特征

2. 砖砌体轴心受压应力状态

（1）由于砖的表面不平整，灰缝厚度和密实性的不均匀，使得砌体中每一块砖不是均匀受压，而是同时受弯曲和剪切的作用，如图13.8所示。由于砖的抗剪、抗弯强度远小于抗压强度，因此砌体的抗压强度总是比单块砖的抗压强度小。

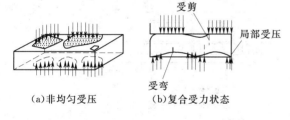

（a）非均匀受压　　　（b）复合受力状态

图13.8　砌体中块材的不均匀受力情况

（2）砌体竖向受压时，要产生横向变形。因砖与砂浆之间存在着黏结力，砂浆的横向变形比砖大，为保证两者共同变形，两者之间相互作用，砖阻止砂浆变形，砂浆横向受到压力，而砖在横向受拉。

（3）砌体的竖向灰缝未能很好填满，该截面内截面面积被减少，同时，砂浆和砖的黏结力也不能完全保证，故在竖向灰缝截面上的砖内产生横向拉应力和剪应力的应力集中，引起砌体强度的降低。

13.3.2　影响砌体抗压强度的因素

1. 块体和砂浆强度

块体和砂浆强度是影响砌体抗压强度最主要的因素，提高块材的强度可以增加砌体的强度，而提高砂浆的强度可减小它与块材的横向应变的变异，从而改善砌体的受力状况。砌体抗压强度随块体和砂浆强度的提高而提高，提高块材的强度等级比提高砂浆强度等级更有效。如当砖的强度提高一倍时，砖砌体的抗压强度大约提高60％。

2. 砂浆的性能

砂浆的变形性能、流动性、保水性对砌体抗压强度都有影响。砂浆强度等级越低，变形越大，砌体强度越低。砂浆的流动性（即和易性）和保水性好，容易铺成厚度和密实性都较均匀的水平灰缝，可提高砌体强度。但流动性过大，砂浆在硬化后的变形也越大，反而会降低砌体的强度。所以砂浆应具有符合要求的流动性，也要具有较高的密实性。

3. 块体的形状及灰缝厚度

块体的外形对砌体强度有明显影响，块体的外形比较规则、平整，则块体受弯矩、剪力的不利影响相对较小，从而使砌体强度相对较高。砌体强度还随块体厚度增加而提高。

砌体中灰缝越厚，越不易保证均匀与密实。灰缝过厚会降低砌体强度。当块体表面平整时，灰缝宜尽量减薄。对砖和小型砌块砌体，灰缝厚度应控制在 8～12mm。对料石砌体，一般不宜大于 20mm。

4. 砌筑质量

砌筑质量的影响因素很多，如砂浆饱满度、砌筑时块体的含水率、操作人员水平等。其中砂浆水平灰缝的饱满程度影响很大。饱满度是指砂浆铺砌在一块砌块上的面积占该砌块面积的比例，以百分率表示。一般要求水平灰缝的砂浆饱满度不得低于 80%。

13.3.3　砌体的轴心受拉、弯曲受拉、受剪性能

在实际工程中，砌体除受压外，还有轴心受拉、弯曲受拉、受剪等情况。

1. 砌体轴心受拉性能

当轴心拉力与砌体的水平灰缝垂直时，砌体发生沿通缝截面破坏；当轴心拉力与砌体的水平灰缝平行时，可能沿灰缝截面产生齿缝破坏（Ⅰ-Ⅰ）或产生沿块体和竖向灰缝截面的破坏（Ⅱ-Ⅱ），如图 13.9 所示。

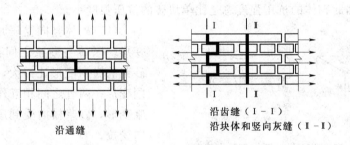

图 13.9　砌体轴心受拉破坏形态

2. 砌体弯曲受拉性能

砌体受弯时，总是在受拉区发生破坏。砌体的抗弯能力由砌体的弯曲抗拉强度确定。砌体在水平方向弯曲时，可能沿齿缝截面破坏，或沿块体和竖向灰缝破坏。砌体在竖向弯曲时，沿通缝截面破坏，如图 13.10 所示。

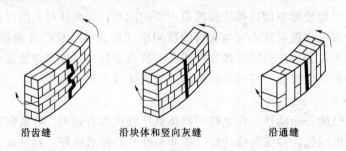

图 13.10　砌体弯曲受拉破坏形态

3. 砌体受剪性能

砌体受剪可发生沿通缝剪切破坏、沿齿缝剪切破坏、沿阶梯形缝剪切破坏，如图 13.11所示。

13.3.4 砌体的强度计算指标

1. 砌体抗压强度设计值

GB 50003—2011 规定：龄期为 28 天的以毛截面计算的各类砌体抗压强度设计值，当施工质量控制等级为 B 级时，应根据块体和砂浆的强度等级分别按表 13.2～表 13.8 采用。

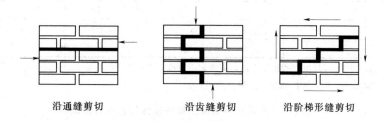

沿通缝剪切　　　　　沿齿缝剪切　　　　　沿阶梯形缝剪切

图 13.11　砌体剪切破坏形态

表 13.2　　烧结普通砖和烧结多孔砖砌体的抗压强度设计值　　单位：N/mm²

砖强度等级	砂 浆 强 度 等 级					砂浆强度
	M15	M10	M7.5	M5	M2.5	0
MU30	3.94	3.27	2.93	2.59	2.26	1.15
MU25	3.60	2.98	2.68	2.37	2.06	1.05
MU20	3.22	2.67	2.39	2.12	1.84	0.94
MU15	2.79	2.31	2.07	1.83	1.60	0.82

注　当烧结多孔砖的孔洞率大于 30％时，表中数值应乘以 0.9。

表 13.3　　蒸压灰砂普通砖和蒸压粉煤灰普通砖砌体的抗压强度设计值　　单位：N/mm²

砖强度等级	砂 浆 强 度 等 级				砂浆强度
	M15	M10	M7.5	M5	0
MU25	3.60	2.98	2.68	2.37	1.05
MU20	3.22	2.67	2.39	2.12	0.94
MU15	2.79	2.31	2.07	1.83	0.82
MU10	—	1.89	1.69	1.50	0.67

注　当采用专用砂浆砌筑时，其抗压强度设计值按表中数值采用。

表 13.4　　混凝土普通砖和混凝土多孔砖砌体的抗压强度设计值　　单位：N/mm²

砖强度等级	砂 浆 强 度 等 级					砂浆强度
	Mb20	Mb15	Mb10	Mb7.5	Mb5	0
MU30	4.61	3.94	3.27	2.93	2.59	1.15
MU25	4.21	3.60	2.98	2.68	2.37	1.05
MU20	3.77	3.22	2.67	2.39	2.12	0.94
MU15	—	2.79	2.31	2.07	1.83	0.82

表 13.5 **单排孔混凝土砌块和轻集料混凝土砌块对孔砌筑砌体的抗压强度设计值**

单位：N/mm²

砌块强度等级	砂 浆 强 度 等 级					砂浆强度
	Mb20	Mb15	Mb10	Mb7.5	Mb5	0
MU20	6.30	5.68	4.95	4.44	3.94	2.33
MU15	—	4.61	4.02	3.61	3.20	1.89
MU10	—	—	2.79	2.50	2.22	1.31
MU7.5	—	—	—	1.93	1.71	1.01
MU5	—	—	—	—	1.19	0.70

注 1. 对独立柱或厚度为双排组砌的砌块砌体，应按表中数值乘以 0.7。

2. 对 T 形截面墙体、柱，应按表中数值乘以 0.85。

表 13.6 **双排孔或多排孔轻集料混凝土砌块砌体的抗压强度设计值** 单位：N/mm²

砌块强度等级	砂 浆 强 度 等 级			砂浆强度
	Mb10	Mb7.5	Mb5	0
MU10	3.08	2.76	2.45	1.44
MU7.5	—	2.13	1.88	1.12
MU5	—	—	1.31	0.78
MU3.5	—	—	0.95	0.56

注 1. 表中的砌块为火山渣、浮石和陶粒轻集料混凝土砌块。

2. 对厚度方向为双排组砌的轻集料混凝土砌块砌体的抗压强度设计值，应按表中数值乘以 0.8。

表 13-7 **毛料石砌体的抗压强度设计值** 单位：N/mm²

毛料石强度等级	砂 浆 强 度 等 级			砂浆强度
	M7.5	M5	M2.5	0
MU100	5.42	4.80	4.18	2.13
MU80	4.85	4.29	3.73	1.91
MU60	4.20	3.71	3.23	1.65
MU50	3.83	3.39	2.95	1.51
MU40	3.43	3.04	2.64	1.35
MU30	2.97	2.63	2.29	1.17
MU20	2.42	2.15	1.87	0.95

注 对下列各类料石砌体，应按表中数值分别乘以系数：细料石砌体 1.4；粗料石砌体 1.2；干砌勾缝石砌体 0.8。

表 13.8 **毛石砌体的抗压强度设计值** 单位：N/mm²

毛石强度等级	砂 浆 强 度 等 级			砂浆强度
	M7.5	M5	M2.5	0
MU100	1.27	1.12	0.98	0.34
MU80	1.13	1.00	0.87	0.30
MU60	0.98	0.87	0.76	0.26
MU50	0.90	0.80	0.69	0.23
MU40	0.80	0.71	0.62	0.21
MU30	0.69	0.61	0.53	0.18
MU20	0.56	0.51	0.44	0.15

2. 砌体的轴心抗拉、弯曲抗拉和抗剪强度设计值

GB 50003—2011 规定：龄期为 28 天的以毛截面计算的各类砌体的轴心抗拉强度设计值、弯曲抗拉强度设计值、抗剪强度设计值，可按表 13.9 采用。

3. 砌体强度设计值的调整

下列情况的各类砌体，其砌体强度设计值应乘以调整系数 γ_a：

（1）有吊车房屋砌体，跨度不小于 9m 的梁下烧结普通砖砌体，跨度不小于 7.5m 的梁下烧结多孔砖、蒸压灰砂砖、蒸压粉煤灰砖砌体，混凝土和轻集料混凝土砌块砌体，γ_a 为 0.9。

表 13.9   **沿砌体灰缝截面破坏时砌体的轴心抗拉强度设计值、**
弯曲抗拉强度设计值和抗剪强度设计值   单位：N/mm²

强度类别	破坏特征及砌体种类	砂浆强度等级			
		≥M10	M7.5	M5	M2.5
轴心抗拉 (沿齿缝)	烧结普通砖、烧结多孔砖	0.19	0.16	0.13	0.09
	混凝普通砖、混凝土多孔砖	0.19	0.16	0.13	—
	蒸压灰砂普通砖、蒸压粉煤灰普通砖	0.12	0.10	0.08	—
	混凝土和轻集料混凝土砌块	0.09	0.08	0.07	—
	毛石	—	0.07	0.06	0.04
弯曲抗拉 (沿齿缝)	烧结普通砖、烧结多孔砖	0.33	0.29	0.23	0.17
	混凝土普通砖、混凝土多孔砖、	0.33	0.29	0.23	—
	蒸压灰砂普通砖、蒸压粉煤灰普通砖	0.24	0.20	0.16	—
	混凝土和轻集料混凝土砌块	0.11	0.09	0.08	—
	毛石	—	0.11	0.09	0.07
弯曲抗拉 (沿通缝)	烧结普通砖、烧结多孔砖	0.17	0.14	0.11	0.08
	混凝土普通砖、混凝土多孔砖	0.17	0.14	0.11	—
	蒸压灰砂普通砖、蒸压粉煤灰普通砖	0.12	0.10	0.08	—
	混凝土和轻集料混凝土砌块	0.08	0.06	0.05	—
抗剪	烧结普通砖、烧结多孔砖	0.17	0.14	0.11	0.08
	混凝土普通砖、混凝土多孔砖	0.17	0.14	0.11	—
	蒸压灰砂普通砖、蒸压粉煤灰普通砖	0.12	0.10	0.08	—
	混凝土和轻集料混凝土砌块	0.09	0.08	0.06	—
	毛石	—	0.19	0.16	0.11

注 1. 对于用形状规则的块体砌筑的砌体，当搭接长度与块体高度的比值小于 1 时，其轴心抗拉强度设计值 f_t 和弯曲抗拉强度设计值 f_{tm} 应按表中数值乘以搭接长度与块体高度的比值后采用。

    2. 表中数值是依据普通砂浆砌筑的砌体确定，采用经研究性试验且通过技术鉴定的专用砂浆砌筑的蒸压灰砂普通砖、蒸压粉煤灰普通砖砌体，其抗剪强度设计值按相应普通砂浆强度等级砌筑的烧结普通砖砌体采用。

    3. 对混凝土普通砖、混凝土多孔砖、混凝土和轻集料混凝土砌块砌体，表中的砂浆强度等级分别为 ≥Mb10、Mb7.5 及 Mb5。

（2）对于无筋砌体构件，其截面面积小于 0.3m² 时，γ_a 为其截面面积加 0.7；对配筋砌体构件，当其中砌体截面面积小于 0.2m² 时，γ_a 为其截面面积加 0.8。构件截面面积以 m² 计。

（3）当砌体用强度等级小于 M5.0 的水泥砂浆砌筑时，对表13.2～表13.8中的数值，γ_a 为 0.9；对表13.9中的数值，γ_a 为 0.8。

（4）当验算施工中房屋的构件时，γ_a 为 1.1。

4. 砌体的弹性模量

GB 50003—2011 规定：砌体的弹性模量按表 13.10 采用。砌体的剪切模量可取砌体弹性模量的 0.4 倍。

表 13.10　　　　　　　　　　　　砌体的弹性模量　　　　　　　　　　单位：N/mm²

砌 体 种 类	砂 浆 强 度 等 级			
	≥M10	M7.5	M5	M2.5
烧结普通砖、烧结多孔砖砌体	1600f	1600f	1600f	1390f
混凝土普通砖、混凝土多孔砖砌体	1600f	1600f	1600f	
蒸压灰砂普通砖、蒸压粉煤灰普通砖砌体	1060f	1060f	1060f	
非灌孔混凝土砌块砌体	1700f	1600f	1500f	
粗料石、毛料石、毛石砌体	—	5650	4000	2250
细料石砌体	—	17000	12000	6750

注　1. 轻集料混凝土砌块砌体的弹性模量，可按表中混凝土砌块砌体的弹性模量采用。
　　2. 表中砌体抗压强度设计值不需进行调整。
　　3. 表中砂浆为普通砂浆，采用专用砂浆砌筑的砌体的弹性模量也按此表取值。
　　4. 对混凝土普通砖、混凝土多孔砖、混凝土和轻集料混凝土砌块砌体，表中的砂浆强度等级分别为：≥Mb10、Mb7.5 及 Mb5。
　　5. 对蒸压灰砂普通砖和蒸压粉煤灰普通砖砌体，当采用专用砂浆砌筑时，其强度设计值按表中数值采用。

思　考　题

13.1　砌体结构的材料中块材有哪些种类？

13.2　砌体结构材料中的砂浆有哪些种类？

13.3　砖砌体中砖和砂浆的强度等级是如何确定的？

13.4　砌体轴心受压时分为哪几个受力阶段？各有哪些破坏特征？

13.5　砖砌体在轴心受压状态中，单块砖和砂浆处于怎样的应力状态？

13.6　影响砌体抗压强度的主要因素有哪些？

13.7　砌体在弯曲受拉时有哪几种破坏形态？

13.8　什么是无筋砌体？它包含哪些砌体？

13.9　什么是有筋砌体？

13.10　砌体的强度设计值在哪些情况下应进行调整？

13.11　砂浆的性能是如何影响砌体的抗压强度？

13.12　砌体轴心受拉、弯曲受拉和受剪破坏主要取决于什么因素？

13.13　砌体弯曲受拉的破坏形态有几种情况？

第14章 无筋砌体构件承载力计算

14.1 砌体结构的计算原理

14.1.1 基本概念

《砌体结构设计规范》(GB 50003—2011)采用以概率理论为基础的极限状态设计方法。砌体结构应按承载能力极限状态设计,并满足正常使用极限状态的要求。根据砌体结构的特点,砌体结构正常使用极限状态的要求,一般可由相应的构造措施保证。

14.1.2 概率极限状态设计方法

1. 承载能力极限状态设计表达式

砌体结构承载能力极限状态设计表达式,应按下列公式中最不利组合进行计算:

$$\gamma_0(1.2S_{GK} + 1.4\gamma_L S_{Q1K} + \gamma_L \sum_{i=2}^{n} \gamma_{Qi}\psi_{ci}S_{QiK}) \leqslant R(f, a_K, \cdots) \tag{14.1}$$

$$\gamma_0(1.35S_{GK} + 1.4\gamma_L \sum_{i=1}^{n} \psi_{ci}S_{QiK}) \leqslant R(f, a_K, \cdots) \tag{14.2}$$

式中　γ_0——结构重要性系数。对安全等级为一级或设计使用年限为 50 年以上的结构构件,不应小于 1.1;对安全等级为二级或设计使用年限为 50 年的结构构件,不应小于 1.0;对安全等级为三级或设计使用年限为 1～5 年的结构构件,不应小于 0.9;

γ_L——结构构件的抗力模型不定性系数。对静力设计,考虑结构设计使用年限的荷载调整系数,设计使用年限为 50 年,取 1.0;设计使用年限为 100 年,取 1.1;

S_{GK}——永久荷载标准值的效应;

S_{Q1K}——在基本组合中起控制作用的一个可变荷载标准值的效应;

S_{QiK}——第 i 个可变荷载标准值的效应;

$R(\cdot)$——结构构件的抗力函数;

γ_{Qi}——第 i 个可变荷载的分项系数;

ψ_{ci}——第 i 个可变荷载的组合值系数,一般情况下应取 0.7,对书库、档案库、储藏室或通风机房、电梯机房应取 0.9;

f——砌体的强度设计值;

a_K——几何参数标准值。

注　1. 当工业建筑楼面活荷载标准值大于 4kN/m² 时,式中系数 1.4 应为 1.3。

　　2. 施工质量控制等级划分要求,应符合现行国家标准《砌体结构工程施工质量验收规范》(GB 50203)的相关规定。

当只有一个可变荷载时,可按下列公式中最不利组合进行计算:

$$\gamma_0(1.2S_{GK} + 1.4\gamma_L S_{QK}) \leqslant R(f, a_K, \cdots) \tag{14.3}$$

$$\gamma_0(1.35S_{GK} + 1.0\gamma_L S_{QK}) \leqslant R(f, a_K, \cdots) \tag{14.4}$$

当砌体结构作为一个刚体，需验算整体稳定性时，应按下列公式中最不利组合进行验算：

$$\gamma_0\left(1.2S_{G2k} + 1.4\gamma_L S_{Q1k} + \gamma_L \sum_{i^1=2}^{n} S_{Qik}\right) \leqslant 0.8S_{G1k} \tag{14.5}$$

$$\gamma_0\left(1.35S_{G2k} + 1.4\gamma_L \sum_{i=1}^{n} \psi_{ci} S_{Qik}\right) \leqslant 0.8S_{G1k} \tag{14.6}$$

式中　S_{G1k}——起有利作用的永久荷载标准值的效应；

　　　S_{G2k}——起不利作用的永久荷载标准值的效应。

2. 砌体的强度标准值、设计值

砌体强度是随机变量，具有较大的离散性，GB 50003—2011 对各类砌体统一取其强度概率分布的 0.05 分位值作为它的强度标准值，即具有 95% 保证率时的砌体强度值。

$$f_K = f_m - 1.645\sigma_f \tag{14.7}$$

式中　f_K——砌体的强度标准值；

　　　f_m——砌体的强度平均值；

　　　σ_f——砌体强度的标准差。

砌体的强度设计值 f 是按承载能力极限状态设计时所采用的砌体的强度代表值，它是考虑了影响构件可靠因素后的材料强度指标，由砌体强度标准值除以砌体结构的材料性能分项系数而得，即

$$f = f_K / \gamma_f \tag{14.8}$$

式中　γ_f——砌体结构的材料性能分项系数，一般情况下，宜按施工质量控制等级为 B 级考虑，取 $\gamma_f = 1.6$；当为 C 级时，取 $\gamma_f = 1.8$；当为 A 级时，取 $\gamma_f = 1.5$。

各类砌体的抗压强度设计值见表 13.2～表 13.8，其他受力状态的强度设计值见表 13.9。

14.2　无筋砌体受压承载力计算

砌体结构的特点是抗压能力大大超过抗拉能力，一般适用于轴心受压或偏心受压构件。在实际工程上常作为承重墙体、柱、挡土墙、拱桥及基础。

14.2.1　受压构件的受力状态

砌体结构承受轴心压力时，截面中的应力均匀分布，构件承受外力达到极限值时，截面中的应力达到砌体的抗压强度 f，如图 14.1（a）所示。随着荷载偏心距的增大，截面受力特性发生明显变化。当偏心距较小时，截面中的应力呈曲线分布，但仍全截面受压，构件承受荷载达到极限值，破坏将从压应力较大一侧开始，截面靠近轴向力一侧边缘的压应力 σ_b 大于砌体的抗压强度 f，如图 14.1（b）所示。随着偏心距增大，截面远离轴向力一侧边缘的压应力减小，并由受压逐步过渡到受拉，受压边缘的压应力将有所提高，构件承受荷载达到极限值，当受拉边缘的应力大于砌体沿通缝截面的弯曲抗拉强度，将产生水

平裂缝，随着裂缝的开展，受压面积逐渐减小，如图 14.1（c）、（d）所示。从上述试验可知：砌体结构偏心受压构件随着轴向力偏心距增大，受压部分的压应力分布愈加不均匀，构件所能承担的轴向力明显降低。因此，砌体截面破坏时的极限荷载与偏心距大小有密切关系。规范在试验研究的基础上，采用偏心影响系数 ϕ 来反映偏心距和构件的高厚比对截面承载力的影响。同时，轴心受压构件可看作偏心受压构件的特例。

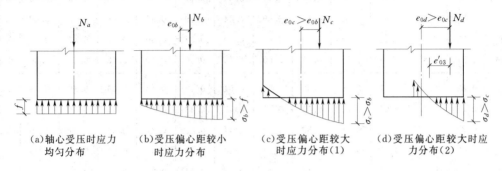

图 14.1　砌体受压时截面应力

14.2.2　受压承载力计算公式

GB 50003—2011 中规定无筋砌体受压构件的承载力计算公式：

$$N \leqslant \phi f A \tag{14.9}$$

式中　N——荷载设计值产生的轴向力，N；

ϕ——高厚比 β 和轴向力的偏心距 e 对受压构件承载力的影响系数，按表 14.1～表 14.3 采用；

f——砌体的抗压强度设计值，按表 13.2～表 13.8 采用，N/mm^2；

A——截面面积，对各类砌体，均应按毛截面计算，mm^2。

在应用公式计算中，需注意下列问题：

（1）高厚比 β。构件高厚比 β 的计算公式为

矩形截面　　　　　　　　　$$\beta = \gamma_\beta \frac{H_0}{h} \tag{14.10}$$

T 形截面　　　　　　　　　$$\beta = \gamma_\beta \frac{H_0}{h_T} \tag{14.11}$$

式中　γ_β——不同砌体材料的构件高厚比修正系数，按表 14.4 采用；

H_0——受压构件的计算高度，按表 14.5 采用；

h——矩形截面轴向力偏心方向的边长，当轴心受压时为截面较小边长；

h_T——T 形截面的折算厚度，可近似按 $3.5i$ 计算；

i——截面回转半径。

（2）偏心距 e。轴向力的偏心距 e 按内力设计值计算，并不应超过 $0.6y$。y 为截面重心到轴向力所在偏心方向截面边缘的距离。偏心受压构件的偏心距过大，构件承载力明显下降，并且偏心距过大可能使截面受拉边出现过大的水平裂缝。

（3）矩形截面短边验算。对矩形截面构件，当轴向力偏心方向的截面边长大于另一方向的边长时，除应按偏心受压计算外，还应对较小边长方向，按轴心受压进行验算。

表 14.1　　　　　　　影响系数 φ（砂浆强度等级不小于 M5）

β	e/h 或 e/h_T												
	0	0.025	0.05	0.075	0.1	0.125	0.15	0.175	0.2	0.225	0.25	0.275	0.3
≤3	1.00	0.99	0.97	0.94	0.89	0.84	0.79	0.73	0.68	0.62	0.57	0.52	0.48
4	0.98	0.95	0.90	0.85	0.80	0.74	0.69	0.64	0.58	0.53	0.49	0.45	0.41
6	0.95	0.91	0.86	0.81	0.75	0.69	0.64	0.59	0.54	0.49	0.45	0.42	0.38
8	0.91	0.86	0.81	0.76	0.70	0.64	0.59	0.54	0.50	0.46	0.42	0.39	0.36
10	0.87	0.82	0.76	0.71	0.65	0.60	0.55	0.50	0.46	0.42	0.39	0.36	0.33
12	0.82	0.77	0.71	0.66	0.60	0.55	0.51	0.47	0.43	0.39	0.36	0.33	0.31
14	0.77	0.72	0.66	0.61	0.56	0.51	0.47	0.43	0.40	0.36	0.34	0.31	0.29
16	0.72	0.67	0.61	0.56	0.52	0.47	0.44	0.40	0.37	0.34	0.31	0.29	0.27
18	0.67	0.62	0.57	0.52	0.48	0.44	0.40	0.37	0.34	0.31	0.29	0.27	0.25
20	0.62	0.57	0.53	0.48	0.44	0.40	0.37	0.34	0.32	0.29	0.27	0.25	0.23
22	0.58	0.53	0.49	0.45	0.41	0.38	0.35	0.32	0.30	0.27	0.25	0.24	0.22
24	0.54	0.49	0.45	0.41	0.38	0.35	0.32	0.30	0.28	0.26	0.24	0.22	0.21
26	0.50	0.46	0.42	0.38	0.35	0.33	0.30	0.28	0.26	0.24	0.22	0.21	0.19
28	0.46	0.42	0.39	0.36	0.33	0.30	0.28	0.26	0.24	0.22	0.21	0.19	0.18
30	0.42	0.39	0.36	0.33	0.31	0.28	0.26	0.24	0.22	0.21	0.20	0.18	0.17

表 14.2　　　　　　　影响系数 φ（砂浆强度等级 M2.5）

β	e/h 或 e/h_T												
	0	0.025	0.05	0.075	0.1	0.125	0.15	0.175	0.2	0.225	0.25	0.275	0.3
≤3	1.00	0.99	0.97	0.94	0.89	0.84	0.79	0.73	0.68	0.62	0.57	0.52	0.48
4	0.97	0.94	0.89	0.84	0.78	0.73	0.67	0.62	0.57	0.52	0.48	0.44	0.40
6	0.93	0.89	0.84	0.78	0.73	0.67	0.62	0.57	0.52	0.48	0.44	0.4	0.37
8	0.89	0.84	0.78	0.72	0.67	0.62	0.57	0.52	0.48	0.44	0.40	0.37	0.34
10	0.83	0.78	0.72	0.67	0.61	0.56	0.52	0.47	0.43	0.40	0.37	0.34	0.31
12	0.78	0.72	0.67	0.61	0.56	0.52	0.47	0.43	0.40	0.37	0.34	0.31	0.29
14	0.72	0.66	0.61	0.56	0.51	0.47	0.43	0.40	0.36	0.34	0.31	0.29	0.27
16	0.66	0.61	0.56	0.51	0.47	0.43	0.40	0.36	0.34	0.31	0.29	0.26	0.25
18	0.61	0.56	0.51	0.47	0.43	0.40	0.36	0.33	0.31	0.29	0.26	0.24	0.23
20	0.56	0.51	0.47	0.43	0.39	0.36	0.33	0.31	0.28	0.26	0.24	0.23	0.21
22	0.51	0.47	0.43	0.39	0.36	0.33	0.31	0.28	0.26	0.24	0.23	0.21	0.20
24	0.46	0.43	0.39	0.36	0.33	0.31	0.28	0.26	0.24	0.23	0.21	0.2	0.18
26	0.42	0.39	0.36	0.33	0.31	0.28	0.26	0.24	0.22	0.21	0.20	0.18	0.17
28	0.39	0.36	0.33	0.30	0.28	0.26	0.24	0.22	0.21	0.20	0.18	0.17	0.16
30	0.36	0.33	0.30	0.28	0.26	0.24	0.22	0.21	0.20	0.18	0.17	0.16	0.15

表 14.3 影响系数 φ（砂浆强度 0）

β	e/h 或 e/h_T												
	0	0.025	0.05	0.075	0.1	0.125	0.15	0.175	0.2	0.225	0.25	0.275	0.3
≤3	1.00	0.99	0.97	0.94	0.89	0.84	0.79	0.73	0.68	0.62	0.57	0.52	0.48
4	0.87	0.82	0.77	0.71	0.66	0.60	0.55	0.51	0.46	0.43	0.39	0.36	0.33
6	0.76	0.70	0.65	0.59	0.54	0.50	0.46	0.42	0.39	0.36	0.33	0.30	0.28
8	0.63	0.58	0.54	0.49	0.45	0.41	0.38	0.35	0.32	0.30	0.28	0.25	0.24
10	0.53	0.48	0.44	0.41	0.37	0.34	0.32	0.29	0.27	0.25	0.23	0.22	0.20
12	0.44	0.40	0.37	0.34	0.31	0.29	0.27	0.25	0.23	0.21	0.20	0.19	0.17
14	0.36	0.33	0.31	0.28	0.26	0.24	0.23	0.21	0.20	0.18	0.17	0.16	0.15
16	0.30	0.28	0.26	0.24	0.22	0.21	0.19	0.18	0.17	0.16	0.15	0.14	0.13
18	0.26	0.24	0.22	0.21	0.19	0.18	0.17	0.16	0.15	0.14	0.13	0.12	0.12
20	0.22	0.20	0.19	0.18	0.17	0.16	0.15	0.14	0.13	0.12	0.12	0.11	0.10
22	0.19	0.18	0.16	0.15	0.14	0.14	0.13	0.12	0.12	0.11	0.10	0.10	0.09
24	0.16	0.15	0.14	0.13	0.13	0.12	0.11	0.11	0.10	0.10	0.09	0.09	0.08
26	0.14	0.13	0.13	0.12	0.11	0.11	0.10	0.10	0.09	0.09	0.08	0.08	0.07
28	0.12	0.12	0.11	0.11	0.10	0.10	0.09	0.09	0.08	0.08	0.08	0.07	0.07
30	0.11	0.10	0.10	0.09	0.09	0.09	0.08	0.08	0.07	0.07	0.07	0.07	0.06

表 14.4 高厚比修正系数 γ_β

砌 体 材 料 类 别	γ_β	砌 体 材 料 类 别	γ_β
烧结普通砖、烧结多孔砖	1.0	蒸压灰砂普通砖、蒸压粉煤灰普通砖、细料石	1.2
混凝土普通砖、混凝土多孔砖、混凝土及轻集料混凝土砌块	1.1	粗料石、毛石	1.5

注 对灌孔混凝土砌块砌体、γ_β 取 1.0。

表 14.5 受压构件计算高度 H_0

房 屋 类 别			柱		带壁柱墙或周边拉结的墙		
			排架方向	垂直排架方向	$s>2H$	$2H\geqslant s>H$	$s\leqslant H$
有吊车的单层房屋	变截面柱上段	弹性方案	$2.5H_u$	$1.25H_u$	$2.5H_u$		
		刚性、刚弹性方案	$2.0H_u$	$1.25H_u$	$2.0H_u$		
	变截面柱下段		$1.0H_l$	$0.8H_l$	$1.0H_l$		
无吊车的单层和多层房屋	单跨	弹性方案	$1.5H$	$1.0H$	$1.5H$		
		刚弹性方案	$1.2H$	$1.0H$	$1.2H$		
	多跨	弹性方案	$1.25H$	$1.0H$	$1.25H$		
		刚弹性方案	$1.1H$	$1.0H$	$1.1H$		
	刚性方案		$1.0H$	$1.0H$	$1.0H$	$0.4s+0.2H$	$0.6s$

注 1. 表中 H_u 为变截面柱的上段高度；H_l 为变截面柱的下段高度。
2. 对于上端为自由端的构件，$H_0=2H$。
3. 独立砖柱，当无柱间支撑时，柱在垂直排架方向的 H_0 应按表中数值乘以 1.25 后采用。
4. 表中 s 为房屋横墙间距。
5. 自承重墙的计算高度应根据周边支承或拉接条件确定。

房屋的静力计算方案见表14.6。

表 14.6 房屋的静力计算方案

	屋 盖 或 楼 盖 类 别	刚性方案	刚弹性方案	弹性方案
1	整体式、装配整体式和装配式无檩体系钢筋混凝土屋盖或钢筋混凝土楼盖	$s<32$	$32 \leqslant s \leqslant 72$	$s>72$
2	装配式有檩体系钢筋混凝土屋盖、轻钢屋盖和有密铺望板的木屋盖或木楼盖	$s<20$	$20 \leqslant s \leqslant 48$	$s>48$
3	瓦材屋面的木屋盖和轻钢屋盖	$s<16$	$16 \leqslant s \leqslant 36$	$s>36$

注 1. 表中 s 为房屋横墙间距，其长度单位为 m。

2. 当屋盖、楼盖类别不同或横墙间距不同时，计算上柔下刚多层房屋时，顶层可按单层房屋计算。

3. 对无山墙或伸缩缝处无横墙的房屋，应按弹性方案考虑。

【**例 14.1**】 某截面尺寸为 370mm×490mm 的砖柱，烧结普通砖的强度等级为 MU10，混合砂浆强度等级为 M5，柱高 3.2m，两端为不动铰支座。柱顶承受轴向压力标准值 $N_k=160$kN（其中永久荷载 130kN，已包括砖柱自重），试验算该柱柱底的承载力。

解：（1）高厚比：

$$\beta = \frac{H_0}{h} = \frac{3.2}{0.37} = 8.65$$

查表 14.1 得影响系数

$$\varphi = 0.90$$

（2）柱截面面积：

$$A = 0.37 \times 0.49 = 0.18(\text{m}^2) < 0.3\text{m}^2$$

故

$$\gamma_a = 0.7 + A = 0.7 + 0.18 = 0.88$$

（3）承载力验算：该柱底截面轴心压力最大，为控制截面。

$$N = 1.2S_{GK} + 1.4S_{QK} = 1.2 \times 130 + 1.4 \times 30 = 198(\text{kN})$$

$$N = 1.35S_{GK} + 1.0S_{QK} = 1.35 \times 130 + 1.0 \times 30 = 205.50(\text{kN})$$

根据砖和砂浆的强度等级，查表 13.2 得：砖砌体轴心抗压强度 $f=1.5$N/mm²

$$\varphi\gamma_a fA = 0.90 \times 0.88 \times 1.5 \times 0.18 \times 10^6 = 213.84 \times 10^3(\text{N})$$

$$= 213.84(\text{kN}) > 205.50\text{kN}$$

所以，此柱是安全的。

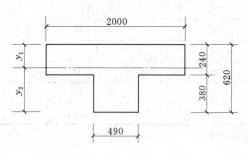

图 14.2 窗间墙截面尺寸

【**例 14.2**】 某带壁柱的窗间墙，截面尺寸如图 14.2 所示。壁柱高 5.4m，计算高度 $1.2 \times 5.4 = 6.48$m，用 MU10 烧结普通砖及 M2.5 混合砂浆砌筑。承受竖向力设计值 $N=320$kN，弯矩设计值 $M=41$kN·m（弯矩方向是墙体外侧受拉，壁柱受压）。试验算该墙体的承载力是否满足要求。

解：（1）截面几何特征：

截面面积 $A = 2000 \times 240 + 380 \times 490 = 666200$（mm²）

截面重心位置 $\quad y_1 = \dfrac{2000\times240\times120+490\times380\times(240+190)}{666200} = 207 \text{（mm）}$

$$y_2 = 620 - 207 = 413 \text{（mm）}$$

截面惯性矩

$$I = \frac{2000\times240^3}{12} + \left(y_1 - \frac{240}{2}\right)^2 \times 2000\times240$$

$$+ \frac{490\times380^3}{12} + \left(y_2 - \frac{380}{2}\right)^2 \times 490\times380$$

$$= \frac{2000\times240^3}{12} + \left(207 - \frac{240}{2}\right)^2 \times 2000\times240$$

$$+ \frac{490\times380^3}{12} + \left(413 - \frac{380}{2}\right)^2 \times 490\times380$$

$$= 1.74\times10^{10} \text{（mm}^4\text{）}$$

回转半径 $\qquad i = \sqrt{\dfrac{I}{A}} = \sqrt{\dfrac{1.74\times10^{10}}{666200}} = 162 \text{（mm）}$

截面折算厚度 $\qquad h_T = 3.5i = 3.5\times162 = 567 \text{（mm）}$

（2）荷载偏心距：

$$e = \frac{M}{N} = \frac{41000}{320} = 128 \text{(mm)}$$

$$0.6y_2 = 0.6\times413 = 247.8 \text{(mm)} > e$$

符合规定。

（3）承载力验算：

$$\frac{e}{h_T} = \frac{128}{567} = 0.23$$

$$\beta = \frac{H_0}{h_T} = \frac{6.48}{0.567} = 11.43$$

查表 14.2 得 $\qquad \varphi = 0.37$

查表 13.2 得 $\qquad f = 1.30\text{N/mm}^2$

$\varphi f A = 0.37\times1.3\times666200 = 320.44\times10^3 \text{(N)} = 320.44 \text{(kN)} > N = 320\text{kN}$

所以，该窗间墙是安全的。

14.3 局 部 受 压 计 算

  局部受压是砌体结构中常见的受力形式，其特点是外力仅作用于砌体的部分截面上。例如砖柱支承在基础上，钢筋混凝土梁支承在砖墙上等。当砌体局部受压面积上的压应力呈均匀分布时，称为砌体局部均匀受压；当砌体局部受压面积上的压应力呈非均匀分布时，称为砌体局部非均匀受压。

14.3.1 砌体局部均匀受压计算

  当荷载均匀地作用在砌体局部面积上时，按其相对位置不同可分为：中心局部均匀受压、中部或边缘局部受压、角部局部受压和端部局部受压。

由试验可知，砌体在局部受压情况下的强度大于砌体本身的抗压强度，一般可用局部受压强度提高系数 γ 来表示。

1. 砌体截面中心局部均匀受压时的承载力计算公式

$$N_l \leqslant \gamma f A_l \tag{14.12}$$

式中　N_l——局部受压面积上的轴向力设计值；

　　　γ——砌体局部抗压强度提高系数；

　　　f——砌体的抗压强度设计值，局部受压面积小于 0.3m^2 可不考虑强度调整系数 γ_a 的影响；

　　　A_l——局部受压面积，mm^2。

2. 砌体局部抗压强度提高系数 γ

$$\gamma = 1 + 0.35 \sqrt{\left(\frac{A_0}{A_l} - 1 \right)} \tag{14.13}$$

式中　A_0——影响砌体局部抗压强度的计算面积，可按图 14.3 确定。

3. A_0 的确定

在图 14.3 中，局部抗压强度的计算面积 A_0，代入式（14.13）后可得砌体局部抗压强度提高系数 γ，尚应符合下列规定：

(1) 图 14.3 (a)：　　　$A_0 = (a + c + h)h$　　　　　　$\gamma \leqslant 2.5$

(2) 图 14.3 (b)：　　　$A_0 = (b + 2h)h$　　　　　　　$\gamma \leqslant 2.0$

(3) 图 14.3 (c)：　　　$A_0 = (a + h)h + (b + h_1 - h)h_1$　$\gamma \leqslant 1.5$

(4) 图 14.3 (d)：　　　$A_0 = (a + h)h$　　　　　　　$\gamma \leqslant 1.25$

(5) 对于要求灌孔的混凝土砌块砌体，在（1）、（2）的情况下，局部抗压强度提高系数还应符合 $\gamma \leqslant 1.5$；对于未灌孔混凝土砌块砌体 $\gamma = 1.0$。

(6) 对多孔砖砌体孔洞难以灌实时，应按 $\gamma = 1.0$ 采用；当设置混凝土垫块时，按垫块下的砌体局部受压计算。

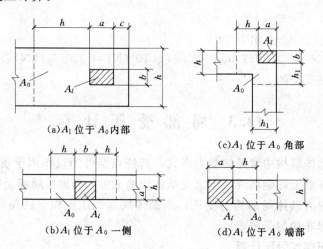

(a) A_l 位于 A_0 内部　　　　　(c) A_l 位于 A_0 角部

(b) A_l 位于 A_0 一侧　　　　　(d) A_l 位于 A_0 端部

图 14.3　影响局部抗压强度的面积 A_0

在以上公式和图中：

a、b——矩形局部受压面积 A_l 的边长；

　　h、h_1——墙厚或柱的较小边长，墙厚；

　　　c——矩形局部受压面积的外边缘至构件边缘的较小距离，当大于 h 时，应取为 h。

【例 14.3】　某截面尺寸为 $180\text{mm} \times 240\text{mm}$ 的钢筋混凝土柱，支承在 240mm 厚的砖墙上，如图 14.4 所示。墙用烧结普通砖 MU10 及混合砂浆 M2.5 砌筑。柱传至墙的轴向力设计值为 60kN，试验算砌体的局部受压承载力。

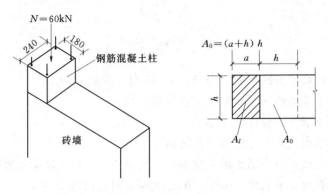

图 14.4　［例 14.3］图

解：查表 13.2 得　$f = 1.30\text{N/mm}^2$

$$A_0 = (a+h)h = (0.18+0.24) \times 0.24 = 0.10(\text{m}^2)$$

砌体局部抗压强度提高系数：

$$\gamma = 1 + 0.35 \sqrt{\left(\frac{A_0}{A_l} - 1\right)} = 1 + 0.35 \times \sqrt{\left(\frac{0.10}{0.18 \times 0.24} - 1\right)} = 1.40$$

在此情况下应满足　$\gamma \leqslant 1.25$

故取　$\gamma = 1.25$

$$\gamma f A_l = 1.25 \times 1.30 \times 0.18 \times 0.24 \times 10^6$$
$$= 70.2 \times 10^3(\text{N}) = 70.2(\text{kN}) > N_l = 60\text{kN}$$

所以，砌体局部受压是安全的。

14.3.2 梁端支承处砌体的局部受压计算

　　梁端支承处的砌体局部受压是非均匀受压。因为梁在荷载作用下，梁端将产生转角 θ，使支座内边缘处砌体的压缩变形及相应的压应力最大，越向梁端方向，压缩变形和压应力逐渐减小，形成梁端支承面上的压应力不均匀分布，如图 14.5 所示。因为梁的弯曲，使梁的末端有脱离砌体的趋势。梁端支承长度由实际长度 a 变为有效支承长度 a_0，梁的长度越大，a_0 越接近于 a。

　　梁端支承处砌体的局部受压计算，除了应考虑由梁传来的荷载外，还应考虑局部受压面积上由上部荷载设计值产生的轴向力，但是由于支座下部砌体发生了压缩变形，使梁端顶部与上面砌体分离开，形成内拱作用，计算时，要对上部传下来的荷载作

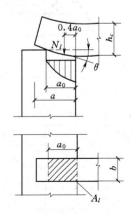

图 14.5　梁端支承处砌体局部受压

适当折减。

梁端支承处砌体的局部受压承载力计算公式为

$$\psi N_0 + N_l \leqslant \eta \gamma f A_l \tag{14.14}$$

$$\psi = 1.5 - 0.5 \frac{A_0}{A_l} \tag{14.15}$$

$$N_0 = \sigma_0 A_l \tag{14.16}$$

$$A_l = a_0 b \tag{14.17}$$

$$a_0 = 10 \sqrt{\frac{h_c}{f}} \tag{14.18}$$

式中　ψ——上部荷载的折减系数，当 $A_0 / A_l \geqslant 3$ 时，应取 $\psi = 0$；

N_0——局部受压面积内上部轴向力设计值，N；

N_l——梁端支承压力设计值，N；

σ_0——上部平均压应力设计值，N/mm²；

η——梁端底面压应力图形的完整系数，可取 0.7，对于过梁和墙梁可取 1.0；

a_0——梁端有效支承长度，mm，当 a_0 大于 a 时，应取 $a_0 = a$；

a——梁端实际支承长度，mm；

b——梁的截面宽度，mm；

h_c——梁的截面高度，mm；

f——砌体的抗压强度设计值，N/mm²。

【例 14.4】　已知外墙上梁截面尺寸 $b \times h = 200\text{mm} \times 400\text{mm}$，梁支承长度 $a = 240\text{mm}$，荷载设计值产生的支座反力 $N_l = 60\text{kN}$，墙体的上部荷载 $N_u = 260\text{kN}$，窗间墙截面 1200mm×370mm，如图 14.6 所示。采用 MU10 烧结普通砖、M2.5 混合砂浆砌筑。试验算外墙上梁端下部砌体的局部受压承载力。

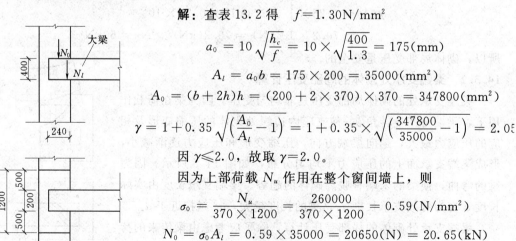

解：查表 13.2 得　$f = 1.30\text{N/mm}^2$

$$a_0 = 10 \sqrt{\frac{h_c}{f}} = 10 \times \sqrt{\frac{400}{1.3}} = 175(\text{mm})$$

$$A_l = a_0 b = 175 \times 200 = 35000(\text{mm}^2)$$

$$A_0 = (b + 2h)h = (200 + 2 \times 370) \times 370 = 347800(\text{mm}^2)$$

$$\gamma = 1 + 0.35 \sqrt{\left(\frac{A_0}{A_l} - 1\right)} = 1 + 0.35 \times \sqrt{\left(\frac{347800}{35000} - 1\right)} = 2.05$$

因 $\gamma \leqslant 2.0$，故取 $\gamma = 2.0$。

因为上部荷载 N_u 作用在整个窗间墙上，则

$$\sigma_0 = \frac{N_u}{370 \times 1200} = \frac{260000}{370 \times 1200} = 0.59(\text{N/mm}^2)$$

$$N_0 = \sigma_0 A_l = 0.59 \times 35000 = 20650(\text{N}) = 20.65(\text{kN})$$

因为 $\frac{A_0}{A_l} = \frac{347800}{35000} = 9.94 > 3$，故取 $\psi = 0$。

图 14.6　窗间墙立面和平面图

$$\psi N_0 + N_l = N_l = 60\text{kN}$$

$$\eta \gamma f A_l = 0.7 \times 2.0 \times 1.3 \times 35000 = 63700(\text{N}) = 63.70(\text{kN})$$

故 $$N_l < \eta \gamma f A_l$$

所以，梁端下部砌体局部受压是安全的。

14.3.3 梁端下部设刚性垫块的砌体局部受压计算

当梁端局部抗压强度不满足要求或墙上搁置较大的梁、桁架时，常在其下部设置刚性垫块。梁或屋架端部下面设置垫块，可使局部受压面积增大，是解决局部受压承载力不足的一项有效措施。

（1）刚性垫块下的砌体局部受压承载力计算公式为

$$N_0 + N_l \leqslant \varphi \gamma_1 f A_b \tag{14.19}$$

$$N_0 = \sigma_0 A_b \tag{14.20}$$

$$A_b = a_b b_b \tag{14.21}$$

式中　N_0——垫块面积 A_b 内上部轴向力设计值，N；

　　　　φ——垫块上 N_0 及 N_l 合力的影响系数，N_l 作用点的位置可取 $0.4a_0$ 处，应采用表 14.1～表 14.3 中当 $\beta \leqslant 3$ 时的 φ 值；

　　　　γ_1——垫块外砌体面积的有利影响系数，$\gamma_1 = 0.8\gamma$，但应满足 $\gamma_1 \geqslant 1.0$。γ 为砌体局部抗压强度提高系数，按公式 $\gamma = 1 + 0.35 \sqrt{\left(\dfrac{A_0}{A_l} - 1\right)}$ 以 A_b 代替 A_l 计算得出；

　　　　A_b——垫块面积，mm^2；

　　　　a_b——垫块伸入墙内的长度，mm；

　　　　b_b——垫块的宽度，mm。

（2）刚性垫块的构造规定如下：①刚性垫块的高度不宜小于 180mm，自梁边算起的垫块挑出长度不宜大于垫块高度 t_b；②在带壁柱墙的壁柱内设置刚性垫块时，如图 14.7 所示，其计算面积应取壁柱范围内的面积，而不应计算翼缘部分，同时，壁柱上垫块伸入翼墙内的长度不应小于 120mm；③当现浇垫块与梁端整体浇筑时，垫块可在梁高范围内设置。

（3）梁端设有刚性垫块时，梁端有效支承长度 a_0 的计算公式为

$$a_0 = \delta_1 \sqrt{\frac{h}{f}} \tag{14.22}$$

式中　δ_1——刚性垫块的影响系数，按表 14.7 采用。

现浇钢筋混凝土梁，也可以采用与梁端现浇成整体的垫块，由于垫块与梁端现浇成整体，受力时垫块将与梁端共同变形，这时，梁垫实际上是放大了梁端，所以，梁端支承处砌体的局部受压承载力仍可按公式（14.14）计算，但公式中的 $A_l = a_0 b_b$。

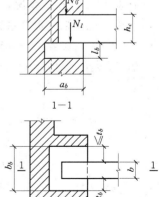

图 14.7　壁柱上设有垫块时梁端局部受压

表 14.7

系 数 δ_1 值 表

σ_0 / f	0	0.2	0.4	0.6	0.8
δ_1	5.4	5.7	6.0	6.9	7.8

注　表中其间的数值可采用插入法求解。

【例 14.5】　已知条件同［例 14.4］，若 $N_l=75\mathrm{kN}$，其他条件不变，试验算局部受压承载力。

解： 由［例 14.4］可知，当 $N_l=75\mathrm{kN}$ 时，若梁端下部不设垫块，梁端下砌体的局部受压强度是不满足要求的。为满足强度要求，梁端底部设置刚性垫块，其尺寸为 $a_b=240\mathrm{mm}$，$b_b=500\mathrm{mm}$，厚度 $t_b=180\mathrm{mm}$。

$$A_b = a_b \times b_b = 240 \times 500 = 120000 (\mathrm{mm}^2)$$

$$N_0 = \sigma_0 A_b = 0.59 \times 120000 = 70800(\mathrm{N}) = 70.8(\mathrm{kN})$$

$$\frac{\sigma_0}{f} = \frac{0.59}{1.30} = 0.45$$

查表 14.7 得 $\delta_1 = 6.21$

$$a_0 = \delta_1 \sqrt{\frac{h}{f}} = 6.21 \times \sqrt{\frac{400}{1.3}} = 109(\mathrm{mm})$$

N_l 作用点位于距墙内表面 $0.4a_0$ 处。

$$0.4a_0 = 0.4 \times 109 = 43.60(\mathrm{mm})$$

垫块上纵向力（N_0，N_l）的偏心距：

$$e = \frac{N_l\left(\dfrac{a_b}{2} - 0.4a_0\right)}{N_l + N_0} = \frac{75 \times \left(\dfrac{240}{2} - 43.60\right)}{75 + 70.8} = 39.30\,(\mathrm{mm})$$

$$\frac{e}{h} = \frac{e}{a_b} = \frac{39.30}{240} = 0.164$$

查表 14.2，$\beta \leqslant 3$ 情况，得 $\varphi = 0.756$

求局部抗压强度提高系数 γ 时，应以 A_b 代替 A_l：

$$A_0 = (b + 2h)h = (500 + 2 \times 370) \times 370 = 458800(\mathrm{mm}^2)$$

但 A_0 边长 1240mm 已超过窗间墙实际宽度 1200mm，所以取

$$A_0 = 370 \times 1200 = 444000(\mathrm{mm}^2)$$

$$\gamma = 1 + 0.35\sqrt{\left(\frac{A_0}{A_b} - 1\right)} = 1 + 0.35 \times \sqrt{\left(\frac{444000}{120000} - 1\right)} = 1.58$$

$$\gamma_1 = 0.8\gamma = 0.8 \times 1.58 = 1.26$$

$$N_0 + N_l = 70.8 + 75 = 145.80(\mathrm{kN})$$

$$\varphi\gamma_1 f A_b = 0.756 \times 1.26 \times 1.3 \times 120000 = 148599.4(\mathrm{N}) = 148.60(\mathrm{kN})$$

故　　　　　　　　　　　　　　　$N_0 + N_l < \varphi\gamma_1 f A_b$

所以，梁端下部砌体局部受压是安全的。

14.3.4　梁端下设垫梁的砌体局部受压计算

当梁端支承处的砖墙上设有连续的钢筋混凝土梁（如圈梁）时，就可以利用此钢筋混

凝土梁作为垫梁，把大梁传来的集中荷载分布到一定宽度的砖墙上，如图 14.8 所示。

当垫梁长度大于 πh_0 时，垫梁下的砌体局部受压承载力计算公式：

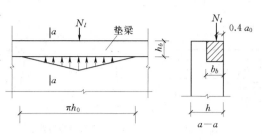

$$N_0 + N_l \leqslant 2.4\delta_2\ f b_b h_0 \tag{14.23}$$

$$N_0 = \pi b_b h_0 \sigma_0 / 2 \tag{14.24}$$

$$h_0 = 2\left(\sqrt[3]{\frac{E_b I_b}{Eh}}\right) \tag{14.25}$$

图 14.8　垫梁局部受压

式中　N_0——垫梁上部轴向力设计值，N；

　　　b_b——垫梁在墙厚方向的宽度，mm；

　　　δ_2——垫梁底面压应力分布系数，当荷载沿墙厚方向均匀分布时 $\delta_2 = 1.0$，不均匀时 $\delta_2 = 0.8$；

　　　h_0——垫梁折算高度，mm；

　　E_b、I_b——垫梁的混凝土弹性模量和截面惯性矩；

　　　h_b——垫梁的高度，mm；

　　　E——砌体的弹性模量；

　　　h——墙厚，mm。

垫梁上梁端的有效支承长度 a_0 可按式（14.22）计算。

14.4　轴心受拉、受弯、受剪承载力计算

14.4.1　轴心受拉构件

砌体的抗拉强度很低，工程上很少采用砌体轴心受拉构件。对于容积较小的圆形砌体结构的水池。在侧向水压力作用下，砌体结构的池壁内只产生环向拉力，属于轴心受拉构件，如图 14.9 所示。

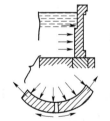

轴心受拉构件的承载力计算公式：

$$N_t \leqslant f_t A \tag{14.26}$$

式中　N_t——轴心拉力设计值；

　　　f_t——砌体的轴心抗拉强度设计值，应按表 13.8 采用。

图 14.9　轴心受拉砌体构件

14.4.2　受弯构件

如图 14.10 所示各种砌体结构，属于受弯构件，在弯矩作用下砌体可能沿齿缝截面或沿砖的竖向灰缝截面或沿通缝截面因弯曲受拉而破坏。另外，受弯构件在支座处还存在较大剪力，所以还应对其受剪承载力进行验算。

1. 受弯构件受弯承载力计算公式

$$M \leqslant f_{tm} W \tag{14.27}$$

式中　M——弯矩设计值；

　　　f_{tm}——砌体弯曲抗拉强度设计值，应按表 13.8 采用；

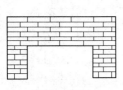
　　(a)洞口过梁

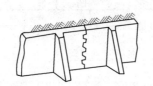
(b)挡土墙沿齿缝截面破坏

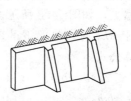
(c)挡土墙沿竖向灰缝截面破坏

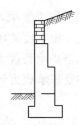
(d)挡土墙沿通缝截面破坏

图 14.10　受弯砌体构件

W——截面抵抗矩。

2. 受弯构件的受剪承载力计算公式

$$V \leqslant f_v b z \tag{14.28}$$

$$Z = I/S \tag{14.29}$$

式中　V——剪力设计值；

f_v——砌体的抗剪强度设计值，应按表 13.8 采用；

b——截面宽度；

z——内力臂，当截面为矩形时取 $z = 2h/3$；

I——截面惯性矩；

S——截面面积矩；

h——截面高度。

14.4.3　受剪构件

　　砌体结构单纯受剪的情况是很少的，一般是在受弯构件中（如挡土墙）存在受剪情况。另外，墙体在水平地震力或风荷载作用下或无拉杆的拱支座处在水平截面的砌体是受剪的，如图 14.11 所示。

　　沿通缝或沿阶梯形截面破坏时，受剪构件的承载力计算公式为

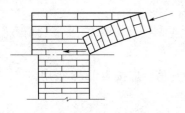

图 14.11　受剪砌体构件

$$V \leqslant (f_v + \alpha \mu \sigma_0)A \tag{14.30}$$

当 $\gamma_G = 1.2$ 时：

$$\mu = 0.26 - 0.082 \frac{\sigma_0}{f} \tag{14.31}$$

当 $\gamma_G = 1.35$ 时：

$$\mu = 0.23 - 0.065 \frac{\sigma_0}{f} \tag{14.32}$$

式中　V——截面剪力设计值；

A——水平截面面积。当有孔洞时，取净截面面积；

f_v——砌体抗剪强度设计值，对灌孔的混凝土砌块砌体取 f_{vG}；

α——修正系数，当 $\gamma_G = 1.2$ 时，砖（含多孔砖）砌体取 0.60，混凝土砌块砌体取 0.64；当 $\gamma_G = 1.35$ 时，砖（含多孔砖）砌体取 0.64，混凝土砌块砌体取 0.66；

μ——剪压复合受力影响系数；

σ_0——永久荷载设计值产生的水平截面平均压应力；

f——砌体的抗压强度设计值；

$\dfrac{\sigma_0}{f}$——轴压比，且不大于 0.8。

【例 14.6】 某圆形砖砌水池，壁厚 370mm，采用 MU10 的烧结普通砖及 M10 的水泥砂浆砌筑，壁厚承受 $N=50$kN/m 的环向拉力。试验算池壁的受拉承载力。

解： 取 1m 高池壁计算：

$$A = 1 \times 0.37 = 0.37(\text{m}^2)$$

查表 13.8 得

$$f_t = 0.19\text{N/mm}^2$$

水泥砂浆调整系数：

$$\gamma_a = 0.8$$

$$\gamma_a f_t A = 0.8 \times 0.19 \times 0.37 \times 10^6$$

$$= 56.24 \times 10^3(\text{N})$$

$$= 56.24(\text{kN}) > N = 50\text{kN}$$

所以，池壁满足受拉承载力的要求。

【例 14.7】 某水池池壁高 $H=1.5$m，采用 MU10 的烧结普通砖及 M7.5 的水泥砂浆砌筑。试验算池壁下端的承载力，如图 14.12 所示。

解： 沿竖向截取 1m 宽的池壁为计算单元。忽略池壁自重产生的垂直压力，该池壁为悬臂受弯构件。

(1) 受弯承载力计算。

池壁底端弯矩

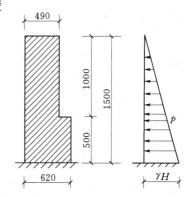

$$M = \gamma_G \frac{1}{6} pH^2 = \gamma_G \frac{1}{6} \gamma_水 H^3 = 1.2 \times \frac{1}{6} \times 10 \times 1.5^3$$

$$= 6.75(\text{kN} \cdot \text{m})$$

$$W = \frac{1}{6} \times 1000 \times 620^2 = 64.07 \times 10^6(\text{mm}^3)$$

查表 13.8 得

弯曲抗拉沿通缝破坏时：$f_{tm}=0.14$N/mm^2，且调整系数 $\gamma_a=0.8$。

图 14.12 ［例 14.7］图

$$\gamma_a f_{tm} W = 0.8 \times 0.14 \times 64.07 \times 10^6 = 7.18 \times 10^3(\text{N} \cdot \text{m})$$

$$= 7.18(\text{kN} \cdot \text{m}) > M = 6.75\text{kN} \cdot \text{m}$$

所以，池壁受弯承载力满足要求。

(2) 受剪承载力计算。

池壁底端剪力

$$V = \gamma_G \frac{1}{2} pH = \gamma_G \frac{1}{2} \gamma_水 H^2 = 1.2 \times \frac{1}{2} \times 10 \times 1.5^2 = 13.50(\text{kN})$$

查表 13.8 得：$f_v=0.14$N/mm^2 且调整系数 $\gamma_a=0.8$。

$$\gamma_a f_v bz = 0.8 \times 0.14 \times 1000 \times \frac{2}{3} \times 620 = 46.29 \times 10^3 (\text{N})$$

$$= 46.29 (\text{kN}) > V = 13.50 \text{kN}$$

所以，池壁受剪承载力满足要求。

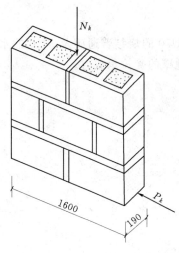

图 14.13　[例 14.8] 图

【例 14.8】　某混凝土小型空心砌块砌体墙长 1600mm，厚 190mm，其上作用有压力标准值 $N_k = 50\text{kN}$（其中永久荷载包括自重产生的压力 35kN），在水平推力标准值 $P_k = 20\text{kN}$（其中可变荷载产生的推力 15kN）作用下，砌块墙采用 MU10 砌块，M5 混合砂浆砌筑，如图 14.13 所示。试求该墙段的抗剪承载力。

解：当 $\gamma_G = 1.2$，$\gamma_Q = 1.4$ 时（主要考虑可变荷载）：

$$\sigma_0 = \frac{N}{A} = \frac{1.2 \times 35 \times 10^3 + 1.4 \times 15 \times 10^3}{1600 \times 190}$$

$$= 0.21 (\text{N/mm}^2)$$

由 MU10 砌块、M5 砂浆，查表 13.4 和表 13.8 得：$f = 2.22\text{N/mm}^2$，$f_v = 0.06\text{N/mm}^2$。且取 $\alpha = 0.64$，则

$$\mu = 0.26 - 0.082 \frac{\sigma_0}{f} = 0.26 - 0.082 \times \frac{0.21}{2.22} = 0.252$$

$$(f_v + \alpha\mu\sigma_0)A = (0.06 + 0.64 \times 0.252 \times 0.21) \times 1600 \times 190 = 28536(\text{N})$$

$$V = 1.2 \times 5 \times 10^3 + 1.4 \times 15 \times 10^3 = 27000(\text{N}) < 28536\text{N}$$

所以，该墙段满足抗剪要求。

当 $\gamma_G = 1.35$，$\gamma_Q = 1.4$ 时（主要考虑永久荷载）：

$$\sigma_0 = \frac{N}{A} = \frac{1.35 \times 35 \times 10^3 + 1.0 \times 15 \times 10^3}{1600 \times 190} = 0.20(\text{N/mm}^2)$$

且取 $\alpha = 0.66$，则

$$\mu = 0.23 - 0.065 \frac{\sigma_0}{f} = 0.23 - 0.065 \times \frac{0.20}{2.22} = 0.224$$

$$(f_v + \alpha\mu\sigma_0)A = (0.06 + 0.66 \times 0.224 \times 0.20) \times 1600 \times 190 = 27229\text{N}$$

$$V = 1.35 \times 5 \times 10^3 + 1.0 \times 15 \times 10^3 = 21750(\text{N}) < 27229\text{N}$$

所以，该墙段满足抗剪要求。

思　考　题

14.1　砌体结构的计算方法是什么？

14.2　简述砌体结构承载能力极限状态设计表达式的意义？

14.3　什么是折算厚度？

14.4　砌体结构受压承载力计算在确定影响系数 ϕ 时，应先对构件的高厚比进行修正，如何修正？

14.5　什么是砌体的高厚比？

14.6　试说明砌体局部抗压强度提高的原因。

14.7　在局部受压计算中，梁端有效支承长度 a_0 与哪些因素有关？

14.8　梁端下部设置垫块的目的是什么？

14.9　轴心受拉构件应怎样计算？

14.10　砌体在何种情况下受拉、受弯、受剪？

习　题

14.1　由混凝土小型空心砌块砌成的独立柱截面尺寸 $400mm \times 600mm$，砌块的强度等级 MU10，混合砂浆强度等级 M5，柱高 3.6m，两端为不动铰支座。柱顶承受轴向压力标准值 $N_k = 225kN$（其中永久荷载 180kN，已包括柱自重），试验算该柱底的承载力。

14.2　某带壁柱窗间墙，如图 14.14 所示。计算高度 $H_0 = 9.72m$，采用 MU10 砖及 M5 混合砂浆砌筑。柱底截面作用内力设计值 $N = 68.4kN$，$M = 24kN \cdot m$，偏心压力偏向截面肋部一侧，试对柱底进行验算。

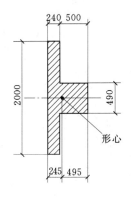

图 14.14　习题 14.2 图

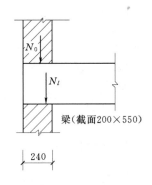

图 14.15　习题 14.4 图

14.3　某钢筋混凝土柱，截面尺寸为 $200mm \times 240mm$，支承于砖墙上，墙厚 240mm，采用 MU10 烧结普通砖，M5 混合砂浆砌筑，柱传至墙的轴向力设计值 $N = 90kN$，试进行局部受压验算。若不满足要求，可采取什么措施，并进行验算。

14.4　一钢筋混凝土梁支承在窗间墙上，如图 14.15 所示。梁的截面尺寸为 $200mm \times 550mm$，梁端荷载设计值产生的支承压力为 40kN，上部荷载设计值产生的轴向力为 150kN。墙截面尺寸为 $1200mm \times 240mm$，采用 MU10 的烧结普通砖及 M5 的混合砂浆砌筑，试验算梁端支承处砌体的局部受压承载力。

14.5　钢筋混凝土大梁截面尺寸 $b \times h = 200mm \times 550mm$，$l_0 = 6m$，支承在 $370mm \times 1200mm$ 窗间墙上，如图 14.16 所示。$N_u = 240kN$，$N_l = 100kN$，墙体采用 MU10 烧结普通砖、M2.5 混合砂浆。试验算该梁端下砌体局部受压承载力能否满足要求。若不满足要求时，应

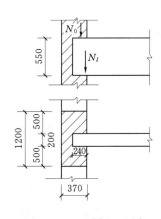

图 14.16　习题 14.5 图

采取什么措施？

14.6　某圆形水池，采用 MU15 的烧结普通砖及 M10 的水泥砂浆砌筑，池壁的环向拉力为 73kN/m，试选择池壁厚度并进行验算。

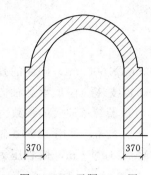

图 14.17　习题 14.8 图

14.7　某支承渡槽的石墩，截面尺寸 $b=2500mm$，$h=2000mm$（弯矩作用方向），采用 MU40 的粗料石及 M7.5 的混合砂浆砌筑，石墩承受轴向压力设计值 $N=8320kN$，弯矩设计值 $M=2770kN \cdot m$，石墩高 8m。试验算该石墩是否安全（$H_0=H=8m$）。

14.8　某砖砌圆拱，采用 MU10 的烧结普通砖及 M10 的水泥砂浆砌筑，如图 14.17 所示。沿纵向取 1m 的筒拱计算，拱支座处由荷载设计值产生的水平力为 60kN/m，垂直压力为 59kN/m，试验算拱支座处的抗剪承载力。

第 15 章　配 筋 砌 体 受 压 计 算

15.1　配 筋 砌 体 的 种 类

在砌体结构中，由于建筑及一些其他要求，有些墙柱不宜用增大截面来提高其承载能力，用改变局部区域的结构形式也不经济，在此种情况下，采用配筋砌体是一个较好的解决方法。在 1933 年美国加利福尼亚长滩大地震中，无筋砌体产生了严重的震害；而在 1976 年的唐山大地震中某些建筑物裂而不倒的实例说明构造柱有着良好的抗震性能。在砌体内配置适量的钢筋可提高砌体的强度或减少构件的截面尺寸，构成配筋砌体。在对配筋砌体的研究基础上，人们用配筋小砌块兴建于地震区的建筑已达 28 层。所谓的配筋砌体是：在砌体中配置钢筋的砌体，以及砌体和钢筋砂浆或钢筋混凝土组合成的整体，可统称为配筋砌体。配筋砌体一般不用于水利工程，能建造 12～18 层的建筑。

在配筋砌体中，又可分为配纵筋的、直接提高砌体抗压、抗弯强度的砌体（如图15.1 所示的组合砖砌体、图 15.2 所示的配筋砌块砌体）和配横向钢筋网片的、间接提高砌体抗压强度的砌体（如图 15.3 所示的网状配筋砌体构件）。图 15.1（d）所示为混凝土或砂浆面层组合墙。

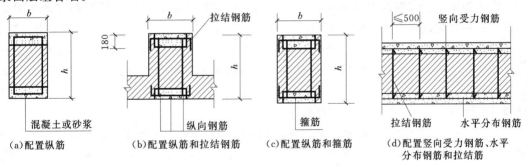

图 15.1　组合砖砌体构件截面

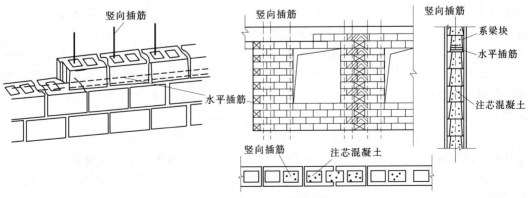

图 15.2　配筋砌块砌体

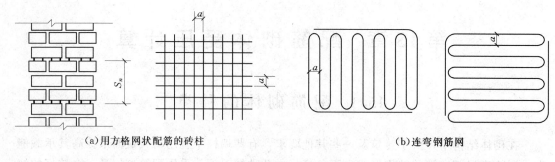

（a）用方格网状配筋的砖柱 　　　　　　　　　　　　　　　　　（b）连弯钢筋网

图 15.3　网状配筋砌体构件

15.2　网状配筋砖砌体受压计算

无筋砖砌体受压时，由于砂浆层的非均匀性和砖与砂浆横向变形的差异，砖处于受压、受拉、受弯、受剪的复杂应力状态，使具有较低抗拉、抗折强度的砖块较早出现裂缝，这些裂缝与竖向灰缝连通形成若干砌体小柱，最后由于某小柱的压屈导致整个砌体的破坏，其砌体抗压强度低于单块砌体的抗压强度。无筋砖砌体的受压破坏特性启发人们：如果消除砖与砂浆横向变形的差异，以及避免砖砌体发生由于单个砌体小柱压屈而导致的砌体破坏，可以提高砌体的抗压强度。

在砖砌体中设置横向钢筋网片是一个简易可行的好方法，这样网状配筋在砂浆中能约束砂浆和砖的横向变形，延缓砖块的开裂及其裂缝的发展，阻止竖向裂缝的上下贯通，从而可避免砖砌体被分裂成若干小柱导致的失稳破坏。网片间的小段无筋砌体在一定程度上处于三向受力状态，因而能较大程度提高承载力，且可使砖的抗压强度得到充分的发挥。

15.2.1　网状配筋砖砌体构件的受压性能

在轴心受压的情况下，网状配筋砌体的破坏特征在本质上不同于无筋砌体。出现第一批裂缝与体积配筋率 $\rho = 2A_s/aS_n$（如图 15.3 所示，A_s 为钢筋面积，a 为网眼尺寸，S_n 为沿高度配筋距离）有关：当 ρ 为 $0.067\% \sim 0.334\%$ 时，为极限荷载的 $0.5 \sim 0.86$，它大于无筋砌体第一批裂缝的荷载；当 ρ 为 $0.385\% \sim 2\%$ 时，极限荷载更高，砌体第一批裂缝出现为极限荷载的 $0.37 \sim 0.59$，它小于无筋砌体，这可能是由于灰缝配筋过多反而使砌体块材在初期受力不利。在继续加荷载的过程中，网状配筋砌体与无筋砌体相比较，竖向裂缝较多且较细。当接近极限荷载时，网状配筋砌体的个别砖虽可压碎，但不像无筋砌体那样分裂成单独的若干小立柱。实验表明，网状配筋砌体的极限强度与体积配筋率有关，配筋率过大时，强度提高的程度较小。

在偏心受压的情况下，随着偏心距 e 的增大，受压区内的钢筋应力并没有明显的增大或降低，但受压区面积随 e 的增大而减小，使钢筋网片对砌体的约束效应降低。

网状配筋对提高轴心和小偏心受压能力是有效的，但由于没有纵向钢筋，其抗纵向弯曲能力并不比无筋砌体强。

15.2.2 受压承载力计算

1. 网状配筋砖砌体的抗压强度

由于水平钢筋网的有效约束作用，间接地提高了砖砌体的抗压强度，依据实验资料，经统计分析，提出了网状配筋砖砌体的抗压强度设计值计算公式：

$$f_n = f + 2\left(1 - \frac{2e}{y}\right)\frac{\rho}{100}f_y \tag{15.1}$$

$$\rho = (V_s/V)100 \tag{15.2}$$

式中　f_n——网状配筋砖砌体的抗压强度设计值；

　　　f——砖砌体的抗压强度设计值；

　　　e——轴向力的偏心距；

　　　ρ——体积配筋率；

　　　y——截面重心到轴向力所在偏心方向截面边缘的距离；

　　　f_y——钢筋的抗拉强度设计值，当 f_y 大于 320MPa 时，仍采用 320MPa；

V_s，V——钢筋和砌体的体积。

2. 网状配筋砖砌体构件的影响系数 φ_n

$$\varphi_n = \frac{1}{1 + 12\left[\frac{e}{h} + \sqrt{\frac{1}{12}\left(\frac{1}{\varphi_{0n}} - 1\right)}\right]^2} \tag{15.3}$$

其中稳定系数

$$\varphi_{0n} = \frac{1}{1 + \dfrac{1 + 3\rho}{667}\beta^2} \tag{15.4}$$

影响系数 φ_n 也可近似按表 15.1 直接查取。

表 15.1　　　　　　　　　　　影　响　系　数　φ_n

ρ	β \\ e/h	0	0.05	0.10	0.15	0.17
0.1	4	0.97	0.89	0.78	0.67	0.63
	6	0.93	0.84	0.73	0.62	0.58
	8	0.89	0.78	0.67	0.57	0.53
	10	0.84	0.72	0.62	0.52	0.48
	12	0.78	0.67	0.56	0.48	0.44
	14	0.72	0.61	0.52	0.44	0.41
	16	0.67	0.56	0.47	0.40	0.37
0.3	4	0.96	0.87	0.76	0.65	0.61
	6	0.91	0.80	0.69	0.59	0.55
	8	0.84	0.74	0.62	0.53	0.49
	10	0.78	0.67	0.56	0.47	0.44
	12	0.71	0.60	0.51	0.43	0.40
	14	0.64	0.54	0.46	0.38	0.36
	16	0.58	0.49	0.41	0.35	0.32

ρ	β	e/h 0	0.05	0.10	0.15	0.17
0.5	4	0.94	0.85	0.74	0.63	0.59
	6	0.88	0.77	0.66	0.56	0.52
	8	0.81	0.69	0.59	0.50	0.46
	10	0.73	0.62	0.52	0.44	0.41
	12	0.65	0.55	0.46	0.39	0.36
	14	0.58	0.49	0.41	0.35	0.32
	16	0.51	0.43	0.36	0.31	0.29
0.7	4	0.93	0.83	0.72	0.61	0.57
	6	0.86	0.75	0.63	0.53	0.50
	8	0.77	0.66	0.56	0.47	0.43
	10	0.68	0.58	0.49	0.41	0.38
	12	0.60	0.50	0.42	0.36	0.33
	14	0.52	0.44	0.37	0.31	0.30
	16	0.46	0.38	0.33	0.28	0.26
0.9	4	0.92	0.82	0.71	0.60	0.56
	6	0.83	0.72	0.61	0.52	0.48
	8	0.73	0.63	0.53	0.45	0.42
	10	0.64	0.54	0.46	0.38	0.36
	12	0.55	0.47	0.39	0.33	0.31
	14	0.48	0.40	0.34	0.29	0.27
	16	0.41	0.35	0.30	0.25	0.24
1.0	4	0.91	0.81	0.70	0.59	0.55
	6	0.82	0.71	0.60	0.51	0.47
	8	0.72	0.61	0.52	0.43	0.41
	10	0.62	0.53	0.44	0.37	0.35
	12	0.54	0.45	0.38	0.32	0.30
	14	0.46	0.39	0.33	0.28	0.26
	16	0.39	0.34	0.28	0.24	0.23

3. 计算公式

网状配筋砖砌体受压构件的承载力计算公式为

$$N \leqslant \varphi_n f_n A \tag{15.5}$$

式中　N——轴向力设计值；

　　　A——砖砌体截面面积。

15.2.3　网状配筋砖砌体构件的适用范围

当荷载偏心作用时，横向配筋的效果将随偏心距的增大而降低。因此，网状配筋砖砌或受压构件尚应符合下列规定：①偏心距超过截面核心范围，对矩形截面，即 $e/h>0.17$ 时，或偏心距未超过截面核心范围，但构件的高厚比 $\beta>16$ 时，不宜采用网状配筋砖砌体构件；②对矩形截面构件，当轴向力偏心方向的截面边长大于另一方向的边长时，除按偏心受压计算外，还应对较小边长方向按轴心受压进行验算；③当网状配筋砖砌体下端与无筋砌体交接时，还应验算无筋砌体的局部受压承载力。

15.2.4 构造规定

网状配筋砖砌体构件的构造应符合下列规定：①网状配筋砖砌体中的体积配筋率，不应小于 0.1%，并不应大于 1%；②采用方格钢筋网时，钢筋的直径宜采用 3～4mm；当采用连弯钢筋网时，钢筋的直径不应大于 8mm；当采用连弯钢筋网［图 15.3（b）］时，网的钢筋方向应互相垂直，沿砌体高度交错布置，S_n 取同一方向网的间距；③钢筋网中钢筋的间距不应大于 120mm，并不应小于 30mm；④钢筋网的竖向间距，不应大于 5 皮砖，并不应大于 400mm；⑤网状配筋砖砌体所用砂浆强度等级不应低于 M7.5；钢筋网应设置在砌体的水平灰缝中，灰缝厚度应保证钢筋上下至少各有 2mm 厚的砂浆层。

【例 15.1】 已知一砖柱，采用 MU10 砖和 M5 混合砂浆砌筑，砖柱截面尺寸为 370mm×490mm，计算高度 $H_0=3.60$m，承受轴向力设计值 $N=210$kN，在柱长边方向作用弯矩设计值 $M=10.3$kN·m。试验算此砖柱的承载力；如承载力不够，按网状配筋砌体设计此柱。

解：（1）按无筋砌体偏压构件计算。

查表 13.2 可得 MU10 砖和 M5 混合砂浆砌体的抗压设计强度 $f=1.50$MPa。计算得，$\beta=H_0/h=3600/490=7.3$，$e=M/N=10.3\times10^3/210=49$（mm），$e/h=49/490=0.1$. 查表 14.1 可得 $\varphi=0.718$，因为 $A=0.37\times0.49=0.1813$（m^2）<0.3m^2，所以砌体强度加上调整系数 $0.7+0.1813=0.8813$。

无筋砌体的承压能力 $\varphi Af=0.718\times0.1813\times1.50\times0.8813=172$（kN）$<210$kN，所以承压能力不满足要求。

（2）按网状配筋砌体设计。

由于 $e/h=0.1<0.17$，$\beta=7.3<16$，材料为 MU10 砖，M5 混合砂浆，其符合网状配筋砌体要求。用 ϕ^6 HPB300 钢筋，连弯钢筋网间距 a 取 50mm，$S_n=300$mm，配筋率

$$\rho=\frac{2A_s}{aS_n}=\frac{2\times28.3}{50\times300}=0.377\%$$

网状配筋砖柱的抗压强度

$$f_n=f+2\left(1-\frac{2e}{y}\right)\frac{\rho}{100}f_y$$

$$=1.50\times0.8813+2(1-2\times49/245)\times0.377\%\times270=2.54(\text{MPa})$$

由 $e/h=49/490=0.1$，$\beta=7.3$，配筋率为 0.377%，计算可得 $\varphi_n=0.715$。承载力为

$$\varphi_n A f_n=0.715\times0.1813\times2.54=329.3(\text{kN})>N=210\text{kN}$$

满足要求。

再沿短边方向按轴心受压进行验算。此时 $\beta=H_0/h=3600/370=9.7$，$e/h=0$，计算可得 $\varphi_n=0.879$。短边轴心承载力为

$$\varphi_n A f_n=0.879\times0.1813\times10^6\times2.54=404.8(\text{kN})>210\text{kN}$$

满足要求。

15.3 组 合 砖 砌 体 构 件

在砌体中部或两侧配置纵向钢筋，特别是配在砌体两侧、外抹混凝土或砂浆的纵向配

筋砌体——组合砌体（图15.1），对改善砌体的抗弯性能有很大作用。

15.3.1　组合砖砌体构件的试验研究

通过试验研究发现，砌体配置纵向钢筋可使砌体轴心受压（特别是偏心受压）的受力性能大为改善，它接近于钢筋混凝土柱，既提高了承载能力，又改善了变形能力。其中承载能力的提高主要是钢筋和面层（混凝土或砂浆）的贡献，而变形能力的提高主要是由于配了纵向钢筋。

在轴心受压的情况下，组合砌体中的砂浆、混凝土和砌体具有不同的弹性模量，这并不影响它们共同工作，但三种材料应力-应变关系中对应于极限强度的不同峰值应变 ε_0 却影响着混凝土（或面层）与砌体之间在加载后期的共同工作。例如，砂浆的 ε_0 为 0.0014~0.0021，而砌体的 ε_0 为 0.006 以上，这样，砂浆将先于砌体破坏；同样，混凝土的 ε_0 为 0.002~0.003，则砌体还未达到极限强度时（变形为 0.006 以上），混凝土强度已进入下降段。因此，不能保证两种材料都同时达到极限强度。四川省建筑科学研究院的组合柱试验表明：用混凝土的组合砌体，砌体的强度只能发挥 80%。如果写成极限平衡表达式，则纵向力 N 为

$$N = (0.8fA + f_c A_c + A_s f_s) \phi_{com} \tag{15.6}$$

式中　f，A——砌体的抗压强度和截面面积；

　　　f_c，A_c——混凝土棱柱抗压强度和截面面积；

　　　A_s，f_s——钢筋的强度和截面面积；

　　　ϕ_{com}——组合砌体构件的纵向弯曲系数。

显然，组合砌体构件的纵向弯曲系数可随配筋率增加而增加，即由无筋砌体向钢筋混凝土接近。在偏心受压的情况下，小偏心受压是压应力较大边的砂浆或混凝土先压碎；而大偏心受压时，受拉区钢筋先达到屈服强度，裂缝开展促使受压区缩小而破坏。

15.3.2　组合砖砌体构件计算

当计算偏心距 e 超过 $0.6y$ 时，宜采用砖砌体和钢筋混凝土面层或钢筋砂浆面层组成的组合砖砌体构件，如图15.1所示。对于砖墙与组合砌体一同砌筑的 T 形截面构件［图15.1（b）］，可按矩形组合砌体构件计算［图15.1（c）］。

1. 组合砖砌体轴心受压构件的承载力计算

计算公式为

$$N \leqslant \varphi_{com}(fA + f_c A_c + \eta_s A_s' f_y') \tag{15.7}$$

式中　φ_{com}——组合砖砌体构件的稳定系数，可按表15.2采用；

　　　A——砖砌体的截面面积；

　　　f_c——混凝土或面层砂浆的轴心抗压强度设计值，砂浆的轴心抗压强度设计值可取为同强度等级混凝土的轴心抗压强度设计值的 70%，当砂浆为 M15 时，取 5.2MPa；当砂浆为 M10 时，取 3.5MPa；当砂浆为 M7.5 时，取 2.6MPa；

　　　A_c——混凝土或砂浆面层的截面面积；

　　　η_s——受压钢筋的强度系数，当为混凝土面层时，可取 1.0；当为砂浆面层时，可取 0.9；

f'_y——钢筋的抗压强度设计值；

A'_s——受压钢筋的截面面积。

表 15.2   组合砖砌体构件的稳定系数 φ_{com}

高厚比 β	配 筋 率 ρ /%					
	0	0.2	0.4	0.6	0.8	≥1.0
8	0.91	0.93	0.95	0.97	0.99	1.00
10	0.87	0.90	0.92	0.94	0.96	0.98
12	0.82	0.85	0.88	0.91	0.93	0.95
14	0.77	0.80	0.83	0.86	0.89	0.92
16	0.72	0.75	0.78	0.81	0.84	0.87
18	0.67	0.70	0.73	0.76	0.79	0.81
20	0.62	0.65	0.68	0.71	0.73	0.75
22	0.58	0.61	0.64	0.66	0.68	0.70
24	0.54	0.57	0.59	0.61	0.63	0.65
26	0.50	0.52	0.54	0.56	0.58	0.60
28	0.46	0.48	0.50	0.52	0.54	0.56

2. 偏心受压构件

组合砖砌体构件偏心受压及压弯时，可按下式计算：

$$N \leqslant fA' + f_c A'_c + \eta_s A'_s f'_y - A_s \sigma_s \tag{15.8}$$

或

$$Ne_N \leqslant fS_s + f_c S_{c,s} + \eta_s A'_s f'_y (h_0 - a'_s) \tag{15.9}$$

此时受压区的高度 x 可按下列公式确定：

$$fS_N + f_c S_{c,N} + \eta_s A'_s f'_y e'_N - A_s \sigma_s e_N = 0 \tag{15.10}$$

其中有关偏心距表达式为

$$e_N = e + e_a + (h/2 - a_s) \tag{15.11}$$

$$e'_N = e + e_a - (h/2 - a'_s) \tag{15.12}$$

$$e_a = \frac{\beta^2 h}{2200}(1 - 0.022\beta) \tag{15.13}$$

式中 σ_s——钢筋 A_s 的应力；

    A_s——距轴向力 N 较远侧钢筋的截面面积；

    A'——砖砌体受压部分的面积；

    A'_c——混凝土或砂浆面层受压部分的面积；

    S_s——砖砌体受压部分的面积对钢筋 A_s 重心的面积矩；

    $S_{c,s}$——混凝土或砂浆面层受压部分的面积对钢筋 A_s 重心的面积矩；

    S_N——砖砌体受压部分的面积对轴向力 N 作用点的面积矩；

    $S_{c,N}$——混凝土或砂浆面层受压部分的面积对轴向力 N 作用点的面积矩；

  e_N, e'_N——钢筋 A_s 和 A'_s 重心至轴向力 N 作用点的距离（图 15.4）；

    e——轴向力的初始偏心距，按荷载设计值计算，当 e 小于 $0.05h$ 时，应取 e 等

289

于 $0.05h$；

e_a——组合砖砌体构件在轴向力作用下的附加偏心距；

h_0——组合砖砌体构件截面的有效高度，取 $h_0 = h - a_s$；

a_s，a'_s——分别为钢筋 A_s 和 A'_s 重心至截面较近边的距离。

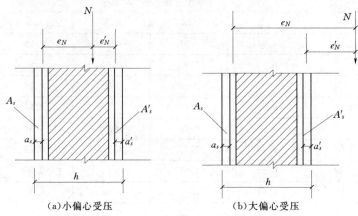

（a）小偏心受压　　　　　　　　（b）大偏心受压

图 15.4　组合砖体偏心受压构件

组合砖砌体钢筋 A_s 的应力（单位为 MPa，正值为拉应力，负值为压应力）可按下列规定计算：

小偏心受压时，即 $\xi > \xi_b$ 时

$$\sigma_s = 650 - 800\xi \tag{15.14}$$
$$-f'_y \leqslant \sigma_s \leqslant f_y \tag{15.15}$$

大偏心受压时，即 $\xi \leqslant \xi_b$ 时

$$\sigma_s = f_y \tag{15.16}$$

式中　ξ——组合砖砌体构件受压区相对高度，$\xi = x/h_0$；

f_y——钢筋抗拉强度的设计值。

组合砖砌体构件受压区相对高度的界限值 ξ_b，对于 HPB300 级钢筋，应取 0.47；对于 HRB335 级钢筋，应取 0.44；对于 HRB400 级钢筋，应取 0.36。

15.3.3　组合砖砌体构件的构造规定

组合砖砌体构件的构造应符合下列规定：

（1）面层混凝土强度等级宜采用 C20。面层水泥砂浆强度等级不宜低于 M10。砌筑砂浆不宜低于 M7.5。

（2）竖向受力钢筋的混凝土保护层厚度，不应小于表 15.3 中的规定。竖向受力钢筋距砖砌体表面的距离不应小于 5mm。

（3）砂浆面层的厚度，可采用 30～45mm。当面层厚度大于 45mm 时，其面层宜采用混凝土。

（4）竖向受力钢筋宜采用 HPB300 级

表 15.3　混凝土保护层最小厚度

单位：mm

环境条件 构件类别	室内正常环境	露天或室内 潮湿环境
墙	15	25
柱	25	35

注　当面层为水泥砂浆时，对于柱，保护层厚度可减少 5mm。

钢筋，对于混凝土面层，亦可采用 HRB335 级钢筋。受压钢筋一侧的配筋率，对砂浆面层不宜小于 0.1%，对混凝土面层不宜小于 0.2%。受拉钢筋的配筋率不应小于 0.1%。竖向受力钢筋的直径，不应小于 8mm，钢筋的净间距，不应小于 30mm。

（5）箍筋的直径，不宜小于 4mm 及 0.2 倍的受压钢筋直径，并不宜大于 6mm。箍筋的间距，不应大于 20 倍受压钢筋的直径及 500mm，并不应小于 120mm。

（6）当组合砖砌体构件一侧的竖向受力钢筋多于 4 根时，应设置附加箍筋或拉结钢筋。

（7）对于截面长、短边相差较大的构件如墙体等，应采用穿通墙体的拉结钢筋作为箍筋，同时设置水平分布钢筋。水平分布钢筋的竖向间距及拉结钢筋的水平间距，均不应大于 500mm，如图 15.5 所示。

（8）组合砖砌体构件的顶部及底部，以及牛腿部位，必须设置钢筋混凝土垫块。受力钢筋伸入垫块的长度，必须满足锚固要求。

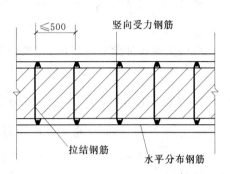

图 15.5 混凝土或砂浆面层组合墙

【例 15.2】 某混凝土面层组合砖柱，截面尺寸如图 15.6 所示，柱计算高度 $H_0 = 6.66$m，采用 MU10 砖和 M7.5 混合砂浆砌筑，HPB300 级钢筋，面层混凝土 C15，承受轴向压力 $N = 400$kN 和沿柱长边方向的弯矩 $M = 160$kN·m，试按对称配筋设计配筋。

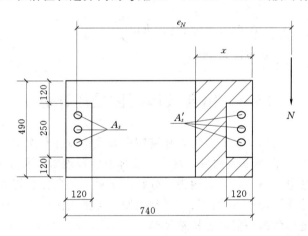

图 15.6 ［例 15.2］图

解： 先求 A，A_c，f，f_c，f'_y，η_s。

砖砌体截面面积 $A = 490 \times 740 - 2 \times (250 \times 120)$（mm^2）

混凝土截面面积 $A_c = 2 \times (250 \times 120) = 60000$（mm^2）

混凝土轴心抗压强度设计值 $f_c = 7.2$MPa

砖砌体抗压强度设计值 $f = 1.69$MPa

$f'_y = 270$MPa，混凝土面层 $\eta_s = 1$

因为偏心距 $e = M/N = 160/400 = 0.4$（m），较大，故假定柱为大偏心受压，受压筋和受拉筋均可达到屈服。取对称配筋，由式（15.8）可得

$$N \leqslant fA' + f_cA'_c$$

$$400 \times 10^3 = 1.69 \times [490 \times (x - 120) + 2 \times 120 \times 120] + 7.2 \times 250 \times 120$$

解得 $x = 283.4$mm

砖砌体受压部分对受拉筋 A_s 重心处的面积矩

$$S_s = (490 \times 283.4 - 250 \times 120) \times \left[740 - 35 - \frac{490 \times 283.4^2 - 250 \times 120^2}{2 \times (490 \times 283.4 - 250 \times 120)} \right]$$

$$= 5.89 \times 10^7 (\text{mm}^3)$$

混凝土受压部分对受拉筋 A_s 重心处的面积矩

$$S_{cs} = 250 \times 120 \times (740 - 35 - 120/2) = 1.935 \times 10^7$$

附加偏心距：$e_a = \dfrac{\beta^2 h}{2200}(1 - 0.022\beta) = \dfrac{9^2 \times 740}{2200} \times (1 - 0.022 \times 9) = 21.9 (\text{mm})$

轴向力 N 离钢筋 A_s 重心处的距离

$$e_N = e + e_a + (h/2 - a_s) = 400 + 21.9 + (740/2 - 35) = 756.9 (\text{mm})$$

代入计算公式：

$$Ne_N \leqslant fS_s + f_cS_{c, s} + \eta_s A'_s f'_y (h_0 - a'_s)$$

得 $A'_s = 353\text{mm}^2$

取 3Φ14 钢筋，实际配筋面积 $A_s = A'_s = 461\text{mm}^2$

$\rho = \dfrac{461}{490 \times 740} = 0.127\% < 0.2\%$，不符合构造要求。重选 3Φ18，配筋面积 $A_s = A'_s$

$= 763\text{mm}^2$，$\rho = \dfrac{763}{490 \times 740} = 0.21\% > 0.2\%$，可以。

再按构造要求，选取箍筋 Φ6@250。

15.4　组合砖墙砌体受压计算

在砌体结构中，由于构造上的要求，在砌体中设置构造柱和圈梁，构造柱与圈梁形成"弱框架"（构造框架），砌体受到约束，提高了墙体的承载能力。实际上，在荷载作用下，由于构造柱和圈梁的刚度不同，以及内力重分布的结果，构造柱分担墙体上的荷载。实际结构中，如果砖砌体受压构件的截面尺寸受到限制，可采用砖砌体和钢筋混凝土构造柱组成的组合砖墙。砖砌体和钢筋混凝土构造柱组合墙如图 15.7 所示。设置构造柱砖墙与组合砖砌体构件有类似之处，湖南大学的试验研究表明，可采用组合砌体轴心受压构件承载力的计算公式，但引入强度系数反映前者与后者的差别。

15.4.1　组合砖墙轴心受压承载力

组合砖墙轴心受压承载力计算公式：

$$N \leqslant \varphi_{com}[fA_n + \eta(f_cA_c + A'_sf'_y)] \tag{15.17}$$

$$\eta = \left[\cfrac{1}{\cfrac{l}{b_c} - 3} \right]^{\frac{1}{4}} \tag{15.18}$$

式中　φ_{com}——组合砖墙的稳定系数，可按表 15.2 采用；

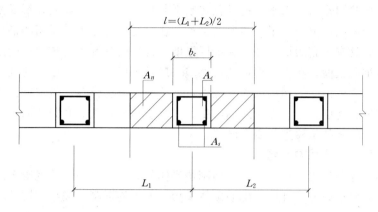

图 15.7　砖砌体和构造柱组合墙截面

　　η——强度系数，当 l/b_c 小于 4 时，取 l/b_c 等于 4；

　　l——沿墙长方向构造柱的间距；

　　b_c——沿墙长方向构造柱的宽度；

　　A_n——砖砌体的净截面面积；

　　A_c——构造柱的截面面积。

15.4.2　组合砖墙的材料和构造

　　组合砖墙的材料和构造应符合下列规定：

　　(1) 砂浆的强度等级不应低于 M5，构造柱的混凝土强度等级不宜低于 C20。

　　(2) 柱内竖向受力钢筋的混凝土保护层厚度，应符合表 15.3 的规定。

　　(3) 构造柱的截面尺寸不宜小于 240mm×240mm，其厚度不应小于墙厚，边柱、角柱的截面宽度宜适当加大。柱内竖向受力钢筋，对于中柱，不宜少于 4φ12；对于边柱、角柱，不宜少于 4φ14，直径也不宜大于 16。其箍筋，一般部位宜采用 φ6@200，楼层上下 500mm 范围内宜采用 φ6@100。构造柱的竖向受力钢筋应在基础梁和楼层圈梁中锚固，并应符合受拉钢筋的锚固要求。

　　(4) 组合砖墙砌体结构房屋，应在纵横墙交接处、墙端部和较大洞口的洞边设置构造柱，其间距不宜大于 4m。各层洞口宜设置在相同的位置，并宜上下对齐。

　　(5) 组合砖墙砌体结构房屋应在基础顶面、有组合墙的楼层处设置现浇钢筋混凝土圈梁。圈梁的截面高度不宜小于 240mm；纵向钢筋不宜小于 4φ12，纵向钢筋应伸入构造柱内，并应符合受拉钢筋的锚固要求；圈梁的箍筋宜采用 φ6@200。

　　(6) 砖砌体与构造柱的连接处应砌成马牙槎，并应沿墙高每隔 500mm 设 2φ6 拉结钢筋，且每边伸入墙内不宜小于 600mm。

　　(7) 组合砖墙的施工程序应为先砌墙后浇混凝土构造柱。

15.5　配筋砌块砌体构件

　　配筋砌块砌体的构造形式如图 15.2 所示，与无筋砌体的主要区别为在砌体中设置竖向钢筋和水平钢筋。竖向钢筋插入砌块砌体上下贯通的孔中，用灌孔混凝土灌实，使钢筋与砌块和混凝土共同作用，水平钢筋设置在水平灰缝中，或设置箍筋，形成配筋砌块结构体系。这种结构体系，由于有了注芯混凝土和钢筋，是设计者可以采用的最好的横向抗侧力体系之一，它具有很高的抗拉强度和抗压强度，良好的延性和抗震需要的阻尼特性，尤其是有优良的抗剪强度，能有效地抵抗由地震、风及土压力产生的横向荷载。

配筋砌块砌体剪力墙结构的内力与位移，可按弹性方法计算。应根据结构分析所得的内力，分别按轴心受压、偏心受压或偏心受拉进行正截面承载力和斜截面承载力计算，并应根据结构分析所得的位移进行变形验算。

15.5.1 正截面受压承载力计算

国内外的研究和工程实践表明，配筋砌块砌体的力学性能与钢筋混凝土的性能非常相近，特别在正截面承载力设计中，配筋砌体采用了与钢筋混凝土完全相同的基本假定和计算模式。

1. 计算假定

配筋砌块砌体构件正截面承载力应按下列基本假定进行计算：①截面应变保持平面；②竖向钢筋与其毗邻的砌体，灌孔混凝土的应变相同；③不考虑砌体、灌孔混凝土的抗拉强度；④根据材料选择砌体和灌孔混凝土的极限压应变，且不应大于 0.003；⑤根据材料选择钢筋的极限拉应变，且不应大于 0.01。

2. 轴心受压配筋砌块砌体构件承载力计算

轴心受压配筋砌块砌体剪力墙、柱，当配有箍筋或水平分布钢筋时，其正截面受压承载力计算公式：

$$N \leqslant \varphi_{0g}(f_g A + 0.8 A'_s f'_y) \tag{15.19}$$

$$\varphi_{0g} = \frac{1}{1 + 0.001\beta^2} \tag{15.20}$$

$$f_g = f + 0.6\alpha f_c$$

式中　N——轴向力设计值；

α——砌块砌体中灌孔混凝土面积和砌体毛截面面积的比值；

f_c——灌孔混凝土的轴心抗压强度设计值；

f_g——灌孔砌体的抗压强度设计值；

f'_y——钢筋的抗压强度设计值；

A——构件的毛截面面积；

A'_s——全部竖向钢筋的截面面积；

φ_{0g}——轴心受压构件的稳定系数；

β——构件的高厚比。

当无箍筋或水平分布钢筋时，仍可按式（15.19）计算，但应使 $A'_s f'_y = 0$，配筋砌块砌体构件的计算高度 H_0 可取层高。

我国目前混凝土砌块标准，砌块的厚度为 190mm，标准块最大孔洞率为 46％，孔洞尺寸为 120mm×120mm，孔洞中只能设置一根钢筋，因此配筋砌块砌体墙在平面外的受压承载力，按无筋砌体构件受压承载力进行计算，但应采用砌块灌孔砌体的计算指标。

3. 偏心受压配筋砌块砌体剪力墙正截面承载力计算

由于配筋砌块砌体的力学性能与钢筋混凝土的性能相近，二者偏压构件的计算方法也相近。将偏心受压配筋砌块砌体分为大、小偏心进行承载能力计算。其界限破坏，同样是受压边砌块达到极限压应变时，受拉边钢筋刚好屈服的状态。此时的相对受压区高度定义为界限相对受压区高度 ξ_b。当 $x \leqslant \xi_b h_0$ 时，为大偏心受压；当 $x > \xi_b h_0$ 时，为小偏心受压；其中，x 为截面受压区高度，h_0 为截面有效高度。对 HPB300 级钢筋，取 ξ_b 等于 0.57，对 HRB335 级钢筋，取 ξ_b 等于 0.55，对 HRB400 级钢筋，取 ξ_b 等于 0.52。

（1）矩形截面大偏心受压时的截面承载能力计算。大偏心受压极限状态下，截面应力图如图 15.8（a）所示。由轴向力和力矩的平衡，可得截面承载力计算的基本方程为

$$N \leqslant f_g b x + A_s' f_y' - A_s f_y - \sum A_{si} f_{si} \tag{15.21}$$

$$Ne_N \leqslant f_g b x (h_0 - 0.5x) + A_s' f_y' (h_0 - a_s') - \sum S_{si} f_{si} \tag{15.22}$$

式中　N——轴向力设计值；

f_y，f_y'——竖向受拉、受压主筋的强度设计值；

b——截面宽度；

f_{si}——第 i 根竖向分布钢筋的抗拉强度设计值；

A_s，A_s'——竖向受拉、受压主筋的截面面积；

A_{si}——单根竖向分布钢筋的截面面积；

S_{si}——第 i 根竖向分布钢筋对竖向受拉主筋的面积矩；

e_N——轴向力作用点到竖向受拉主筋合力点之间的距离，可按式（15.11）计算。

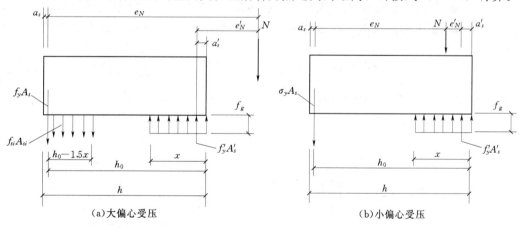

（a）大偏心受压　　　　　　　　　　　（b）小偏心受压

图 15.8　矩形截面偏心受压正截面承载力计算简图

当受压区高度 $x < 2 a_s'$ 时，其正截面承载力可按下列公式进行计算：

$$Ne_N' \leqslant A_s f_y (h_0 - a_s') \tag{15.23}$$

式中　e_N'——轴向力作用点至竖向受压主筋合力点之间的距离，可按式（15.12）计算。

（2）矩形截面小偏心受压时截面承载力计算。小偏心受压极限状态下，截面应力图可简化为如图 15.8（b）所示。在这里，忽略了竖向分布筋的作用，相对受拉边的钢筋应力为未知，其截面承载力计算的基本方程为

$$N \leqslant f_g b x + A_s' f_y' - A_s \sigma_s \tag{15.24}$$

$$Ne_N \leqslant f_g b x (h_0 - 0.5x) + A_s' f_y' (h_0 - a_s') \tag{15.25}$$

295

依据平截面假定，相对受拉边的钢筋应力可表示为

$$\sigma_s = \frac{f_y}{\xi_b - 0.8}\left(\frac{x}{h_0} - 0.8\right)$$ (15.26)

当受压区竖向受压主筋无箍筋或无水平钢筋约束时，可不考虑竖向受压主筋作用，即取

$$A_s' f_y' = 0$$

矩形截面对称配筋砌块砌体小偏心受压时，也可近似按下列公式计算钢筋截面面积：

$$A_s = A_s' = \frac{Ne_N - \xi(1 - 0.5\xi)f_g b h_0^2}{f_y'(h_0 - a_s')}$$ (15.27)

其中，相对受压区高度计算公式：

$$\xi = \frac{x}{h_0} = \frac{N - \xi_b f_g b h_0}{\dfrac{Ne_N - 0.43 f_g b h_0^2}{(0.8 - \xi_b)(h_0 - a_s')} + f_g b h_0} + \xi_b$$ (15.28)

4. T 形、倒 L 形截面偏心受压构件承载力计算

当翼缘和腹板的相交处采用错缝搭接砌筑和同时设置中距不大于 1.2m 的配筋带（截面高度不小于 60mm，钢筋不少于 2φ12）时，可考虑翼缘的共同作用，翼缘的计算宽度应按表 15.4 中的最小值采用，其正截面受压承载力应按下列规定计算：

（1）当受压区高度 $x \leqslant h_f'$ 时，应按宽度为 b_f' 的矩形截面计算。

（2）当受压区高度 $x > h_f'$ 时，则应考虑腹板的受压作用，应按下列公式计算：

1）大偏心受压极限状态下，截面应力图简化为图 15.9，截面承载力计算的基本方程为

$$N \leqslant f_g[bx + (b_f' - b)h_f'] + A_s' f_y' - A_s f_y - \sum A_{si} f_{si}$$ (15.29)

$$Ne_N \leqslant f_g[bx(h_0 - 0.5x) + (b_f' - b)h_f'(h_0 - 0.5h_f')] + A_s' f_y'(h_0 - a_s') - \sum S_{si} f_{si}$$ (15.30)

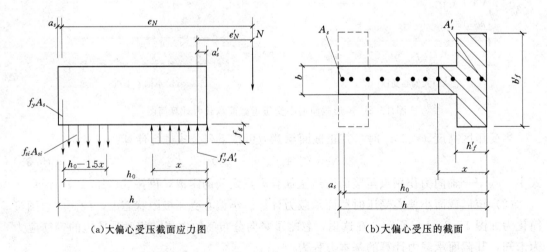

（a）大偏心受压截面应力图　　　　　　（b）大偏心受压的截面

图 15.9　T 形截面偏心受压正截面承载力计算简图

式中　b_f'——T 形或倒 L 形截面受压区的翼缘计算宽度；

h'_f——T 形或倒 L 形截面受压区的翼缘高度。

表 15.4　　　　T 形、倒 L 形、工形截面偏心受压构件翼缘计算宽度 b'_f

考 虑 情 况	T 形、工形截面	倒 L 形截面
按构件计算高度 H_0 考虑	$H_0/3$	$H_0/6$
按腹板间距 L 考虑	L	$L/2$
按翼缘厚度 h'_f 考虑	$b+12h'_f$	$b+6h'_f$
按翼缘的实际宽度 b'_f 考虑	b'_f	b'_f

2）小偏心受压时，忽略竖向分布筋的作用，类似于图 15.9（b）所示的矩形截面应力图。截面承载力计算的基本方程为

$$N \leqslant f_g[bx + (b'_f - b)h'_f] + A'_s f'_y - A_s \sigma_s \tag{15.31}$$

$$Ne_N \leqslant f_g[bx(h_0 - 0.5x) + (b'_f - b)h'_f(h_0 - 0.5h'_f)] + A'_s f'_y(h_0 - a'_s) \tag{15.32}$$

15.5.2　斜截面受剪承载力计算

试验表明，配筋灌孔砌块砌体剪力墙的抗剪受力性能，与非灌实砌块砌体有较大的区别。由于灌孔混凝土的强度较高，砂浆的强度对墙体抗剪承载力的影响较小。这种墙体的抗剪性能更接近于钢筋混凝土剪力墙。

配筋砌块砌体剪力墙的抗剪承载力除材料强度外，主要与垂直正应力、墙体的高宽比或剪跨比、水平和垂直的配筋率等因素有关。

1. 剪力墙在偏心受压时的斜截面受剪承载力

经试验分析和可靠性分析，配筋砌块砌体剪力墙偏心受压时斜截面受剪承载力可按下式计算：

$$V \leqslant \frac{1}{\lambda - 0.5}\left(0.6f_{vg}bh_0 + 0.12N\frac{A_w}{A}\right) + 0.9f_{yh}\frac{A_{sh}}{s}h_0 \tag{15.33}$$

$$\lambda = \frac{M}{Vh_0} \tag{15.34}$$

式中　　f_{vg}——灌孔砌体抗剪强度设计值，可按式 $f_{vg}=0.2f_g^{0.55}$ 计算；

$M，N，V$——计算截面的弯矩、轴向力和剪力设计值，当 $N>0.25f_gbh$ 时，取 $N=0.25f_gbh$；

A——剪力墙的截面面积，其中翼缘的有效面积可按表 15.4 的规定确定；

A_w——T 形或倒 L 形截面腹板的截面面积，对矩形截面，取 A_w 等于 A；

λ——计算截面的剪跨比，当 λ 小于 1.5 时取 1.5，当 λ 大于等于 2.2 时取 2.2；

h——剪力墙的截面高度；

b——剪力墙截面宽度或 T 形、倒 L 形截面腹板宽度；

h_0——剪力墙截面的有效高度；

A_{sh}——配置在同一截面内的水平分布钢筋或网片的全部截面面积；

s——水平分布钢筋的竖向间距；

f_{yh}——水平钢筋的抗拉强度设计值。

2. 剪力墙在偏心受拉时的斜截面受剪承载力

剪力墙在偏心受拉时的斜截面受剪承载力计算公式：

$$V \leqslant \frac{1}{\lambda - 0.5}\left(0.6 f_{vg} b h_0 - 0.22 N \frac{A_w}{A}\right) + 0.9 f_{yh} \frac{A_{sh}}{s} h_0 \qquad (15.35)$$

3. 剪力墙的截面控制

剪力墙的截面应满足下式要求：

$$V \leqslant 0.25 f_g b h_0 \qquad (15.36)$$

15.5.3　配筋砌块砌体剪力墙连梁的斜截面受剪承载力

配筋砌块砌体剪力墙连梁的斜截面受剪承载力，可按下列情况进行计算。

（1）当连梁采用钢筋混凝土时，连梁的承载力应按国家现行标准《混凝土结构设计规范》（GB 50010—2010）的有关规定进行计算。

（2）当连梁采用配筋砌块砌体时，应符合下列规定：

1）连梁的截面应符合下列要求：

$$V \leqslant 0.25 f_g b h_0 \qquad (15.37)$$

2）连梁的斜截面受剪承载力计算公式：

$$V_b \leqslant 0.8 f_{vg} b h_0 + f_{yv} \frac{A_{sv}}{s} h_0 \qquad (15.38)$$

式中　V_b——连梁的剪力设计值；

　　　b——连梁的截面宽度；

　　　h_0——连梁的截面有效高度；

　　　A_{sv}——配置在同一截面内箍筋各肢的全部截面面积；

　　　f_{yv}——箍筋的抗拉强度设计值；

　　　s——沿构件长度方向箍筋的间距。

思　考　题

15.1　什么是配筋砌体？配筋砌体有哪几种主要形式？

15.2　网状配筋砌体为什么能提高砌体的抗压强度？

15.3　网状配筋砌体构件计算中影响系数 ϕ_n 主要考虑了哪些因素对抗压强度的影响？

15.4　在混凝土组合砌体计算中，为什么砌体强度要乘上系数 0.8？

15.5　钢筋混凝土构造柱组合砖墙有哪些构造措施？

习　　题

15.1　已知某房屋中一横墙厚为 240mm，采用 MU10 砖和 M5 水泥砂浆砌筑，计算高度 $H_0 = 3.6$m，承受轴心压力标准值 $N_k = 420$kN/m（其中恒载占 70%，活荷载占 30%），按网状配筋砌体设计此墙体。

15.2　某混凝土面层组合砖柱，截面尺寸如图 15.10 所示，柱计算高度 $H_0 = 6.2$m，采用 MU10 砖和 M7.5 混合砂浆砌筑，面层混凝土为 C20。该砖柱承受轴向压力设计值 $N = 900$kN（$N_k = 700$kN），沿柱长边方向的弯矩 $M = 88$kN·m（$M_k = 68$kN·m），已知 $A_s = A'_s = 603$mm²，试验算其承载力。

15.3　一承重横墙，墙厚 240mm，计算高度 $H_0 = 4.2$m，采用 MU10 砖和 M7.5 混

合砂浆砌筑，双面采用钢筋水泥砂浆面层，每边厚30mm，砂浆等级为 M10，钢筋为 HPB300 级钢，竖向钢筋 φ8@200，水平钢筋 φ6@200，求每米横墙所能承受的轴心压力设计值。

15.4　某承重横墙厚 240mm，采用砌体和钢筋混凝土构造柱组合墙形式，采用 MU10 砖和 M7.5 混合砂浆砌筑，计算高度 $H_0 = 3.6$ m。构造柱截面尺寸为 240mm× 240mm，间距为 1m；柱内配有纵筋 4φ12，混凝土等级为 C15，求每米横墙所能承受的轴心压力设计值。

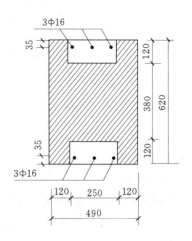

图 15.10　习题 15.2 图

第 16 章　砌体墙（柱）的构造措施

16.1　墙（柱）高厚比验算

16.1.1　高厚比有关概念

1. 房屋类别

砌体结构房屋中的受压构件的计算高度与房屋类别和构件支承条件有关。房屋类别是指在砌体结构房屋进行静力计算时所采取的计算方案，主要是由屋盖类别或楼盖类别以及横墙间距来确定。具体见表 14.6。

2. 墙（柱）的计算高度

受压构件的计算高度 H_0 是根据弹性稳定理论关于压杆稳定的概念，并考虑实际工程安全而确定，按表 14.5 采用。

表 14.5 中，构件高度 H，即楼板或其他水平支点间的距离，应根据下列规定采用：

（1）在房屋底层，为楼板顶面到构件下端支点间的距离。下端支点的位置可取基础顶面；当基础埋置较深且有刚性地坪时，可取室外地面以下 500mm 处。

（2）在房屋的其他层次，为楼板或其他水平支点的距离。

（3）对于无壁柱的山墙，可取层高加山墙尖高度的一半；对于带壁柱的山墙，可取壁柱处的山墙高度。

（4）对于有吊车的房屋，当荷载组合不考虑吊车作用时，变截面柱上段的计算高度可按表 14.5 规定采用。变截面柱下段的计算高度可按下面规定采用：

1）当 $H_u/H \leqslant 1/3$ 时，取无吊车房屋的计算高度 H_0。

2）当 $1/3 < H_u/H \leqslant 1/2$ 时，取无吊车房屋的计算高度 H_0 乘以修正系数 μ，且

$$\mu = 1.3 - 0.3 \, I_u/I_l$$

式中　I_u——变截面柱上段的惯性矩；

　　　I_l——变截面柱下段的惯性矩。

3）当 $H_u/H \geqslant 1/2$ 时，取无吊车房屋的计算高度 H_0。但在确定高厚比 β 值时，应采用上柱截面。

本规定也适应吊车房屋的变截面柱。

3. 墙（柱）的高厚比

墙（柱）的高厚比是指房屋中墙的计算高度 H_0 与墙厚，或矩形柱的计算高度 H_0 与相对应边长的比值，即 H_0/h。它可以反映砌体结构中墙、柱在施工阶段和使用阶段的稳定性和整体刚度。

16.1.2　墙（柱）的高厚比的验算

1. 墙（柱）的允许高厚比

墙（柱）高厚比的限值称为允许高厚比，用 $[\beta]$ 表示。

砖砌体结构中墙（柱）允许高厚比 $[\beta]$ 与钢结构中受压杆件的长细比限值 $[\lambda]$ 具有相似的物理意义。影响墙（柱）允许高厚比的因素很多，很难用理论推导的公式来确定，GB 50003—2011 规定 $[\beta]$ 值，主要依据房屋中墙（柱）的稳定性和刚度条件由经验来确定，与墙、柱承载力的计算无关。工程实践表明，$[\beta]$ 值的大小与砌筑砂浆的强度等级和施工质量有关，对 GB 50003—2011 规定的 $[\beta]$ 值，当材料质量和施工水平提高时将会增大。对高厚比验算的要求，是指墙（柱）的实际高厚比 β 应该不超过 GB 50003—2011 规定的允许高厚比 $[\beta]$，即 $\beta \leqslant [\beta]$。

GB 50003—2011 规定的允许高厚比 $[\beta]$，见表 16.1。

墙（柱）允许高厚比 $[\beta]$ 的影响因素：

（1）砂浆强度等级：因为砂浆强度等级影响砌体的弹性模量，所以影响砌体的刚度。而允许高厚比是保证墙、柱稳定性和刚度条件，因此砂浆强度等级愈高，允许高厚比值愈大，反之，允许高厚比值愈小。

（2）砌体类型：空斗墙、毛石墙比实心砖墙刚度差，所以 $[\beta]$ 值相应降低；组合砖构件比实心砖构件刚度大，所以 $[\beta]$ 值相应提高。

表 16.1　墙、柱的允许高厚比 $[\beta]$ 值

砌体类型	砂浆强度等级	墙	柱
无筋砌体	M2.5	22	15
	M5.0 或 Mb5.0、Ms5.0	24	16
	≥M7.5 或 Mb7.5、Ms7.5	26	17
配筋砌块砌体	—	30	21

注　1. 毛石墙、柱允许高厚比应按表中数值降低 20%。
　　2. 带有混凝土或砂浆面层的组合砌体构件的允许高厚比，可按表中数值提高 20%，但不得大于 28。
　　3. 验算施工阶段砂浆尚未硬化的新砌砌体高厚比时，允许高厚比对墙取 14，对柱取 11。

（3）横墙间距：横墙间距越小，房屋整体刚度越大，墙体刚度和稳定性越好；横墙间距越大，墙体刚度和稳定性越差。而柱子因为与横墙无联系，所以对其刚度要求较严格，其允许高厚比较小。

（4）构件的重要性：对房屋中的次要墙体（如非承重墙）的 $[\beta]$ 值可适当增大。故验算非承重墙高厚比时，表 16.1 中的 $[\beta]$ 值可乘以允许高厚比修正系数 μ_1。对厚度 $h \leqslant 240\text{mm}$ 的自承重墙，μ_1 按下列规定计算：

$$h = 240\text{mm} \qquad \mu_1 = 1.2$$
$$h = 90\text{mm} \qquad \mu_1 = 1.5$$
$$90\text{mm} < h < 240\text{mm} \qquad \mu_1 \text{ 按内插法计算}$$

对于厚度 $h < 90\text{mm}$ 的墙，当双面用不低于 M10 的水泥砂浆抹面，包括面层的墙厚度 $h < 90\text{mm}$ 时，可按墙厚度 $h = 90\text{mm}$ 验算高厚比。对于上端为自由端墙的允许高厚比，除按上述规定提高外，还可提高 30%。

（5）墙、柱的截面形式：截面惯性矩越大，构件稳定性越好。墙体上开设门、窗洞口越多，对墙体削弱就越多，墙体稳定性就越差，允许高厚比 $[\beta]$ 值越小。考虑门、窗洞口的这种削弱作用，验算时需对允许高厚比 $[\beta]$ 值加以修正。

对于有门、窗洞口的墙，允许高厚比修正系数 μ_2 按下式计算：

$$\mu_2 = 1 - 0.4 b_s / s \tag{16.1}$$

式中　b_s——在宽度 s 范围内的门、窗洞口总宽度，如图 16.1 所示；

　　　　s——相邻窗间墙或壁柱之间的距离。

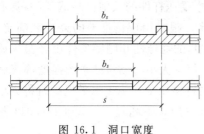

图 16.1　洞口宽度

当由公式（16.1）求得 μ_2 值小于 0.7 时，μ_2 取 0.7；当洞口高度等于或小于墙高的 1/5 时，可取 $\mu_2 = 1.0$。

（6）墙、柱的支承条件：房屋整体刚度越大，墙、柱在屋盖或楼盖支承处的水平位移越小，$[\beta]$ 值可适当提高，反之，$[\beta]$ 值应相对缩小。在实际工程中，这种影响因素是通过改变墙（柱）的计算高度 H_0 来考虑的。

2. 不带壁柱的墙（柱）高厚比验算

不带壁柱的墙（柱）截面为矩形，其高厚比按下式验算：

$$\beta = H_0/h \leqslant \mu_1 \mu_2 [\beta] \tag{16.2}$$

式中　H_0——墙、柱的计算高度，按表 14.5 确定；

　　　h——墙厚或矩形柱与 H_0 相对应的边长；

　　　μ_1——自承重墙允许高厚比修正系数；

　　　μ_2——有门、窗洞口墙允许高厚比修正系数；

　　　$[\beta]$——墙、柱允许高厚比，按表 16.1 确定。

注意：①当与墙连接的相邻两横墙间的距离 $s \leqslant \mu_1 \mu_2 [\beta] h$ 时，相邻两横墙之间的墙体因受到了横墙很大的约束，而沿竖向不会丧失稳定，故此时墙的高度 H 可不受式（16.2）的限制；②变截面柱的高厚比可按上、下截面分别验算，其计算高度按表 16.1 取用。验算上柱的高厚比时，墙、柱的允许高厚比按表 16.1 的数值乘以 1.3 后采用。

3. 带壁柱墙的高厚比验算

带壁柱墙的高厚比，应从两个方面验算，一方面验算包括壁柱在内的整片墙体的高厚比，这相当于验算墙体的整体稳定；另一方面，验算壁柱间墙体的高厚比，这相当于验算墙体的局部稳定。

（1）整片墙体的高厚比验算。将壁柱看作墙体的一部分，整片墙的计算截面就为 T 形，所以在按式（16.2）验算高厚比时，按等惯性矩和等面积的原则，将 T 形截面换算成矩形截面，换算后墙体的折算厚度为 h_T，将式（16.2）中 h 换成 h_T，即

$$\beta = H_0/h_T \leqslant \mu_1 \mu_2 [\beta] \tag{16.3}$$

式中　h_T——带壁柱墙截面的折算厚度，$h_T = 3.5i$，其中，i 为带壁柱墙截面的回转半径，即 $i = \sqrt{\dfrac{I}{A}}$；

　　　I——带壁柱墙截面的惯性矩；

　　　A——带壁柱墙截面的面积；

　　　H_0——带壁柱墙的计算高度。

确定带壁柱墙的计算高度 H_0 时，墙体的长度应取相邻横墙间的距离。在确定截面回转半径时，带壁柱墙计算截面的翼缘宽度 b_f，如图 16.2 所示。b_f 计算规定如下：①多层房屋，有门窗洞口时，可取窗间墙宽度；无门窗洞口时，每侧翼墙宽度可取壁柱高度的 1/3；②单层房屋可取壁柱宽加墙高的 2/3，但不大于窗间墙宽度和相邻壁柱间距离；

302

③计算带壁柱墙的条形基础时，可取相邻壁柱间的距离。

（2）壁柱间墙体的高厚比验算。在验算壁柱间墙体的高厚比时，仍按式（16.2）进行计算。计算 H_0 时，表14.5中的 s 应为相邻壁柱间的距离，并且按刚性方案采用。

当高厚比验算不能满足式（16.2）的要求时，可以在墙体中设置钢筋混凝土圈梁，来提高墙体的刚度和稳定性。设有钢筋混凝土圈梁的带壁柱墙，当 $b/s \geqslant 1/30$ 时，圈梁可以看作壁柱间墙的固定铰支点，b 为圈梁宽度。也就是壁柱间墙体的计算高度可取圈梁间的距离或圈梁与其他横向水平支点间的距离。因为圈梁的水平刚度较大，可以限制壁柱间墙体的侧向变形。若圈梁的宽度不允许增加，可按照墙体平面外等刚度原则增加圈梁高度，来满足壁柱间墙体不动铰支点的要求。

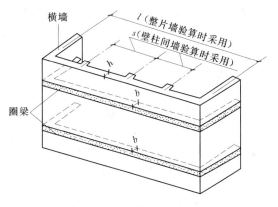

图 16.2 带壁柱的墙

4. 带构造柱墙的高厚比验算

带构造柱墙的高厚比验算方法与带壁柱墙的高厚比验算方法相同，即须验算构造柱墙的高厚比和构造柱间墙的高厚比。

当构造柱截面宽度大于墙厚时，可按式（16.2）验算带构造柱墙的高厚比，这时式中 h 取墙厚；当计算墙的计算高度时，s 取相邻横墙间的距离；墙的允许高厚比 $[\beta]$ 乘以提高系数 μ_c：

$$\mu_c = 1 + \gamma \frac{b_c}{l} \tag{16.4}$$

式中　γ——系数，对细料石砌体：$\gamma=0$；对混凝土砌体、混凝土多孔砖粗料石、毛料石及毛石砌体：$\gamma=1.0$；其他砌体：$\gamma=1.5$；
　　　　b_c——构造柱沿墙长方向的宽度；
　　　　l——构造柱的间距。

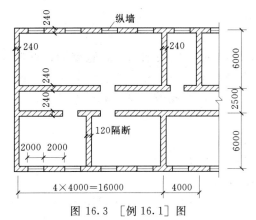

图 16.3 ［例16.1］图

当 $b_c/l > 0.25$ 时：取 $b_c/l = 0.25$；当 $b_c/l < 0.05$ 时：取 $b_c/l = 0$。

考虑构造柱的有利作用，高厚比验算不适于施工阶段。

【例16.1】 某楼房平面的一部分，如图16.3所示，纵、横承重墙的厚度均为240mm，用M5砂浆砌筑，首层墙高为4.6m，外墙计算至室外地面下500mm，内墙计算至基础大放脚顶面；以上各层墙高3.6m。隔墙墙厚为120mm，用M5砂浆砌筑。楼盖和屋盖结构均为装配整体式钢筋混凝土板。试验算纵墙和横

303

墙以及隔墙的高厚比是否满足要求。

解：（1）纵墙高厚比验算：因为首层墙高 $H=4.6$m，以上各层 $H=3.6$m（小于首层），而在外纵墙上窗洞口对墙体的削弱比内纵墙门洞口对墙体的削弱多，所以纵墙只对外墙进行验算。

横墙最大间距 $s=4\times4=16$m，查表 14.6 可知该房屋属于刚性方案。

因 $H=4.6$m，$2H=9.2$m，$s>2H$，查表 14.5 可知 $H_0=1.0$，$H=4.6$m。

$b_s=2$m，相邻窗间墙距离 $s=4$m，则

$$\mu_2=1-0.4\frac{b_s}{s}=1-0.4\times\frac{2}{4}=0.8$$

砂浆强度等级为 M5，查表 16.1 得 $[\beta]=24$。

$$\mu_2[\beta]=0.8\times24=19.2$$
$$\beta=H_0/h=4600/240=19.2$$
$$\beta=\mu_2[\beta]$$

所以，纵墙高厚比满足要求。

（2）横墙高厚比验算：墙长 $s=6$m，$2H>s>H$，查表 14.5 可知：

$$H_0=0.4s+0.2H=0.4\times6+0.2\times4.6=3.32(\text{m})$$

横墙上没有门窗洞口，$\mu_2=1.0$。

$$\beta=H_0/h=3320/240=13.83$$
$$[\beta]=24$$
$$\beta<[\beta]$$

所以，横墙高厚比满足要求。

（3）隔墙高厚比验算：隔墙的计算高度取等于每层的实际高度，即

$$H_0=H=3.6\text{m}$$

隔墙为非承重墙，无门窗洞口，厚度 $h=120$mm，则

$$\mu_1=1.2+(1.5-1.2)\times\frac{240-120}{240-90}=1.2+0.24=1.44$$
$$\mu_2=1.0$$
$$\mu_1\mu_2[\beta]=1.44\times1.0\times24=34.56$$
$$\beta=H_0/h=3600/120=30$$
$$\beta<\mu_1\mu_2[\beta]$$

所以，隔墙高厚比满足要求。

【例 16.2】　某单层单跨的仓库，柱距 6.0m，每开间设有 3.0m 宽窗洞，仓库长 48m，采用钢筋混凝土大型屋面板屋盖，屋架下弦标高为 5.2m，壁柱尺寸为 370mm×490mm，墙厚 240mm，该仓库为刚弹性方案，由 M5 砂浆砌筑，试验算带壁柱墙的高厚比。带壁柱墙的窗间墙截面如图 16.4 所示。

解：（1）带壁柱墙截面的几何性质：

$$A=3000\times240+370\times250=812500(\text{mm}^2)$$
$$y_1=\frac{240\times3000\times120+\left[370\times250\times\left(240+\frac{250}{2}\right)\right]}{812500}=148(\text{mm})$$

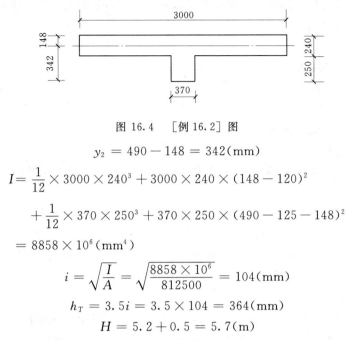

图 16.4 ［例 16.2］图

$$y_2 = 490 - 148 = 342(\text{mm})$$

$$I = \frac{1}{12} \times 3000 \times 240^3 + 3000 \times 240 \times (148 - 120)^2$$

$$+ \frac{1}{12} \times 370 \times 250^3 + 370 \times 250 \times (490 - 125 - 148)^2$$

$$= 8858 \times 10^6 (\text{mm}^4)$$

$$i = \sqrt{\frac{I}{A}} = \sqrt{\frac{8858 \times 10^6}{812500}} = 104(\text{mm})$$

$$h_T = 3.5i = 3.5 \times 104 = 364(\text{mm})$$

$$H = 5.2 + 0.5 = 5.7(\text{m})$$

式中 0.5——壁柱下端嵌固处至室内地坪的距离，m。

$$H_0 = 1.2H = 1.2 \times 5.7 = 6.84(\text{m})$$

（2）整片墙高厚比验算：M5 砂浆，$[\beta] = 24$，承重墙：$\mu_1 = 1.0$。

设有门窗洞口的墙 $[\beta]$ 的修正系数 μ_2 为

$$\mu_2 = 1 - 0.4 \frac{b_s}{s} = 1 - 0.4 \times \frac{3.0}{6.0} = 0.8$$

$$\mu_1 \mu_2 [\beta] = 1.0 \times 0.8 \times 24 = 19.2$$

$$\beta = H_0 / h_T = 6840 / 364 = 18.8 < 19.2$$

所以，整片墙高厚比满足要求。

（3）壁柱间墙高厚比验算：

$$s = 6.0\text{m} > H = 5.7\text{m}, s < 2H$$

$$H_0 = 0.4s + 0.2H = 0.4 \times 6000 + 0.2 \times 5700 = 3540(\text{mm})$$

$$\beta = H_0 / h = 3540 / 240 = 14.75 < 19.2$$

所以，壁柱间墙的高厚比满足要求。

16.2 墙（柱）的一般构造

砌体结构房屋空间刚度和整体性的保证，除了应满足墙体高厚比的验算要求外，还应满足一些其他的构造要求。

16.2.1 砌体材料的强度等级

一般情况下墙体的块材和砂浆的强度等级，可由截面承载力计算结果选用。但是，对于一些墙体，根据其重要性、耐久性等要求，块材和砂浆的强度等级还应满足一定的构造要求。

五层及五层以上房屋的墙，以及受震动或层高大于 6m 的墙、柱所用材料的最低强度等级，应符合下列要求：

（1）砖采用 MU10。

（2）砌块采用 MU7.5。

（3）石材采用 MU30。

（4）砂浆采用 M5。

对安全等级为一级或设计使用年限大于 50 年的房屋墙、柱所用材料的最低强度等级比上述要求至少要提高一级。

地面以下或防潮层以下的砌体，潮湿房间的墙，所用材料的最低强度等级应符合表 13.1 的要求。

在使用表 13.1 时，对冻胀地区的地面以下或防潮层以下的砌体，不宜采用多孔砖，若采用时，其孔洞应用水泥砂浆灌实。当采用混凝土砌体时，其孔洞采用强度等级不低于 Cb20 的混凝土灌实。对安全等级为一级或设计使用年限大于 50 年的房屋，表 13.1 中材料的强度等级应至少提高一级。

16.2.2　墙体连接

为了加强砌体房屋的整体性，墙体的转角处和纵横墙的交接应咬槎砌筑。对不能砌筑又必须留置的临时间断处，应砌成斜槎，水平长度应不小于高度的 2/3。若留斜槎受到限制，也可以留直槎（俗称马牙槎），同时应加设拉结钢筋，其数量是每半块砖长不少于一根直径为 6mm 的钢筋，间距沿墙高不超过 500mm，埋入长度从墙的转角或交接处算起每边不小于 600mm。

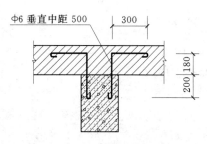

图 16.5　墙与骨架的拉结

中，如图 16.5 所示。

砌块砌体应分皮错缝搭砌，上下搭砌长度不得小于 90mm。当搭砌长度不满足上述要求时，应在水平灰缝内设置不少于 2φ4 的焊接钢筋网片，横向钢筋的间距不宜大于 200mm，网片每端均应超过该垂直缝，其长度不得小于 300mm。

钢筋混凝土骨架房屋的填充墙、隔墙，应分别采取措施与周边构件可靠连接。一般是在钢筋混凝土骨架中预埋拉结筋，并在砌砖时将其嵌入墙的水平灰缝

砌块墙与后砌的隔墙交接处，应沿墙高每 400mm 在水平灰缝内设置不少于 2φ4、横筋间距不大于 200mm 的焊接钢筋网片，如图 16.6 所示。

混凝土砌块房屋宜将纵横墙交接处、距墙中心每边不少于 300mm 范围内的孔洞，采用强度等级不低于 Cb20 灌孔混凝土灌实，灌实高度应为墙身全部高度。

砌块砌体中砌块的两侧应设置灌缝槽，以便考虑防止渗水的需要。当没预留灌缝槽时，墙体应采取两面粉刷。

16.2.3　墙体尺寸与开洞

1. 墙体的尺寸

墙体的截面尺寸应符合砖的模数。墙厚一般采用 120mm、180mm、240mm、

370mm、490mm、620mm 等尺寸。对带壁柱的 T 形截面墙，也应符合砖模数，承重墙尺寸一般为 240mm、370mm、490mm。由于施工质量和一些偶然不利因素对小截面墙、柱影响较大，GB 50003—2011 规定承重的独立砖柱截面尺寸不应小于 240mm×370mm。毛石墙的厚度不宜小于 350mm，毛料石柱较小边长不宜小于 400mm。当有振动荷载时，墙、柱不宜采用毛石砌体。

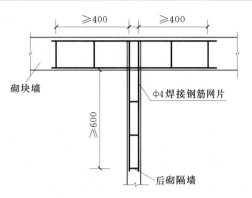

图 16.6　砌块墙与后砌的隔墙
交接处钢筋网片

圈梁的高度和宽度、预制梁板高度、砖大放脚尺寸等也要与砖尺寸相适应。否则会导致墙体局部灰缝太厚或太薄，影响砌体强度。

对门、窗间墙，也尽量使其宽度符合砖的模数，以避免施工时砍砖太多，费工费料还影响质量；对于同一片墙，厚度宜相同，以免给构造和施工带来困难。带壁柱墙的壁柱应该有规律地布置。

2. 墙体开洞

多层房屋墙体上、下层的窗洞应对齐。这对于外纵墙容易做到，但对于内纵墙，要做到上、下层门洞对齐往往不是很容易做到的。一般情况下，上层荷载要通过下层洞口过梁才能传给下层门窗洞口两侧的墙体。这将会加大过梁的截面尺寸，而且还会使过梁支承处墙体应力集中。如果处理不当，会使该处墙体或过梁出现裂缝。

在多层工业厂房和试验室建筑中，常常会有各种管道（如通风管道）穿越墙体，如果布置不当，又没有验算洞口墙体的截面承载力，就可能出现某些墙体的强度不足，影响结构安全。管道洞口宜布置在门、窗洞口的上面，以免削弱门、窗间墙的截面。如果必须将管道洞口布置在门、窗间墙上，则应对该截面进行承载力验算，并且使管道洞口与门洞口保持一定距离，如图 16.7 所示。

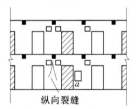

（a）管道洞口在门窗洞口之间墙上　　（b）管道洞口在门窗洞口上方
图 16.7　墙体洞口开设

16.3　墙体开裂的原因及预防措施

16.3.1　墙体开裂的原因
16.3.1.1　温度和收缩变形引起的裂缝

1. 钢筋混凝土屋盖和墙体相对变形导致的顶层墙体开裂

（1）女儿墙裂缝：一般为水平裂缝。

（2）屋面板下面外墙的水平和包角裂缝。

（3）内外纵墙和横墙的八字形裂缝。

（4）顶层墙体的其他水平裂缝。

2. 钢筋混凝土楼盖和墙体相对变形导致的墙体开裂

（1）现浇钢筋混凝土楼（屋）盖的房屋，有时会发生贯通楼（屋）盖结构的水平裂缝和贯通墙体的竖向裂缝。

（2）房屋有错层时，错层交界处的墙体竖向裂缝。

（3）当圈梁布置不合适时，也会导致墙体开裂。

16.3.1.2　地基不均匀沉降引起的裂缝

（1）裂缝分布情况与房屋实际沉降分布情况有关。

（2）在房屋空间刚度被削弱的部位，裂缝比较多。

（3）裂缝一般为 45°方向倾斜，并且集中在门、窗洞口附近。

（4）裂缝大多数出现在纵墙上，很少出现在横墙上。

（5）房屋各区段高差较大时，裂缝常出现在高度较小的区段。

16.3.2　墙体开裂的预防措施

1. 防止温度和收缩裂缝

（1）从整体设计上，在墙体中设置伸缩缝。

（2）防止或减轻房屋顶层墙体的开裂可采取以下措施：采用装配式有檩体系钢筋混凝土屋盖和瓦屋面；屋面设置保温、隔热层；顶层屋面板下设圈梁；房屋顶层端部墙体内增设构造柱等。

（3）防止或减轻房屋底层墙体的开裂可采取以下措施：增大基础圈梁刚度；在底层的窗台下墙体灰缝内设置钢筋或钢筋网片。

2. 防止地基不均匀沉降裂缝

（1）合理布置墙体。

（2）提高房屋整体刚度和强度。

（3）设置沉降缝。

<h2 style="text-align:center">思　考　题</h2>

16.1　什么是墙、柱高厚比？

16.2　墙、柱的高厚比与哪些因素有关？

16.3　砌体的材料强度有哪些构造要求？

16.4　墙体开洞时应满足哪些条件？

16.5　墙体开裂的原因有哪些？

16.6　如何防止温度和收缩裂缝？

附表1 等截面等跨连续梁在常用荷载作用下按弹性分析的内力系数表

(1) 在均布及三角形荷载作用下：
$$M= 表中系数 \times ql_0^2$$
$$V= 表中系数 \times ql_0$$

(2) 在集中荷载作用下：
$$M= 表中系数 \times Fl_0$$
$$V= 表中系数 \times F$$

(3) 内力正负号规定：

M——使截面上部受压、下部受拉为正；

V——对邻近截面所产生的力矩沿顺时针方向者为正。

附表1.1　　　　　　　　　　　两　跨　梁

荷　载　图	跨内最大弯矩		支座弯矩	剪　力		
	M_1	M_2	M_B	V_A	V_{Bl} V_{Br}	V_C
	0.070	0.070	−0.125	0.375	−0.625 0.625	−0.375
	0.096	−0.025	−0.063	0.437	−0.563 0.063	0.063
	0.048	0.048	−0.078	0.172	−0.328 0.328	−0.172
	0.064	—	−0.039	0.211	−0.289 0.039	0.039
	0.156	0.156	−0.188	0.312	−0.688 0.688	−0.312
	0.203	−0.047	−0.094	0.406	−0.594 0.094	0.094
	0.222	0.222	−0.333	0.667	−1.333 1.333	−0.667
	0.278	−0.056	−0.167	0.833	−1.167 0.167	0.167

附表 1.2

三 跨 梁

荷 载 图	跨内最大弯矩		支座弯矩		剪　　力			
	M_1	M_2	M_B	M_C	V_A	V_{Bl} / V_{Br}	V_{Cl} / V_{Cr}	V_D
	0.080	0.025	−0.100	−0.100	0.400	−0.600 / 0.500	−0.500 / 0.600	−0.400
	0.101	−0.050	−0.050	−0.050	0.450	−0.550 / 0	0 / 0.550	−0.450
	−0.025	0.075	−0.050	−0.050	0.050	−0.050 / 0.500	−0.500 / 0.050	0.050
	0.073	0.054	−0.117	−0.033	0.383	−0.617 / 0.583	−0.417 / 0.033	0.033
	0.094	—	−0.067	0.017	0.433	−0.567 / 0.083	0.083 / −0.017	−0.017
	0.054	0.021	−0.063	−0.063	0.188	−0.313 / 0.250	−0.250 / 0.313	−0.188
	0.068	—	−0.031	−0.031	0.219	−0.281 / 0	0 / 0.281	−0.219

续表

荷载图	跨内最大弯矩		支座弯矩		剪　力			
	M_1	M_2	M_B	M_C	V_A	V_{Bl} / V_{Br}	V_{Cl} / V_{Cr}	V_D
	—	0.052	-0.031	-0.031	0.031	-0.031 / 0.250	-0.250 / 0.031	0.031
	0.050	0.038	-0.073	-0.021	0.177	-0.323 / 0.302	-0.198 / 0.021	0.021
	0.063	—	-0.042	0.010	0.208	-0.292 / 0.052	0.052 / -0.010	-0.010
	0.175	0.100	-0.150	-0.150	0.350	-0.650 / 0.500	-0.500 / 0.650	-0.350
	0.213	-0.075	-0.075	-0.075	0.425	-0.575 / 0	0 / 0.575	-0.425
	-0.038	0.175	-0.075	-0.075	-0.075	-0.075 / 0.500	-0.500 / 0.075	0.075
	0.162	0.137	-0.175	-0.050	0.325	-0.675 / 0.625	-0.375 / 0.050	0.050

续表

荷载图	跨内最大弯矩		支座弯矩		剪力			
	M_1	M_2	M_B	M_C	V_A	V_{Bl} / V_{Br}	V_{Cl} / V_{Cr}	V_D
	0.200	—	-0.100	0.025	0.400	-0.600 / 0.125	0.125 / -0.025	-0.025
	0.244	0.067	-0.267	-0.267	0.733	-1.267 / 1.000	-1.000 / 1.267	-0.733
	0.289	-0.133	-0.133	-0.133	0.866	-1.134 / 0	0 / 1.134	-0.866
	-0.044	0.200	-0.133	-0.133	-0.133	-0.133 / 1.000	-1.000 / 0.133	0.133
	0.229	0.170	-0.311	-0.089	0.689	-1.311 / 1.222	-0.778 / 0.089	0.089
	0.274	—	-0.178	0.044	0.822	-1.178 / 0.222	0.222 / -0.044	-0.044

附表 1.3　四　跨　梁

荷载图	跨内最大弯矩				支座弯矩			剪　力				
	M_1	M_2	M_3	M_4	M_B	M_C	M_D	V_A	V_{Bl} / V_{Br}	V_{Cl} / V_{Cr}	V_{Dl} / V_{Dr}	V_E
	0.077	0.036	0.036	0.077	−0.107	−0.071	−0.107	0.393	−0.607 / 0.536	−0.464 / 0.464	−0.536 / 0.607	−0.393
	0.100	−0.045	0.081	−0.023	−0.107	−0.036	−0.054	0.446	−0.554 / 0.018	0.018 / 0.482	−0.518 / 0.054	0.054
	0.072	0.061	—	0.098	−0.121	−0.018	−0.058	0.380	−0.620 / 0.603	−0.397 / −0.040	−0.040 / 0.558	−0.442
	—	0.056	0.056	—	−0.036	−0.107	−0.036	−0.036	−0.036 / 0.429	−0.571 / 0.571	−0.429 / 0.036	0.036
	0.094	—	—	—	−0.067	0.018	−0.004	0.433	−0.567 / 0.085	0.085 / −0.022	−0.022 / 0.004	0.004
	—	0.071	—	—	−0.049	−0.054	0.013	−0.049	−0.049 / 0.496	−0.504 / 0.067	0.067 / −0.013	−0.013

313

续表

荷载图	跨内最大弯矩 M_1	M_2	M_3	M_4	支座弯矩 M_B	M_C	M_D	剪力 V_A	V_{Bl} / V_{Br}	V_{Cl} / V_{Cr}	V_{Dl} / V_{Dr}	V_E
	0.052	0.028	0.028	0.052	−0.067	−0.045	−0.067	0.183	−0.317 / 0.272	−0.228 / 0.228	−0.272 / 0.317	−0.183
	0.067	—	0.055	—	−0.034	−0.022	−0.034	0.217	−0.284 / 0.011	0.011 / 0.239	−0.261 / 0.034	0.034
	0.049	0.042	—	0.066	−0.075	−0.011	−0.036	0.175	−0.325 / 0.314	−0.186 / 0.025	−0.025 / 0.286	−0.214
	—	0.040	0.040	—	−0.022	−0.067	−0.022	−0.022	−0.022 / 0.205	−0.295 / 0.295	−0.205 / 0.022	0.022
	0.063	—	—	—	−0.042	0.011	−0.003	0.208	−0.292 / 0.053	0.053 / −0.014	−0.014 / 0.003	0.003
	—	0.051	—	—	−0.031	−0.034	0.008	−0.031	−0.031 / 0.247	−0.253 / 0.042	0.042 / −0.008	−0.008

续表

荷载图	跨内最大弯矩				支座弯矩			剪力				
	M_1	M_2	M_3	M_4	M_B	M_C	M_D	V_A	V_{Bl} / V_{Br}	V_{Cl} / V_{Cr}	V_{Dl} / V_{Dr}	V_E
	0.169	0.116	0.116	0.169	−0.161	−0.107	−0.161	0.339	−0.661 / 0.554	−0.446 / 0.446	−0.554 / 0.661	−0.339
	0.210	−0.067	0.183	−0.040	−0.080	−0.054	−0.080	0.420	−0.580 / 0.027	0.027 / 0.473	−0.527 / 0.080	0.080
	0.159	0.146	0.142	0.206	−0.181	−0.027	−0.087	0.319	−0.681 / 0.654	−0.346 / −0.060	−0.060 / 0.587	−0.413
	—	0.142	0.142	—	−0.054	−0.161	−0.054	0.054	−0.054 / 0.393	−0.607 / 0.607	−0.393 / 0.054	0.054
	0.200	—	—	—	−0.100	0.027	−0.007	0.400	−0.600 / 0.127	0.127 / −0.033	−0.033 / 0.007	0.007
	—	0.173	—	—	−0.074	−0.080	0.020	−0.074	−0.074 / 0.493	−0.507 / 0.100	0.100 / −0.020	−0.020

续表

荷载图	跨内最大弯矩				支座弯矩			剪力				
	M_1	M_2	M_3	M_4	M_B	M_C	M_D	V_A	V_{Bl} / V_{Br}	V_{Cl} / V_{Cr}	V_{Dl} / V_{Dr}	V_E
	0.238	0.111	0.111	0.238	−0.286	−0.191	−0.286	0.714	−1.286 / 1.095	−0.905 / 0.905	−1.095 / 1.286	−0.714
	0.286	—	0.222	—	−0.143	−0.095	−0.143	0.857	−1.143 / 0.048	0.048 / 0.952	−1.048 / 0.143	0.143
	0.226	0.194	—	0.282	−0.321	−0.048	−0.155	0.679	−1.321 / 1.274	−0.726 / −0.107	−0.107 / 1.155	−0.845
	—	0.175	0.175	—	−0.095	−0.286	−0.095	−0.095	−0.095 / 0.810	−1.190 / 1.190	−0.810 / 0.095	0.095
	0.274	—	—	—	−0.178	0.048	−0.012	0.822	−1.178 / 0.226	0.226 / −0.060	−0.060 / 0.012	0.012
	—	0.198	—	—	−0.131	−0.143	0.036	−0.131	−0.131 / 0.988	−1.012 / 0.178	0.178 / −0.036	−0.036

附表 1.4　五跨梁

荷载图	跨内最大弯矩			支座弯矩				剪力					
	M_1	M_2	M_3	M_B	M_C	M_D	M_E	V_A	V_{Bl} / V_{Br}	V_{Cl} / V_{Cr}	V_{Dl} / V_{Dr}	V_{El} / V_{Er}	V_F
A B C D E F	0.078	0.033	0.046	−0.105	−0.079	−0.079	−0.105	0.394	−0.606 / 0.526	−0.474 / 0.500	−0.500 / 0.474	−0.526 / 0.606	−0.394
$M_1 M_2 M_3 M_4 M_5$	0.100	−0.046	0.085	−0.053	−0.040	−0.040	−0.053	0.447	−0.553 / 0.013	0.013 / 0.500	−0.500 / −0.013	−0.013 / 0.553	−0.447
	0.073	0.079	—	−0.053	−0.040	−0.040	−0.053	−0.053	−0.053 / 0.513	−0.487 / 0	0 / 0.487	−0.513 / 0.053	0.053
	① —/0.098	② 0.059/0.078	0.064	−0.119	−0.022	−0.044	−0.051	0.380	−0.620 / 0.598	−0.402 / −0.023	−0.023 / 0.493	−0.507 / 0.052	0.052
		0.055		−0.035	−0.111	−0.020	−0.057	−0.035	−0.035 / 0.424	−0.576 / 0.591	−0.409 / −0.037	−0.037 / 0.557	−0.443
	0.094	—		−0.067	0.018	−0.005	0.001	0.433	−0.567 / 0.085	0.085 / −0.023	−0.023 / 0.006	0.006 / −0.001	−0.001

317

续表

荷载图	跨内最大弯矩			支座弯矩				剪　力					
	M_1	M_2	M_3	M_B	M_C	M_D	M_E	V_A	V_{Bl} / V_{Br}	V_{Cl} / V_{Gr}	V_{Dl} / V_{Dr}	V_{El} / V_{Er}	V_F
（荷载图1）	—	0.074	—	-0.049	-0.054	0.014	-0.004	-0.049	-0.049 / 0.495	-0.505 / 0.068	0.068 / -0.018	-0.018 / 0.004	0.004
（荷载图2）	—	—	0.072	0.013	0.053	0.053	0.013	0.013	0.013 / -0.066	-0.066 / 0.500	-0.500 / 0.066	0.066 / -0.013	0.013
（荷载图3）	0.053	0.026	0.034	-0.066	-0.049	-0.049	-0.066	0.184	-0.316 / 0.266	-0.234 / 0.250	-0.250 / 0.234	-0.266 / 0.316	0.184
（荷载图4）	0.067	—	0.059	-0.033	-0.025	-0.025	-0.033	0.217	-0.283 / 0.008	0.008 / 0.250	-0.250 / -0.008	-0.008 / 0.283	-0.217
（荷载图5）	—	0.055	—	-0.033	-0.025	-0.025	-0.033	-0.033	-0.033 / 0.258	-0.242 / 0	0 / 0.242	-0.258 / 0.033	0.033
（荷载图6）	0.049	②0.041 / 0.053	—	-0.075	-0.014	-0.028	-0.032	0.175	0.325 / 0.311	-0.189 / -0.014	-0.014 / 0.246	-0.255 / 0.032	0.032

续表

荷载图	跨内最大弯矩			支座弯矩				剪力					
	M_1	M_2	M_3	M_B	M_C	M_D	M_E	V_A	V_{Bl} / V_{Br}	V_{Cl} / V_{Cr}	V_{Dl} / V_{Dr}	V_{El} / V_{Er}	V_F
	①—0.066	0.039	0.044	−0.022	−0.070	−0.013	−0.036	−0.022	−0.022 / 0.202	−0.298 / 0.307	−0.193 / −0.023	−0.023 / 0.286	−0.214
	0.063	—	—	−0.042	0.011	−0.003	0.001	0.208	−0.292 / 0.053	0.053 / −0.014	−0.014 / 0.004	0.004 / −0.001	−0.001
	—	0.051	—	−0.031	−0.034	0.009	−0.002	−0.031	−0.031 / 0.247	−0.253 / 0.043	0.043 / −0.011	−0.011 / 0.002	0.002
	—	—	0.050	0.008	−0.033	−0.033	0.008	0.008	0.008 / −0.041	−0.041 / 0.250	−0.250 / 0.041	0.041 / −0.008	−0.008
	0.171	0.112	0.132	−0.158	−0.118	−0.118	−0.158	0.342	−0.658 / 0.540	−0.460 / 0.500	−0.500 / 0.460	−0.540 / 0.658	−0.342
	0.211	−0.069	0.191	−0.079	−0.059	−0.059	−0.079	0.421	−0.579 / 0.020	0.020 / 0.500	−0.500 / −0.020	−0.020 / 0.579	−0.421

319

续表

荷载图	跨内最大弯矩			支座弯矩				剪力					
	M_1	M_2	M_3	M_B	M_C	M_D	M_E	V_A	V_B / V_{Br}	V_{Cl} / V_G	V_{Dl} / V_{Dr}	V_{El} / V_{Er}	V_F
	—	0.181	—	−0.079	−0.059	−0.059	−0.079	−0.079	−0.079 / 0.520	−0.480 / 0	0 / 0.480	−0.520 / 0.079	0.079
	0.160	②0.144 / 0.178	—	−0.179	−0.032	−0.066	−0.077	0.321	−0.679 / 0.647	−0.353 / −0.034	−0.034 / 0.489	−0.511 / 0.077	0.077
	①— / 0.207	0.140	0.151	−0.052	−0.167	−0.031	−0.086	−0.052	−0.052 / 0.385	−0.615 / 0.637	−0.363 / −0.056	−0.056 / 0.586	−0.414
	0.200	—	—	−0.100	0.027	−0.007	0.002	0.400	−0.600 / 0.127	0.127 / −0.034	−0.034 / 0.009	0.009 / −0.002	−0.002
	—	0.173	—	−0.073	−0.081	0.022	−0.005	−0.073	−0.073 / 0.493	−0.507 / 0.102	0.102 / −0.027	−0.027 / 0.005	0.005
	—	—	0.171	0.020	−0.079	−0.079	0.020	0.020	0.020 / −0.090	−0.099 / 0.500	−0.500 / 0.099	0.099 / −0.020	−0.020
	0.240	0.100	0.122	−0.281	−0.211	−0.211	−0.281	0.719	−1.281 / −1.070	−0.930 / 1.000	−1.000 / 0.930	−1.070 / 1.281	−0.719

续表

荷载图	跨内最大弯矩			支座弯矩				剪　力					
	M_1	M_2	M_3	M_B	M_C	M_D	M_E	V_A	V_{Bl} / V_{Br}	V_{Cl} / V_{Cr}	V_{Dl} / V_{Dr}	V_{El} / V_{Er}	V_F
	0.287	−0.117	0.228	−0.140	−0.105	−0.105	−0.140	0.860	−1.140 / 0.035	0.035 / 1.000	−1.000 / −0.035	−0.035 / 1.140	−0.860
	—	0.216	—	−0.140	−0.105	−0.105	−0.140	−0.140	−0.140 / 1.035	−0.965 / 0	0 / 0.965	−1.035 / 0.140	0.140
	0.227	② 0.189 / 0.209	—	−0.319	−0.057	−0.118	−0.137	0.681	−1.319 / 1.262	−0.738 / −0.061	−0.061 / 0.981	−1.019 / 0.137	0.137
	① — / 0.282	0.172	0.198	−0.093	−0.297	−0.054	−0.153	−0.093	−0.093 / 0.796	−1.204 / 1.243	−0.757 / −0.099	−0.099 / 1.153	−0.847
	0.274	—	—	−0.179	0.048	−0.013	0.003	0.821	−1.179 / 0.227	0.227 / −0.061	−0.061 / 0.016	0.016 / −0.003	−0.003
	—	0.198	—	−0.131	−0.144	0.038	−0.010	−0.131	−0.131 / 0.987	−1.013 / 0.182	0.182 / −0.048	−0.048 / 0.010	0.010
	—	—	0.193	0.035	−0.140	−0.140	0.035	0.035	0.035 / −0.175	−0.175 / 1.000	−1.000 / 0.175	0.175 / −0.035	−0.035

注　① 分子及分母分别为 M_1 及 M_5 的弯矩系数；② 分子及分母分别为 M_2 及 M_4 的弯矩系数。

附表 2   双向板按弹性分析的计算系数表

符号说明

B_C 表示截面抗弯刚度，其计算公式如下：

$$B_C = \frac{E_c h^3}{12(1-\nu^2)}$$

式中　　E_c——混凝土弹性模量；

　　　　h——板厚；

　　　　ν——泊桑比，混凝土可取 $\nu=0.2$。

a_f、$a_{f\max}$ 分别表示板中心点的挠度和最大挠度。

m_x、$m_{x\max}$ 分别表示平行于 l_x 方向板中心点单位板宽内的弯矩和板跨内最大弯矩。

m_y、$m_{y\max}$ 分别表示平行于 l_y 方向板中心点单位板宽内的弯矩和板跨内最大弯矩。

m_x' 表示固定边中点沿 l_x 方向单位板宽内的弯矩。

m_y' 表示固定边中点沿 l_y 方向单位板宽内的弯矩。

——表示简支边；　|||||表示固定边。

正负号的规定：

　　弯矩——使板的受荷面受压者为正；

　　挠度——变位方向与荷载方向相同者为正。

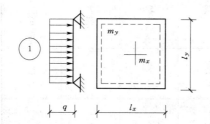

挠度＝表中系数×$\dfrac{ql^4}{B_c}$；

$\nu=0$，弯矩＝表中系数×ql^2；

式中 l 取用 l_x 和 l_y 中的较小者。

附表 2.1

l_x/l_y	a_f	m_x	m_y	l_x/l_y	a_f	m_x	m_y
0.50	0.01013	0.0965	0.0174	0.80	0.00603	0.0561	0.0334
0.55	0.00940	0.0892	0.0210	0.85	0.00547	0.0506	0.0348
0.60	0.00867	0.0820	0.0242	0.90	0.00496	0.0456	0.0358
0.65	0.00796	0.0750	0.0271	0.95	0.00449	0.0410	0.0364
0.70	0.00727	0.0683	0.0296	1.00	0.00406	0.0368	0.0368
0.75	0.00663	0.0620	0.0317				

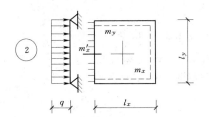

挠度＝表中系数$\times\dfrac{ql^4}{B_c}$；

$\nu=0$，弯矩＝表中系数$\times ql^2$；

式中 l 取用 l_x 和 l_y 中的较小者。

附表 2.2

l_x/l_y	l_y/l_x	a_f	$a_{f\max}$	m_x	$m_{x\max}$	m_y	$m_{y\max}$	m_x'
0.50		0.00488	0.00504	0.0583	0.0646	0.0060	0.0063	−0.1212
0.55		0.00471	0.00492	0.0563	0.0618	0.0081	0.0087	−0.1187
0.60		0.00453	0.00472	0.0539	0.0589	0.0104	0.0111	−0.1158
0.65		0.00432	0.00448	0.0513	0.0559	0.0126	0.0133	−0.1124
0.70		0.00410	0.00422	0.0485	0.0529	0.0418	0.0154	−0.1087
0.75		0.00388	0.00399	0.0457	0.0496	0.0168	0.0174	−0.1048
0.80		0.00365	0.00376	0.0428	0.0463	0.0187	0.0193	−0.1007
0.85		0.00343	0.00352	0.0400	0.0431	0.0204	0.0211	−0.0965
0.90		0.00321	0.00329	0.0372	0.0400	0.0219	0.0226	−0.0922
0.95		0.00299	0.00306	0.0345	0.0369	0.0232	0.0239	−0.0880
1.00	1.00	0.00279	0.00285	0.0319	0.0340	0.0243	0.0249	−0.0839
	0.95	0.00316	0.00324	0.0324	0.0345	0.0280	0.0287	−0.0882
	0.90	0.00360	0.00368	0.0328	0.0347	0.0322	0.0330	−0.0926
	0.85	0.00409	0.00417	0.0329	0.0347	0.0370	0.0378	−0.0970
	0.80	0.00464	0.00473	0.0326	0.0343	0.0424	0.0433	−0.1014
	0.75	0.00526	0.00536	0.0319	0.0335	0.0485	0.0494	−0.1056
	0.70	0.00595	0.00605	0.0308	0.0323	0.0553	0.0562	−0.1096
	0.65	0.00670	0.00680	0.0291	0.0306	0.0627	0.0637	−0.1133
	0.60	0.00752	0.00762	0.0268	0.0289	0.0707	0.0717	−0.1166
	0.55	0.00838	0.00848	0.0239	0.0271	0.0792	0.0801	−0.1193
	0.50	0.00927	0.00935	0.0205	0.0249	0.0880	0.0888	−0.1215

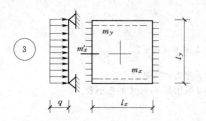

挠度＝表中系数$\times\dfrac{ql^4}{B_c}$；

$\nu=0$，弯矩＝表中系数$\times ql^2$；

式中 l 取用 l_x 和 l_y 中的较小者。

附表 2.3

l_x/l_y	l_y/l_x	a_f	m_x	m_y	m'_x
0.50		0.00261	0.0416	0.0017	−0.0843
0.55		0.00259	0.0410	0.0028	−0.0840
0.60		0.00255	0.0402	0.0042	−0.0834
0.65		0.00250	0.0392	0.0057	−0.0826
0.70		0.00243	0.0379	0.0072	−0.0814
0.75		0.00236	0.0366	0.0088	−0.0799
0.80		0.00228	0.0351	0.0103	−0.0782
0.85		0.00220	0.0335	0.0118	−0.0763
0.90		0.00211	0.0319	0.0133	−0.0743
0.95		0.00201	0.0302	0.0146	−0.0721
1.00	1.00	0.00192	0.0285	0.0158	−0.0698
	0.95	0.00223	0.0296	0.0189	−0.0746
	0.90	0.00260	0.0306	0.0224	−0.0797
	0.85	0.00303	0.0314	0.0266	−0.0850
	0.80	0.00354	0.0319	0.0316	−0.0904
	0.75	0.00413	0.0321	0.0374	−0.0959
	0.70	0.00482	0.0318	0.0441	−0.1013
	0.65	0.00560	0.0308	0.0518	−0.1066
	0.60	0.00647	0.0292	0.0604	−0.1114
	0.55	0.00743	0.0267	0.0698	−0.1156
	0.50	0.00844	0.0234	0.0798	−0.1191

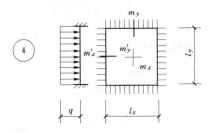

挠度＝表中系数$\times\dfrac{ql^4}{B_c}$；

$\nu=0$，弯矩＝表中系数$\times ql^2$；

式中 l 取用 l_x 和 l_y 中的较小者。

附表 2.4

l_x/l_y	a_f	m_x	m_y	m'_x	m'_y
0.50	0.00253	0.0400	0.0038	−0.0829	−0.0570
0.55	0.00246	0.0385	0.0056	−0.0814	−0.0571
0.60	0.00236	0.0367	0.0076	−0.0793	−0.0571
0.65	0.00224	0.0345	0.0095	−0.0766	−0.0571
0.70	0.00211	0.0321	0.0113	−0.0735	−0.0569
0.75	0.00197	0.0296	0.0130	−0.0701	−0.0565
0.80	0.00182	0.0271	0.0144	−0.0664	−0.0559
0.85	0.00168	0.0246	0.0156	−0.0626	−0.0551
0.90	0.00153	0.0221	0.0165	−0.0588	−0.0541
0.95	0.00140	0.0198	0.0172	−0.0550	−0.0528
1.00	0.00127	0.0176	0.0176	−0.0513	−0.0513

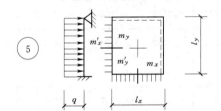

挠度＝表中系数$\times\dfrac{ql^4}{B_c}$；

$\nu=0$，弯矩＝表中系数$\times ql^2$；

式中 l 取用 l_x 和 l_y 中的较小者。

附表 2.5

l_x/l_y	a_f	$a_{f\max}$	m_x	$m_{x\max}$	m_y	$m_{y\max}$	m'_x	m'_y
0.50	0.00468	0.00471	0.0559	0.0562	0.0079	0.0135	−0.1179	−0.0786
0.55	0.00445	0.00454	0.0529	0.0530	0.0104	0.0153	−0.1140	−0.0785
0.60	0.00419	0.00429	0.0496	0.0498	0.0129	0.0169	−0.1095	−0.0782
0.65	0.00391	0.00399	0.0461	0.0465	0.0151	0.0183	−0.1045	−0.0777
0.70	0.00363	0.00368	0.0426	0.0432	0.0172	0.0195	−0.0992	−0.0770
0.75	0.00335	0.00340	0.0390	0.0396	0.0189	0.0206	−0.0938	−0.0760
0.80	0.00308	0.00313	0.0356	0.0361	0.0204	0.0218	−0.0883	−0.0748
0.85	0.00281	0.00286	0.0322	0.0328	0.0215	0.0229	−0.0829	−0.0733
0.90	0.00256	0.00261	0.0291	0.0297	0.0224	0.0238	−0.0776	−0.0716
0.95	0.00232	0.00237	0.0261	0.0267	0.0230	0.0244	−0.0726	−0.0698
1.00	0.00210	0.00215	0.0234	0.0240	0.0234	0.0249	−0.0677	−0.0677

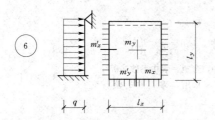

挠度＝表中系数×$\dfrac{ql^4}{B_c}$；

$\nu=0$，弯矩＝表中系数×ql^2；

式中 l 取用 l_x 和 l_y 中的较小者。

附表 2.6

l_x/l_y	l_y/l_x	a_f	$a_{f\max}$	m_x	$m_{x\max}$	m_y	$m_{y\max}$	m'_x	m'_y
0.50		0.00257	0.00258	0.0408	0.0409	0.0028	0.0089	−0.0836	−0.0569
0.55		0.00252	0.00255	0.0398	0.0399	0.0042	0.0093	−0.0827	−0.0570
0.60		0.00245	0.00249	0.0384	0.0386	0.0059	0.0105	−0.0814	−0.0571
0.65		0.00237	0.00240	0.0368	0.0371	0.0076	0.0116	−0.0796	−0.0572
0.70		0.00227	0.00229	0.0350	0.0354	0.0093	0.0127	−0.0774	−0.0572
0.75		0.00216	0.00219	0.0331	0.0335	0.0109	0.0137	−0.0750	−0.0572
0.80		0.00205	0.00208	0.0310	0.0314	0.0124	0.0147	−0.0722	−0.0570
0.85		0.00193	0.00196	0.0289	0.0293	0.0138	0.0155	−0.0693	−0.0567
0.90		0.00181	0.00184	0.0268	0.0273	0.0159	0.0163	−0.0663	−0.0563
0.95		0.00169	0.00172	0.0247	0.0252	0.0160	0.0172	−0.0631	−0.0558
1.00	1.00	0.00157	0.00160	0.0227	0.0231	0.0168	0.0180	−0.0600	−0.0550
	0.95	0.00178	0.00182	0.0229	0.0234	0.0194	0.0207	−0.0629	−0.0599
	0.90	0.00201	0.00206	0.0228	0.0234	0.0223	0.0238	−0.0656	−0.0653
	0.85	0.00227	0.00233	0.0225	0.0231	0.0255	0.0273	−0.0683	−0.0711
	0.80	0.00256	0.00262	0.0219	0.0224	0.0290	0.0311	−0.0707	−0.0772
	0.75	0.00286	0.00294	0.0208	0.0214	0.0329	0.0354	−0.0729	−0.0837
	0.70	0.00319	0.00327	0.0194	0.0200	0.0370	0.0400	−0.0748	−0.0903
	0.65	0.00352	0.00365	0.0175	0.0182	0.0412	0.0446	−0.0762	−0.0970
	0.60	0.00386	0.00403	0.0153	0.0160	0.0454	0.0493	−0.0773	−0.1033
	0.55	0.00419	0.00437	0.0127	0.0133	0.0496	0.0541	−0.0780	−0.1093
	0.50	0.00449	0.00463	0.0099	0.0103	0.0534	0.0588	−0.0784	−0.1146

参 考 文 献

［1］ GB 50010—2010 混凝土结构设计规范 ［S］. 北京：中国建筑工业出版社，2010.

［2］ GB 50003—2011 砌体结构设计规范 ［S］. 北京：中国建筑工业出版社，2011.

［3］ 徐有邻，周氏. 混凝土结构设计规范理解与应用 ［M］. 北京：中国建筑工业出版社，2002.

［4］ 唐岱新，龚绍熙，周炳章. 砌体结构设计规范理解与应用 ［M］. 北京：中国建筑工业出版社，2002.6.

［5］ 王振武，张伟. 混凝土结构 ［M］. 3 版. 北京：科学出版社，2005.

［6］ 侯治国. 混凝土结构 ［M］. 武汉：武汉理工大学出版社，2002.

［7］ 熊丹安. 混凝土结构设计 ［M］. 武汉：武汉理工大学出版社，2006.

［8］ 沈蒲生. 混凝土结构设计原理 ［M］. 2 版. 北京：高等教育出版社，2002.

［9］ 罗向荣. 钢筋混凝土结构 ［M］. 北京：高等教育出版社，2003.

［10］ 彭明，王建伟. 建筑结构 ［M］. 郑州：黄河水利出版社，2004.

［11］ 袁建力. 建筑结构 ［M］. 北京：中国水利水电出版社，1998.

［12］ 郭继武，龚伟. 建筑结构 ［M］. 北京：中国建筑工业出版社，1991.

［13］ 汪祥霖. 钢筋混凝土结构及砌体结构 ［M］. 北京：中国机械工业出版社，2005.

［14］ 司马玉洲. 砌体结构 ［M］. 北京：科学出版社，2001.

［15］ 胡乃君. 砌体结构 ［M］. 北京：高等教育出版社，2003.

［16］ 苏小卒. 砌体结构设计 ［M］. 上海：同济大学出版社，2002.

［17］ 丁大钧. 砌体结构学 ［M］. 北京：中国建筑工业出版社，1997.

［18］ 袁锦根，虞焕新，高莲娣. 工程结构 ［M］. 上海：同济大学出版社，2006.

［19］ 吴承霞，吴大蒙. 建筑力学与结构基础知识 ［M］. 北京：中国建筑工业出版社，2004.

［20］ 慎铁刚. 建筑力学与结构 ［M］. 北京：中国建筑工业出版社，1992.

［21］ 郭继武. 建筑抗震设计 ［M］. 北京：高等教育出版社，1990.

［22］ GB 50009—2012 建筑结构荷载规范 ［M］. 北京：中国建筑工业出版社，2012.

［23］ JGJ3—2010 高层建筑混凝土结构技术规程 ［M］. 北京：中国建筑工业出版社，2010.

［24］ 沈蒲生. 高层建筑结构设计 ［M］. 北京：中国建筑工业出版社，2006.